航空类专业职业教育系列教材

JIANMING FEIJI FEIXING YUANLI

简明飞机飞行原理

（第2版）

丘宏俊　编著

西北工業大學出版社

【内容简介】 本书采用通俗易懂的语言，紧扣飞机基本飞行原理这个主题，简单介绍飞机的主要构成及功用，飞机飞行环境；以飞机机翼为基础，重点阐述飞机的低速空气动力，飞机的平衡、稳定和操纵，飞机的基本飞行和飞机的高速空气动力，简述飞机的机动飞行和特殊飞行；同时，还分析螺旋桨飞机空气动力，直升机飞行原理和飞机载重平衡等相关飞行知识。

本书可作为航空院校飞机设计、飞机制造、飞机维修、航空运输、空中交通管制等专业飞行原理、飞行技术课程的教材或参考书，也可以作为飞行员培训的基础培训材料，还可以作为广大青少年和航空爱好者的科普读物。

图书在版编目(CIP)数据

简明飞机飞行原理/丘宏俊编著. —2版. —西安：西北工业大学出版社，2016.8(2024.8重印)

航空类专业职业教育系列“十三五”规划教材

ISBN 978-7-5612-4987-1

Ⅰ.①简… Ⅱ.①丘… Ⅲ.①飞机—飞行原理—职业教育—教材 Ⅳ.①V212

中国版本图书馆CIP数据核字(2016)第184997号

出版发行：西北工业大学出版社
通信地址：西安市友谊西路127号　　邮编：710072
电　　话：(029)88493844　88491757
网　　址：www.nwpup.com
印 刷 者：西安五星印刷有限公司
开　　本：787 mm×1 092 mm　1/16
印　　张：16.75
字　　数：401千字
版　　次：2016年8月第2版　　2024年8月第4次印刷
定　　价：48.00元

第 2 版前言

《简明飞机飞行原理》自出版以来，承蒙广大读者的厚爱，取得了不错的销量。随着航空技术的迅速发展，教材的适时更新与不断完善也势在必行。在尽量保持《简明飞机飞行原理》首版特点、组织结构和内容体系不变的前提下，笔者对内容做了以下修订工作：

(1)对有关章节的内容和条目顺序进行调整、充实和改写，力求做到结构合理、内容充实。

(2)对首版中有关排版、编辑、内容等方面存在的纰漏和错误进行修订，力求做到概念明晰、表述正确。

在本书第 2 版的修订编写过程中，参阅了国内外专家、学者的相关著作或译著，也参考了同行的教材，在此对他们表示崇高的敬意和衷心的感谢！

西北工业大学张开富教授详细审阅了本书，提出了许多宝贵的修改意见，在此向他表示衷心的感谢。西北工业大学出版社的编辑对本书的策划、编审校、出版做了大量的工作，在此一并向他们表示衷心的感谢。

由于水平有限，再版中难免还会存在不妥之处，恳请广大读者批评指正。

编　者

2016 年 6 月

第 1 版前言

随着经济的发展和科技的进步，我国的航空工业正处于蓬勃发展时期，近几年我国新飞机的研制和新型号的出现，都体现了我国航空工业的发展与进步。随着国民经济的发展，我国的民航事业将迎来更快的发展期，中国正在从民航大国向民航强国迈进。随着我国低空领域的开放，今后将会有越来越多的通用飞机，需要越来越多的人参加飞行员的培训，考取飞机驾驶执照。这一切都表明，中国今后将需要、也会有越来越多的航空从业人员。

航空从业人员或多或少都需要学习和了解飞机飞行原理，但这其中的多数人并不需要成为空气动力学方面的专家。传统空气动力学方面的知识深奥难懂，并不适合作为基本飞行原理的教材和参考读物。基于这样的背景，我们编写了《简明飞机飞行原理》一书，旨在系统全面地阐述飞机的基本飞行原理。

确切地说，本书所介绍的飞机飞行原理应该是指重于空气航空器的飞行原理。它们需要靠空气动力才能实现飞行，因而本书研究的是空气动力飞行原理，所研究的对象包括固定翼飞机和直升机，不包括热气球、火箭、导弹等其他飞行器。其中最主要的是固定翼飞机的飞行原理。在写作过程中，基本按照“飞机（航空器）为什么能飞（低速、高速、螺旋桨、直升机空气动力），怎么飞（稳定、操纵、飞行过程）和飞得怎么样（主要飞行参数、主要性能指标等）”这样一种思路来阐述观点，同时，还介绍了一些与飞行相关的基础知识。

本书内容共分为 9 章。

第 1 章介绍飞行器的分类，固定翼飞机的主要组成，机翼形状与参数和飞行大气环境。这一章要重点掌握机翼形状与参数，大气分层与特性，ISA 的规定，为后面的学习奠定基础。

第 2 章阐述飞机的低速空气动力，包括空气低速流动的基本规律，升力产生的原理和影响因素，阻力产生的原理、影响因素和减小措施，飞机低速空气动力特性和增升装置。这一章是本书的重点，需要重点掌握低速气流的两个基本规律（连续性定理和伯努利定理），机翼升力产生的原理，阻力的产生原理、分类及减小措施，飞机的升阻比，各种增升装置的增升原理等。这一章的难点为翼型的压力分布规律和翼型低速附面层的形成和特点。

第 3 章阐述飞机的平衡、稳定和操纵，它们又都可以分为绕横轴的俯仰（纵向）、绕竖轴的方向（航向）和绕纵轴的横向（侧向）这三个方面的相关内容，对飞机的操纵又可以分为主操纵和辅助操纵，还与操纵机构的特点相关。这一章也是本书的重点，需要重点掌握好绕三机体轴的稳定力矩、阻尼力矩和操纵力矩是怎么形成的，受什么因素的影响，如何操纵飞机来维持或改变飞行状态，以及操纵杆力是怎么形成的，受什么因素的影响等。这一章的难点为上反角、后掠翼在侧滑中如何产生方向、横向稳定力矩，方向稳定性与横向稳定性的关系，方向操纵与横向操纵的关系，以及大迎角对横向稳定性、操纵性的影响。

第 4 章首先介绍与飞行相关的预备知识，包括机场环境、飞行航线、空中交通管制和高度参照调整等方面的内容，然后再按照起飞、上升、平飞（巡航）、下降、着陆这样的基本飞行过程，阐述各个飞行过程的受力平衡、性能参数与影响因素、操纵方法。在起飞、着陆等小节分析其详细过程及相应的操纵方法，还介绍舰载机起降方面的内容。这一章也是本书的重点，需要重点掌握好各个飞行过程的受力平衡、性能参数与影响因素，平飞所需拉力、所需功率曲线，以及它们随飞行速度的变化规律。这一章的难点为平飞所需拉力随速度的变化规律，飞行包线，两个操纵速度范围的划分和侧风情况下的着陆操纵。

第 5 章介绍飞机的机动飞行和特殊飞行，包括飞机载荷因数定义，盘旋与转弯，其他机动飞行动作和特殊飞行。这一章要重点掌握飞机正常盘旋过程的受力平衡、性能参数与影响因素，以及操纵方法。这一章的难点为盘旋(转弯)中的侧滑产生的原因，稳定盘旋的操纵方法，侧滑对盘旋性能的影响，以及螺旋(尾旋)产生的原因。

第 6 章阐述飞机的高速空气动力，包括空气高速流动的规律，激波的形成与分类，飞机的高速空气动力特性，高速机翼及高速机翼的空气动力特性。这一章要重点掌握空气压缩性的定义与影响因素，高速气流的流动规律，激波的形成与发展，飞机的跨声速空气动力(升力和阻力)随速度的变化规律，高速机翼的特点，以及后掠翼的空气动力特性。这一章的难点为超声速气流的速度与截面积的关系，激波的形成与发展，激波阻力的形成原因，机翼的跨声速空气动力特性，后掠翼的气流特性与翼尖先失速。

第 7 章阐述螺旋桨飞机的空气动力，包括螺旋桨的运动规律，螺旋桨拉力和阻力的产生原因和影响因素，螺旋桨拉力随飞行条件的变化规律，螺旋桨功率和效率，螺旋桨的副作用。这一章要重点掌握螺旋桨的运动规律，螺旋桨拉力的产生原因和影响因素，螺旋桨拉力随速度的变化规律，螺旋桨效率的变化规律，螺旋桨的副作用。这一章的难点为螺旋桨拉力随飞行速度和飞行高度的变化规律，螺旋桨效率随速度的变化规律，螺旋桨的进动，螺旋桨滑流扭转对螺旋桨飞机的影响，P - factor。

第 8 章阐述直升机飞行原理，包括直升机的特点和分类，单旋翼带尾桨直升机的组成，旋翼的空气动力，直升机操纵，直升机功率与性能，直升机的特殊问题。这一章要重点掌握直升机的分类和各自的优、缺点，单旋翼直升机的主要构成，旋翼拉力产生原因与影响因素，直升机不平衡力矩产生及消除方法，直升机操纵机构及操纵方法，直升机所需功率与飞行性能。这一章的难点为旋翼不平衡力矩的产生及消除方法，自动倾斜器的组成及工作原理，直升机地面效应及其对升限的影响，直升机自转下降形成的原因。

第 9 章首先分析飞机载重平衡的重要性，然后介绍载重与平衡有关的术语和基本原理，接着阐述飞机称重的基本过程，载重平衡的调整方法，以及如何对飞机进行配平。这一章要重点掌握飞机最大业载、航线业载的计算方法，称重的计算方法，飞机配载的流程，以及飞机配平的基本方法。这一章的难点为指数称重计算法和配载预算。

书中除了上述主要内容外，还对一些与飞机、飞行相关的热点、难点问题进行简要介绍，如低空风切变、地效翼船、舰载机起降、多种机动飞行动作、先进高速飞行技术，以扩充知识面和引发大家探究的兴趣。

本书摈弃大量的计算公式、复杂的推导过程，采用通俗易懂的语言来阐述飞机的基本飞行原理，注意承前启后，可读性强。本书知识面丰富，覆盖范围广，既突出飞机基本飞行原理这个重点，又对飞行相关知识进行简单介绍。新旧知识内容有机融合，既强调对传统理论知识的传承，又注重对新知识、新问题的讨论和探究。本书系统性强、结构合理，通过阅读本书，读者可以比较全面地了解飞机的基本飞行原理。

书中标题带“*”号的部分为选学内容，从第5章至第9章也可以根据专业培养目标，有针对性地进行节选学习。

由于水平与能力有限，书中难免有误漏之处，殷切期望广大读者批评指正。

编　者

2014年5月

目　录

第1章　绪　论

飞机是一种比空气重的飞行器械，它能在空中飞行要受到空气动力的作用。本章首先对飞行器进行简单的分类介绍；然后，简要地介绍飞机的主要组成部分及其功用、机翼形状及其相关参数；最后，对飞机飞行的大气环境进行介绍。本章旨在为后面学习空气动力学知识和飞行原理奠定必要的基础。

第一节　飞行器简介

广义的飞行器(flight vehicle)是由人类制造的，能飞离地面且在大气层内或大气层外空间(太空)飞行器械的统称。飞行器通常可分为3类：航空器，航天器，火箭、导弹和制导武器。

一、航空器

航空器(aircraft)是指在大气层中飞行的飞行器。航空器需要以空气为介质产生升力来克服自身重量才能升空飞行。根据产生升力的基本原理，可将航空器分为两类：空气静力航空器和空气动力航空器，如图1-1所示。

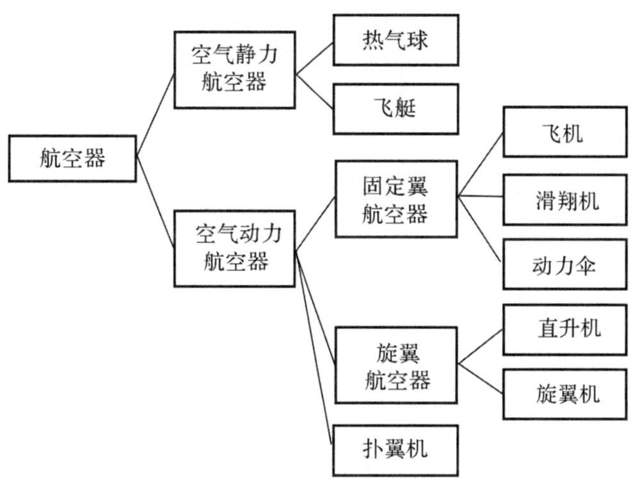

图1-1　航空器的分类

1. 空气静力航空器

空气静力航空器主要依靠空气产生的静浮力升空飞行，主要包括气球和飞艇，其主体是一个充盈着密度小于空气的气体(如氢气、氦气和热空气)的气囊。由于气囊所产生的浮力大于其自身重量，故能使其升空飞行。习惯上称此类航空器为轻于空气的航空器。气球(又称热气球)没有动力装置，升空后只能随风飘动，或者被系留在某一固定位置上，不能进行飞行控制；

飞艇装有发动机、安定面和操纵面，可以控制飞行方向和路线。

2. 空气动力航空器

空气动力航空器依靠自身与空气相对运动产生的升力升空飞行。此类航空器主要包括固定翼航空器和旋翼航空器。典型的固定翼航空器为飞机和滑翔机，它们由相对固定的机翼产生升力升空飞行。典型的旋翼航空器为直升机和旋翼机，它们由旋转的翼面产生升力升空飞行。此外还有一种能模拟鸟类/昆虫飞行的扑翼机，正处于试验研究阶段，至今尚未取得较成熟的飞行应用。习惯上称此类航空器为重于空气的航空器。

飞机是目前最主要、应用范围最广的航空器。它具有驱动前进的动力装置、产生升力的固定机翼、控制飞行姿态的操纵面、用于装载的机身等部件。滑翔机在构造形式上与飞机基本相同，但它没有动力装置，一般由弹射或拖拽升空，然后通过有利气流特性来维持继续飞行。此外，动力滑翔伞（简称动力伞）也属于空气动力航空器的范畴。

飞机按不同的分类标准，可以得到不同的分类结果。飞机按用途可分为军用飞机和民用飞机两大类。军用飞机是按各种不同军事用途设计的飞机，主要包括歼击机、轰炸机、军用运输机、侦察机、预警机、电子对抗飞机、反潜巡逻机、水上飞机、空中加油机和教练机等。军用飞机首要关注的是任务和性能，而不是经济性。民用飞机泛指一切非军事用途的飞机，包括客机、货机、公务机、农用机、体育运动机、救护机等。客机还可分为干线飞机、支线飞机和通用航空飞机。干线飞机一般是指大型客机，航行于大城市与大城市之间，载客量大、速度快、航程远的飞机，如空客 A3××系列飞机、波音 B7××系列飞机。支线飞机通常是指中小型客机，主要用于大城市与中小城市之间、小城市之间、局部地区短距离的旅客运输，如 CRJ200，ARJ21，新舟-60 等飞机。与干线飞机相对而言，支线飞机航行距离较短，但其有较好的经济性。通用航空飞机是指除用于军事、警务、海关缉私飞行和公共航空运输飞行以外的航空飞机。通用航空飞机是全部飞机类型中数量最多、型号最多的机种，如庞巴迪、湾流、塞斯纳、豪客比奇、达索、贝尔等为主要的通用航空飞机制造商。今后，中国通用航空将迎来一个大的发展机遇期。图1-2所示为飞机的不完全分类图，其他分类结果将在后续章节进行介绍。

直升机是一种以动力装置驱动旋翼作为主要升力和驱动力来源，能垂直起降及前后、左右飞行的旋翼航空器。传统地认为，直升机具有固定翼飞机所不具备的垂直起降、空中悬停等特点，使其具有广阔的用途及发展前景。旋翼机与直升机比较相似，但其旋翼不是由动力直接驱动，而是靠前进时产生的相对气流吹动旋翼转动产生升力的。旋翼机必须滑跑加速才能升空飞行，是一种介于直升机和飞机之间的飞行器，主要用于搜索和测量。

二、航天器

航天器（spacecraft）又称空间飞行器、太空飞行器，是按照天体力学的规律在太空运行，执行探索、开发、利用太空和天体等特定任务的各类飞行器。航天器在运载火箭的推动下进入太空，在地球大气层以外运行，在引力场的作用下沿着与天体运动类似的轨迹飞行，装在航天器上的发动机可以为其轨道修正或姿态变换提供所需的动力。

航天器可以分为无人航天器和载人航天器。无人航天器可分为人造地球卫星、空间探测器和货运飞船等。载人航天器可分为载人飞船、空间站、航天飞机、空天飞机等。我国成功发射的“神舟”系列飞船及“天宫”系列飞行器，标志我国已成为世界上独立掌握载人航天技术的国家之一。

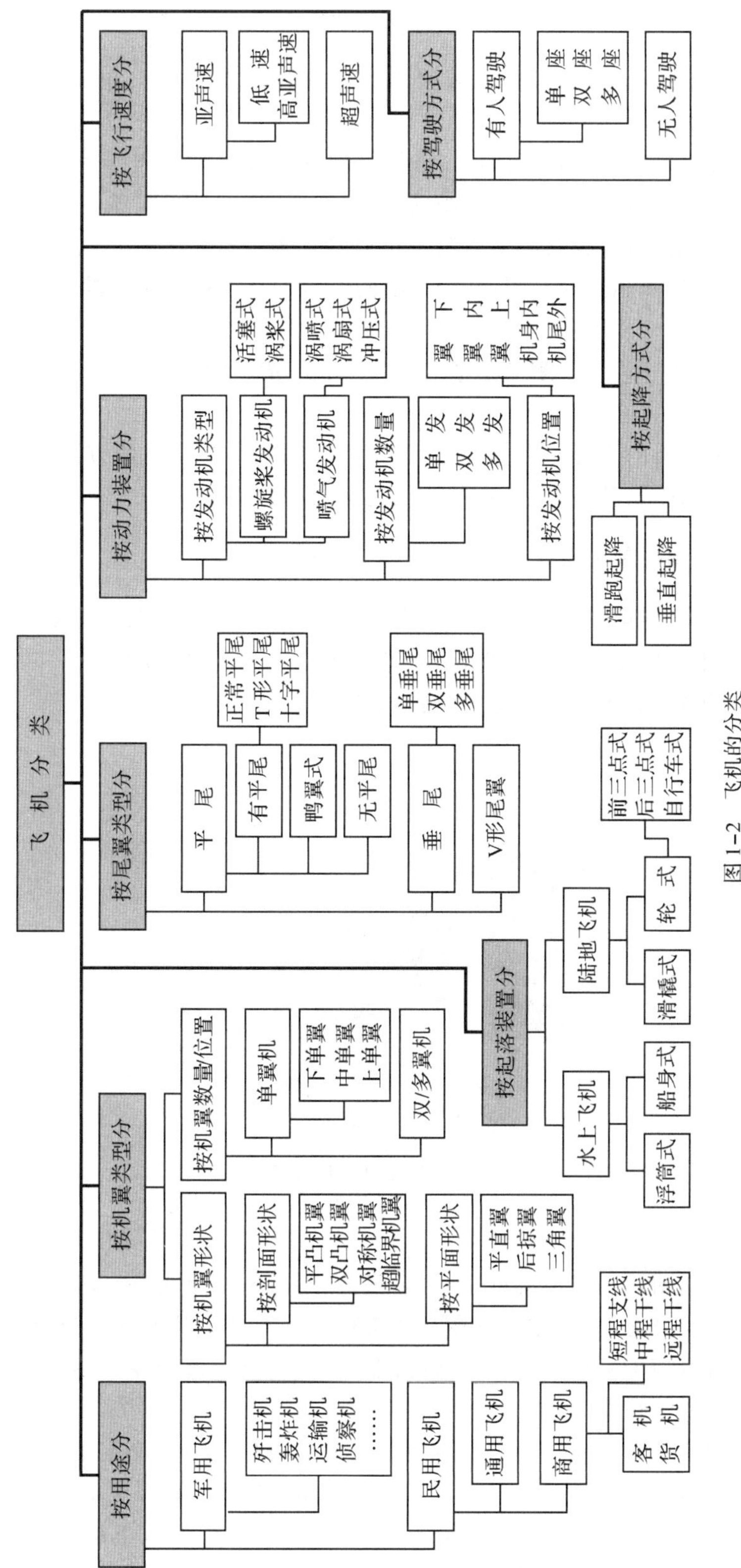
飞机分类
按用途分
军用飞机
歼击机
轰炸机
运输机
侦察机
……
民用飞机
通用飞机
商用飞机
客机
货机
短程支线
中程干线
远程干线
按机翼类型分
按机翼形状
按剖面形状
平凸机翼
双凸机翼
对称机翼
超临界机翼
按平面形状
平直翼
后掠翼
三角翼
按机翼数量/位置
单翼机
下单翼
中单翼
上单翼
双/多翼机
按起落装置分
水上飞机
浮筒式
船身式
陆地飞机
滑橇式
轮式
前三点式
后三点式
自行车式
按尾翼类型分
平尾
有平尾
正常平尾
T形平尾
十字平尾
鸭翼式
无平尾
垂尾
单垂尾
双垂尾
多垂尾
V形尾翼
按动力装置分
按发动机类型
螺旋桨发动机
活塞式
涡桨式
喷气发动机
涡喷式
涡扇式
冲压式
按发动机数量
单发
双发
多发
按发动机位置
翼下
翼内
翼上
机身内
机尾外
按起降方式分
滑跑起降
垂直起降
按飞行速度分
亚声速
低速
高亚声速
超声速
按驾驶方式分
有人驾驶
单座
双座
多座
无人驾驶

图1-2　飞机的分类

三、火箭、导弹和制导武器

火箭(rocket)是靠火箭发动机提供推进力的飞行器,可以在大气层内飞行,也可以在大气层外飞行。它不靠空气静浮力,也不靠空气动力,而是主要靠火箭发动机的推力升空飞行的。导弹和制导武器(guided missile/weapon)是依靠制导系统控制其飞行轨迹的飞行武器,可以细分为很多种类。它们由两个主要部分组成,一是战斗部,二是运载器。战斗部可以是常规武器、核武器及生化武器等;运载器的动力装置可以是火箭发动机,也可以是涡轮喷气发动机或冲压发动机。火箭、导弹和制导武器通常只能使用一次,往往按这个标准把它们归为一类。

第二节 飞机简介

飞机是目前最主要的飞行器,它广泛用于军事和国民经济建设两方面。本节将简要地介绍飞机的主要组成部分及其功用,机翼形状及其相关参数。

一、飞机的主要组成部分及其功用

自从1903年莱特兄弟成功制造出首架飞机——“飞行者Ⅰ号”以来,飞机的结构形式在不断改进,类型也在不断增多。但迄今为止,除了少数特殊飞机之外,大部分飞机都由五大部分组成:机翼、机身、尾翼、起落装置和动力装置,如图1-3所示。

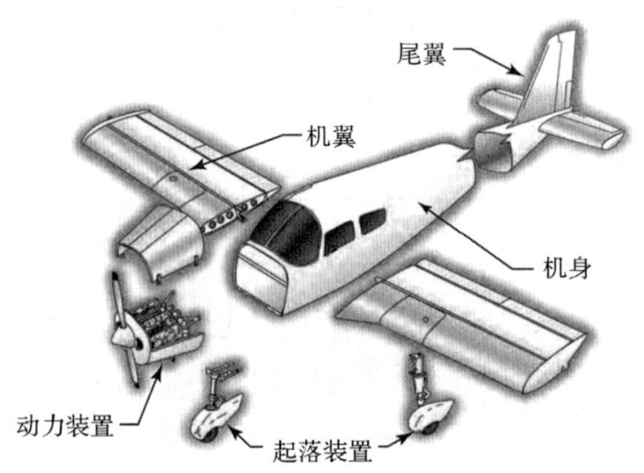

图1-3　飞机的主要组成部分

1. 机翼

机翼(wing)是飞机的最重要部件之一,一般分为左、右两个翼面,对称安装在机身上。机翼的主要功用是产生升力,以支撑飞机在空中飞行。升力产生的效率是机翼设计时首要考虑的问题。机翼还可以用于吊装发动机、布置武器挂点、安装起落架及起落架轮舱,机翼的内部空间可用作飞机的燃油箱。

机翼在飞机的稳定性和操作性中也扮演着重要的角色。机翼决定了飞机的横侧稳定性。机翼上安装的许多可动(可操纵)翼面能对飞机进行相应操纵。机翼上的可操纵翼面主要有襟翼和副翼。襟翼(flap)一般在机翼后缘内侧,两侧襟翼偏转同步,放下襟翼能起到增加升力的作用,襟翼通常在飞机起降时速度较低情况下使用。副翼(aileron)一般在机翼后缘外侧,两侧副翼偏转方向相反，当它偏转时引起两侧机翼产生的升力大小不等，从而使飞机滚转。较大型、结构复杂的机翼还可能包含前缘襟翼、前缘缝翼，以改善飞机的低速气动特性。大型飞机机翼还普遍使用减速板或扰流板，用于飞机的空中机动或地面滑跑减速。一些飞机还在飞机的翼梢(尖)处安装有翼梢小翼，以减小飞行阻力和改善空气动力特性。此外，大型复杂的机翼还可将这些可操纵翼面进一步细分，如襟翼可分为内襟翼和外襟翼，副翼可分为高速副翼和低速副翼，如图1-4所示。

机翼的数目也可以变化，安装一层机翼的飞机称为单翼机，两层机翼的称为双翼机，甚至还出现过多翼机。双翼、多翼多用在一些低速飞机上，现在的高速飞机多为单翼机。机翼可以安装在机身的上部、中间或下部，分别被称为上单翼、中单翼和下单翼。

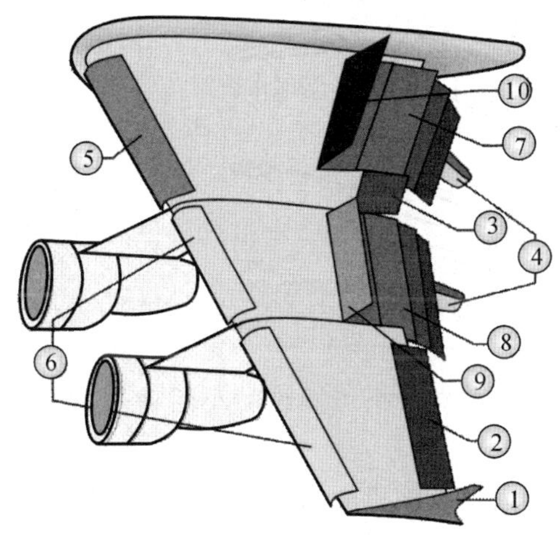

图1-4 机翼外部结构

1—翼梢小翼； 2—低速副翼； 3—高速副翼； 4—襟翼滑轨整流罩； 5—前缘襟翼；
6—前缘缝翼； 7—内襟翼； 8—外襟翼； 9,10—扰流-减速板

2. 机身

机身(fuselage)是飞机上用来装载人员、货物、武器和机载设备的部件，其主要功用是装载。此外，它能将机翼、尾翼、起落架等部件连成一个整体，起到连接的作用。飞行中机身对产生升力作用很小，但阻力很大，占全机阻力的30%～50%。因此，良好的机身流线型对于减小飞机阻力、改善飞行性能具有重要作用。大型飞机可将机身分为机头，前机身、中机身、后机身和机尾，由舱段装配连接而成，如图1-5所示。机头多为驾驶舱和机载雷达等设备所在的位置，机尾主要连接着飞机的尾翼。现代飞机的飞行(巡航)高度多在8 000 m以上，高空空气稀薄、气温低，需要在驾驶舱和客舱内实施人工增压(称为增压舱)以维持乘员的生命。机身按其构造形式，可分为梁式机身、半硬壳式机身和硬壳式机身。

3. 尾翼

尾翼(empennage)是安装在飞机尾部、起稳定和操纵作用的装置。尾翼一般分为水平尾翼和垂直尾翼，如图1-6所示。水平尾翼简称为平尾，由相对固定的水平安定面(horizontal stabilizer)和可动的升降舵(elevator)组成。升降舵的上、下偏转可以改变水平尾翼上的升力大小、方向，产生俯仰操纵力矩，使飞机转入上升或下降状态，来控制飞机的俯仰。当俯仰平衡遭破坏时，水平尾翼对飞机起俯仰(纵向)稳定的作用。平尾按相对于机翼的上下位置不同，大

致分为高平尾、中平尾和低平尾三种形式。此外，还有一种平尾安装在垂直尾翼的顶端，从飞机正面看，平尾与垂尾构成“T”字形，故取名为T形尾翼；还有一种平尾的结构形式介于正常平尾和T形尾翼之间，与垂尾构成“十”字形，称为十字形平尾。垂直尾翼简称垂尾或立尾，由固定的垂直安定面(vertical stabilizer)和可动的方向舵(rudder)组成。方向舵的左、右偏转改变垂直尾翼上侧向力的大小、方向，产生方向操纵力矩，使飞机向左或向右偏转，来控制飞机的方向(偏航)。当方向平衡遭破坏时，垂直尾翼对飞机起方向(横向)稳定的作用。根据垂尾的数目，飞机可分为单垂尾、双垂尾和多垂尾飞机。

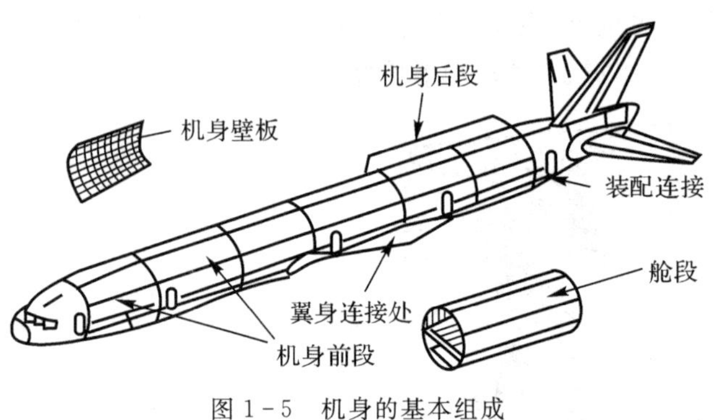

图1-5　机身的基本组成

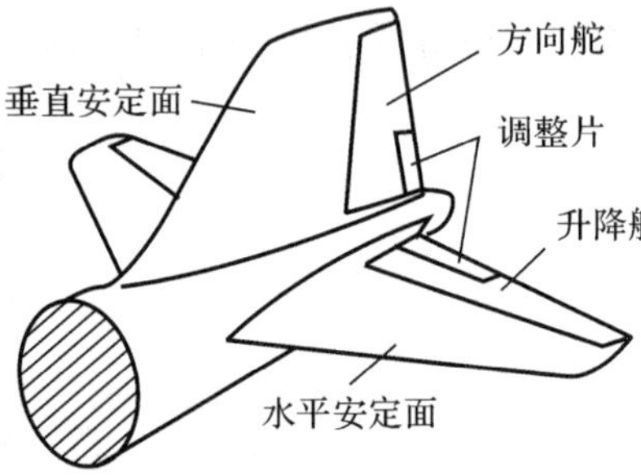

图1-6　尾翼的主要组成部分

升降舵、方向舵的后缘还安装有一个可操纵的小活动面，称为调整片，用于飞行中减小或消除驾驶杆力。

在现代飞机设计中，有些大型运输机的水平安定面也可以偏转，用于飞机的俯仰配平；有些军用战机水平尾翼是一个可操纵的整体活动面，称为全动平尾；还有些飞机(如F22，J20)采用“V”形尾翼同时起到平尾和垂尾的作用，V形尾翼的差动偏转可以提供方向舵的功能，同向偏转可以提供升降舵的功能。

4.起落装置

起落装置(landing gear)是用于飞机地面停放或地面滑行时支撑飞机的重要装置，在飞机起飞、降落时有非常重要的作用，又称为起落架。为适应飞机起飞、着陆滑跑和地面滑行的需要，起落架的最下端装有机轮，称为轮式起落架；为了缩短着陆滑跑距离，机轮上装有刹车装置；为了能承受一定的冲击载荷，起落架上装有承力支柱、减震机构；为了收放功能，起落架上具有收放机构和锁紧机构；为了控制地面转弯，起落架上装有减摆器及前轮转弯操纵机构等，如图1-7所示。

起落架多采用三点式布局，主起落架位于机身两侧，承载飞机的主要重量。根据第三支点位于主轮的前、后位置不同，分别称为前三点式和后三点式起落装置。前三点式起落装置，前轮一般为可偏转式，由驾驶舱里的方向舵脚蹬控制。飞机机轮上装有各自独立的刹车装置，具有良好的地面滑跑方向稳定性和起降性能，现代飞机绝大多数采用前三点式起落装置。此外，还有自行车式和多支柱式起落架，多支柱式起落架是前三点式的衍生型，像A380，B747等大型飞机就采用多支柱式起落架，如图1-8所示。

起落架在空中可以收起或放下的称为可收放式起落架，不能收起来的称为固定式起落架。空中飞行中收起起落架可显著地减小飞行阻力，提高飞行速度，多用于高速飞机上，固定式起落架多用于小型低速飞机上。

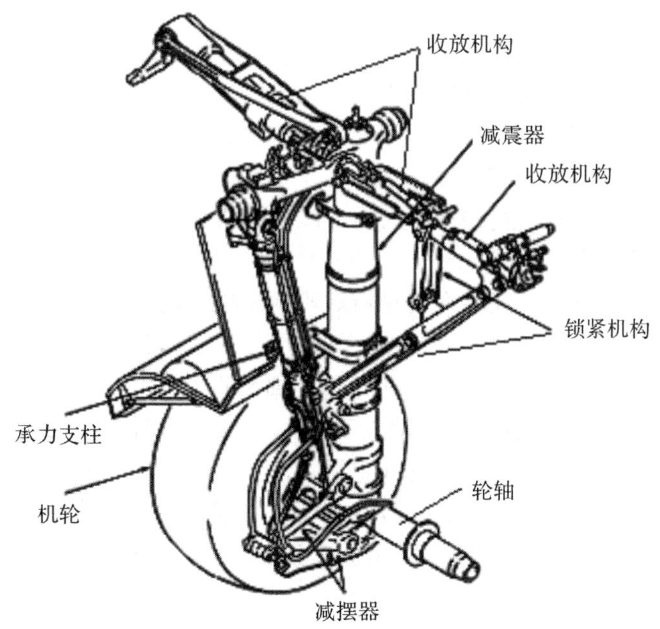

图1-7　起落装置的基本组成

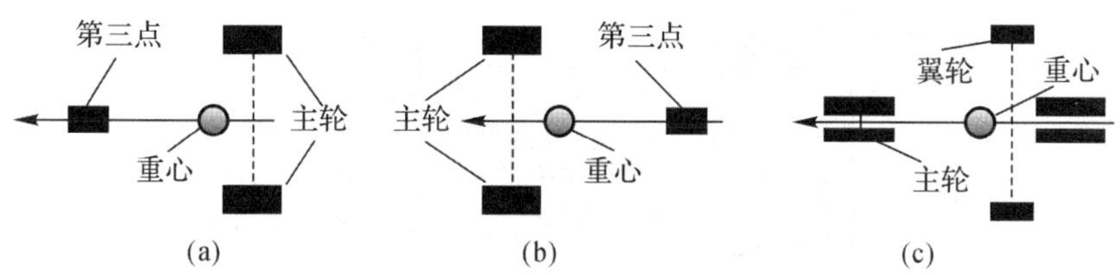

图1-8　起落架的布局形式
(a)前三点式；(b)后三点式；(c)自行车式

5.动力装置

动力装置(power plant)主要用来产生拉力或推力，克服阻力，从而驱使飞机以规定的速度前行，通常称为航空(飞机)发动机。此外，动力装置还可通过附件装置为飞机提供压缩空气、电力、液压动力等能量。飞机上采用的发动机主要可以分为两大类:活塞式发动机和涡轮式发动机。活塞式发动机(piston engine)多为四冲程式发动机，通过混合燃气的燃烧和膨胀产生热能推动气缸里的活塞作往复运动，往复运动被连杆和曲轴转化为旋转运动，从而带动螺旋桨运动产生拉力，多用于一些小型、低速的飞机。涡轮式发动机(turbine engine)是通过对气体连续压缩、与燃料混合、燃烧并膨胀产生热能来驱动飞机，涡轮式发动机都具备压缩(气)机、燃烧室、涡轮机三大部分。涡轮发动机所产生的热能，一部分可以直接向后喷出，产生向前的推力，另一部分用于驱动涡轮旋转来带动压气机或者其他转动部件工作。涡轮机部分要求工作在高温、高压及高转速的环境中，涡轮的设计制造是此类发动机的技术难点。涡轮喷气发动机是较早实用化的涡轮式发动机，主要用于超声速飞机上，涡轮喷气发动机的油耗大，对于商业民航飞机来说是个致命弱点。在此基础上，又衍生出了涡轮风扇发动机，主要用于歼击机、轰炸机、预警机、民航飞机等飞机上，F119，AL-31，太行(WS-10)为军用涡扇发动机，

CFM56，GE90，PW4000，Trent 等为常用的民用涡扇发动机。涡轮风扇发动机的油耗小、噪声小，是应用最为广泛的涡轮发动机。图 1-9 所示为涡轮风扇发动机的主要组成部分。涡轮螺旋桨发动机，主要用于较高速的螺旋桨飞机上。涡轮轴式发动机，主要用于直升机上；还有一种涡轮螺旋桨风扇喷气式发动机。此外，航空发动机还包括脉冲式喷气发动机和冲压式喷气发动机。图 1-10 所示为航空发动机的分类。

此外，在大、中型飞机和大型直升机上，为了减少对机场地面设备的依赖，都装有独立的小型动力装置，称为辅助动力装置(Auxiliary Power Unit，APU)。辅助动力装置的核心部分是一个小型的燃气涡轮发动机，一般装在机身最后段的尾椎之内，在机身上方垂尾附近开有进气口，排气直接由尾椎后端的排气口向外排出。其作用是向飞机独立提供电力和压缩空气，也有少量 APU 可以向飞机提供附加推力。飞机开始地面滑行前，由 APU 提供动力来启动主发动机，从而不需依靠地面电、气源设备来启动发动机。飞机在地面或起飞时，由 APU 提供电力和压缩空气，保证客舱和驾驶舱内的用电和空调，在起飞时，APU 可以减少从发动机引气，使发动机功率全部用于地面加速滑跑和爬升，改善飞机的起飞性能。降落后，仍由 APU 供应照明电力和空调空气，使主发动机提早关闭，从而节省燃油，降低机场噪声，也可以保护机场地面工作人员的安全。

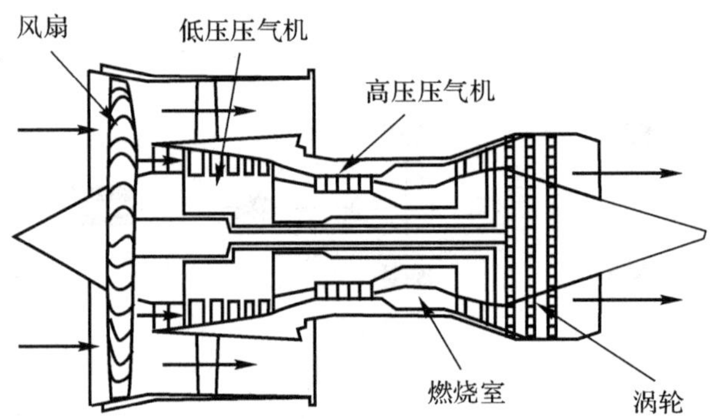

图 1-9　涡轮风扇发动机主要组成部分

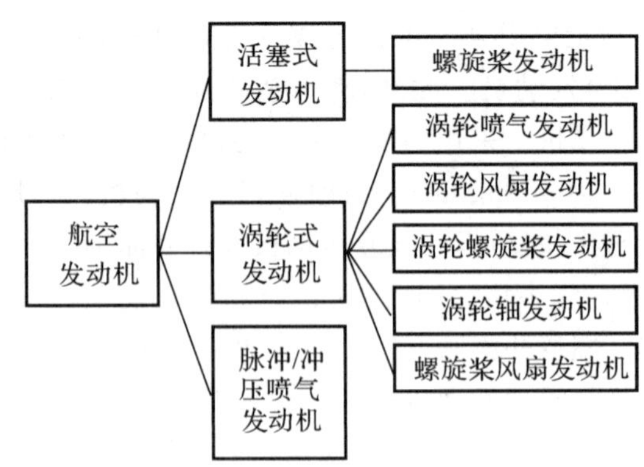

图 1-10　航空发动机分类

通常在飞机爬升到一定高度(一般为 5 000 m)辅助动力装置关闭。但在飞行中当主发动机空中停车时，APU 可在一定高度(一般为 10 000 m)以下的高空中及时启动，为发动机重新启动提供动力。

二、机翼形状与参数

飞机的空气动力性能和飞行性能与机翼紧密相关，研究飞行原理，首先要研究机翼的形状与特性参数。机翼形状主要是指机翼的剖面形状和平面形状，它们是影响机翼空气动力性能的主要因素。下面将分别介绍机翼的剖面形状和平面形状。

1.机翼的剖面形状（翼型）

所谓的机翼剖面形状是指平行于机身纵轴假想将机翼剖切开所得到的剖面形状，又被称为翼型。翼型研究是空气动力学研究的一个重要部分。发展到今天，已出现了很多不同系列的翼型，美国有NACA系列、德国有DVL系列、英国有RAF系列、苏联有ЦАГИ系列等。图1-11所示是一些典型的翼型。

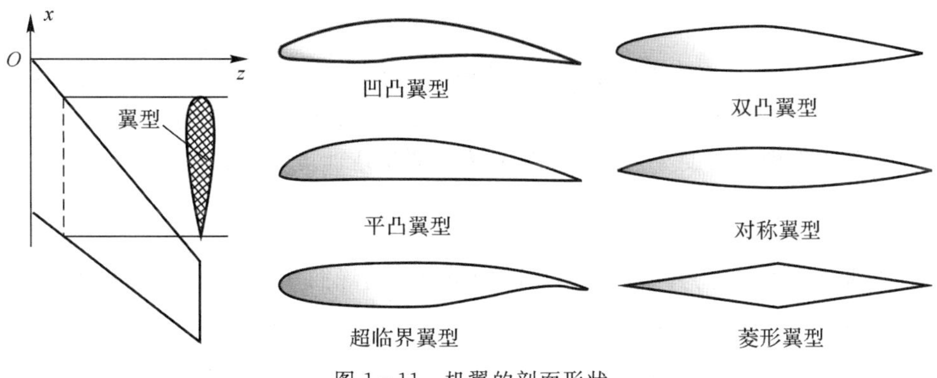

图1-11　机翼的剖面形状

这些翼型中，平凸形和双凸形翼型的升力和阻力特性都比较好，是低速或亚声速飞机广泛采用的翼型，现代一些高亚声速飞机还采用了一种更为先进的“超临界翼型”，而对称翼型和菱形翼型多用于超声速飞机。

不同翼型形状各异，但都包含以下相同部分：上表面，又称上翼面、上缘曲线；下表面，又称下翼面、下缘曲线；前缘，翼型的最前端点；后缘，翼型的最后端点；翼弦，前缘与后缘的连线；中弧线，上下表面中点的连线，为与上下表面相切一系列圆的圆心连线，如图1-12所示。如果中弧线为直线（与翼弦重合），则翼型对称。各种翼型的形状特点，可以通过一些参数进行描述，称为翼型参数。下面介绍一些常用的翼型参数。

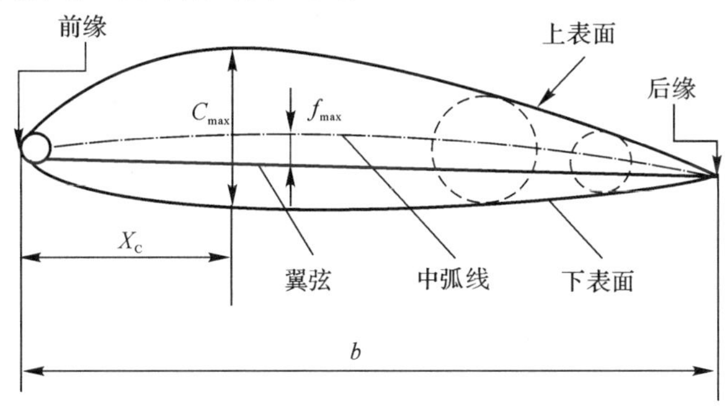

图1-12　翼型描述

(1) 弦长(b):翼型前、后缘之间的距离,称为翼型的弦长。

(2) 相对厚度($\overline{C}$):翼型最大厚度,为上下表面间的最大距离(C_{max})与弦长(b)的比值,又称为厚弦比,并用百分数表示。它表示翼型的厚薄程度,现代飞机的相对厚度一般取4%~16%。相对厚度大,表示翼型厚;相对厚度小,表示翼型薄。

$$\overline{C}=\frac{C_{max}}{b}\times 100\% \tag{1-1}$$

为了改善机翼的气动特性,机翼不同剖面的相对厚度可以不一样,一般从翼根到翼尖逐步减小,如Su-27飞机翼根的相对厚度为6%,翼尖的相对厚度为3%~4%。

(3) 最大厚度位置($\overline{X}_C$):翼型最大厚度到前缘的距离(X_C)与弦长(b)的比值称为翼型的最大厚度位置,并用百分数表示。现代飞机的最大厚度位置一般取30%~50%。最大厚度位置大,表示翼型最大厚度靠后;最大厚度位置小,表示翼型最大厚度靠前。

$$\overline{X}_C=\frac{X_C}{b}\times 100\% \tag{1-2}$$

(4) 相对弯度($\overline{f}$):翼型中弧线最高点距翼弦的距离(f_{max})与弦长(b)的比值称为翼型的相对弯度,并用百分数表示。它表示翼型的弯曲程度,现代飞机相对弯度一般取0%~2%。相对弯度大,表示翼型弯曲度大;相对弯度小,表示翼型弯曲度小。

$$\overline{f}=\frac{f_{max}}{b}\times 100\% \tag{1-3}$$

(5) 前缘曲率半径(r_0):翼型前缘内切圆的半径。前缘曲率半径大,表示翼型前缘圆钝;前缘曲率半径小,表示翼型前缘尖锐。

2. 机翼的平面形状

机翼的平面形状是指从上往下看,机翼在水平面上的投影。常见的机翼平面形状有矩形、梯形、椭圆形、后掠形、三角形等,其中前三者归类为平直形机翼,如图1-13(a)所示。机翼的平面形状根据飞机的用途和性能而变化,每种机翼的平面形状都有其各自的优、缺点。

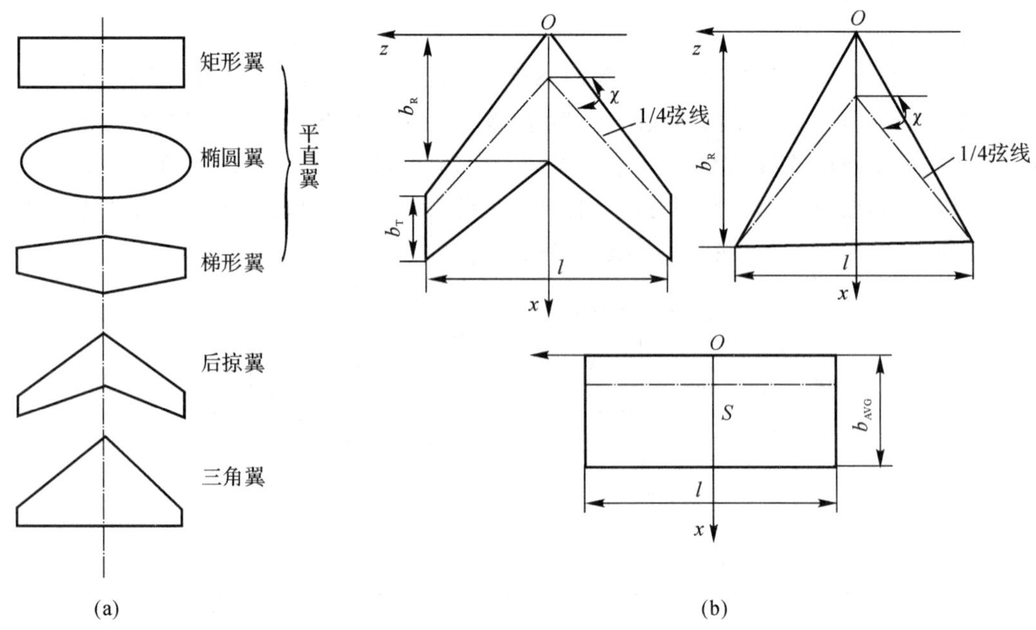

图1-13 机翼的平面形状

早期的飞机，机翼平面形状大多都做成矩形，矩形机翼制造简单，但阻力较大，一般用于小型低速飞机。为了适应提高飞机速度的需要，解决速度与阻力之间的矛盾，后来又出现了椭圆机翼和梯形机翼，椭圆机翼的阻力（诱导阻力）最小，但制造比较复杂，未被广泛采用；梯形机翼综合了矩形机翼与椭圆机翼的优点，阻力比较小，制造也较简单，是低速飞机广泛采用的一种机翼。随着喷气式发动机的使用，飞行速度有了较大的提高，在接近或超过声速飞行时，会产生新的阻力（激波阻力），为了适应高速飞行，相继出现了后掠翼和三角翼，它们被广泛用于高亚声速飞机和超声速飞机，但其低速性能没有其他平直机翼的好。

各种不同平面形状的机翼，其气动性能之所以有差异，与机翼平面形状的各种参数有关，如图 1-13(b) 所示，机翼平面形状的主要参数如下：

(1) 机翼面积(S)：机翼在水平基准面上投影的面积。包括机身部分所占的面积称毛机翼面积；否则称外露机翼面积，又称机翼的净面积。在升力计算中通常采用机翼净面积。

(2) 翼展(l)：机翼两翼尖之间的距离，又称展长。

(3) 展弦比(λ)：翼展(l) 与几何平均弦长(b_{AVG}) 的比值，即

$$\lambda=\frac{l}{b_{\mathrm{AVG}}} \tag{1-4a}$$

式中，b_{AVG} 指机翼净面积和展长的比值，即

$$b_{\mathrm{AVG}}=\frac{S}{l} \tag{1-4b}$$

所以

$$\lambda=\frac{l}{b_{\mathrm{AVG}}}=\frac{l^2}{S} \tag{1-4c}$$

(4) 根梢比(η)：翼根弦长 b_{R} 与翼尖弦长 b_{T} 的比值，即

$$\eta=\frac{b_{\mathrm{R}}}{b_{\mathrm{T}}} \tag{1-5}$$

它表示从翼根到翼尖的收缩程度。显然，矩形机翼的根梢比 $\eta=1$，梯形机翼的根梢比 $\eta>1$，三角翼的根梢比 $\eta\rightarrow\infty$。

(5) 后掠角(χ)：机翼 1/4 弦线与机体纵轴的垂直线之间的夹角，又称 1/4 弦线后掠角。它表示机翼平面形状向后倾斜的程度，后掠角还包括前缘后掠角(χ_0) 和后缘后掠角(χ_1)。一般地认为，后掠角 $\chi<20^\circ$ 为平直形机翼，后掠角 $\chi\geqslant 25^\circ$ 为后掠翼，三角翼的后掠角 $\chi\geqslant 60^\circ$。如果机翼向前掠，则后掠角为负值，变为前掠角，此类机翼称为前掠翼。

(6) 机翼安装角(φ)：翼根弦线与机身纵轴线之间的夹角，如图 1-14 所示。

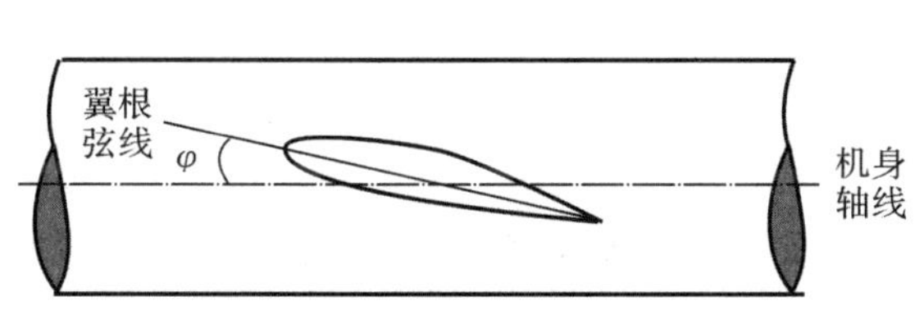

图 1-14　机翼安装角

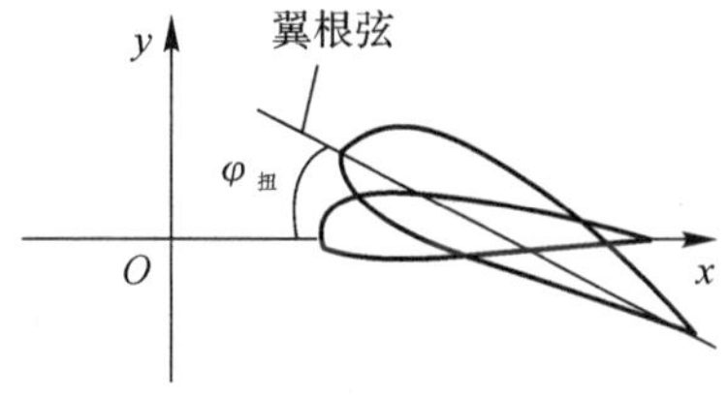

图 1-15　几何扭转角

(7) 几何扭转角($\varphi_{扭}$)：机翼各剖面弦线不在同一平面上，称为机翼几何扭转。机翼剖面弦线相对于翼根弦线的角度，称为机翼几何扭转角，如图 1-15 所示。若该翼剖面的局部迎角小

于翼根剖面迎角，为负扭转；反之为正扭转。机翼通常采用的几何扭转形式为负扭转，扭转角一般为 $\varphi_{扭}=-2°\sim-4°$。这样可以使翼尖(梢) 迎角减小，使翼尖处的升力减小，有利于改善翼尖先失速和减小机翼产生的下俯力矩。有些机翼，虽然各剖面翼弦在同一平面上(无几何扭转)，但是沿展向采用了不同厚度(弯度) 的翼型，一般从翼根到翼尖逐步减小。从空气动力的角度来看，它实际上与几何扭转的作用相同，也起到控制机翼展向升力分布的作用，这种情况称为气动扭转。

(8) 上反角(ψ)：机翼基准面和水平面的夹角，当机翼有扭转时，则是指扭转轴和水平面的夹角。当上反角为负时，就变成了下反角，如图 1-16 所示。上反角一般取 $\psi=+7°\sim-3°$，采用上反角的机翼可以改善飞机的横侧稳定性。

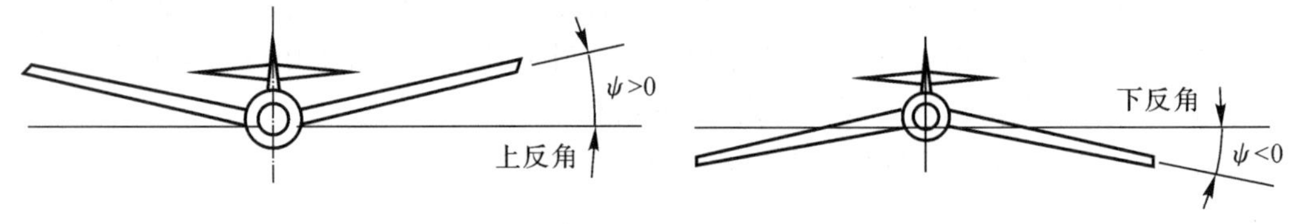

图 1-16　上反角与下反角

表 1-1 给出了几种典型大中型民航飞机的一些机翼参数。

表 1-1　典型民航客机的机翼参数

参　数	机　型			
	A320-200	B737-300	B747-400	A380-800
翼展	34.09 m	28.9 m	66.44 m	79.8 m
展弦比	9.39	9.16	7.39	8. 83
1/4 弦线后掠角	25°	25°	37.5°	25°
上反角	5°6′	6°	7°	5°6′

第三节　飞行大气环境介绍

飞机是在大气中飞行的飞行器，飞机的空气动力特性、发动机工作性能的好坏除了与它们本身的构型有关，还与大气密切相关。因此，要研究飞机的飞行技术，必须对飞机赖以飞行的大气有个基本的了解。

一、大气成分

地球周围的大气是由不同成分的分子组成的，主要有三种成分：由多种气体成分混合而成的纯干空气、水蒸气以及尘埃颗粒。纯干空气由 78% 的氮气、21% 的氧气和余下的 1% 的各种气体(如二氧化碳、氢、氩、氖、氦等) 组成。水蒸气在大气的气象变化中扮演着一个重要的角色，它在大气中的比例会随着时间、地点发生变化，大气中水蒸气的比例决定着云、雨、雾、雪等的形成及其规模，而这些天气现象会影响到飞机的飞行。尘埃是微小的悬浮颗粒，大部分来自地球表面，如地表的沙尘、海水中的盐粒、花粉、烟尘、汽车尾气等。气体分子不停、无规则地运动着，具有的能量以热能、动能和压力的形式表现出来。大气特性的变化是气体热运动变化的体现。

二、大气分层

地球被厚厚的大气包裹着，根据不同的气象条件和气温变化等特性，可以把大气分成若干层。以温度变化为基准，可将大气分为对流层、平流层、中间层、电离层和散逸层五层，如图 1-17所示。

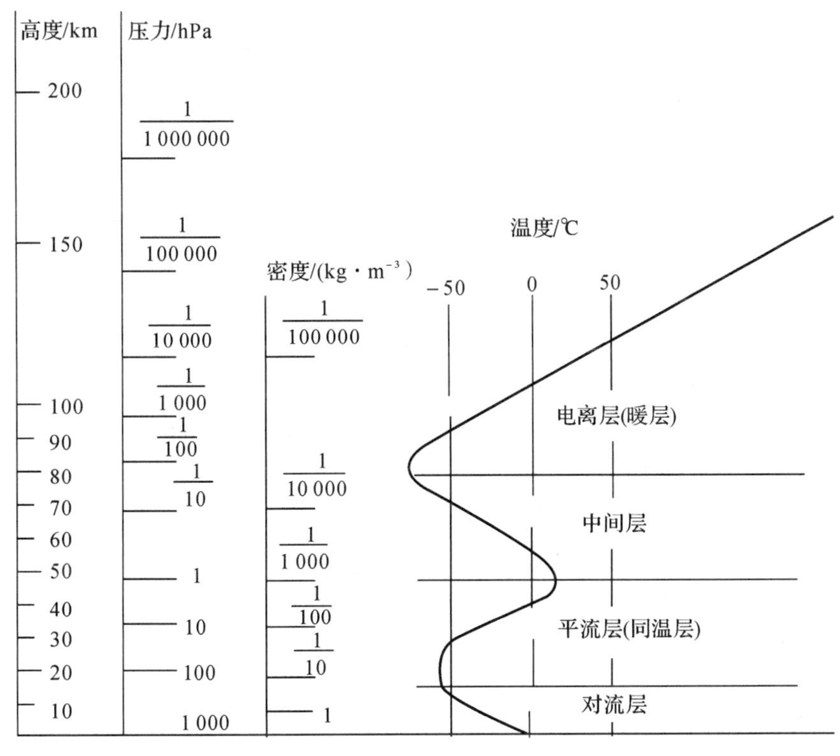

图 1-17　大气分层

大气的压力、密度会随高度的升高而下降，气温随高度的变化规律比较复杂。一般飞机的飞行空间是在对流层或平流层，下面着重介绍这两个大气层的特点。

1. 对流层

对流层(troposphere)位于大气的最底层，邻接地球表面，集中了约 75%的大气和 90%以上的水蒸气质量。其下界与地面相接，上界高度随地理纬度和季节而变化。它的上界高度因纬度而不同，在低纬度(近赤道)地区平均高度为 17～18 km，在中纬度地区平均高度为 10～12 km，极地平均高度为 8～9 km；上界高度还因季节不同，同一地区，夏季高于冬季。

对流层有以下特点。

(1)气温随高度升高而降低。对流层中，气温随高度升高而降低，平均每上升 1 000 m，气温约降低 6.5℃。究其原因是由于对流层大气的主要热源不是直接来自太阳光，而是地球表面的长波辐射，离地面越高，辐射作用越弱，受热越少，气温就越低。

(2)有强烈的水平、垂直对流现象。由于太阳对地面照射情况不一,加之地形地貌不同,因而各地大气的气温、密度、气压不同。即使同一地区,大气特性也会发生变化,气压变化使大气产生水平对流现象,形成风,且风向、大小也会经常变化。温度变化,使受热多的空气膨胀上升,受热少的空气冷却下降,从而形成了空气的垂直对流现象。

(3)有云、雾、雨、雪等天气现象。由于90%以上的水蒸气都集中在对流层中,随着大气特性发现变化和尘埃颗粒的共同作用,水蒸气会凝结成液态或固态,所以会出现云、雾、雨、雪等众多天气现象。

由于对流层具有上述特点,会给飞行造成很大影响,甚至对飞行安全造成威胁。例如,在高空飞行时,气温低,容易引起飞机结冰;气温变化还会引起飞机各金属部件的热胀冷缩,改变机件间隙和应力,甚至影响机件的正常工作;垂直对流会使飞机发生颠簸,又使飞机受力发生变化,不利于飞机操纵;雷暴天气、低空风切变,会直接威胁到飞行安全,甚至可能造成机毁人亡的严重后果。

2. 平流层

平流层(stratosphere)又称同温层,位于对流层之上,其顶界延伸至距地面约 50 km。它是大气层里上热下冷的一层,在平流层的下半部分气温几乎保持不变,大约为-56.5℃,故称同温层,上半部分的气温又开始增加至 0℃左右。究其原因是因为平流层下半部远离地球表面,受地表反射作用非常弱;而上半部分有大量的臭氧吸收了来自太阳的紫外线而被加热升温。在这层大气中,水蒸气、悬浮固体颗粒、杂质等极少,天空比较晴朗,没有云、雾、雨、雪等天气现象;空气比较稀薄,气动阻力小,大气不会上下对流,以平流(水平)运动为主,飞机在其中受力比较稳定,便于飞机的操纵驾驶。平流层底部是民用飞机的理想飞行空间。

三、大气特性

空气是一种无色、无味的气体,看不见、摸不着,没有固定形状、占据一定空间、可自由运动、可以压缩。空气是具有特殊性质的物质,下面将介绍空气的物理量和空气的特性。

1. 空气密度

空气密度是在一定的温度和压力下,单位体积空气所具有的质量。我们一般采用的空气密度是指在 0℃、标准大气压下的密度为 1.293 kg/m^3。空气密度大小与气温、海拔等因素有关,温度越高、海拔越高空气密度越低。在标准海平面,压力 1 013 hPa,温度 15℃时的空气密度为 1.225 kg/m^3;在 6 500 m 的高空,空气密度将降为标准海平面的一半。

2. 空气压力

空气压力是指空气的压强,简称气压,即单位面积上所承受的空气垂直作用力,等于单位面积上向上延伸到大气上界的垂直空气柱的重力。气压的法定计量单位是帕斯卡(牛顿/平方米,N/m^2),简称帕,符号是 Pa,常用的非法定计量单位还有百帕(hPa)、毫米汞柱(mmHg)、毫巴(mbar)等。一个标准大气压为1 013.25 hPa,等于 760 mm 高水银柱的压力,它相当于 1 cm^2 面积上承受 1.033 6 kgf(1 kgf=9.806 65 N)的大气压力。气压大小与海拔高度、大气温度、大气密度等有关,一般随高度升高按指数规律递减。气压有日变化和年变化,一天中,气压有一个最高值、一个最低值,分别出现在 9~10 时和 15~16 时,气压日变化幅度较小,一般为 1~4 hPa;一年之中,冬季比夏季气压高。气压变化与风、天气的好坏等关系密切,是重要气象因子,一般而言,气压降低预示坏天气的到来,气压增高预示天气会变得晴好。

气压对人体生理有较大的影响，主要是通过影响人体内氧气的供应体现出来的，随着高度的升高，气压下降，供氧不足，导致人体发生一系列生理反应，比如出现头晕、头痛、恶心、呕吐和无力等症状，甚至出现意识的丧失。因此，在高空飞行时，必须使用供氧设备或增压座舱，以使气压和氧气维持在一个正常的范围。

3. 空气温度

空气温度是指空气的冷热程度，简称为气温。气温的高低，实质上表明空气分子做不规则热运动的快慢程度，表示空气分子运动平均动能的大小。气温会随着地区、时间、高度发生变化。在一天中，最高气温是午后1～2点，最低气温是日出前后。在11 000 m以下的空间，随着高度增加，气温降低，近似为线性变化，平均每上升1 000 m，气温约降低6.5℃。

我国和大多数国家一样，气温以摄氏温度 T_C(℃) 表示，摄氏温度规定水在标准大气压下的冰点为0℃、沸点为100℃。有些国家和地区(如美国)，气温使用华氏温度 T_F(F) 表示，在华氏温度中，水的冰点为32F、沸点为212F。两种单位的换算公式为

$$T_F = \frac{9}{5}T_C + 32 \quad 或 \quad T_C = \frac{5}{9}(T_F - 32) \tag{1-6}$$

在理论计算中，常用绝对温度来表示温度，又称为热力学温度。把分子停止做不规则热运动，即分子运动速度为零时的温度，规定为绝对零度。绝对温度用 T_K(K) 表示，以绝对零度(0 K) 为最低温度，相当于 −273.15℃，规定水的三相点的温度为273.15 K，绝对温度与摄氏温度的换算可以用下式实现：

$$T_K = T_C + 273.15 \tag{1-7}$$

气体的压力、密度、温度三者间的变化关系，可以用气体状态方程(克拉贝隆方程) 表示，理想气体的气体方程式表示为

$$p = \rho RT \tag{1-8}$$

式中，p 为空气压力，单位为 N/m^2；ρ 为空气密度，单位为 kg/m^3；R 为气体常数，取值为 $R = 287.053J/(kg \cdot K)$；$T$ 为气体温度，单位为 K。

4. 空气湿度

空气湿度是指空气的干湿程度，表示空气中水汽含量和湿润程度，可以理解为将水汽溶解在纯干的空气中。在一定温度、一定体积的空气里含有的水汽越少，则空气越干燥；水汽越多，则空气越潮湿。在一定的温度下，如果水汽增大到某一个极限值，空气中水汽就达到饱和，如果超过这个极限值，将会有一部分水汽凝结，这一极限值称为该温度下的饱和水汽压。湿度表示有三种基本形式，即水汽压、相对湿度、露点温度。水汽压(曾称为绝对湿度)表示空气中水汽部分的压力，以百帕(hPa)为单位。相对湿度用空气中实际水汽压与当时气温下的饱和水汽压之比的百分数表示，取整数。在水蒸气含量不变的情况下，由于温度的降低，能够使空气中原来未达饱和的水蒸气变成饱和水蒸气，多余的水分就会析出。露点温度是表示空气中水汽含量和气压不变的条件下冷却达到饱和时的温度，即空气中的水蒸气变为露珠时候的温度，单位用摄氏度(℃)表示。测得露点温度，就可以从水蒸气的饱和含量表中查得其水蒸气含量。露点温度越低，表示空气中的水分含量越少。

露点温度对飞行来说非常重要，因为它表示了空气中水分的临界状态。在空气中水汽含量和气压不变的条件下，当气温降至露点温度时，大气中的水汽开始凝结，变成看得见的云、雨、雾、雪等天气现象。

5.空气黏性

空气黏性所反映的是空气的内摩擦力。若相邻两部分气体团以不同的宏观速度运动，由于气体分子的不规则运动，它们之间有许多分子相互交换，气团之间存在相互牵扯的作用力，使气体团的速度有平均化的趋势，这便是气体黏性的由来，这种作用力也称为空气的黏性力。造成空气黏性的主要原因是空气分子的不规则运动。空气黏性会对飞机的气动特性，特别是阻力，造成很大的影响。实验和研究表明，空气黏性力大小取决于以下几个方面。

(1)速度梯度。相邻两层空气的速度差 Δv 与层间距 Δy 的比值($\Delta v/\Delta y$)，称为速度梯度。速度梯度越大，黏性力越大。

(2)空气温度。气温越高，分子运动越剧烈，空气层间交换的分子越多，黏性力越大。

(3)气体性质。不同类型的气体，分子运动速度不同，黏性力不同。

(4)接触面积。空气层间接触面积越大，分子交换就越多，黏性力就越大。

根据试验，气体的黏性力可以用下面公式计算：

$$F=\mu\frac{\Delta v}{\Delta y}\Delta S \tag{1-9}$$

式中，μ 为气体的黏度，单位是 Pa·s；$\Delta v/\Delta y$ 为速度梯度；ΔS 为接触面积。

6.空气压缩性

气体是可以压缩的，当压力或温度改变时，其密度和体积会发生变化。空气的压缩性是指在一定温度条件下，空气的体积或密度随压力变化而改变的特性。

当空气流过不平物体表面(凸起)时，气流速度和压力都会发生变化，从而引起密度发生变化。在低速气流中，因压力变化所引起空气密度变化量很小，其影响可以忽略不计；但在高速气流中，因压力变化所引起空气密度变化量较大，就不能忽略。在大速度情况下，空气密度的显著变化就会引起空气动力发生不同的变化，甚至引起空气流动规律的改变，这是高速空气动力学的研究范畴。

四、国际标准大气

飞机的飞行性能与大气状态的主要参数(气温、压力和密度)有密切关系。但是，这些参数会随着地理位置、时间、高度和气象条件发生变化。随着大气状态的改变，飞机的空气动力和飞行性能也要改变。因此，会出现同一架飞机在不同时间、地点、高度做试验时，所得出的飞行性能也会有所不同。为了更好比较飞机的飞行性能，就必须有一个统一的大气标准作为衡量的标准。为此，制定了国际标准大气。

所谓国际标准大气，简称 ISA(International Standard Atmosphere)，就是人为地规定一个不变的大气环境，它以北半球中纬度地区(北纬 35°～60°)大气物理特性的平均值为依据，加以适当修订而建立。ISA 还包括了大气温度、密度、气压等随高度变化的规律，得出统一的数据作为计算和试验飞机的统一标准。国际标准大气规定如下：

海平面高度为 0m，这一海平面称为 ISA 标准海平面；

海平面气压为 1 013.2hPa，即标准海压；

海平面气温为 15℃(288.15K)；

空气密度为 1.225 kg/m^3；

声音传播速度为 340.3m/s；

对流层高度为 11km，高度每升高 1 000m，气温下降 6.5℃。

应当注意，各地的实际大气与标准大气是存在差别的，常常需要进行互换计算。实际大气与国际标准大气互换计算主要是确定大气的温度偏差，即 ISA 偏差。

【例 1－1】 飞机巡航压力高度为 2 000m，该高度处的气温为－6℃，试求该高度处的 ISA 偏差。

解　高度为 2 000m 处的 ISA 标准温度应为

$$T_{标准}=15℃-(6.5℃/1\,000\text{m})\times 2\,000\text{m}=2℃$$

而实际温度为

$$T_{实际}=-6℃$$

所以，ISA 偏差为

$$\text{ISA}_{偏差}=T_{实际}-T_{标准}=-6℃-2℃=-8℃$$

因此，该高度处的 ISA 偏差为－8℃，表示为 ISA－8℃。

五、飞行危险天气简介*

大风、恶劣能见度、积雨云、雷暴、冰雹、低空风切变等危险天气对飞行安全有严重影响。下面将简单介绍两种常见的、对飞行安全危害很大的危险天气。

1. 雷暴天气

雷暴天气是严重影响飞行安全的中小尺度天气系统。不稳定的空气、很高的含水量和强烈的上升运动等几种大气条件的组合才能形成雷暴天气。其特点为①空间尺寸小，生存时间短；②气象要素水平梯度大，垂直运动速度大；③局部要素随时间变化剧烈。雷暴通常由一个或几个雷暴单体组成，雷暴单体是一个对流单元。其生命周期可以分为三个阶段，即发展阶段、成熟阶段和消散阶段。它能产生各式各样危及飞行安全的天气现象——强烈的湍流、积冰、闪电（雷击）、局部强降雨、大风，有时还有冰雹、龙卷风、下冲气流和低空风切变。在雷暴区飞行，飞机容易遭到雷击，则有可能打坏油箱或发动机，强烈的电场还能引起飞机个别部位磁化，使仪表产生误差，影响飞机的正常飞行；强烈的湍流、大风、风切变、积冰会导致飞机操纵困难，甚至失控。飞机误入雷暴活动区后，轻则造成人机损伤，重则造成机毁人亡。雷暴是目前被航空界、气象界所公认严重威胁飞行安全的敌人，飞行过程中应尽量避开雷暴区。

发生在 2009 年 6 月 1 日的法航 447 空难，其主要原因是飞机飞行中进入雷暴区，造成机械故障（空速管结冰冻住），再加上驾驶员操纵失误。此次空难造成法航一架从里约热内卢飞往巴黎、航班编号 447 的 A330－200 飞机在稳定巡航过程中坠入大西洋，机上载有的 216 名乘客、12 名机组人员全部遇难。

2. 风切变

风切变（wind shear），又称风切或风剪，是指风矢（风向和风速）在水平或垂直方向的突然变化。风切变是导致飞行事故的大敌，特别是低空风切变（即发生 600m 以下），飞机在进场着陆或起飞爬升阶段的风切变。它不仅能使飞机航迹偏离，而且可能使飞机失去稳定。如果驾驶员判断失误和处置不当，则常会产生严重后果。国际航空界公认低空风切变是飞机起飞和着陆阶段的一个重要危险因素，被人们称为“无形杀手”。风切变主要由强对流天气、锋面（冷暖空气的交界面）、逆温层、雷暴、复杂地形和地面摩擦效应等因素引起。风切变可以表现为以下几种形式。

(1)顺风切变(tail wind shear)指的是水平风的变量对飞机来说是顺风,例如飞机从逆风进入顺风,或从小顺风进入大顺风。顺风切变使飞机空速减小,升力降低,飞机下沉,这是一种比较危险的风切变形式。

(2)逆风切变(head wind shear)指的是水平风的变量对飞机来说是逆风,例如飞机从无风进入逆风,或从顺风进入逆风。逆风切变使飞机空速突然增大,升力突然增大,飞机抬升,危害相对轻些。

(3)侧风切变(cross wind shear)指的是飞机从一种侧风或无风状态进入另一种明显不同侧风状态,它有左右之分,使飞机发生侧滑、滚转或偏转。

(4)垂直风切变(vertical wind shear)指的是飞机从无明显的升降气流区进入强烈的升降气流区的情况,特别的强烈的下冲气流,往往有很强的猝发性,强度大,使飞机突然下沉,危害很大。

在风切变中,微暴流对飞行安全威胁最大。微暴流(microburst),又称下击暴流,是一种局部性的冷空气下沉,下沉气流到达地面后会向四面八方扩散,引起风场急速转变而产生风切变。在微暴流中不仅有明显的垂直风切变,还有强烈的顺风切变和逆风切变。当飞机处于下降进近时穿越这类风切变,首先会遇到逆风气流,从而使得飞机空速增加,为了保持一定的进近空速和下降率,飞行员通常会收油门以减小空速;通过逆风区后,飞机进入下冲气流区,如果飞机高度或空速不足时很容易被下冲气流直接冲击坠地;飞机通过下冲气流区后进入顺风气流区,顺风气流使飞机空速减小,将使得飞机的升力急剧下降,进入失速状态,如此低的高度和空速下飞行员基本没有空间和时间来恢复控制飞机,从而导致飞机重着陆或撞地,如图 1－18 所示。

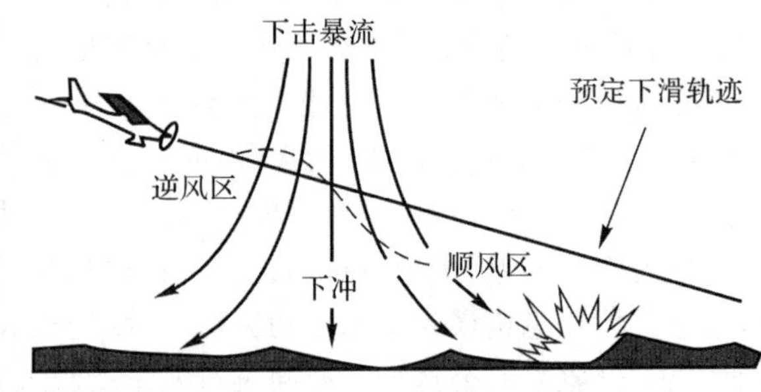

图 1－18　微暴流及其对飞机进近的影响

1985 年 8 月 2 日下午,发生于达拉斯-沃斯堡国际机场的达美航空 191 航班进近时坠机事故,就是由于低空风切变的原因所导致的。

复习思考题

1.空气动力航空器如何分类?

2.机翼及其可操纵翼面有何功用?

3.航空发动机如何分类?

4.翼型的参数主要包括哪些?它们如何定义?

5.机翼的平面参数主要包括哪些?它们如何定义?

6. 对流层有什么特点？

7. 空气湿度如何表示？

8. 什么是空气的黏性？它与哪些因素有关？

9. 国际标准大气如何规定？

10. 微暴流如何影响飞机进近(下降)？

第2章　飞机低速空气动力

飞机是重于空气的飞行器，要依靠与空气相对运动所产生的空气动力，才能在空中飞行。本章将讨论飞机在低速（马赫数 $Ma \leqslant 0.3$，不考虑空气压缩性）飞行时空气动力的基本规律，包括空气流动的基本规律、升力产生的原理与规律、阻力产生的原理与规律、低速空气动力性能分析、增升原理与增升装置应用等。

第一节　空气流动的基本规律

飞机空气动力是飞机与空气间有相对运动情况下产生的作用力，要学习和研究飞机空气动力（包括升力和阻力），首先要研究飞行中空气流动的基本规律。

一、流体模型化

空气分子运动是复杂、无规律的，要想建立一个与空气分子运动完全一致的流体模型是很困难的，也没有必要。所谓流体模型化，就是在研究流体运动规律时，根据所要研究问题的性质，抓住问题的主要方面，忽略次要方面的影响，建立相对简单的流体模型，便于讨论研究。文中常用的流体模型有以下两种。

1. 理想流体模型

理想流体，又称为无黏流体，是忽略流体黏性作用的流体，不考虑黏性、热传导、质量扩散等扩散特性。空气流过飞机时，一般只在贴近飞机表面的地方（附面层）才考虑空气黏性的影响，其他地方则按理想流体处理。在研究飞机表面压力分布及升力产生时，理想流体模型与实验结果符合得很好。在研究飞机的阻力问题时，则必须考虑流体的黏性。需要考虑流体黏性作用的流体称为黏性流体。

2. 不可压缩流体模型

不可压缩流体是指忽略流体密度的变化，认为其密度为常量的流体。任何流体都是可以压缩的，只不过可压缩的程度不同而已，液体的压缩性很小，气体的压缩性较大。空气流过飞机时，密度都要发生变化，其变化量的大小取决于 Ma 的大小，当 $Ma \leqslant 0.3$ 时，可以忽略空气密度变化，而把它视为不可压缩流体。当 $Ma > 0.3$ 时，就必须考虑空气密度变化对流动参数的影响。需要考虑密度变化作用的流体称为可压缩流体。

二、飞机相对气流运动

1. 相对气流

物体的运动都是相对的。空气与参照物体间有相对运动时会产生气流，空气与地面有相对运动时所产生的气流，常被称为风；空气与地面无相对运动，称为静止大气（无风）。当飞机在静止的大气中以 v_∞ 的速度飞行时，将在飞机上产生空气动力。如果前方空气以相同的速度

v_∞吹向相对静止的飞机，同样将在飞机上产生空气动力。即不论是飞机运动，还是空气运动都可以产生空气动力，并且只要飞机与空气产生的相对气流速度相等，所产生的空气动力也是相等的，这便是飞行相对运动。

相对气流是空气相对物体的运动，相对气流方向与物体运动方向相反。飞机在飞行中产生的相对气流方向与飞行速度方向相反，飞机由南向北飞行时，相对气流方向由北向南，飞机上升飞行时，相对气流方向斜向下，飞机下降飞行时，相对气流方向斜向上。

空气、物体（飞机）还存在两者都在运动中产生相对气流的情况，即空气相对地面运动（有风），物体也相对地面运动，空气与物体间也存在相对运动，可分为以下 3 种形式。

（1）顺风：指风向与物体运动方向一致，顺风使相对气流速度减小。

（2）逆风：指风向与物体运动方向相反，逆风使相对气流速度增大。

（3）侧风：指风向与物体运动方向成一定夹角，存在正交分量的风，可分解为与物体运动方向垂直和平行的两个分量，前者称为横风，后者称为纵风（顺风、逆风）。侧风会使飞机偏离预定航迹，危及飞行安全。

2. 风洞实验

只要相对气流速度相同，产生的空气动力也就相同。据此，在研究飞机空气动力的产生和变化情况时，就可以把飞机看作不动，让空气以与飞行速度相同的速度流过飞机，将飞机运动问题转化为空气流动问题，使对飞机空气动力问题的研究得以简化。这便是在飞机研制过程中非常重要的“风洞实验”原理，其本质是相对性原理。在风洞实验中，再根据相似性原理，可以将飞机按比例做成几何形状相似的小尺寸模型，气流速度在一定范围内也可以低于飞行速度，进行针对飞机（机翼）外形的吹风实验，根据实验结果可以推算出实际飞行时作用于飞机上的空气动力，如图 2-1 所示。

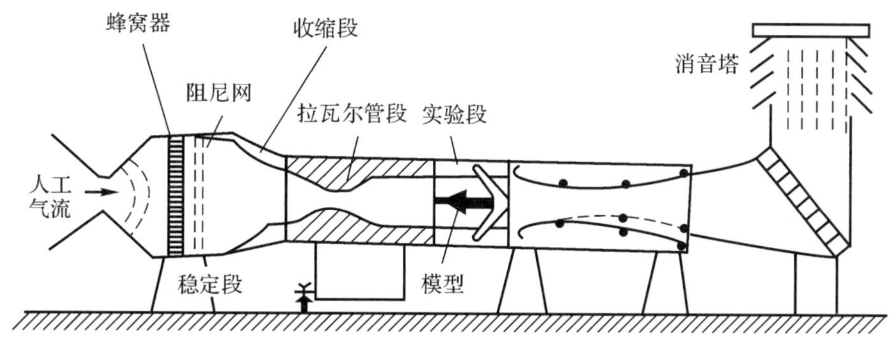

图 2-1　风洞实验简图

风洞实验是一种模拟实验，不可能完全准确。尽管风洞实验有局限性，但有这几个方面的优点：①能比较准确地控制风洞实验的实验条件，如气流速度、压力、温度等；②实验在室内进行，受气候条件和时间的影响小，模型和测试仪器的安装、操作、使用比较方便；③实验项目和内容多种多样，实验结果的精确度较高；④实验比较安全，而且效率高、成本低。因此，风洞实验在空气动力学的研究、各种飞行器的研制过程，以及在工业空气动力学、建筑空气动力学等领域中都有广泛应用。为了使实验结果与实际情况更相符，可以增大模型的尺寸，但这会对风洞提出更高的要求。

3. 迎角

在研究飞机空气动力特性时，有一个非常重要的概念——迎角。迎角(Angle Of Attack，AOA)，又称为攻角，是相对气流方向与翼弦之间的夹角，用 α 表示，如图 2-2 所示。迎角与飞机空气动力密切相关，既影响飞机升力，又影响飞机阻力，是最重要的飞行参数之一。相对气流方向处于翼弦下方为正迎角，相对气流方向处于翼弦上方为负迎角，相对气流方向与翼弦平行为零迎角。飞机必须在一定迎角范围内飞行，飞行员可以通过操纵驾驶杆偏转升降舵改变飞机俯仰姿态来改变飞机的迎角。

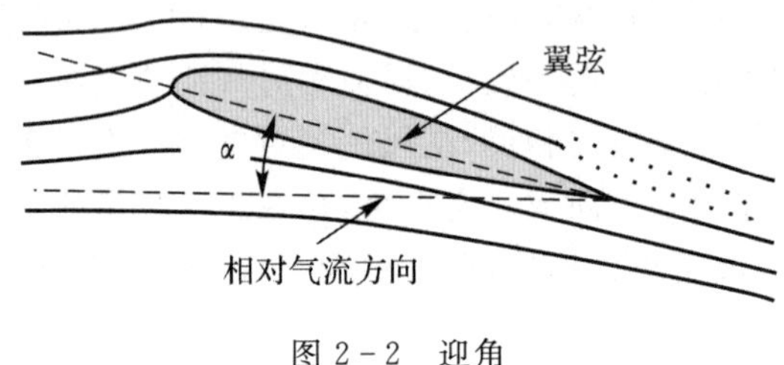

图 2-2 迎角

飞行状态不同，迎角大小一般不同。在正常飞行过程中，飞行速度高，迎角小；飞行速度低，迎角大。在水平飞行时，可以根据机头的高低来判断迎角的大小，机头高，迎角大，机头低，迎角小。其他飞行状态，单凭机头的高低就很难判断迎角的大小，如飞机下降时，虽然机头朝下，但迎角仍是正迎角(相对气流斜向上)。所以有的飞机上配备有专门指示迎角的仪器——迎角仪，又称迎角传感器，用来判断飞机迎角的大小。

三、流线和流线谱

空气流过不同物体表面的流动情形不同。为了更直观、更形象地研究空气流动的情形，一般可用流线和流线谱来描述。

1. 流线

流线是流场中的一条空间曲线，在该曲线上每点的流体微团的速度与曲线在该点的切线重合，如图 2-3 所示。流线是为了描述流体运动而引入的一条假想曲线。在定常流(流动参数如速度、压力、温度、密度等不随时间变化)中，流体微团的运动轨迹与流线重合。由于空气具有不可见性，正常情况下，肉眼是看不到流线的，为了更好地观察空气流动的流态，可以使用丝线法、烟流法、油流法及全息照相等方法来显示流线的形状，烟风洞就是常用的方法。流线具有以下几个方面的特点。

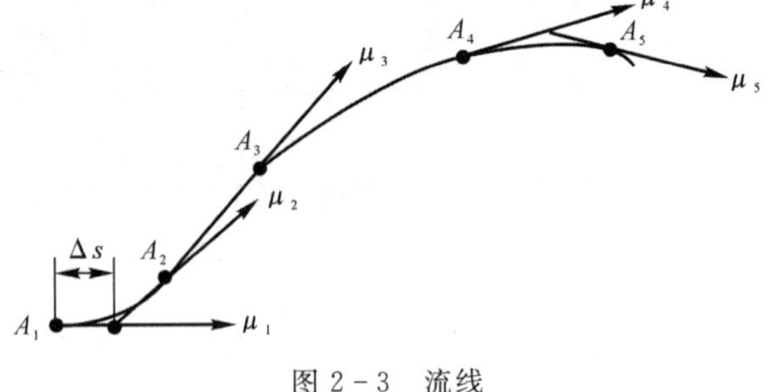

图 2-3 流线

(1)流线上每一点的流体微团速度与曲线在该点的切线重合。

(2)同一时刻的不同流线，不能相交。

(3)流线不能是折线，而是一条光滑的曲线。

(4)流线间的疏密反映了流速的大小，流线密集的地方流速大，稀疏的地方流速小。

2. 流线谱

流线谱是流线的集合，反映流体流过物体时的流动情况。流线谱的形状主要由物体的外形特征及物体与流体的相对位置决定。在烟风洞实验中可以直接观察到流线和流线谱的具体情况。图 2-4 所示是几种典型物体的空气流线谱。

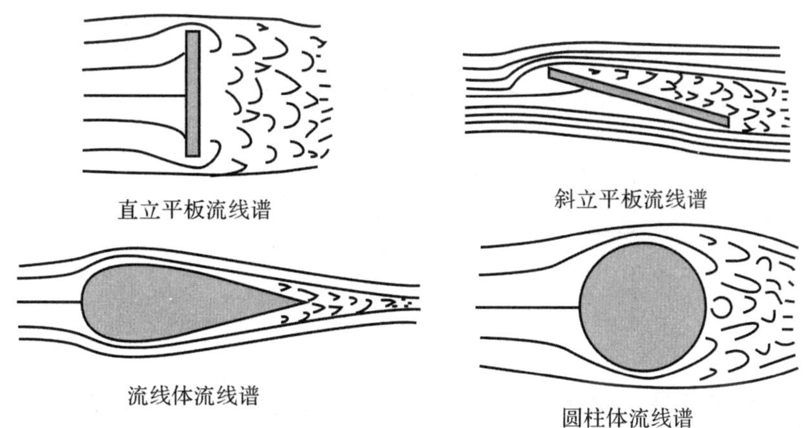

图 2-4　几种典型物体的流线谱

经分析比较，空气流线谱具有以下几个方面的特点。

(1)物体的形状不同，流线谱不同；并且物体与空气的相对位置（迎角）不同，流线谱也不同。

(2)气流受阻，流线间的间距增大，流线变稀疏；气流流过物体外凸处或受挤压，流线间的间距减小，流线变密集。

(3)气流流过物体时，在物体的后部都要形成涡流区。

(4)流线谱的形状与流速大小无关。

四、空气流动的基本规律

空气流动极其复杂，但也有其内在规律，这些规律是在自然科学中通过大量的实验归纳总结出来的。空气流动过程中应遵循质量守恒和能量守恒的基本规律，即连续性定理和伯努利定理。

1. 连续性定理

连续性定理是描述流体速度与截面（过流断面）之间关系的定理。具体可表述为：当流体连续不断、稳定地流过一个粗细不等的管子（流管）时，在同一时间内，流过流管任意截面的流体质量相等。

连续性定理可以通过文丘里管(Venturi tube) 实验进行验证，如图 2-5 所示。假设流体流过截面 Ⅰ—Ⅰ 的密度为 ρ_1、速度为 v_1、截面积为 A_1，流过截面 Ⅱ—Ⅱ 的密度为 ρ_2、速度为 v_2、截面积为 A_2。根据连续性定理，同一时间流过任意截面的流体质量相等，则有

$$\rho_1 v_1 t A_1 = \rho_2 v_2 t A_2 \rightarrow \rho_1 v_1 A_1 = \rho_2 v_2 A_2 \qquad (2-1)$$

或

$$\rho v A = C \qquad (2-2)$$

式(2-1)、式(2-2)为连续性定理的数学表达式——连续性方程。对于低速($Ma \leqslant 0.3$)流体,可以认为其密度不变,即 $\rho_1=\rho_2$,则式(2-1)可变为

$$v_1 A_1 = v_2 A_2 \tag{2-3}$$

由式(2-3)可以得出,低速流体在连续稳定的流管流动时,流速大小与流管截面积成反比。即流管收缩(截面积变小),流速增大;流管扩张(截面积变大),流速减慢。这就是流体低速流动时,流速与流管截面积之间的关系。

利用连续性定理可以解释许多现象,如深水静流、山谷里的风比平原的大等。

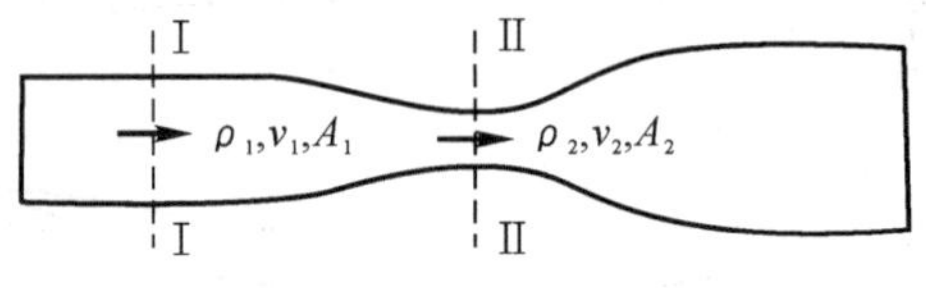

图 2-5　文丘里管实验

2. 伯努利定理

流体在运动时,除了遵循质量守恒定律外,还应遵循能量守恒定律。流体的能量守恒定律被称为伯努利定理,它是由瑞士物理学家丹尼尔·伯努利(Daniel Bernoulli)于1738年首先提出来的。它具体可表述为:不可压缩理想流体作稳恒流动时,流体中任何点处的压强、单位体积的势能及动能之和守恒。

空气稳定流动时,主要有四种能量:动能、热能、压力能、重力势能,这四种能量之间相互转换,其总和为常数。当空气低速流动时,可以认为没有额外热量产生,与外界也没有热能的交换,热能为常量。当流管高度变化很小时,再加上空气密度较小,可以认为重力势能为常量。因此,不可压缩理想气体作稳恒流动时参与交换能量只有动能和压力能,此时,能量变换的关系可以表示为:动能 + 压力能 = 常量。

从物理学可知,动能 $E_{动}=\frac{1}{2}mv^2$,其中 $m=\rho A v \Delta t$,则流过任意截面的动能为 $E_{动}=\frac{1}{2}\rho A v \Delta t \cdot v^2$。压力能为压力所做功的大小(功 = 力 × 位移),则流过任意截面的压力能为 $E_{压力}=pAv\Delta t$。若取单位体积的空气,即 $Av\Delta t=1$,则动能为 $E_{动}=\frac{1}{2}\rho v^2$,压力能为 $E_{压力}=p$。若用 p_0 表示可变换能量之和为常数,则不可压缩理想气体作稳恒流动时的能量变换关系式可以表示为

$$\frac{1}{2}\rho v^2 + p = p_0 \tag{2-4}$$

式中,$\frac{1}{2}\rho v^2$ 称为动压,指单位体积空气所具有的动能;p 为静压,指单位体积空气所具有的压力能;p_0 为总压(全压),为动压与静压之和。在静止的空气中,动压为零,静压等于总压($p=p_0$),此时,静压等于当地的大气压;具有相对运动的空气,则动压大于零,其静压要小于当地的大气压。

式(2-4)是伯努利定理的数学表达式——伯努利方程。因此,伯努利定理可以表述为:不可压缩理想气体作稳恒流动时,在同一流管的任意截面上,空气的动压和静压之和保持不变。由此可见同一流管内,流速大,动压大,则静压小;流速小,动压小,则静压大。

将连续性定理与伯努利定理结合起来，则空气在连续稳定流管低速流动时，有这样的规律：截面积小，流速大，动压大，静压小；或截面积大，流速小，动压小，静压大。

伯努利定理可以用如图 2-6 所示的实验装置进行验证。由图中可得出截面积间的关系为 $A_1 = A_3 > A_2$，流速间的关系为 $v_1 = v_3 < v_2$，压力间的关系为 $p_1 = p_3 > p_2$。

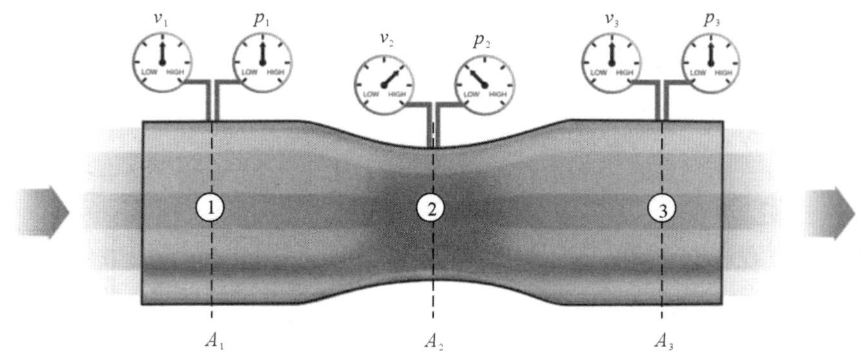

图 2-6　伯努利定理实验

伯努利方程式(2-4)是对不可压缩、理想、稳恒流动的气流才成立的。严格来说，伯努利定理在满足下列条件时才适用。

(1) 气流是连续、稳定的，即是定常流；

(2) 气流与外界没有热能交换，即空气是绝热的；

(3) 空气没有黏性，即空气为理想流体；

(4) 空气密度不变，即空气为不可压缩流体；

(5) 在同一条流线或同一条流管上。

利用伯努利定理可以解释许多现象，如图 2-7 所示的吹纸实验、如图 2-8 所示足球运动中的弧线球、如图 2-9 所示机翼升力的产生等。在吹纸实验中，往间隔一定距离的两张纸中间吹气，两张纸会紧贴在一起，究其原因是因为吹气使两张纸中间的气流速度加快，压力(静压)减小，而纸的另外两侧，空气相对静止，压力保持不变，这样就产生由两侧指向中间的压力，使两张纸紧贴在一起。足球运动中的弧线球，如果足球往目标点飞行过程中又伴随着自转，足球的运动轨迹将不是直线而是弧线，究其原因是因为足球的自转运动导致左右两侧的相对气流速度不相等，如图 2-8 所示足球的旋转方向导致左侧顺风、右侧逆风，右侧的相对气流速度大于左侧，右侧的动压大于左侧，左侧的静压大于右侧，从而产生了由左指向右的侧向力，再加上足球飞行中空气阻力作用，使足球运动轨迹发生弯曲，形成了弧线球。机翼升力的产生将在本章第二节进行解释。

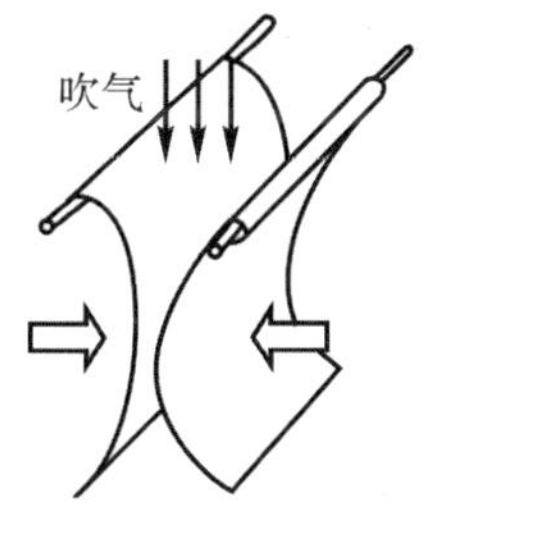

图 2-7　吹纸实验

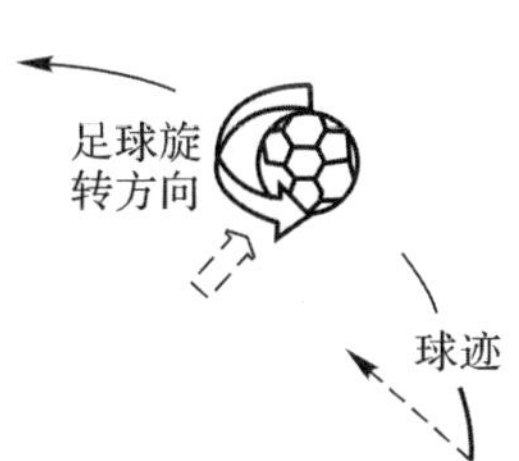

图 2-8　弧线球

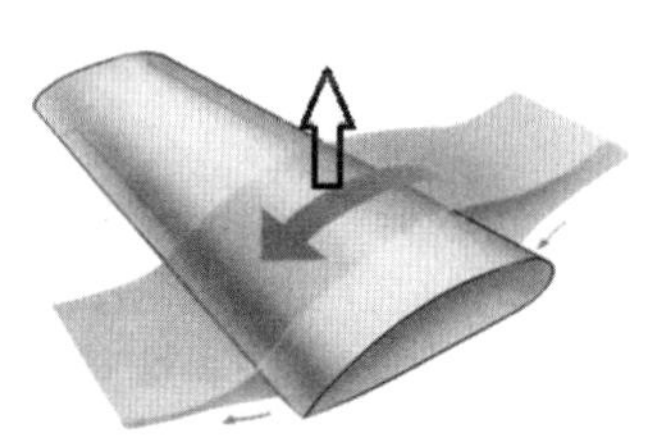

图 2-9　机翼升力

3. 连续性定理和伯努利定理的应用

(1) 文丘里流量计。文丘里流量计是通过测量收缩管段与进口管道之间的压差来推算管道流量的仪器，它是以连续性方程和伯努利方程为基础的流量测量方法。它可用于测量封闭管道中稳定流体的流量，常用于测量空气、天然气、煤气、水等流体的流量。图 2-10 所示是其原理图。文丘里管两处的截面积 A_1，A_2 为已知量，当管里面连续通过低速流体时，两截面处的流速不等，流体静压力不等，若能测得它们之间的静压差(p_1-p_2)，则利用连续性方程和伯努利方程可算出管道中的流速与流量。

根据伯努利方程有

$$\frac{1}{2}\rho v_1^2+p_1=\frac{1}{2}\rho v_2^2+p_2 \qquad ①$$

根据连续性方程有

$$v_1=v_2\frac{A_2}{A_1} \qquad ②$$

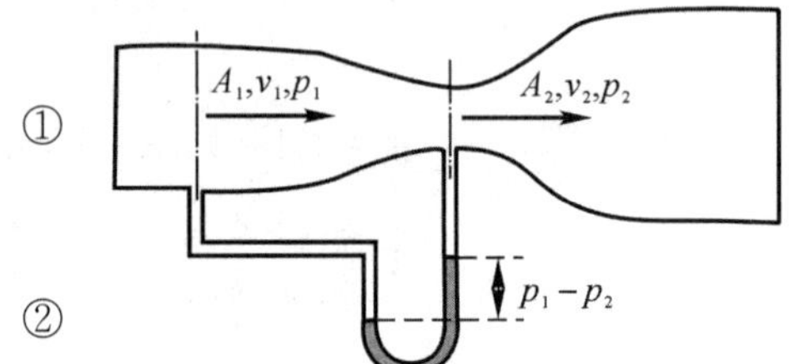

图 2-10 文丘里流量计原理图

将式 ② 代入式 ①，整理后可得

$$v_2=\sqrt{2(p_1-p_2)/(1-A_2^2/A_1^2)\rho}$$

最后可以计算出流量为

$$Q=A_2v_2=A_2\sqrt{2(p_1-p_2)/(1-A_2^2/A_1^2)\rho}$$

(2) 空速表。空速表是测量和显示航空器相对周围空气运动速度的仪表，它基于伯努利定理来测量空速。其原理图如图 2-11 所示，(a) 中的空速管(又称为皮托管，Pitot tube)的头部有一小孔 O 正对主来流(速度为 v_∞，压力为 p_∞)，由于气流在此处完全滞止，速度为零，此处静压为总压，孔 O 所受到的是总压 p_0，孔 O 称为总压孔；再在管壁处开另一小孔 B，孔 B 的开口面垂直于管壁(即垂直主来流)，而它所受到的就只有气流的静压 p_∞(流速方向与开口面垂直)，孔 B 称为静压孔。将总压孔和静压孔分别与压力测量器相连接，则可以测出总压与静压的差值(p_0-p_∞)，其大小等于主来流的动压。

根据伯努利方程，可得

$$\frac{1}{2}\rho v_\infty^2=p_0-p_\infty \rightarrow v_\infty=\sqrt{\frac{2(p_0-p_\infty)}{\rho}} \qquad (2-5)$$

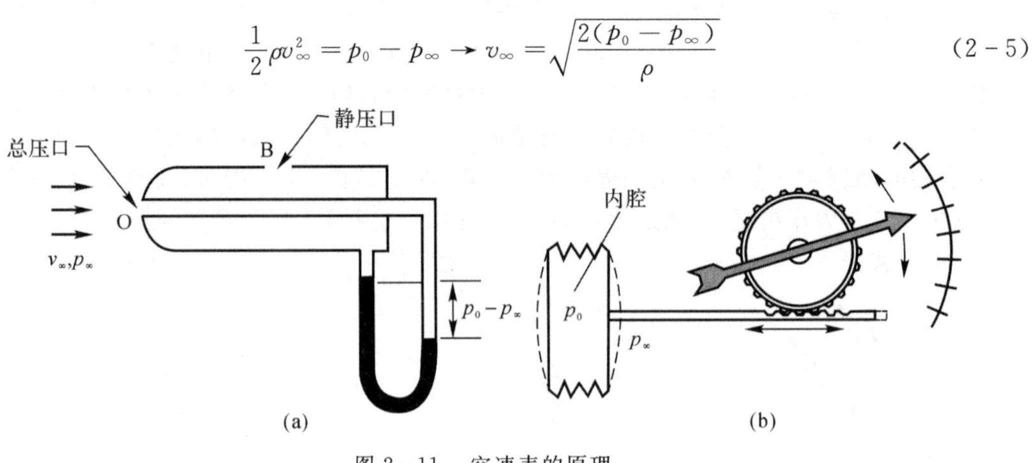

图 2-11 空速表的原理

若用导管将总压孔与空速表鼓膜的内腔连接，静压孔与鼓膜的外部相接，空速表的鼓膜在总压与静压之差(即动压)的作用下膨胀或收缩，将鼓膜膨胀或收缩所产生的位移量通过某种运动传递机构传给空速表的指针，变为指针的偏转量，从而可以测量航空器与气流的相对运动速度，即空速，如图 2-11(b) 所示。

空速表是非常重要的飞行仪表，由于空速表故障而导致的飞行事故，在人类飞行史上屡见不鲜。

第二节　升　　力

一、飞机总空气动力

飞机在飞行或滑跑中，当飞机与空气有相对运动时，就会产生作用于飞机上的空气动力。飞机各部分所产生空气动力的总和就称为飞机的总空气动力，通常用 R 表示，如图 2-12 所示。一般情况下，飞机的总空气动力向上并向后倾斜，根据它所起的作用，可将空气总动力(R) 分解为垂直于相对气流(飞行速度)、方向向上和平行于相对气流、与飞行方向相反的两个分力。前者称为升力，用 L 表示，它用于克服飞机的重力，使飞机能驶离地面；后者称为阻力，用 D 表示，它阻碍飞机前行。

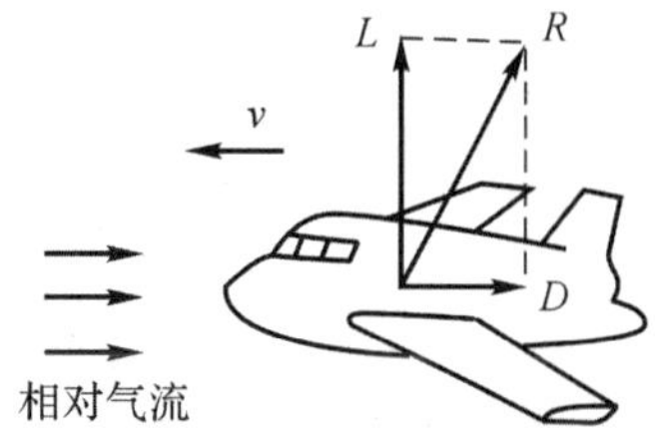

图 2-12　飞机总空气动力

研究飞机空气动力，主要是研究飞机升力、阻力的产生原理及其变化规律。

二、升力的产生原理

飞机飞行时，各部分都可以产生升力，但绝大部分是由机翼产生的。其他部分产生的升力很小，为了维持飞机的平衡，像水平尾翼通常产生向下的负升力。下面以机翼(平凸机翼) 为对象研究飞机升力产生的原理及变化规律。

为了更形象地阐述机翼升力产生的原理，我们从一个遛狗的例子说起。如图 2-13 所示，主人与小狗同时从起点出发，主人走平路，小狗绕过车顶，同时达到终点，所用时间相同，所走过的路程不同，显然，在此时间段内，小狗的运动速度大于主人的运动速度。

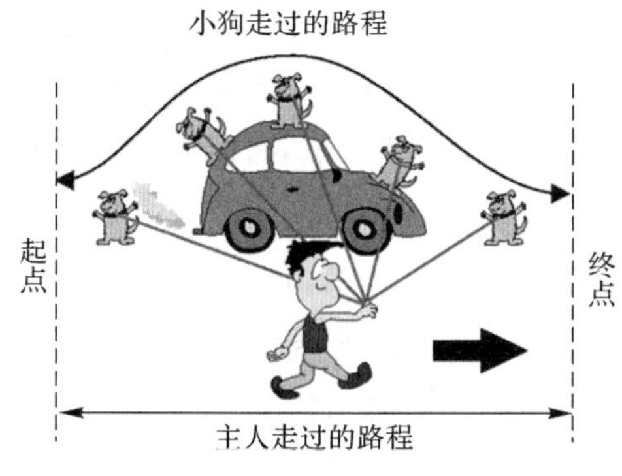

图 2-13　遛狗的例子

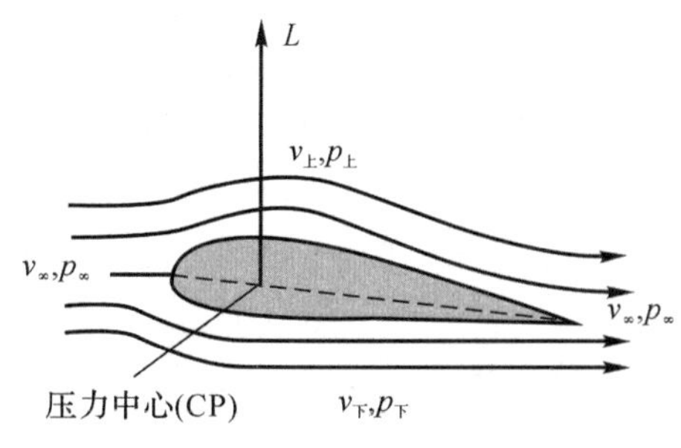

图 2-14　机翼升力的产生

当气流从机翼流过时，其运动情况为：空气遇到前缘的作用，被分成上、下两股，分别沿机翼的上表面、下表面流过，并在机翼后缘汇合向后流走，如图 2-14 所示。① 参照图 2-13 所示遛狗的例子，容易得出，气流从机翼上表面流过的速度大于从下表面流过的速度。② 从流线谱理论可得出：在机翼的上表面，由于正迎角和翼型外凸的影响，流线变密，流速增大；而在机翼的下表面，气流受阻，流线变疏，流速减小。两种不同方法分析都可得出上表面的气流速度大于下表面的气流速度，即有 $v_{上} > v_{下}$。

根据伯努利方程有

$$\frac{1}{2}\rho v_{上}^{2} + p_{上} = \frac{1}{2}\rho v_{下}^{2} + p_{下}$$

又因为

$$v_{上} > v_{下}$$

可以得出

$$p_{上} < p_{下}$$

这样，机翼的上、下表面就出现了压力(强)差，压力差作用于机翼(面积为 S)上就产生向上的作用力，这便是机翼的升力。用公式表示为

$$L = \Delta pS = (p_{下} - p_{上})S \tag{2-6}$$

升力的产生分布在整个机翼上，为了方便起见，可把机翼产生的升力看成作用于某一点上，称为机翼升力的着力点，又叫压力中心(Center of Pressure，CP)。

三、翼型的压力分布

机翼的升力是由上、下翼面的压力差产生的，分布作用于整个翼面上。翼面上所产生的压力差并不是均等的，不同部位的压力差对机翼升力的贡献不同。为了更深入地了解机翼升力产生的机理，需要研究翼型不同位置的压力差对升力的贡献情况，即翼型的压力分布。描述翼型压力分布情况常用矢量表示法和坐标表示法。

1. 矢量表示法

从前面分析可知，气流从(平凸)机翼上表面流过时，流速从 v_{∞}(来流速度)先增大，在最外凸处达最大值，然后再减速，在后缘处流速减小为 v_{∞}，经历一个“先加速后减速”的过程，整个过程的速度都大于来流速度。根据伯努利定理，机翼上表面的压力(强)会随流速发生变化，其规律为先减小后增大，但都小于来流的静压力(p_{∞})。气流从机翼下表面流过时，流速从 v_{∞} 先减小，然后再增大，在后缘处流速增大为 v_{∞}，经历一个“先减速后加速”的过程，整个过程的速度都小于来流速度。机翼下表面的压力(强)会随流速发生变化，其规律为先增大后减小，但都大于来流的静压力(p_{∞})。另外，在机翼的内部也同样存在空气，它们随机翼一起运动(相对机翼静止)，可认为其压力等于来流的静压力(p_{∞})。

在描述机翼压力分布时，通常将机翼上各处的静压(p)与来流的静压(p_{∞})进行比较，其差值 Δp($\Delta p = p - p_{\infty}$)称为压力差。如果压力差为正值，称为压力(正压力)；如果压力差为负值，称为吸力(负压力)。压力和吸力可以用矢量来表示，若用箭头由翼面指向外的矢量来表示吸力，则用箭头由外指向翼面的矢量来表示压力。将各处矢量的外端用光滑的曲线连接起来，就得到了用矢量表示的翼面压力分布图，如图2-15

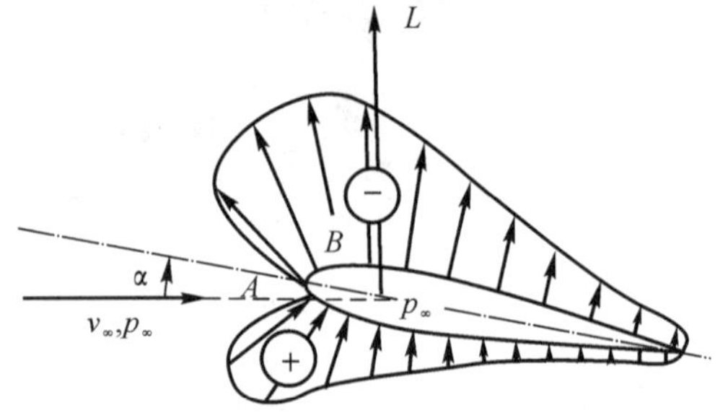

图 2-15　翼型压力分布的矢量表示

所示。

在翼型压力矢量分布图中，存在着正压力最大点和吸力最大点，分别称为驻点和最低压力点。驻点处气流受阻最严重，流速最小（等于 0），静压力最大，一般位于机翼前缘附近，如图 2－15 中的 A 点；最低压力点处气流速度最大，静压力最小，一般位于机翼上表面最大厚度附近，如图 2－15 中的 B 点。需要指出，机翼的压力分布并不是一成不变的。翼型不同或迎角改变，流线谱会不同，压力分布情况、驻点和最低压力点的位置都会发生变化。

2. 坐标表示法*

在用坐标表示机翼压力分布时，一般采用压力系数（C_p），其定义为

$$C_p = \frac{\Delta p}{\frac{1}{2}\rho v_\infty^2} = \frac{p - p_\infty}{\frac{1}{2}\rho v_\infty^2} \tag{2-7}$$

式中，p_∞ 和 v_∞ 分别表示来流的压强和速度。

根据伯努利方程，有

$$\frac{1}{2}\rho v^2 + p = \frac{1}{2}\rho v_\infty^2 + p_\infty$$

于是翼面上各点的静压为

$$p = \frac{1}{2}\rho v_\infty^2 + p_\infty - \frac{1}{2}\rho v^2$$

将其代入式（2－7），整理得

$$C_p = \frac{\left(\frac{1}{2}\rho v_\infty^2 + p_\infty - \frac{1}{2}\rho v^2\right) - p_\infty}{\frac{1}{2}\rho v_\infty^2} = 1 - \left(\frac{v}{v_\infty}\right)^2 \tag{2-8}$$

压力系数（C_p）是无量纲参数。在气流低速流动时，当翼型的形状一定（翼型参数不变）、迎角不变时，翼型的流线谱就不变，翼面某处的流速（v）就为一确定值，将其代入式（2－8）可计算出翼面上该处的压力系数（C_p）也是一确定值。这表明，翼面上各处的压力系数主要取决于翼型参数和迎角，而与流速无关。图 2－16 所示是某翼型在某迎角下压力分布的坐标表示，图中 $C_p = 1$ 的点（9 号点处）就是驻点，C_p 值最小点（1 号点处）就是最低压力点。

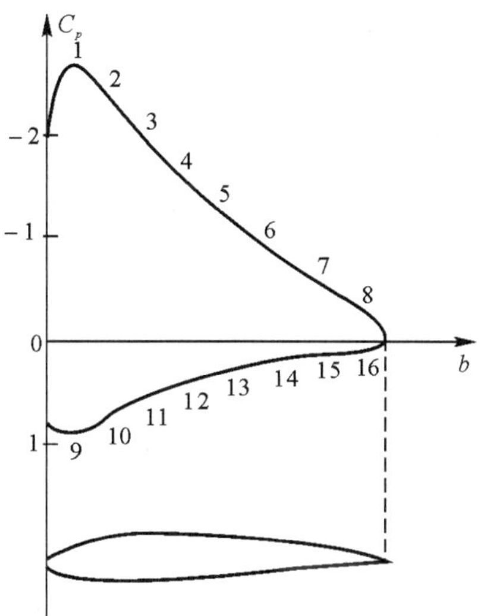

图 2－16　机翼压力分布坐标表示

从机翼的压力分布图可以看出，机翼升力的产生主要靠机翼上翼面吸力的作用，尤其是上翼面前段的吸力，而不是靠下翼面正压力的作用。据统计分析，由上翼面吸力作用产生的升力，一般占总升力的 60％～80％；而下翼面正压力作用所产生的升力只占总升力的 20％～40％。对于双凸机翼或对称机翼，当机翼迎角很小（0°左右）时，下翼面也可能产生向下的吸力，在这种情况下，机翼的升力将完全由上翼面的吸力所产生。

四、升力公式

1. 升力公式的推导*

飞机的升力是由机翼上、下翼面存在压力差而产生的。上、下翼面所产生压力差的大小，可以根据伯努利方程进行计算，如下列方程式：

$$\frac{1}{2}\rho v_{\infty}^{2}+p_{\infty}=\frac{1}{2}\rho v_{上}^{2}+p_{上}$$

$$\frac{1}{2}\rho v_{\infty}^{2}+p_{\infty}=\frac{1}{2}\rho v_{下}^{2}+p_{下}$$

整理后得

$$\Delta p_{上}=p_{上}-p_{\infty}=\frac{1}{2}\rho_{\infty}v_{\infty}^{2}\left(1-\frac{v_{上}^{2}}{v_{\infty}^{2}}\right)=\frac{1}{2}\rho_{\infty}v_{\infty}^{2}C_{p上} \quad (2-9a)$$

$$\Delta p_{下}=p_{下}-p_{\infty}=\frac{1}{2}\rho_{\infty}v_{\infty}^{2}\left(1-\frac{v_{下}^{2}}{v_{\infty}^{2}}\right)=\frac{1}{2}\rho_{\infty}v_{\infty}^{2}C_{p下} \quad (2-9b)$$

根据机翼的压力分布可知，$\Delta p_{上}$，$\Delta p_{下}$沿翼弦方向是变化的，求翼面上升力的大小需要沿翼弦向进行积分。如图 2-17 所示，在单位翼展上，沿翼弦方向(x 轴) 取积分微元 dx，设其对应上表面的弧长为 $ds_{上}$，下表面的弧长为 $ds_{下}$，它们的切线与 x 轴的夹角分别为 $\delta_{上}$，$\delta_{下}$，则上、下翼面在该微元上所产生的升力分别为

$$dL_{上}=\Delta p_{上}\ d\delta_{上}\ \cos\delta_{上}\ \cos\alpha$$

$$dL_{下}=\Delta p_{下}\ d\delta_{下}\ \cos\delta_{下}\ \cos\alpha$$

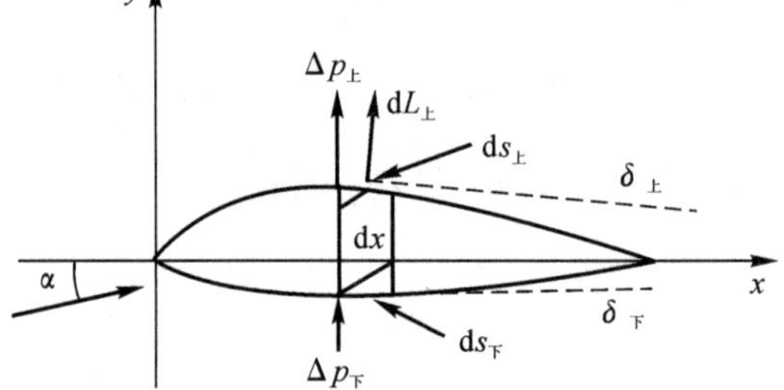

图 2-17 升力微元与升力计算

式中，升力方向要求与相对气流垂直，则在该微元上的升力微元为

$$dL=dL_{下}-dL_{上}=(\Delta p_{下}\ d\delta_{下}\ \cos\delta_{下}-\Delta p_{上}\ d\delta_{上}\ \cos\delta_{上})\cos\alpha \quad (2-9c)$$

因为可以取 $ds_{上}=ds_{下}=dx$，于是作用在单位翼展上的升力为

$$L_{型}=\int_{0}^{b}(\Delta p_{下}\ \cos\delta_{下}-\Delta p_{上}\ \cos\delta_{上})\cos\alpha\times1\times dx \quad (2-9d)$$

将式(2-9a) 和式(2-9b) 代入式(2-9d)，整理得

$$L_{型}=\frac{1}{2}\rho_{\infty}v_{\infty}^{2}\int_{0}^{b}(C_{p下}\cos\delta_{下}-C_{p上}\cos\delta_{上})\cos\alpha\times1\times dx \quad (2-9e)$$

令 $\bar{x}=x/b$，则式(2-9e) 可表示为

$$L_{型}=\frac{1}{2}\rho_{\infty}v_{\infty}^{2}b\times1\times\int_{0}^{1}(C_{p下}\cos\delta_{下}-C_{p上}\cos\delta_{上})\cos\alpha d\bar{x} \quad (2-9f)$$

再令

$$C_{L型}=\int_{0}^{1}(C_{p下}\cos\delta_{下}-C_{p上}\cos\delta_{上})\cos\alpha d\bar{x} \quad (2-9g)$$

则式(2-9f) 可表示为

$$L_{型}=C_{L型}\ \frac{1}{2}\rho_{\infty}v_{\infty}^{2}b\times1 \quad (2-9h)$$

式(2-9h) 就是翼型的升力公式，式中的($b\times1$) 为沿翼展上的单位面积($\bar{S}$)，$C_{L型}$ 称为翼型

的升力系数。

参照相同的道理，可以求解沿翼展方向的升力公式，其求解过程与机翼平面形状有很大关系，不再详述其推导过程。最终可以将飞机（机翼）的升力公式表示为

$$L = C_L \times \frac{1}{2}\rho v^2 S \tag{2-10}$$

式中，C_L 为飞机（机翼）的升力系数；$\frac{1}{2}\rho v^2$ 为来流动压；S 为机翼的作用面积。

2. 升力公式的物理意义

由式（2－10）可知，飞机的升力与升力系数（C_L）、来流动压（$\frac{1}{2}\rho v^2$）和机翼面积（S）成正比。升力的大小由 C_L，ρ，v 和 S 四个参量决定，这四个参量中，ρ（空气密度）和 S（机翼面积）平飞时是相对不易变的参量。ρ（空气密度）会随大气特性发生变化，人为因素将难以使其发生变化，空气密度会随高度发生变化，但飞机在水平飞行时，高度不变，可以认为空气密度大小基本不变。S（机翼面积）除了使用某些增升装置，机翼面积在正常飞行过程中也基本保持不变。而 C_L（升力系数）和 v（气流速度）是相对易变的参量，它们会随飞行条件随时发生变化，为了维持正常飞行，它们的变化是相互关联的。

由式（2－9g）可以得出，（翼型）升力系数与机翼的压力分布有关，主要随机翼形状（翼型参数）和迎角发生变化。对于同一架次飞机来说，机翼形状一般是固定不变的，也就是说，飞行过程中升力系数主要是随迎角发生变化。因此可以得出：飞机升力的大小主要随迎角和气流速度发生变化。

在一定范围内，飞机升力系数随迎角增大。飞机在正常飞行中，需要维持升力的稳定，当飞行速度变小时，需要增大升力系数，增大迎角；反之，飞行速度增大时，需要减小升力系数，减小迎角。即飞机在正常飞行中，小速度对应大迎角，大速度对应小迎角，如图 2－18 所示。

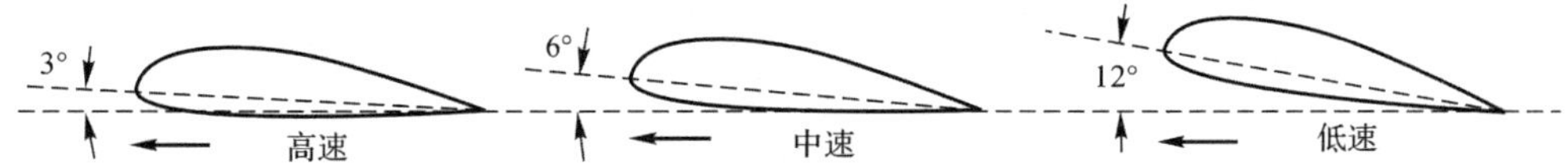

图 2－18　飞行速度与迎角的关系

五、升力特性

飞机的升力特性是指飞机升力系数的变化规律，研究它随机翼形状（翼型参数）和迎角的变化规律。需要指出，升力系数只是影响升力大小的一个因素，它本身并不是升力，是一个无量纲参数。

1. 升力系数随迎角的变化规律

升力系数的变化规律主要研究其随迎角的变化规律，称为升力系数曲线。图 2-19 所示为某型飞机的升力系数曲线。

从升力系数曲线可以看出，升力系数（C_L）随迎角（α）的变化规律可分为三段：① 在中小迎角范围内，升力系数呈线性变化，即升力系数随迎角的增大线性增大；② 当迎角较大时，升力系数随迎角还在增大，但增长势头渐渐减缓，已呈非线性变化；③ 当迎角达到某个角度时，升力系数达最大值，超过这个角度后，升力系数随迎角增大而减小。

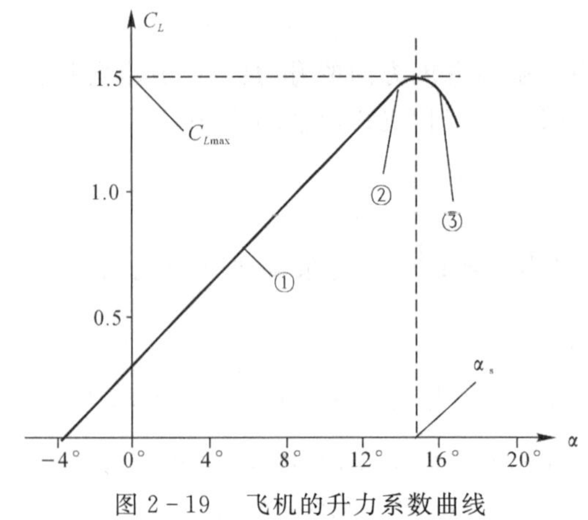

图 2-19 飞机的升力系数曲线

造成升力系数曲线这种变化的原因如下：① 在中小迎角范围内，随迎角增大，上翼面流线更加弯曲，流速更快，压强更低，吸力更大；与此同时，下翼面的气流受阻作用更强，流速更慢，压强更高，压力更大，使升力系数呈线性增大。② 当迎角继续增至较大时，上翼面的后部出现气流分离，使涡流区扩大，它对整个翼型的压力分布都有影响，除前缘附近很小一段上翼面的吸力仍增长较快外，上翼面大部分区域的吸力和下翼面的压力的增长都很缓慢，使得升力系数增长缓慢。③ 当迎角达到某个角度时，机翼上出现了严重的气流分离，涡流区迅速扩大，影响整个流场。此时，上翼面前段流线变稀，流速减慢，吸力陡降；涡流区所在一段翼面，吸力虽稍有增加，但不足以补偿前段吸力的丧失，因而升力系数减小，如图 2-20 所示。

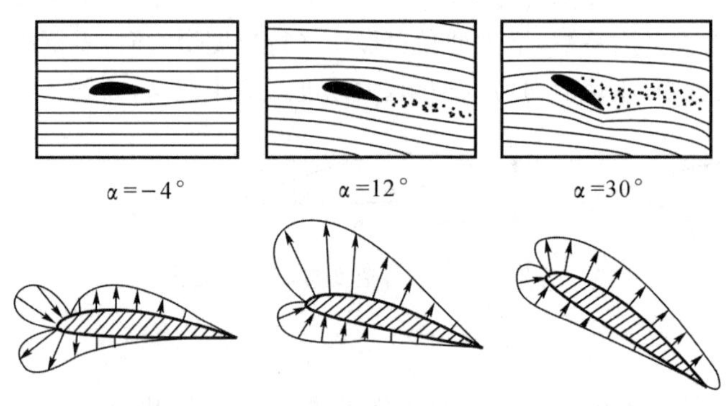

图 2-20 不同迎角下翼型压力分布的变化

2. 升力特性参数

升力系数曲线中有几个参数是比较特殊的，它们对升力性能有重要的影响，或是升力系数曲线中的关键点。

(1) 临界迎角(stalling angle of attack)。升力系数曲线最高点所对应的迎角就是临界迎角，用 α_s 表示。临界迎角是一个非常重要的空气动力性能参数，它决定飞机的失速特性。当迎角达到临界迎角时，升力系数达最大值；当迎角超过临界迎角，升力系数会突然下降，飞机将会进入失速状态而不能保持正常的飞行状态。因此，临界迎角又称失速迎角。飞机正常飞行时，要求迎角要小于临界迎角。

(2) 最大升力系数。升力系数曲线最高点对应的升力系数就是最大升力系数，用 $C_{L\max}$ 表示。最大升力系数是决定飞机起飞和着陆性能的重要参数。从升力公式(2-10)可以得出，C_L 越大，维持升力所需速度就越小。速度越小，所需的滑跑距离就越短，飞机起飞和着陆性能也就越好。

(3) 零升迎角。零升迎角是飞机升力系数等于零时的迎角，用 α_0 表示。当飞机处于零升迎角时，上、下翼面产生的升力大小相等，方向相反，整个机翼的升力为零，如图 2-21 所示。对于非对称机翼，如果相对弯度大于零，零升迎角为负值。这是因为，当 $\alpha=0°$ 时，上、下翼面的流线不对称，有一定的上、下压力差，升力系数大于零；当升力系数等于零时，迎角必然小于零。对于对称机翼，零升迎角等于零。这是因为，当 $\alpha=0°$ 时，上、下翼面的流线对称，没有上下翼面压力差，升力系数等于零。

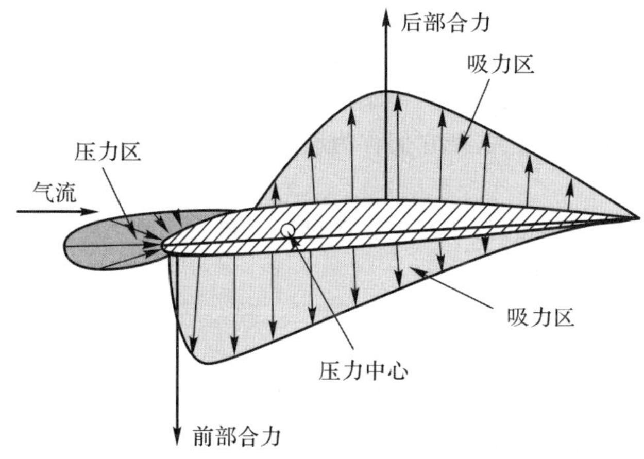

图 2-21　零升迎角的翼型压力分布

3. 影响升力系数的其他因素

影响升力系数的因素有迎角和机翼参数。升力系数曲线已经阐明了迎角对升力系数的影响，下面主要阐述机翼参数对升力系数的影响。在阐述某个因素的影响时，假定其他因素不变。

(1) 相对厚度。相对厚度大，(平凸) 机翼上表面的弯曲程度也大，气流流过上翼面加速更厉害，压力降低更多，吸力增加，因此升力系数会增大。相对厚度增大可以使得在大迎角时气流分离更严重，使得临界迎角减小。相对弯度对升力系数也有基本相似的影响。

(2) 最大厚度位置。最大厚度位置靠前，机翼前缘部分弯曲程度增大，气流加速快，吸力增加，升力系数有所增大。但这会使气流的分离点靠前，涡流区域增大，使临界迎角减小。

(3) 前缘半径。前缘半径越小，在大迎角时，上翼面与气流的相对角度大，使得气流容易发生分离；前缘半径越大，在大迎角时，能使气流较平顺流过上翼面，可以延缓气流分离，使临界迎角增大。一般地认为，前缘半径较大的翼型，其低速特性较好，但高速特性变差。

(4) 展弦比。展弦比越大，下洗作用影响越小，升力系数越大；但展弦比越大，翼尖处更容易产生气流分离进而引起整个机翼的气流分离，使临界迎角减小。

(5) 后掠角。后掠角越大，升力系数越小。平直机翼的低速空气动力性能比后掠翼要好；大后掠角的飞机，低速空气动力性能相对会比较差，但高速特性好(参考后掠翼的高速气动特性)。

4. 压力中心的变化规律

迎角发生变化，会影响翼型的压力分布，压力中心也会随之发生变化。压力中心随迎角的变化规律为：在临界迎角范围内，压力中心随迎角增大前移；超过临界迎角，压力中心随迎角增大后移。其原因可以参考图 2-20，在临界迎角范围内，随迎角增大，机翼上翼面前段的吸力峰增大且前移，压力中心前移；超过临界迎角，机翼上翼面前段的吸力峰陡降，后段的吸力作用增强，压力中心后移。

第三节　阻　　力

阻力与飞行运动方向相反，是阻碍飞机前进的空气动力，同时阻力对飞机的稳定具有帮助作用。飞机以任何速度飞行都存在阻力，在低速飞行时，根据阻力的形成原因，可分为摩擦阻力、压差阻力、干扰阻力和诱导阻力。其中摩擦阻力、压差阻力、干扰阻力的形成是由于空气的内摩擦力作用，与空气的黏性有关，把它们称为废阻力；而诱导阻力是由升力诱导出来的，把它称为诱导阻力。

飞机的废阻力主要与空气的黏性有关。在讨论飞机阻力前，需要先了解与空气黏性联系非常密切的一个概念 —— 附面层。

一、低速附面层

1. 附面层的形成

水、空气或其他低黏滞性流体沿固体表面流动或固体在流体中运动时，附于物体表面的一层流体称为附面层，又称边界层（boundary layer）。空气流过物体时，由于物体表面不是绝对光滑的，加之空气具有黏性，所以紧贴物体表面的一层空气会受到阻滞和吸附作用，流速减小为零。这层流速为零的空气又通过黏性（分子间的牵扯）作用影响上一层空气的流动，使上层空气流速减小。如此一层影响一层，在紧贴物体表面的地方，就形成了流速沿物面的法线方向逐渐增大的薄层空气。从物体表面向外，流速由零逐渐增大，距物体表面一定距离后，流速才与主来流的气流速度一样。我们把沿物体表面这层气流流速从零逐渐增加到主来流速度99%、很薄的流动空气层称为附面层，如图 2-22 所示。

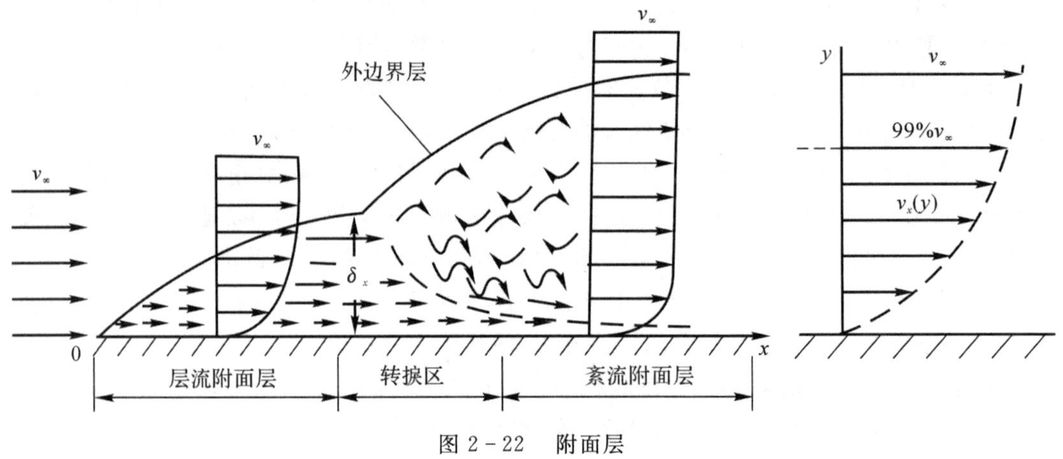

图 2-22　附面层

2. 附面层的特点

(1) 附面层内沿物面的法线方向压强不变且等于法线主流压强。如果沿着物面法线方向（用 y 表示）测量附面层静压强 p 的变化，其结果是压强 p 在附面层内沿 y 方向几乎不变，即其压力梯度为

$$\frac{\partial p}{\partial y}=0 \tag{2-11}$$

附面层内沿物面的法线方向压强不变且等于法线主流压强这个特点非常重要。在实际计算中，只要测出附面层边界的主流压强，便可得到物面上各相应点的静压强，它使得用理想流体模型来代替实际流体切实可行。

(2) 附面层的厚度随气流流经物体表面距离的增加而增厚。由物体表面沿法线方向到附面层边界($99\% v_\infty$)的距离为附面层的厚度，用 δ_x 表示。附面层的厚度随气流流经物体表面距离的增加而增厚，这是因为空气黏性的作用。空气沿物体表面流动时，紧贴附面层的一层空气要不断受到附面层内空气的牵扯，逐渐减速变为附面层内的气流，因而空气沿物体表面流过的距离越长，附面层的厚度也就越厚。在飞机的翼面上，附面层的厚度可从几毫米增长至几十毫米。

3. 层流附面层和紊流附面层

流体流动时存在两种基本流态，即层流(laminar flow)和紊流(turbulent flow)。所谓层流，就是流体微团沿着与物面平行的方向作平滑的分层流动。在这种流态中，流体微团(可看着为一质点)的轨迹没有明显的不规则脉动，互不混淆(流体微团内部还是无规则的运动)。所谓紊流，就是流体微团除了沿物面的流动外，还有明显沿物面法线方向的上下乱动的现象，流体微团相互混掺，运动无序。流体在这种流态中，除了黏性力耗能外，还有更主要的由于紊动产生附加切应力引起的耗能。

气流沿物面流动时，在物面的前段一般是层流，后段是紊流，层流与紊流之间的过渡区称为转捩区，又称为转捩点，如图 2-22 所示。

附面层由层流转变为紊流的外因是不光洁物体表面的扰动作用，内因是层流本身的不稳定性，缺少一种自动恢复平衡的能力。如图 2-23 所示，取 a,b,c 流线，如果流线 b 受到扰动而变形，在 1～2 之间，ab 间的流线间距变小，流速增大，压强降低；而 bc 间的流线间距变大，流速减小，压强升高。流线 b 在两侧压力差的作用下，不但不能自动恢复到原来位置，而且还要继续增大变形。同时流线 a,c 在两侧压力差作用下也要发生变形，可见层流本身是不稳定的。

由于受到物体表面光洁度的影响，凹凸不平的物体表面使底层气流出现上下脉动，随着气流流过物体表面距离的增加，附面层上的气流不断受到扰动，且越来越剧烈，当脉动增大到一定程度时，层流附面层就转变为紊流附面层。

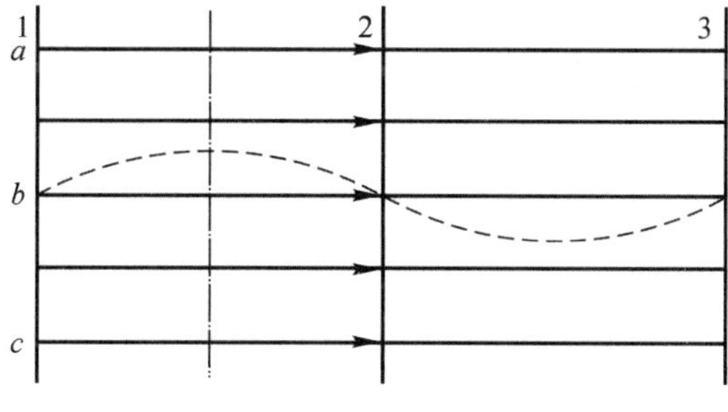

图 2-23　层流附面层的不稳定性

流体的流态可以用雷诺数（Reynolds number）来表征。雷诺数是表征流体流动情况的无量纲数，用 Re 表示。

$$Re = \rho v d / \eta \tag{2-12}$$

式中，ρ，v，η 分别为流体的密度、流速与黏性系数；d 为特征长度，例如流体流过圆形管道，则 d 为管道直径。

雷诺数小，意味着流体流动时各质点间的黏性力占主要地位，流体各质点平行于物体表面有规则地流动，呈层流流动状态；雷诺数大，意味着惯性力占主要地位，流体呈紊流（也称湍流）流动状态。一般认为，雷诺数 $Re < 2\ 300$ 为层流状态，$Re = 2\ 300 \sim 4\ 000$ 为过渡状态，$Re > 4\ 000$ 为紊流状态。

层流附面层与紊流附面层的厚度不同，前者较薄，后者较厚；两者的速度场也不同，与层流附面层相比，紊流附面层由于流体微团上下紊动的结果，相邻各层的流速差较小。在紊流附面层靠近物体表面部分，由于受到物体表面的限制，仍保持为层流（称为紊流底层的层流），其占整个紊流附面层厚度的 1% 左右。在紧贴物面附面层的层流内，速度（v）沿物面的法线方向（y）都会发生变化，其变化量可以用速度梯度来描述，但紊流区段的速度梯度要比层流区段的大得多，即

$$\left(\frac{\partial v}{\partial y}\right)_{y_{紊} \to 0} > \left(\frac{\partial v}{\partial y}\right)_{y_{层} \to 0} \tag{2-13}$$

4. 附面层的分离

流体流过光滑连续的曲面，如机翼的上、下翼面时，由于受到曲面弯曲度的影响，流体的流速（动压）不同，流体沿流动方向的静压也不同、压强会发生变化，即存在压强梯度，如流动方向以 x 表示，则压强梯度可表示为$\frac{\partial p}{\partial x}$。压强梯度对附面层气流的流动将产生很大的影响。

流体沿如图 2-24 所示的曲面流过时，由前面对流体分析的知识可知，从 A 到 B，流线逐渐变密，流速增加，压强降低，压强梯度$\frac{\partial p}{\partial x} < 0$，其压力差的方向与流速一致，称为顺压梯度；从 B 到 D，流线逐渐变稀，流速减小，压强升高，压强梯度$\frac{\partial p}{\partial x} > 0$，其压力差的方向与流速相反，称为逆压梯度。图 2-24 中，B 点附近的压强最低，A 与 D 点附近的压强都比 B 点的高，即有 $p_A > p_B < p_D$。

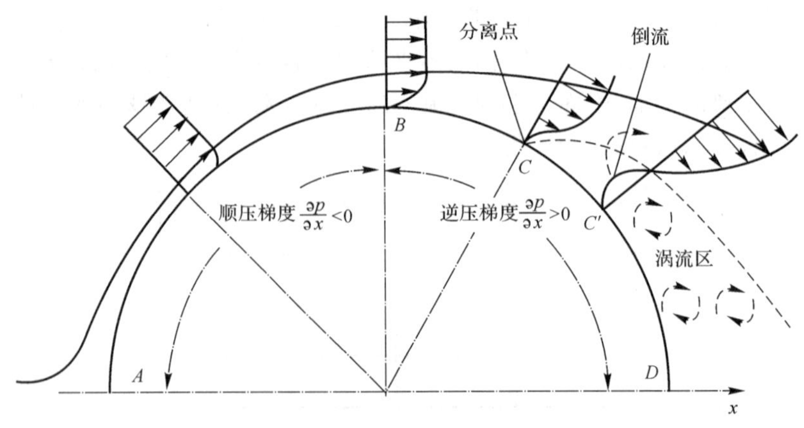

图 2-24　顺压梯度和逆压梯度

由于存在顺压梯度和逆压梯度，气流沿物体表面流动时，运动情况将变得更复杂。在图 2-24 中，从 A 到 B，气流处于顺压梯度段，虽然空气黏性的作用会使气流减速，但在顺压压力差作用下却使气流加速，总的来说，附面层内的气流还是加速流动的。然而，从 B 到 D，气流处于逆压梯度段，情况却不是这样。附面层的气流在空气黏性和逆压压力差的双重作用下减速，以致在 C 点处的速度减小到零。在 C 点之后，附面层底层的气流在逆压压力差的作用下发生倒流现象。倒流而上的气流与顺流而下的气流在 C' 点处相遇，使附面层气流拱起脱离物体表面，并被主流卷走，产生了旋涡，使附面层下部产生了气流分离现象。这些旋涡一方面连续不断地从物体表面产生，一方面又被（上层）主来流吹散，如此周而复始地运动，这样就在分离点后形成了涡流区。

涡流区的旋涡运动是周期性的，是一种强烈的摩擦形式，它是引起飞机机翼、尾翼和其他部分产生颤动的重要原因之一。在涡流区内，流体在运动过程中，除了黏性耗能外，还有更主要的由于气流分离而产生附加切应力引起的耗能。这部分额外的耗能通过牺牲静压（静压减小）的方式进行补充，它导致附面层出现气流分离后，涡流区的压强会降低（相对没有涡流现象的压强）。不但气流流过机翼会出现气流分离的现象，气流流过汽车也存在相似的问题。气流在车身后部容易形成涡流区，使得该区域的空气压强要比其周围的大气压强低，从而产生了由四周指向汽车后部的作用力，这就是汽车后部容易积灰的原因。

实验结果表明，涡流区内各处的压强几乎是相等的，且等于分离点处的压强。

二、阻力的产生原因、影响因素及减少措施

1. 摩擦阻力

（1）产生原因。由附面层的理论可知，空气流过机翼时，紧贴机翼表面的一层空气，其速度减小为零，就像粘贴在机翼表面一样。这是由于气流受到了机翼表面给它的作用力的结果，作用力的方向与气流运动方向相反（与飞机运动方向相同）。根据牛顿第三运动定律可知，机翼表面也必然会受到气流给它大小相等、方向相反的反作用了。这个反作用力的方向与飞行方向相反，成为阻碍飞机前进的作用力，就是摩擦阻力。

（2）影响因素。由式（1-9）可知，摩擦阻力取决于摩擦因数、速度梯度和接触面积。摩擦因数与气体的类型、气体特性及物体表面粗糙度等因素有关。速度梯度与附面层的类型密切相关，由式（2-13）可知，紊流附面层底层的速度梯度比层流附面层的大，即在紊流附面层区段，飞机表面对气流的阻滞作用大，因此，紊流附面层的摩擦阻力比层流附面层的大。另外，接触面积越大，摩擦阻力也就越大。

（3）减小措施。根据摩擦阻力的影响因素，减小摩擦阻力，可以采用以下几个方面的措施：① 降低摩擦因数，在飞行中气体特性人为因素很难控制，降低摩擦因数主要可以通过控制物体表面粗糙度的方法来实现。现代飞机，蒙皮连接用平头或沉头铆钉来取代圆头或普通铆钉，使外表面平滑；还可以通过减小飞机表面（蒙皮）的不正常凹陷或凸起，严格控制蒙皮装配时的阶差（公差），尤其是要严格控制装配逆差，如图 2-25 所示。② 控制气流的流场，尽量减少或延缓紊流附面层的产生，从而减小机翼表面的速度梯度。③ 在保持升力足够的前提条件下，尽可能减少气流与飞机的接触面积，但这要取决于飞机的构型。

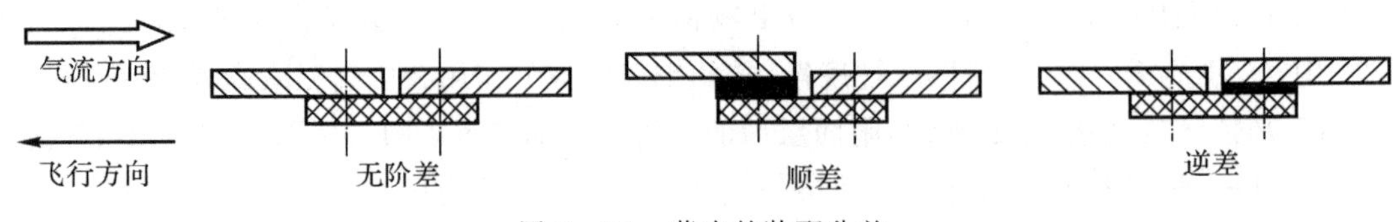

图 2-25　蒙皮的装配公差

2.压差阻力

(1)产生原因。由附面层的理论可知,气流流过机翼后,由于黏性和逆压梯度的作用,在机翼后缘部分会产生附面层分离形成涡流区,如图2-26所示。涡流的作用需要消耗额外的能量,导致该区域的压强降低。在图 2-24 中,不同点之间的压强满足:$p_A > p_C = p_D$(涡流区压强相等)。这样使得机翼前缘的压强大于机翼后缘的压强,作用于机翼的迎风面积上,机翼的前后缘就会产生压力差,方向由前缘指向后缘,与飞机运动方向相反,这就是机翼产生的压差阻力。飞机其他部分产生压差阻力的原理与此相同。

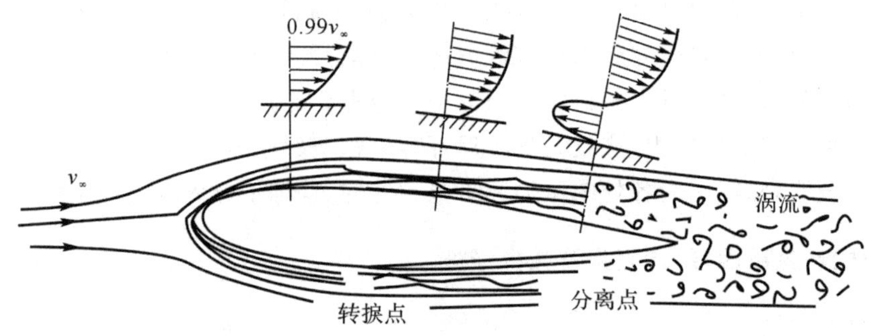

图 2-26　机翼气流流场图

(2)影响因素。根据压差阻力的成因可知,压差阻力的大小取决于机翼前、后缘的压力差和迎风面积的大小。压力差的大小又取决于气体的黏性和涡流区气流分离所消耗的能量。涡流区越大、作用越强烈,压差阻力就越大;反之,压差阻力就越小。迎风面积越小,压差阻力越小,总的来说,飞机的压差阻力与迎风面积、形状和迎角有关。

(3)减小措施。根据上面分析可知,减小压差阻力的最有效措施就是减小或延缓气流分离,尽量减小涡流区,或减小物体的迎风面积。具体可以采用以下几个方面的措施:① 减小飞机的迎风面积,迎风面积越小,压差阻力就越小。② 改善物体(机翼)的构型,使物体更具流线型,流线型佳的物体,涡流区域比较小,且迎风面积也较小,压差阻力小。③ 控制迎角,迎角越大,分离点越靠近机翼前缘,涡流区越大,且迎风面积也较大,压差阻力就会增大;反之,压差阻力就会减小。④ 采用边界层控制技术(参考边界层控制增升技术),改善气流的流场,减小或延缓气流分离,从而减小压差阻力。

3.干扰阻力

(1)产生原因。飞机的各个部件,如机翼、机身、尾翼等,单独与气流发生作用所产生的阻力的总和小于把它们组合成一个整体所产生的阻力,即出现了"1 + 1 > 2"的现象。我们把这种飞机各部分之间由于气流的相互干扰而产生的额外阻力,称为干扰阻力。它产生于飞机上各个部件的结合部。

以机翼与机身结合为例,阐述干扰阻力产生的原理,如图 2-27 所示。气流流过机翼和机身结合部，在结合部中段，由于机翼表面和机身表面都向外凸起，流线变密，流速加快，压强降低；而在后段，由于机翼和机身表面都向内弯曲，流线变稀，流速减小，压强增大。这样使得在机翼和机身结合部的逆压梯度增大，促使气流分离点前移，使得结合部的涡流区扩大，从而产生额外的阻力。

(2) 影响因素。干扰阻力是由于飞机各部分相互结合、相互干扰，影响气流的流场，出现了更多的涡流区域，而额外产生的阻力。不但机翼和机身结合部会产生干扰阻力，机身与尾翼、机翼与发动机短舱等也会产生干扰阻力。

(3) 减小措施。根据前面分析可知，减小干扰阻力的措施就是要减小飞机各部分之间相互干扰，具体可采取以下几个方面的措施：① 设计合适的部件外形和安装位置，如有实验表明，在其他条件不变情况下，中单翼的干扰阻力会比较小；而下单翼的干扰阻力会比较大。② 在飞机的各个部件结合部位安装整流包皮(蒙皮)，使结合部较为圆滑，更具流线型，减小气流的过分扩张或收缩，减少气流分离。这种减小干扰阻力的措施在飞机中被大量使用。

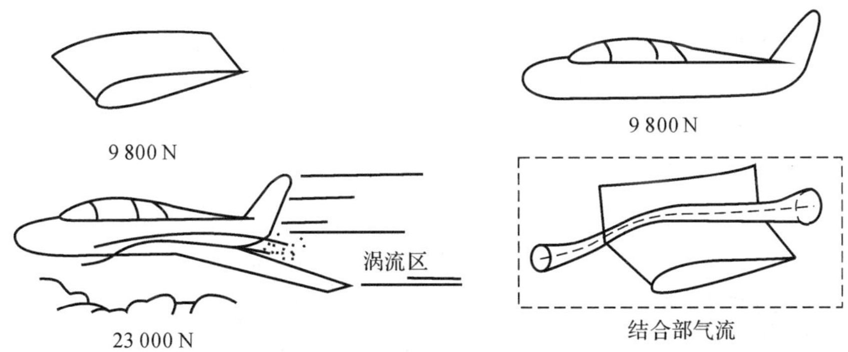

图 2－27　干扰阻力的产生

4. 诱导阻力

前面阐述三种阻力产生的根本原因都与空气黏性有关。除了这三种阻力，飞机在飞行时还要产生另外一种与空气黏性无关的诱导阻力。诱导阻力是升力诱导出来的，与翼尖涡和下洗流有关。

(1) 翼尖涡。当机翼产生正升力时，下翼面的压强比上翼面的高。如果机翼不是无限长，在上、下翼面压力差的作用下，下翼面的气流就会绕过翼尖流向上翼面，如图2-28所示。它们的旋向刚好相反，这样就使得下翼面的流线由翼根向翼尖倾斜；而上翼面的流线由翼尖偏向翼根，在翼尖处形成了涡流。在飞行过程中，翼尖涡在旋转的同时向后流动便形成了翼尖涡流，如图 2－29(a) 所示。机翼上、下翼面的压力差越大，产生的升力越大，翼尖涡的作用也就越强。大型运输机，飞行重量大，所需升力大，翼尖涡的影响可以延伸至飞机后方数千米地方，旋涡区的切向速度分量在旋涡形成后 2 ～ 3 min 才能减弱到不起作用的程度，6 ～ 8 min 才会完全消失。翼尖涡所产生的尾流会影响后续飞机的飞行安全，飞机尾流间隔最低标准据此制定。

翼尖涡流的旋转是有规律的，靠近翼尖内侧，气流向下；靠近翼尖外侧，气流向上。日常生活中所见到的两种现象与翼尖涡流有关。一种是有时在飞机飞过的空间会产生涡旋状的云。另一种是大雁飞行时，常排成“人”字或“斜一”字形的队伍，领飞的大雁排在中间，幼弱的小雁常排在队伍的外侧，这样使得后雁处于前雁翅梢处所产生翼尖涡流的上升气流之中，可节省体力，有利于长途飞行。

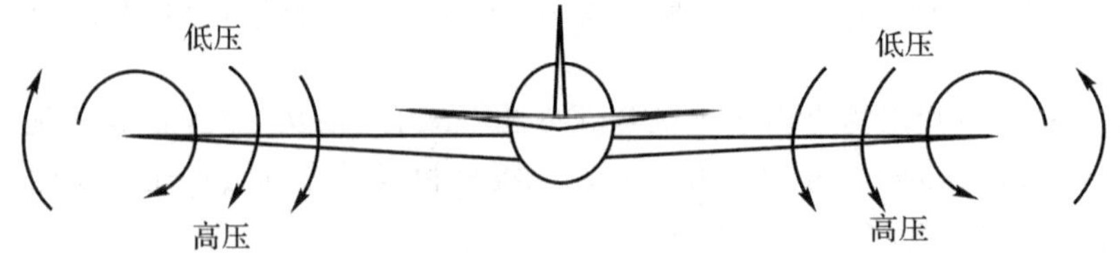

图 2-28　翼尖涡

(2) 下洗流和下洗角。由于机翼后缘存在翼尖涡流，翼尖涡流的旋涡在机翼剖面会产生沿竖直方向(垂直于相对气流方向)的诱导速度，用ω表示，它的指向在整个机翼展长范围内都是向下的，称为下洗速度。下洗速度是不均匀的，为了简单起见，可用一个平均下洗速度来代替整个翼型的下洗速度。

下洗速度的存在，影响了翼型的气流方向，使流过翼型的气流向下倾斜，这个向下倾斜的气流称为下洗流，用v'表示。下洗流与原相对气流之间的夹角称为下洗角，用ε表示。下洗流与翼弦之间的夹角称为有效迎角，用α'表示，如图 2-29(b) 所示。

机翼的有效迎角比机翼迎角要小，它们的关系满足：$\alpha'=\alpha-\varepsilon$。

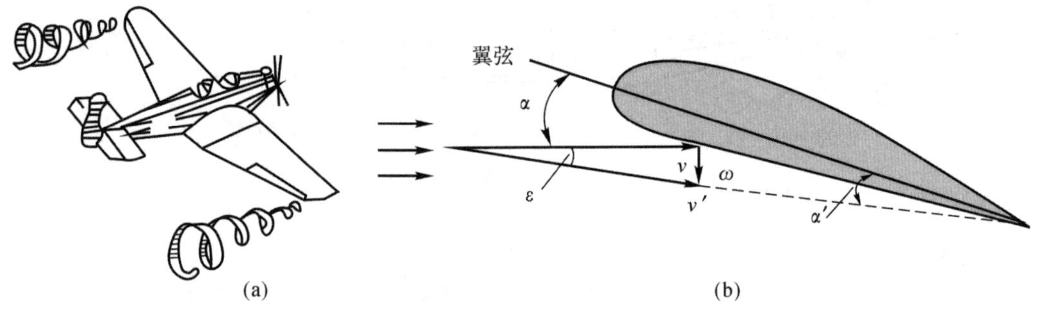

图 2-29　翼尖涡流与下洗作用

(3) 诱导阻力的产生原因。机翼产生的升力方向与相对气流方向垂直。如果没有下洗作用，机翼上的升力L垂直于相对气流v；有了下洗作用后，实际升力L'应与受下洗影响的气流v'垂直，如图 2-30 所示。因此，实际升力L'的方向较原升力L向后倾斜了一个角度ε。实际升力L'可作两个方向的分解，对飞机的运动起着两个方面的作用：一是垂直于原相对气流方向的分力L，$L=L'\cos\varepsilon$，起着克服飞机重力的作用；二是平行于原相对气流、与运动方向相反的分力D'，$D'=L'\sin\varepsilon$，起着阻碍飞机前进的作用，这个阻力就是诱导阻力。

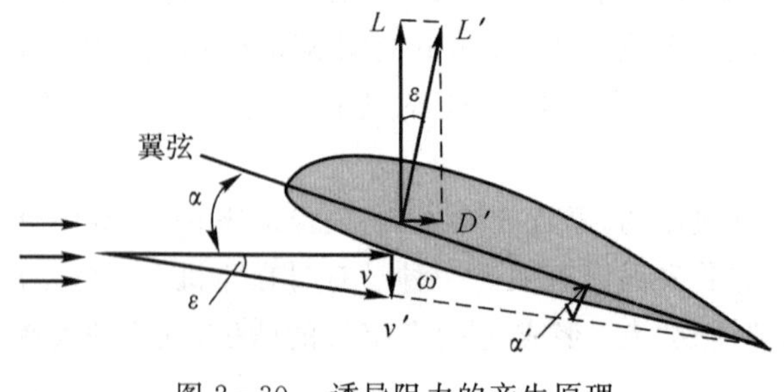

图 2-30　诱导阻力的产生原理

(4) 诱导阻力的影响因素。根据诱导阻力的成因可知，诱导阻力的大小取决于下洗流作用的大小。下洗流的作用受到机翼形状(特别是机翼的平面形状)、展弦比、升力大小和飞行速度等因素的影响。椭圆机翼的诱导阻力最小，梯形机翼次之，矩形机翼的诱导阻力最大。展弦比大(翼展长)，下洗作用弱，诱导阻力小。升力大，下洗作用强，诱导阻力大。在平直飞行中，飞行速度越大，下洗作用越弱，诱导阻力越小，诱导阻力与飞行速度二次方成反比(参考平飞所需拉力分析)。

(5) 诱导阻力的减小措施。根据诱导阻力的影响因素，减小诱导阻力，可以采用以下几个方面措施：① 使用椭圆机翼或梯形机翼取代矩形机翼。② 使用大展弦比的机翼。③ 提高飞行速度。这三种措施在实际使用时，要受到其他因素的制约，并不是减小诱导阻力的最有效措施，减小诱导阻力的最有效措施是在机翼上安装翼梢小翼。

在机翼的翼尖处安装翼梢小翼 (winglet)，使翼尖涡的流动受到限制，从而起到减小诱导阻力的作用，如图 2-31 所示。美国空气动力学家 R. T. 惠特科姆于 20 世纪 70 年代中期，最先提出翼梢小翼的概念，有单上小翼、单下小翼、上下小翼等多种布局形式，它们能起到提高展弦比的作用。风洞实验和飞行试验结果表明，翼梢小翼能使全机诱导阻力减小 20% ～ 35%。翼梢小翼作为提高飞行经济性、节省燃油的一种先进空气动力设计措施，已在多种机型上得到了应用。

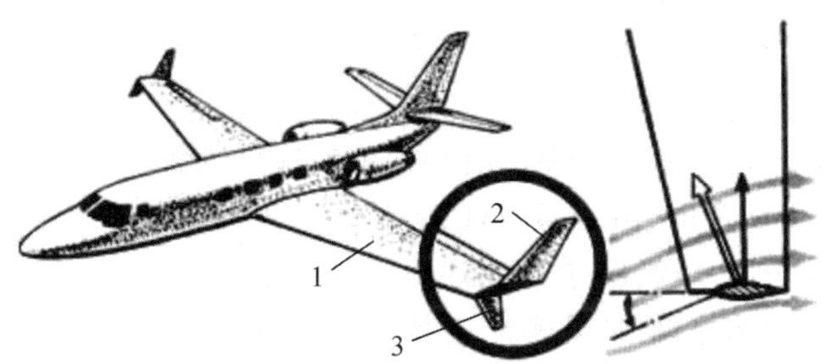

图 2-31　翼梢小翼

1—机翼；　2—上翼梢小翼；　3—下翼

至此，我们讨论完了飞机在低速飞行中产生的阻力，包括摩擦阻力、压差阻力、干扰阻力和诱导阻力。各种不同阻力在不同机型中、不同飞行状态中所占的比例不同。表 2-1 列出了不同类型飞机正常平飞时的阻力构成。

表 2-1　不同类型飞机平飞时的阻力构成

阻力名称	飞机类型		
	亚声速运输机	超声速战斗机	单旋翼直升机
摩擦阻力	45%	23%	25%
诱导阻力	40%	29%	25%
干扰阻力	7%	6%	40%
激波阻力	3%	35%	5%
其他阻力	5%	7%	5%

三、阻力公式

与升力相比较，阻力的种类更多，产生过程更复杂，受多种因素的影响，严格推导阻力的产生（公式）将是一个复杂的过程，在此不进行详细阐述。综合前面分析可知，飞机阻力主要与机翼形状及其表面质量、飞机迎角、机翼面积、飞行（速度）动压有关。其中机翼形状及其表面质量、飞机迎角将会影响到飞机上气流的流场，其影响过程非常复杂，把它们的影响作用归结为阻力系数，这样就可以得到与升力公式类似的阻力公式，即

$$D = C_D \times \frac{1}{2}\rho v^2 S \tag{2-14}$$

式中，C_D 为飞机（机翼）的阻力系数，它综合表达了飞机迎角、机翼形状及表面质量对飞机阻力的影响。

从式（2－14）可以得出，飞机的阻力与阻力系数、来流动压及作用面积成正比。

四、阻力特性

飞机的阻力特性是指飞机阻力系数的变化规律，研究它随飞机迎角、机翼形状及表面质量的变化规律。在此重点讨论飞机迎角变化对阻力系数的影响。阻力系数只是影响阻力大小的一个因素，它本身并不是阻力，是一个无量纲参数。

1. 阻力系数随迎角的变化规律

图 2-32 所示为某机型的阻力系数随迎角变化的曲线，称为阻力系数曲线。从图中可以看出，阻力系数随迎角的增大而增大，近似于开口向上的抛物线规律。

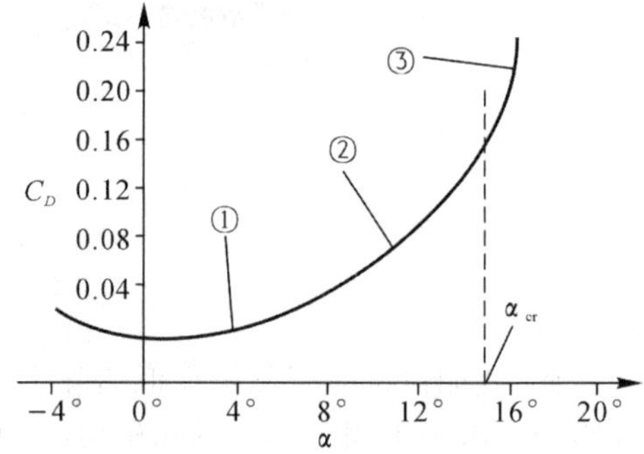

图 2－32　某机型的阻力系数曲线

从阻力系数曲线可以看出，阻力系数（C_D）随迎角（α）的变化规律可分为三段：① 在中小迎角范围内，随迎角增大，阻力系数增加缓慢。这是因为，此时机翼后缘气流分离较小，压差阻力小；并且此时飞行速度会较大，诱导阻力也小；此时，起主导作用的是摩擦阻力，迎角变化对其影响较小。② 当迎角较大时，随迎角增大，阻力系数增加较快。这是因为，此时机翼后缘气流分离较严重，压差阻力增大，并且此时飞行速度会较小，诱导阻力也增大；此时，起主导作用的是压差阻力和诱导阻力，迎角变化对它们影响较大。③ 在接近或超过临界迎角时，阻力系数会急剧增大。这是因为，此时气流分离严重，涡流区急剧扩大，压差阻力急剧增大，从而使阻力系数急剧增大。

2. 阻力特性参数

（1）最小阻力系数。飞机飞行过程中不可能不存在阻力，阻力系数永远都大于零，但它存在一个最小值，称为最小阻力系数，用 $C_{D\min}$ 表示。最小阻力系数对应于某一个迎角，但不一定为零。

（2）零升阻力系数。零升阻力系数是指当升力系数为零时对应的阻力系数，用 C_{D0} 表示。零升阻力系数非常接近最小阻力系数，一般认为零升阻力系数等于最小阻力系数，即有 $C_{D0} = C_{D\min}$。

3. 影响阻力系数的其他因素

阻力系数受飞机迎角、机翼形状及表面质量的影响。前面已经讨论了迎角对阻力系数的影响，下面将简单讨论机翼形状及表面质量对阻力系数的影响。

(1) 飞机的翼型和平面形状。飞机是否具有流线型的外形，直接影响着压差阻力的大小。机翼的相对厚度大，使翼面上的分离点靠前，涡流区变大，阻力增大；最大厚度位置靠前，使机翼前缘弯曲得更加厉害，后缘涡流区扩大，阻力增大；翼面中弧线曲度大，涡流区大，阻力也增大。

机翼平面形状中椭圆机翼的诱导阻力最小，而矩形机翼最大；增大展弦比，可以减小诱导阻力。

(2) 飞机的变形、表面粗糙度和密封性。飞机蒙皮如有凹凸变形，就会破坏空气的平顺流动，容易产生气流分离，导致阻力增加。导致飞机外形改变的原因有很多，例如，飞机蒙皮会在过大的空气动力作用下变形，产生波纹；连接不牢靠，以致舱口盖和整流罩有可能在飞行中被吹开；飞机的维护不当、碰撞、敲击等都会使飞机变形。

飞机表面粗糙与否，对摩擦阻力的影响很大。飞机表面粗糙，附面层中的气流就容易变乱，层流附面层缩短，紊流附面层增加，导致摩擦阻力增大。

飞机内外如有缝隙通气，即密封性不良，也会额外增大阻力。在飞行过程中，气流将从压力大的地方穿过缝隙流向压力小的地方，会绕过本来不必要经过的部件，发生摩擦，并产生涡流，产生额外的摩擦阻力和压差阻力。

第四节　飞机低速空气动力性能

前面分别讨论了升力和阻力。从升力公式(2－10) 及阻力公式(2－14) 中可知，某个因素(参数) 改变时，既影响到升力，又影响到阻力，如迎角、动压、作用面积增大，使升力和阻力都增大。一般地认为，升力增大对飞行是有益的，而阻力增大对飞行是无益的。也就是说，在飞机设计或使用中，改变某一参数会带来相互矛盾的结果。为了更全面判断飞机空气动力特性的好坏，通常采用升阻比(K) 和性质角(θ) 作为判断的标准。而升阻比和性质角的大小及有关的性能参数，又可以通过极曲线进行全面描述。

一、升阻比

1. 升阻比的定义

升阻比是在同一构型、同一迎角下，飞机升力与阻力之比，又称空气动力效率，用 K 表示，即

$$K=\frac{L}{D}=\frac{C_L\times\frac{1}{2}\rho v^2 S}{C_D\times\frac{1}{2}\rho v^2 S}=\frac{C_L}{C_D} \tag{2-15}$$

由式(2－15) 可知，飞机升阻比的大小就是飞机升力系数(C_L) 与阻力系数(C_D) 之比，与空气密度、飞行速度、作用面积的大小无关。

升阻比大，说明在同一迎角下，升力大，阻力小。升阻比越大，飞机的空气动力性能越好，对飞行越有利。

2. 升阻比随迎角的变化规律

由于升力系数和阻力系数的大小主要随迎角及翼型参数变化，所以升阻比也主要会随迎角及翼型参数变化。在这里主要讨论升阻比随迎角的变化规律。

图 2－33 所示是某机型的升阻比曲线，它表达了升阻比随迎角的变化规律。从曲线可看出，升阻比存在一个最大值，用 K_{max} 表示，此时对应的迎角称为有利迎角（the optimum angle of attack），用 α_{op} 表示，亦称最小阻力迎角。

从升阻比曲线可以看出，升阻比(K)随迎角(α)的变化规律可分为三段：① 从零升迎角到有利迎角，升阻比随迎角增大而快速增大。这是因为，此时升力系数随迎角线性增加，而阻力系数缓慢增加（分子增加快，分母增加慢），致使升阻比增大；达到有利迎角时，升阻比增至最大值。② 超过有利迎角到临界迎角，升阻比随迎角增大而减小。这是因为，此时阻力系数随迎角的增加量超过升力系数的增加量（分子增加慢，分母增加快），致使升阻比减小。③ 超过临界迎角，升阻比随迎角增大而急剧减小。这是因为，升力系数随迎角不增反降，而阻力系数则随迎角急剧增大（分子减小，分母急剧增加），致使升阻比急剧下降。

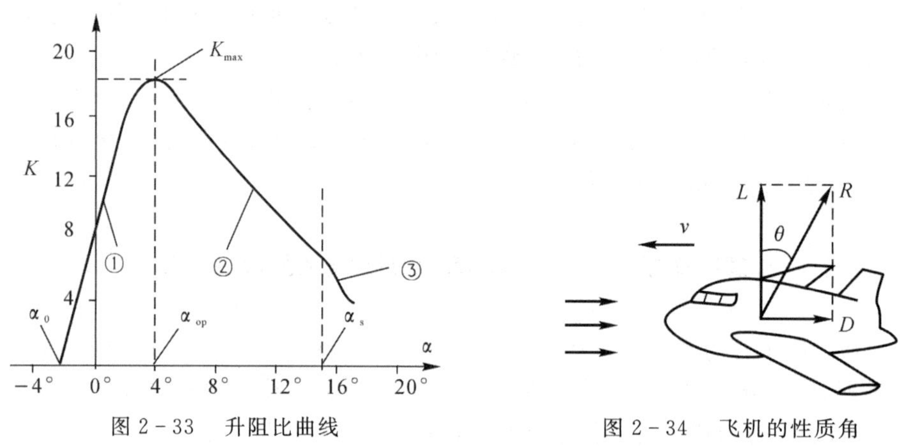

图 2－33　升阻比曲线　　　　图 2－34　飞机的性质角

二、性质角

性质角是指飞机升力与飞机总空气动力之间的夹角，用 θ 表示，如图 2－34 所示。性质角越大说明飞机的总空气动力(R)向后倾斜得更厉害，阻力越大，空气动力性能越差。性质角与升阻比满足以下关系：

$$\tan(\theta)=\frac{D}{L}=\frac{C_D}{C_L}=\frac{1}{K} \tag{2-16}$$

由式(2－16)可得，飞机的升阻比越大，其性质角越小。

三、飞机的极曲线（全机空气动力特性曲线）

为了更好地衡量飞机的综合空气动力性能，需要将飞机的升力系数、阻力系数随迎角的变化规律综合用一条曲线表示出来，此曲线就是飞机的全机空气动力特性曲线，又称为飞机的极曲线。极曲线中横坐标为阻力系数，纵坐标为升力系数，曲线上的每一点代表一个升力系数和阻力系数所对应的迎角。图 2－35(a) 所示为某飞机的极曲线。

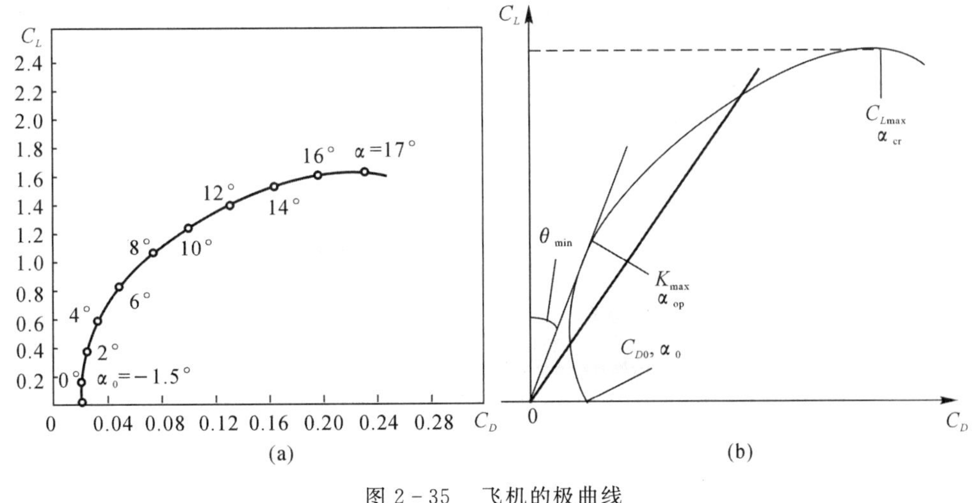

图 2 - 35　飞机的极曲线

如图 2 - 35(b) 所示，从飞机的极曲线可以得出以下空气动力参数：

(1) 各迎角下的升力系数(C_L)、阻力系数(C_D)。

(2) 各迎角下的性质角(θ)，并计算出升阻比(K)。

(3) 三个特殊参数：

最大升力系数 —— 作飞机极曲线的水平切线，切点(曲线最高点) 所对应的就是最大升力系数($C_{L\max}$)，该点对应的迎角为临界迎角(α_s)；

零升阻力系数 —— 飞机极曲线与横坐标的交点所对应的就是零升阻力系数(C_{D0})，该点对应的迎角为零升迎角(α_0)；

最大升阻比 —— 过坐标原点作飞机极曲线的切线，切点对应的升阻比就是最大升阻比($K_{\max}$)，该点对应的迎角为有利迎角(α_{op})，对应的性质角最小($\theta_{\min}$)。

从飞机极曲线还可以得出升阻比和性质角的变化规律。从零升迎角开始，随迎角增大，升阻比增大，性质角减小；在有利迎角处，升阻比最大，性质角最小；超过有利迎角后，随迎角增大，升阻比减小，性质角增大。

从坐标原点引直线与飞机极曲线交于两点，则两点的升阻比相同，性质角相同，较高的交点，迎角大，飞行速度小，较低的交点，迎角小，飞行速度大。

四、地面效应

飞机在起飞或着陆贴近地面飞行时，流过飞机的气流还受地面的影响，使飞机的空气动力和力矩发生变化，这种效应称为地面效应(ground effect)，又称翼地效应。

飞机贴近地面飞行时，流经下翼面的气流受到地面的阻滞作用，流速进一步减慢，压强进一步增大，形成所谓的气垫效应。而且由于地面的阻滞，原来从下翼面流过的一部分气流改道从上翼面流过，于是上翼面前段气流加速，压强进一步降低，致使上、下翼面的压力差增大，升力系数增大。同时，由于地面的阻滞作用，流过机翼的气流下洗减弱，下洗角减小，诱导阻力减小，使阻力系数减小，使得飞机所需拉力减小。

另外，地面效应使下洗角减小，水平尾翼的有效迎角增大(负迎角的绝对值减小)，平尾产生向上的附加升力,对飞机重心形成了下俯力矩,使得飞机抬头(增大迎角)变难,拉杆力增大(参考飞机的俯仰稳定性)。

地面效应对飞机的影响与飞机距离地面的高度有关。试验表明,飞机距地面在一个翼展以内,地面效应对飞机有影响,距地面越近,地面效应作用越强。飞机距地面高度超过一个翼展,可以不考虑地面效应对飞机的影响。

图 2-36 "翔州Ⅰ号"地效翼船

利用地面效应,可以设计出地效飞机(地效翼船,见图 2-36)。地效飞机是介于船和飞机之间、贴近水面飞行的新型高速飞行器。与普通飞机(包括水上飞机)相比,地效飞机具有升阻比大,有效载荷多,节省燃料,航程远,安全性高,隐蔽性强等特点。地效飞机可用于海上或内河的快速运输,海情侦察,快速布、扫雷,水上救生等,被公认为是 21 世纪重要的运载工具之一,在军事上具有相当广阔的应用前景。"小鹰"(Eaglet)、"鸡鹞"(Hen-harrier)、"雌鸭"(Duck)和我国生产的 CYG-11 型、"翔州Ⅰ号"地效翼船为其中的代表。

第五节 增升装置

通过对升力公式(2-10)的物理意义分析结果可知,飞机升力的大小主要随升力系数和速度发生变化。

飞机在正常飞行时,升力基本保持不变,这样飞机以大速度飞行时,只要求较小的升力系数和迎角,机翼就可以产生足够的升力来维持飞机飞行。如果飞机以小速度飞行时,则要求较大的升力系数和迎角,机翼才能产生足够的升力来维持飞机飞行。飞机在起飞或着陆时,为了缩短在地面的滑跑距离,要求较小的离地速度或接地速度,这就对应要求较大的升力系数。用增大迎角来增大升力系数从而减小速度的方法,会受到临界迎角的限制。理论上,飞机的迎角最大只能增大到临界迎角,实际上飞机在起飞或着陆时,还受到安全裕度和擦尾角等因素的限制,迎角是不可能增大到临界迎角的。

因此,为了保证飞机以较小速度起飞或着陆时仍能够产生足够的升力,就有必要在机翼上装设增升装置。所谓增升装置就是用来增大机翼升力系数(最大升力系数)的装置,从而使得飞机以小速度、有限迎角飞行时仍能产生足够的升力。目前使用较为广泛的增升装置有前缘缝翼、后缘襟翼、前缘襟翼等。

一、前缘缝翼

前缘缝翼(leading edge slat)是安装在机翼前缘的一段或几段狭长小翼,其作用是延缓机翼(上翼面)的气流分离,提高(最大)升力系数和临界迎角,如图 2-37 所示。

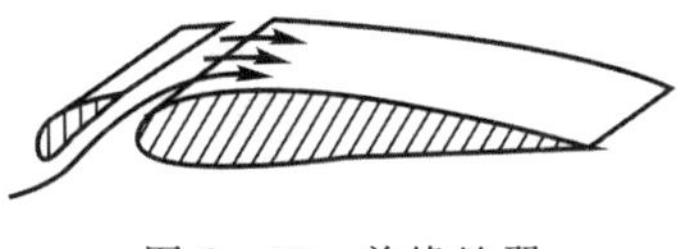
图 2－37　前缘缝翼

当前缘缝翼打开时，它与基本机翼前缘表面形成一道缝隙，下翼面压强较高的气流通过这道缝隙加速而流向上翼面。一方面，下翼面的高压气流流过缝隙后，贴近上翼面流动，能够增大上翼面附面层中的空气动能，降低了逆压梯度，延缓气流分离，减小涡流区，从而达到增大升力系数和临界迎角的目的；另一方面，气流从压强较高的下翼面通过缝隙流向压强较低的上翼面，减小了上、下翼面的压力差，又具有减小升力系数的副作用。那么，打开前缘缝翼究竟是增大升力系数，还是减小升力系数，这要视具体情况（迎角）而定。

在大迎角（接近临界迎角）时，上翼面的气流分离是使升力系数降低的主要原因，因而，在大迎角下，使用前缘缝翼可以延缓气流分离，从而提高升力系数和临界迎角，如图 2－38 所示。但是，在中小迎角时，上翼面的气流分离本身就很弱，在这种情况下，打开前缘缝翼不仅不能提高升力系数，反而会使上、下翼面的压力差减小而降低升力系数，如图 2－39 所示。可见，前缘缝翼的增升作用是有条件的，只有当飞机迎角接近或超过临界迎角时，即上翼面气流分离现象严重时，打开前缘缝翼才能起到增大升力系数的作用。

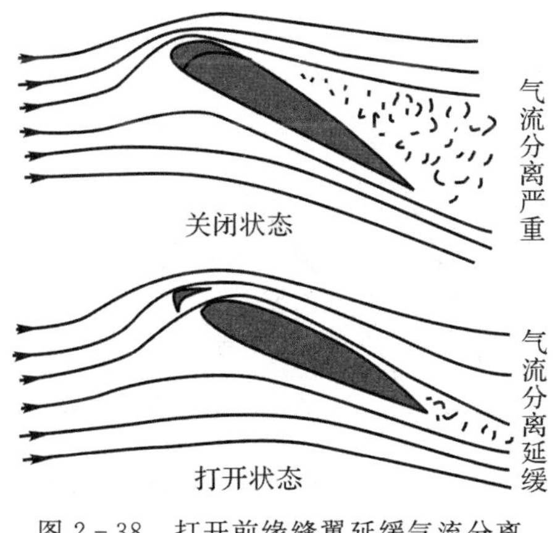

图 2－38　打开前缘缝翼延缓气流分离

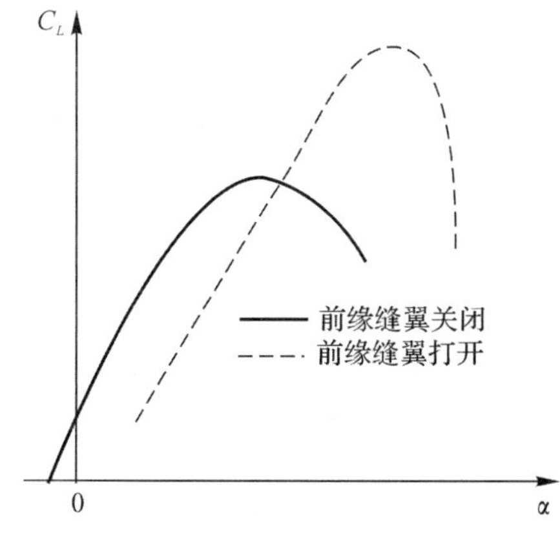

图 2－39　前缘缝翼的增升作用

从构造上看，前缘缝翼有固定式和自动式两种。固定式前缘缝翼，其缝隙是固定的，不能随迎角的改变而自动打开、关闭，靠人工控制打开。它的优点是构造简单，但在大速度时，阻力增加较多，所以应用不多。

自动式前缘缝翼，有专门机构与机翼相连，依靠空气的压力（吸力）或自动控制机构来使缝隙闭合或张开。当飞机以小迎角飞行时，机翼前缘的作用力为压力，前缘缝翼被压紧贴于机翼前缘，而处于闭合状态；以大迎角飞行时，前缘的作用力为吸力，可将前缘缝翼打（吸）开。这种前缘缝翼能充分发挥大迎角下打开提高升力的作用，而又不至于在小迎角下打开减小升力、增大阻力，故这种前缘缝翼应用较广泛。

目前大多数飞机，在靠近翼尖且副翼对应的前缘部分装设有缝翼，称为翼尖前缘缝翼。它的主要作用是在大迎角下延缓翼尖部分的气流分离，提高副翼的效能，从而改善飞机的横侧稳定性和操纵性。

二、后缘襟翼

襟翼（flap）是位于机翼后缘的可操纵翼面，叫后缘襟翼（trailing edge flap）。它的种类较多，常见的有分裂襟翼、简单襟翼、开缝襟翼、后退襟翼、后退开缝襟翼等。放下后缘襟翼，既增大升力系数，同时也增大阻力系数。因此，在起飞、着陆时后缘襟翼的使用原则是不同的，在起飞时一般放下小角度襟翼，着陆时放下大角度襟翼。

1. 分裂襟翼

分裂襟翼(split flap)是从机翼后段下表面一块向下偏转而分裂出的翼面，如图 2-40 所示。放下襟翼，一方面，在机翼和襟翼之间的楔形区形成涡流，使机翼后部的压强进一步降低，对机翼上表面的气流有吸引作用，使其流速进一步增大，上下翼面的压力差增大，既增大了升力系数，同时又延缓了气流分离(利用涡流来实现增升)；另一方面，放下襟翼，翼型的弯度增大使上、下翼面的压力差增大，升力系数增大。由于以上两方面的原因，放下分裂襟翼的增升效果比较好，一般最大升力系数可增大 75%～85%。但在大迎角下放下襟翼，上翼面最大压力点的压强更低，气流易提前分离，而且分离很严重，故临界迎角有所减小，超过临界迎角后，升力系数急剧下降。分裂襟翼的增升效果如图 2-41 所示。

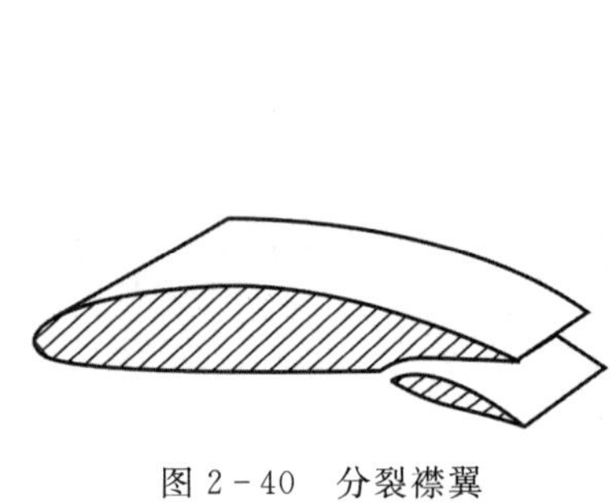

图 2-40　分裂襟翼

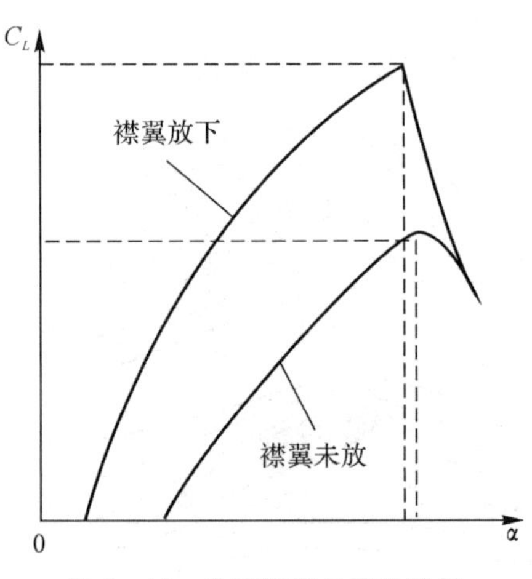

图 2-41　分裂襟翼的增升效果

2. 简单襟翼

简单襟翼(plain flap)，又称平板襟翼，与副翼的形状相似，可以向下偏转，放下简单襟翼，相当于改变了机翼的剖面形状，使机翼更加弯曲，如图 2-42 所示。这样，流经上翼面的气流流速加快，压强降低；而流经下翼面的气流流速减慢，压强提高，因此，上、下翼面的压力差增大，升力系数增大。可是，简单襟翼放下之后，机翼后缘涡流区扩大，机翼前、后的压力差，迎风面积增大，机翼的压差阻力增大。同时，由于升力系数增大，诱导阻力也增大，总阻力增大。

一些飞机上还装设有一种被称为“襟副翼”的可操纵翼面。襟副翼是一种兼具襟翼和副翼功能的翼面，当它与其他襟翼向下联动时，起到襟翼的增升作用；当其差动偏转时，起到副翼的作用。

放下简单襟翼，升力和阻力虽然同时增大，但一般情况下阻力增大的百分比要比升力增大的百分比大些，所以升阻比反而降低，如图 2-43 所示。

在大迎角下放下简单襟翼，由于弯度增大，上翼面的逆压梯度增大，气流分离提前，涡流区扩大，导致临界迎角减小。

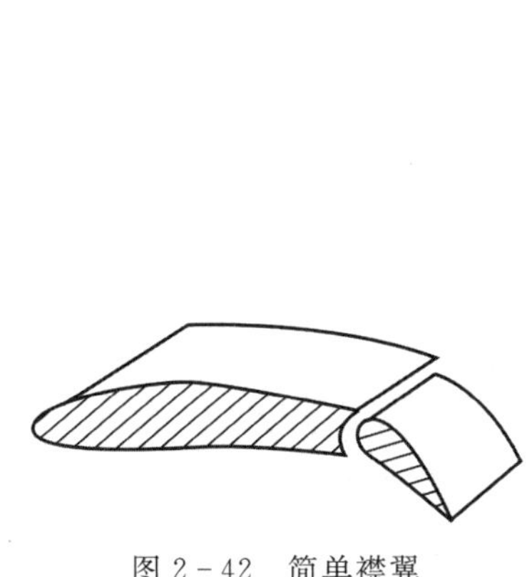
图 2-42　简单襟翼

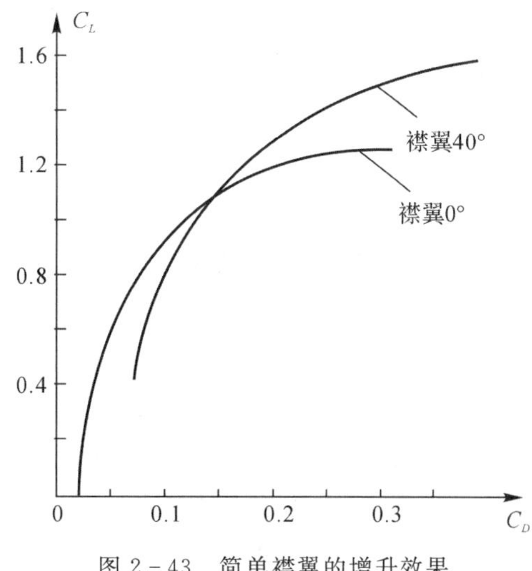

图 2-43　简单襟翼的增升效果

3. 开缝襟翼

开缝襟翼(slotted flap)是在简单襟翼的基础上改进而成的，这种襟翼在下偏的同时开缝，如图 2-44 所示。放下开缝襟翼，一方面，襟翼前缘与机翼后缘之间形成缝隙，下翼面的高压气流通过缝隙高速流向上翼面后缘，降低了后缘部分的逆压梯度，使上翼面附面层中气流加速，延缓气流分离，减少涡流区，提高升力系数，如图 2-45 所示；另一方，放下开缝襟翼，使机翼弯度增大，也有增升的效果。所以，开缝襟翼的增升效果比较好，最大升力系数一般可以增大 85%～95%，而临界迎角却减小不多。开缝襟翼一般开 1～3 条缝，具有 2 条以上缝隙的襟翼称为多开缝襟翼，多开缝襟翼可以克服单开缝襟翼偏转角度较大时，机翼后缘气流分离较严重的缺点。开缝襟翼是中、小型飞机常用的增升装置。

试验表明，开缝襟翼所开缝隙大小必须合适，太大或太小增升效果都不好。

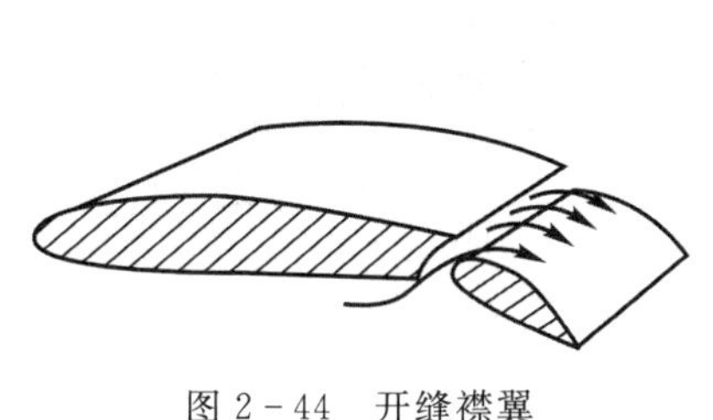
图 2-44　开缝襟翼

图 2-45　开缝襟翼的流线谱

4. 后退襟翼

后退襟翼(fowler flap)也是在简单襟翼的基础上改进而成的，这种襟翼在下偏的同时还向后滑动，如图 2-46 所示。放下后退襟翼，不仅能增大机翼的弯度，使升力系数增大，而且还增大了机翼面积，增升效果好，且临界迎角减小得少。

5. 后退开缝襟翼

后退开缝襟翼(slotted fowler flap)就是将后退襟翼与开缝襟翼结合起来。当襟翼下偏和后退时，它的前缘和机翼的后缘形成一条或多条缝隙，如图 2-47 所示。它兼有后退襟翼和开缝襟翼的优点，既增加了机翼的弯曲度，又增加了机翼面积，还能延缓机翼后部的气流分离。这种襟翼结构复杂，增升效果很好，现代大型飞机上广泛采用，使用得较多的是后退双开缝襟翼和后退三开缝襟翼。

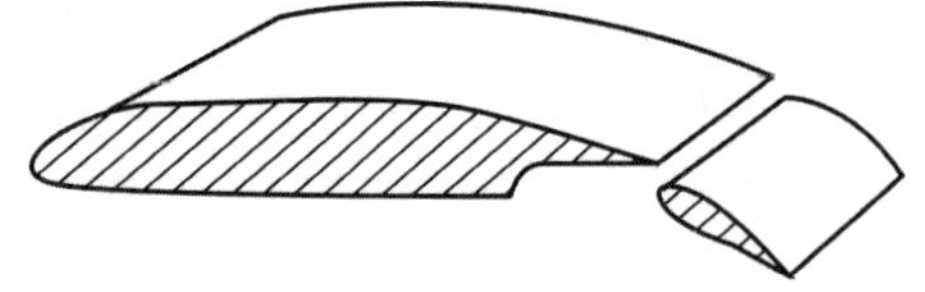

图 2-46　后退襟翼

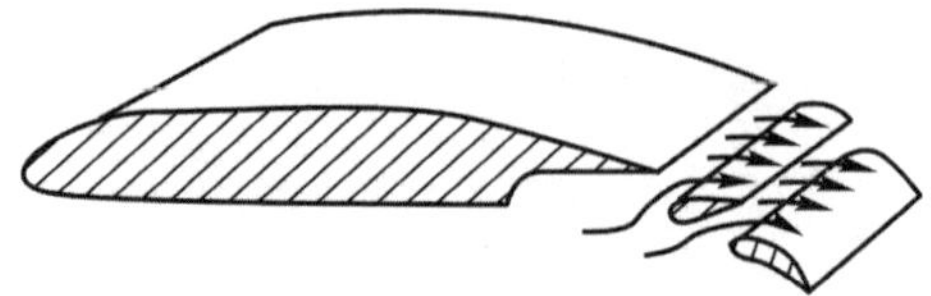

图 2-47　后退开缝襟翼

后退开缝襟翼有两种：一种叫查格(zagat)襟翼，另一种叫富勒(fowler)襟翼。

查格襟翼后退量不多，机翼面积增加较少，最大升力系数可增大 110%～115%。起飞时，襟翼下偏较小角度，升力系数增加较多，而阻力系数增加较少，升阻比增大，有利于缩短起飞滑跑距离。着陆时，襟翼下偏角度大，升力系数和阻力系数都提高较多，可以降低接地速度和增强减速效果，有利于缩短着陆滑跑距离。

富勒襟翼的后退量和机翼面积增加量都比查格襟翼的大，增升效果更好，其最大升力系数可增大 110%～140%。

三、前缘襟翼

位于机翼前缘的襟翼称为前缘襟翼(leading edge flap)，如图 2-48 所示。这种襟翼广泛用于高亚声速飞机或超声速飞机上。因为高速飞机一般采用前缘尖削，相对厚度小的薄机翼。在大迎角飞行时，机翼上表面从前缘就开始产生气流分离，如图 2-49(a)所示，最大升力系数大大降低。大迎角飞行时，放下前缘襟翼，一方面可减小前缘与相对气流之间的角度，使气流能够平顺地沿上翼面流过，延缓气流分离，如图 2-49(b)所示；另一方面也增大了机翼的弯度，这样使得最大升力系数和临界迎角都得到增大。

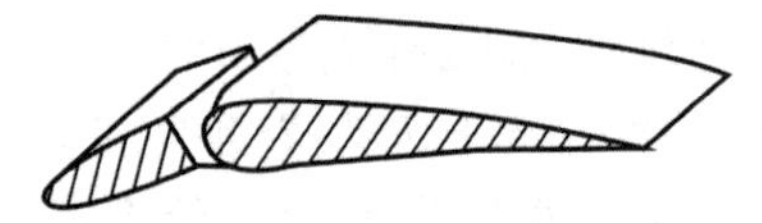

图 2-48　前缘襟翼

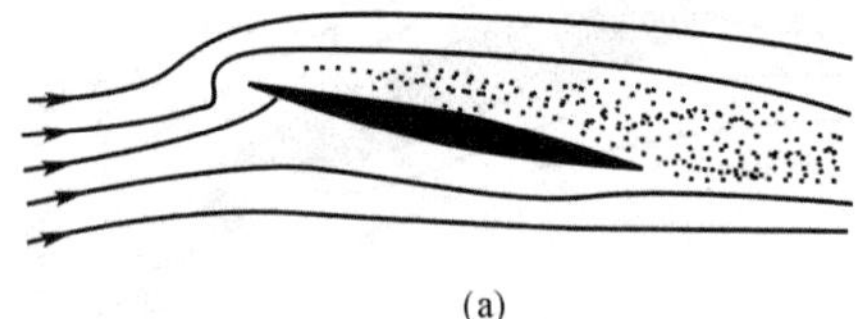

(a)

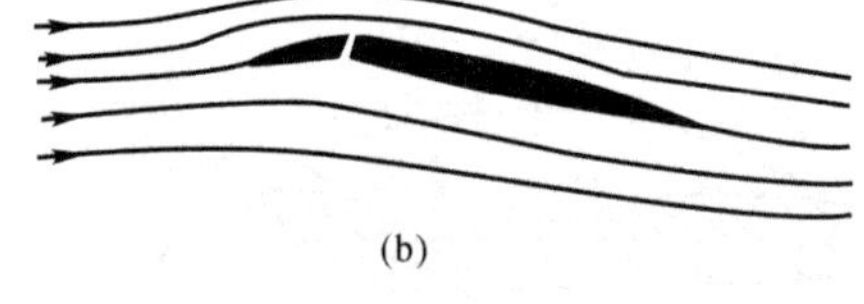

(b)

图 2-49　前缘襟翼的流线谱

(a)关闭状态；(b)打开状态

与前缘襟翼作用相同的还有一种克鲁格(Krueger)襟翼。这种襟翼一般贴在机翼前缘的下表面，靠作动筒收放，放出时，它绕前缘伸向机翼下前方，既增大了机翼面积，又增大了翼型弯度，还改善了机翼前缘的气流流场，如图 2-50 所示，具有较好的增升效果，同时构造也比较简单。

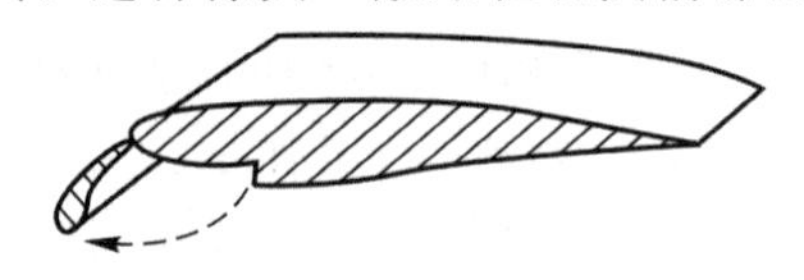

图 2-50　克鲁格襟翼

克鲁格襟翼主要用于高亚声速飞机上，如波音客机。此类飞机较超声速飞机，前缘半径大，相对厚度大，整体感觉比较圆钝。

四、边界层控制

以上几种增升装置，使飞机的最大升力系数得到了提高，从而使飞机的起飞、着陆性能有较大的提升。但这几种增升装置在使用时也会带来一定的副作用，在飞机起飞时都是有限制地使用，而且随着飞机的速度越来越高，翼型的相对厚度也越来越小，引起最大升力系数的减小，前面几种装置的增升效果也会较差。所以，现代高速飞机往往采用更先进的边界层控制技术来实现增升。边界层控制主要有如下两种类型。

1. 边界层吹除增升装置

边界层吹除增升装置，又称吹气襟翼（blown flap），它的基本原理是，利用从涡轮喷气发动机等装置引出的压缩空气或燃烧热气流，通过襟翼与机翼前缘的缝隙沿上翼面高速向后喷出，形成压制气流，称为前缘吹气襟翼，如图 2－51(a)所示；或通过襟翼与机翼后缘的缝隙向后下方以高速喷出，形成喷气幕，称为后缘吹气襟翼，如图 2－51(b)所示。前缘吹气襟翼和后缘吹气襟翼都可以利用边界层吸附效应（boundary layer attachment），又称射流效应或康达效应，推迟气流分离，减小涡流区，改善机翼气流的流场，增加上、下翼面的压力差，从而使升力系数和临界迎角都增大。另外，后缘吹气襟翼所喷出气流的反作用力（R）在竖直方向上的分力（N）也可使机翼升力增加。

吹气襟翼的增升效果很好，但其结构复杂，对发动机、机翼材料等都提出了新的要求，目前还没有得到广泛的应用。

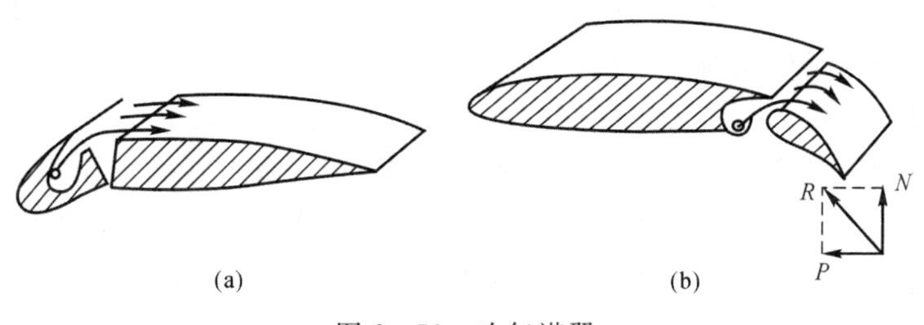

图 2－51 吹气襟翼

(a)前缘吹气襟翼； (b)后缘吹气襟翼

2. 边界层吸取增升装置

与边界层吹除装置相反，这种增升装置利用吸气泵，通过机翼上表面的缝隙，抽吸边界层的气流，使气流的速度和能量增大，减小逆压梯度的作用，如图 2－52 所示。这样也可以推迟气流分离，减小涡流区，改善机翼气流的流场，增加上、下翼面的压力差，从而使升力系数和临界迎角都增大。

五、扰流板

扰流板（spoiler）主要是指安装在机翼上表面或者机身背部的可向上偏转小翼面，如图 2－53 所示。当扰流板向上打开时，一方面可以增加飞机的阻力，使飞机速度降低，又被称为减速板；另一方面，打开机翼上的扰流板相当于增加了翼型向上的弯曲程度，扰流板的阻滞作用使从上翼面流过的气流减速，压力差减小，从而减小机翼产生的升力，即扰流板还具有减小升力或卸除升力的作用，这点与增升装置正好是相反的（或可以把扰流板称为“负增升装置”）。当扰流板收进时,它紧贴于机翼或机身上,不影响气流的流动。

图 2-52 边界层吸取

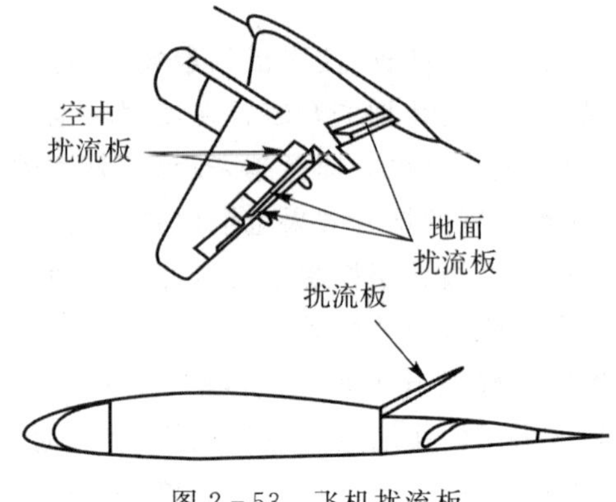

图 2-53 飞机扰流板

现代大型飞机上都配备有若干扰流板。扰流板按其作用不同又可分为地面扰流板(ground spoiler)和空中扰流板(flight spoiler)。地面扰流板仅当飞机在地面时使用,只有打开和放下(收起)两个位置。当飞机着陆或中断起飞时,地面扰流板可完全打开,从而减小或卸除机翼的升力,增加飞机与地面间的作用力,可提高刹车效率,同时还增大飞机的气动阻力,从而缩短飞机的滑跑距离。空中扰流板既可在空中使用,也可以在地面使用。空中扰流板在地面上使用时,可完全打开,与地面扰流板的作用相似。在空中飞行时,空中扰流板打开角度比较小,通常处于不完全打开位置,又称为飞行扰流板。飞行扰流板主要有两个作用:一是作为减速板使用,作为减速板使用时,左、右两侧的飞行扰流板对称地升起一定角度;另一个作用是配合副翼进行横滚操纵,即当驾驶盘偏转的角度超过一定值时,副翼上偏一侧的飞行扰流板打开(进一步减小升力),另一侧的飞行扰流板不作相应偏转,或者在大迎角情况下,与上偏副翼构成"阻力副翼",防止出现横向反操纵的问题,配合副翼进行横滚操纵。当副翼系统出现故障而卡住时,飞行扰流板还可以单独进行应急横滚操纵。

六、增升原理总结

增升装置种类较多,而且为提高增升效果,现代大中型飞机和高速军用飞机,往往同时采用几种增升装置,起到综合增升的效果。表 2-2 列出了波音飞机几种机型上增升装置的使用情况。所有增升装置,主要通过三个方面的原理来达到增升的目的。一是增加翼型的弯度,增大机翼上、下翼面的压力差,从而增大升力系数;二是延缓上翼面的气流分离,减小涡流区,改善气流流场,从而增加升力系数和临界迎角;三是增大机翼面积,达到增大升力的目的。表 2-3列出了各种增升装置所使用的增升原理。

表 2-2 波音飞机增升装置的使用情况

增升装置	机 型					
	B737-300	B737-800	B747-400	B757	B767	B777
内襟翼	后退三开缝	后退双开缝	后退三开缝	后退双开缝	后退双开缝	后退双开缝
外襟翼	后退三开缝	后退双开缝	后退三开缝	后退双开缝	后退单开缝	后退单开缝
前缘缝翼	2×3 块	2×4 块	0	2×4 块	2×5 块	2×7 块
前缘襟翼	2×2 块	2×2 块	2×14 块	2×1 块	2×1 块	2×1 块

表 2－3　增升装置所使用的增升原理

增升原理	增升装置								
	前缘缝翼	分裂襟翼	简单襟翼	开缝襟翼	后退襟翼	后退开缝襟翼	前缘襟翼	克鲁格襟翼	吹气襟翼
增加弯度	◎	●	●	●	●	●	●	●	○
改善流场	●	●	○	●	○	●	●	●	●
增大面积	○	○	○	○	●	●	○	◎	○

●：表示采用，○：表示没有采用，◎：表示不确定。

飞机在起飞或着陆时，为了降低离地速度或接地速度，缩短地面滑跑距离，提高飞机的起降性能，要求使用增升装置，但增升装置的使用量不同。增升装置在增加升力的同时也增加阻力。在飞机起飞过程中，放出小角度襟翼，可以避免阻力过大而阻碍飞机加速，可尽快提高飞机的速度，从而减少起飞滑跑距离；在着陆过程中，放出大角度襟翼，襟翼产生的阻力可以使飞机减速，并且襟翼的增升作用使飞机在低速飞行的情况下仍产生足够的升力，使着陆接地速度尽可能小，减少着陆滑跑距离，保证着陆安全。

复习思考题

1. 何谓理想流体？何谓不可压缩流体？
2. 什么是相对气流？说明飞机上升、平飞、下降的相对气流方向。
3. 风洞实验采用什么原理？风洞实验具有什么特点？
4. 流线谱有什么特点？
5. 利用连续性定理说明截面积与流速之间的变化关系。
6. 利用伯努利定理说明流速与压强之间的变化关系。
7. 阐述空速表的测速原理。
8. 阐述飞机升力的产生原理。
9. 利用翼型的压力分布图说明翼型各部分对升力的贡献。
10. 阐述升力公式各参数的物理意义及它们之间的关系。
11. 阐述升力系数随迎角的变化规律及其原因。
12. 翼型参数如何影响升力系数？
13. 附面层是如何形成的？附面层有何特点？
14. 附面层为什么会分离？
15. 飞机的摩擦阻力、压差阻力、干扰阻力是如何产生的？怎么减小？
16. 下洗流如何形成？
17. 飞机的诱导阻力是如何产生的？怎么减小？
18. 阐述阻力系数随迎角的变化规律及其原因。
19. 影响阻力系数的其他因素有哪些？
20. 阐述升阻比随迎角的变化规律及其原因。
21. 从飞机的极曲线可以找出哪些气动参数？

22.地面效应怎么影响飞机的气动性能?

23.为什么要使用增升装置?

24.前缘缝翼、分裂襟翼、简单襟翼、开缝襟翼、后退襟翼、前缘襟翼、吹气襟翼是如何增升的?

25.扰流板有什么作用?

26.飞机的增升原理主要有哪几种?

第3章　飞机的平衡、稳定和操纵

飞机飞行时要受到各种作用力，有重力、升力、阻力、推力（拉力），还有侧向力等。这些作用力，如果不平衡，或者不通过飞机的重心，就会形成绕飞机重心的力矩，都可以使飞机的飞行状态发生变化。飞机飞行状态的变化，归根到底是力和力矩作用的结果。飞机的平衡、稳定和操纵就是研究飞机在力和力矩的作用下，绕飞机重心转动，维持或改变飞机状态的基本原理。

第一节　预备知识

为了方便描述飞机的状态，首先需要建立相关的参照（坐标）系及规定力和力矩的作用方向及运动方向。

一、飞机的重心

飞机的各部件（机身、机翼、尾翼、发动机等）、燃料、乘员、货物等重力的合力为飞机的重力，飞机重力的着力点，叫作飞机的重心，重力着力点的位置叫重心位置，如图3－1所示。

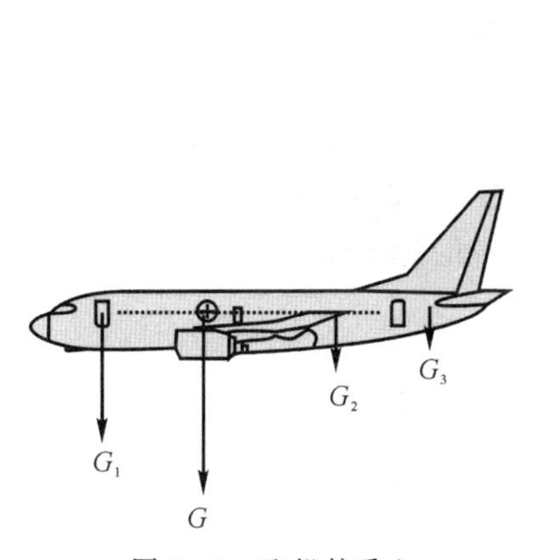

图3－1　飞机的重心

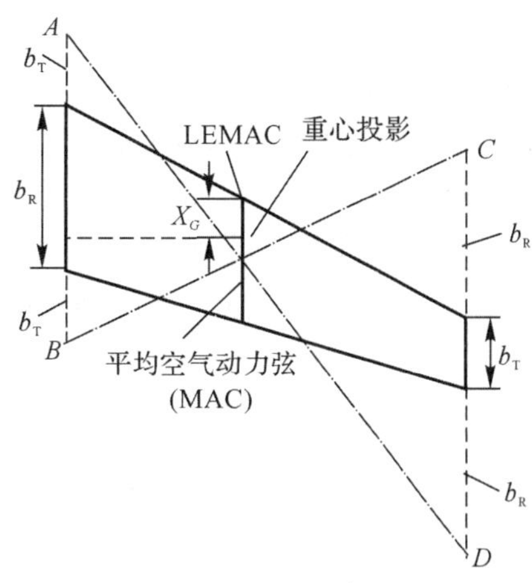

图3－2　飞机重心位置表示

飞机重心位置表示采用相对位置表示法，常用飞机重心在某一特定翼弦上的投影到该翼弦前缘的距离，占该翼弦的百分比来表示。这一特定翼弦就是飞机的平均空气动力弦（Mean Aerodynamic Chord，MAC）。

所谓平均空气动力弦，用b_A来表示，就是一个假想矩形机翼的翼弦，此矩形机翼与实际机翼的面积相同，俯仰力矩和空气动力等特性相同。我们把这样的矩形机翼的翼弦称为机翼的平均空气动力弦，平均空气动力弦长是飞机的纵向特征长度。

平均空气动力弦可以通过作图的方法确定。如图3－2所示，在翼根弦两端分别延长翼尖弦长(b_T)至 A 点和 B 点;在翼尖弦两端分别延长翼根弦长(b_R)至 C 点和 D 点;作 AD 与 BC 的连线,过两连线交点的翼弦就为平均空气动力弦。平均空气动力弦的弦长可用通过下式进行计算:

$$b_A = \frac{2}{3}\left(\frac{b_T}{b_R} + \frac{1}{1 + b_T/b_R}\right) b_R \tag{3-1}$$

式中,b_T 为翼尖弦长;b_R 为翼根弦长。

飞机平均空气动力弦的位置和长度,一般都可以从飞机技术手册中查找到。

有了平均空气动力作为基础,就可以计算出飞机重心的相对位置,如图3-2所示。若重心在平均空气动力弦上的投影点到该翼弦前缘(LEMAC)的距离为 X_G,则飞机的重心的位置($\bar{C}_G$)就可表示为

$$\bar{C}_G = \frac{X_G}{b_A} \times 100\% \tag{3-2}$$

其值越小,表明重心越靠前;其值越大,表明重心越靠后。

飞机在空中的运动,无论多么复杂,都可以分解为飞机各部分随重心一起移动和飞机各部分绕重心的转动。飞行员在空中操纵飞机,不外乎就是通过控制油门、杆、舵等来改变飞机的空气动力和力矩,以维持或改变飞机随重心移动的速度和飞机绕重心转动的角速度的。可见,飞机的运动和操纵与飞机重心有着密切的关系。

二、飞机的机体坐标系

对飞机研究的过程中,可以用到很多种不同的坐标系,如地面坐标系、机体坐标系、气流坐标系和半机体坐标系,除地面坐标系外,其他坐标系都为随飞机一起运动的活动坐标系。在研究飞机的平衡、稳定和操纵问题时,主要采用机体坐标系。

机体坐标系是以飞机重心为坐标原点,以机体为基准的坐标系,又叫作机体轴系,如图3-3所示。坐标原点为飞机的重心;通过飞机重心,在飞机对称面内沿机身轴线的为纵轴,又称 Ox 轴,方向向前(与飞机前进方向相同);通过飞机重心,在飞机对称面内与纵轴垂直的为竖轴(立轴),又称 Oy 轴,方向向上;通过重心与对称面垂直的为横轴,又称轴 Oz,方向向右。

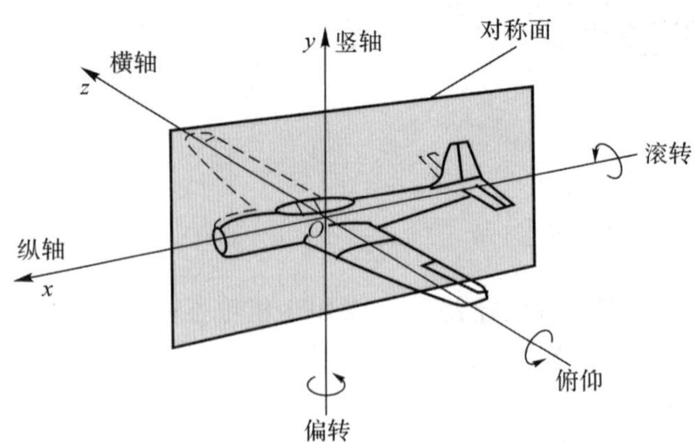

图 3-3 机体轴坐标系

飞机绕机体轴横轴(Oz)的转动,称为俯仰运动(pitch),绕机体轴立轴(Oy)的转动,称为

偏转运动(yaw),绕机体轴纵轴(Ox)的转动,称为滚转运动(roll)。飞机绕机体轴所做的转动均按照右手螺旋法则来判定运动和力矩的方向。绕横轴的俯仰运动,以机头上仰为正,下俯为负;绕立轴的偏转运动,以机头左偏为正,右偏为负;绕纵轴的滚转运动,以机翼向右滚转为正,向左滚转为负。

三、飞机的焦点

当飞机迎角改变时,机翼的升力也要改变。假设机翼原来的升力为 L,迎角改变后的升力为 L',则升力的改变量(ΔL)为两者之差,即 $\Delta L = L' - L$。通常把因迎角改变而引起的升力改变量叫作附加升力或升力增量。

为了便于分析和计算飞机的稳定性和操纵性,我们引入焦点的概念。所谓焦点,就是当迎角改变时,附加升力的着力点。实验表明,在一定 Ma 下,小于临界迎角范围内,不论迎角如何变化,机翼焦点位置基本不变。

机翼焦点位置的表示方法与重心位置的表示方法一样,也是用焦点在平均空气动力弦上的投影位置到该弦前缘的距离占该翼弦弦长的百分比来表示的。机翼焦点和压力中心是两个不同的概念。机翼焦点是附加升力的着力点,其位置基本不随迎角变化而前后移动;而压力中心是升力的着力点,会随迎角变化而前后移动。

飞机迎角改变时,机翼、水平尾翼、机身各部分的升力都会发生改变。我们把飞机各部分所产生总升力增量的着力点,称为飞机的全机焦点,如图 3 - 4 所示。实验表明,在一定 Ma 下,小于临界迎角范围内,全机焦点位置基本不随迎角改变。这是因为迎角改变时,机翼和水平尾翼所产生的附加升力最大,所以飞机全机焦点位置主要取决于这两部分附加升力的作用,而这两部分的焦点基本不随迎角改变。由于水平尾翼在机翼之后,机翼和水平尾翼附加升力的合力必定作用在两者之间,所以飞机的全机焦点必然在机翼焦点之后。

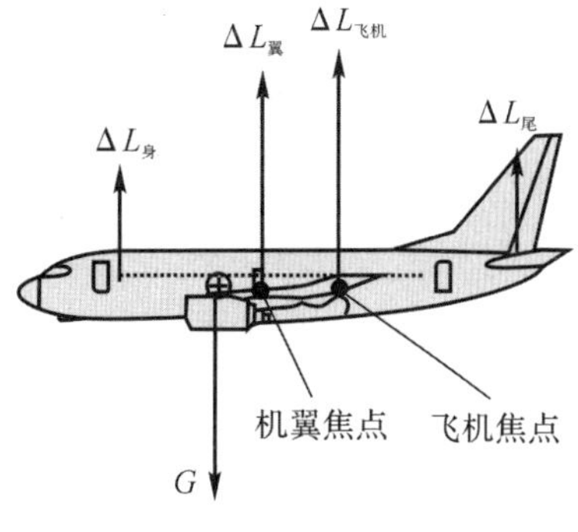

图 3 - 4　飞机的焦点

第二节　飞机的平衡

在力学系统里,平衡是指在惯性参照系内,物体受到几个力的作用,仍保持静止状态,或匀速直线运动状态,或绕转轴匀速转动的状态,称物体处于平衡状态,简称为物体的平衡。平衡是物体保持原来运动状态的一种能力。

飞机在飞行中,飞机的机翼、机身、尾翼等部件都要承受重力和空气动力的作用。当所有作用在飞机上的外力与外力矩之和为零时,则飞机平衡。通常飞机作匀速直线运动或正常盘旋时,飞机处于平衡状态。飞机的平衡包括“作用力的平衡”和“力矩的平衡”两个方面。若把飞机当作一个质点,飞机质点(重心)的位移运动取决于作用在飞机上的外力是否平衡,是共点力作用下飞机的平衡,属于作用力平衡问题;若把飞机当作一个刚体,飞机绕重心的转动取决于作用在飞机上的外力矩是否平衡,是非共点力作用下飞机的平衡,属于力矩平衡问题。本章首先分析在力矩作用下飞机的平衡,即飞机绕重心的转动问题。

为了研究问题方便，我们把飞机绕着重心的力矩平衡分解为绕三根机体轴的力矩平衡，即相对于横轴(Oz)的俯仰(纵向)平衡；相对竖轴(Oy)的方向(航向)平衡；相对于纵轴(Ox)的横向平衡。

一、飞机的俯仰(纵向)平衡

飞机的俯仰平衡，是指作用于飞机上的各俯仰力矩之和为零，飞机不绕横轴作俯仰运动，保持迎角不变。飞机绕横轴的俯仰运动，主要导致沿纵轴方向的飞行姿态发生变化，因此，俯仰平衡又称为纵向平衡。飞机处于俯仰平衡状态时，飞机作等速直线运动，包括水平飞行、等速上升和等速下降等。

飞机飞行中，受到升力、重力、推力(拉力)和阻力的作用，除了重力之外，其他力都可以构成绕横轴转动的力矩，即俯仰力矩。

1. 俯仰力矩的产生

影响飞机俯仰平衡的力矩有很多，主要有机翼产生的俯仰力矩、水平尾翼产生的俯仰力矩和推力(拉力)产生的俯仰力矩，如图 3-5 所示。

机翼产生的俯仰力矩是机翼升力对飞机重心所形成的力矩，用 $M_{z翼}$ 表示。机翼产生俯仰力矩的大小可用下式计算：

$$M_{z翼}=L_{翼}\ x_{L_{翼}}$$

而

$$L_{翼}=C_L\times\frac{1}{2}\rho v^2 S$$

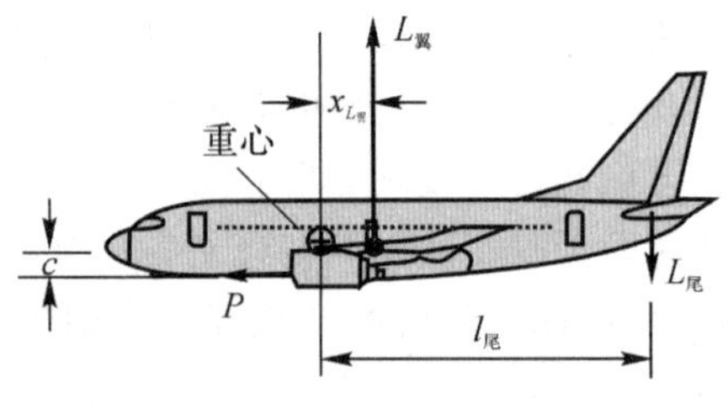

图 3-5　主要俯仰力矩

所以

$$M_{z翼}=C_L\times\frac{1}{2}\rho v^2 S x_{L_{翼}} \tag{3-3}$$

对于同一架飞机，一般在一定高度以一定速度飞行(ρ, v, S 不变)时，由式(3-3)可知，机翼产生俯仰力矩的大小取决于升力系数 C_L 和压力中心距重心的距离 $x_{L_{翼}}$。由于升力系数的大小和压力中心的位置都随迎角、飞机机翼构型改变，所以机翼产生俯仰力矩的大小最终取决于飞机重心位置、迎角和飞机机翼构型。

一般情况下，压力中心在重心之后，机翼产生下俯力矩(见图 3-5)；当重心后移较多而迎角又较大时，压力中心可能移至重心之前，机翼将产生上仰力矩。

水平尾翼产生的俯仰力矩是水平尾翼升力对飞机重心所形成的力矩，用 $M_{z尾}$ 表示。水平尾翼产生俯仰力矩的大小可用下式计算：

$$M_{z尾}=L_{尾}\ l_{尾}$$

而

$$L_{尾}=C_{L尾}\times\frac{1}{2}\rho v_{尾}^2\ S_{尾}$$

所以

$$M_{z尾}=C_{L尾}\times\frac{1}{2}\rho v_{尾}^2\ S_{尾}\ l_{尾} \tag{3-4}$$

式中，$C_{L尾}$ 为水平尾翼的升力系数，主要取决于水平尾翼的构型、水平尾翼的迎角和升降舵的偏转角度。水平尾翼的迎角($\alpha_{尾}$)与机翼迎角(α)、机翼与平尾之间的安装角(φ)及下洗角(ε)有关,如图 3-6 所示,即有 $\alpha_{尾}=\alpha-\varphi-\varepsilon$。安装角($\varphi$)一般不变,所以水平尾翼的升力系数主要取决于飞机的迎角、下洗角和升降舵的偏转角。$v_{尾}$ 为流向水平尾翼的气流速度,由于机身的阻滞、下洗等因素的影响,流向水平尾翼的气流速度往往与飞机的飞行速度不同,可能更小也可能更大,与飞机构型及飞行状态有关。$S_{尾}$ 为水平尾翼的面积。$l_{尾}$ 为水平尾翼升力的着力点(水平尾翼的压力中心)到飞机重心的距离,迎角改变,水平尾翼的压力中心也要改变,但其改变量与 $l_{尾}$ 比较起来很小,可以认为 $l_{尾}$ 不变。

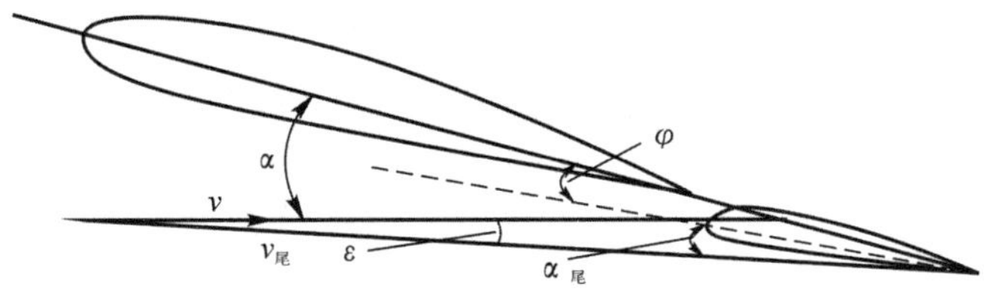

图 3-6　水平尾翼的迎角

由以上分析可知,对于同一架飞机在一定高度上飞行(ρ,$S_{尾}$,$l_{尾}$ 不变),若平尾的安装角(φ)不变,而下洗角又与机翼迎角密切相关,那么飞行中影响水平尾翼力矩的主要因素是机翼迎角、升降舵偏转角和流向水平尾翼的气流速度。

一般情况下,水平尾翼产生负升力(方向向下),故水平尾翼对飞机重心产生上仰力矩(见图 3-5)。当机翼迎角很大时,水平尾翼亦能产生正升力,那么水平尾翼也可能产生下俯力矩。

螺旋桨的拉力或喷气发动机的推力,其作用线若不通过飞机重心也会形成绕重心的俯仰力矩,称为拉力力矩,用 $M_{z拉}$ 表示,或推力力矩,用 $M_{z推}$ 表示。作用线位于重心之下,产生上仰力矩;作用线位于重心之上,产生下俯力矩,如图 3-5 所示。

2. 影响俯仰平衡的因素

很多飞行因素的变化都会改变俯仰力矩的大小从而影响飞机的俯仰平衡,主要有加减油门、增升装置使用、收放起落架和重心位置的前后移动。

加减油门为最直接的影响,油门的改变会改变拉力或推力的大小,从而改变其力矩的大小,影响飞机的俯仰平衡。但需要指出,加减油门后,飞机是上仰还是下俯,不能单看拉力力矩或推力力矩的变化对俯仰平衡的影响,还需要综合考虑加减油门后所导致飞行速度的变化而引起机翼、水平尾翼等力矩变化对俯仰平衡的影响。

增升装置的使用会引起飞机升力和俯仰力矩的变化,从而影响俯仰平衡。比如放下襟翼,一方面因机翼升力增大和压力中心后移,飞机的下俯力矩增大;另一方面,由于流过机翼气流下洗角增大,水平尾翼的有效迎角(负迎角)增大,平尾的负升力增大,飞机的上仰力矩增大,如图 3-7 所示。放下襟翼后,飞机究竟是上仰还是下俯,与襟翼的类型、放下的角度以及水平尾翼的构型等有关。为了减小收放襟翼对飞机俯仰平衡的影响,飞机对收放襟翼的飞行速度和放下角度都有规定。

收放起落架会引起飞机重心位置的前后移动和阻力大小的变化,飞机将产生附加的俯仰力矩。放下起落架,如果重心前移,飞机将产生附加的下俯力矩;反之,重心后移,将产生附加的上仰力矩。此外,起落架放下后,机轮和起落架支柱等会产生附加阻力,这个附加阻力对重心形成下俯力矩。现代(前三点式)飞机起落架收放时,前起落架沿机身纵轴线方向收放,下放时导致重心后移,增加上仰力矩;主起落架沿着与横轴平行的方向收放,下放时基本不引起重心前后移动,但增加阻力,会增加下俯力矩。收起时的力矩变化相反。这种起落架收放方式,是为了最大限度减小起落架收放对飞机俯仰平衡的影响。

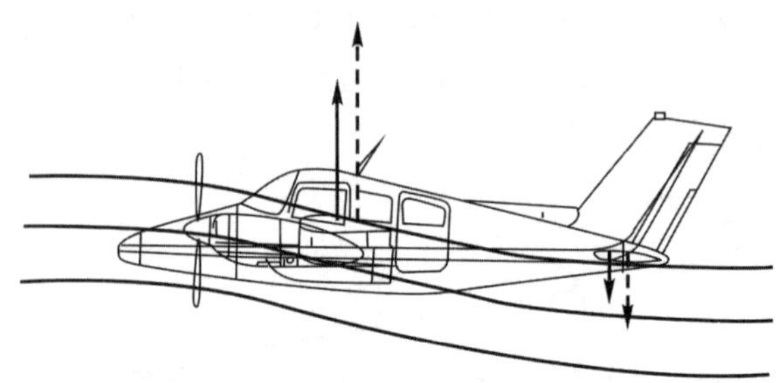

图 3-7　放襟翼对俯仰平衡的影响

飞行中,人员、货物的移动,燃油的消耗等都可能会引起飞机重心位置的前后变动。重心位置的前后变动势必引起各作用力力臂的变化,从而引起各俯仰力矩的变化,其中对机翼产生的俯仰力矩影响最大。正常情况下(机翼产生升力、平尾产生负升力,压力中心在重心之后),重心前移,机翼升力、水平尾翼升力的力臂都增大,但机翼升力力臂增大的相对百分比要大,使得下俯力矩的增量大于上仰力矩的增量,导致下俯力矩过大,形成附加下俯力矩使飞机下俯;反之,重心后移,机翼升力、水平尾翼升力的力臂都减小,但机翼升力力臂减小的相对百分比要大,使得下俯力矩的减小量大于上仰力矩的减小量,导致上仰力矩过大,形成附加上仰力矩使飞机上仰。

3. 俯仰平衡的条件

根据飞机俯仰平衡的定义,飞机不绕横轴作俯仰转动,保持迎角不变,必须使作用在飞机上的上仰力矩与下俯力矩大小相等、方向相反、相互平衡,或绕横轴的力矩之和为零,即

$$\sum M_{上仰} = \sum M_{下俯} \quad 或 \quad \sum M_z = 0 \tag{3-5}$$

飞行中,影响飞机俯仰平衡的因素是经常存在的,作用在飞机上各俯仰力矩的平衡是暂时的,不平衡是经常的。为了维持飞机的俯仰平衡,飞行员可以前后推拉驾驶盘(杆)偏转升降舵或使用俯仰配平和调整片等,产生的操纵力矩来维持飞机的俯仰平衡。偏转舵面会改变翼面(包括机翼、水平尾翼和垂直尾翼)的弯曲程度,改变翼面原来的气流情况,从而产生附加空气动力,绕飞机重心产生操纵力矩。具体可以参考机翼升力产生的原理和增升原理。

升降舵上偏,水平尾翼将产生向下的附加升力,形成绕着横轴的附加上仰力矩,机头上仰;反之,升降舵下偏,水平尾翼将产生向上的附加升力,形成绕着横轴的附加下俯力矩,机头下俯。有些飞机,还可以调整水平安定面的安装角来改变水平尾翼的气动力,产生俯仰操纵力矩来维持飞机的俯仰平衡。

二、飞机的方向(航向)平衡

飞机的方向平衡是指作用于飞机上的各偏转力矩之和为零,飞机不绕竖轴作偏转运动,保持侧滑角不变或没有侧滑(侧滑角为零)。飞机绕竖轴的偏转运动,主要导致飞机的飞行方向(航向)发生变化,因此,飞机的方向平衡又称为航向平衡。

所谓侧滑就是指飞行或滑跑中，飞机对称面与相对气流方向不平行的飞行状态。飞机对称面与相对气流之间的夹角称为侧滑角(sideslip angle)，用β表示，如图 3－8 所示。飞机方向平衡遭破坏后，机头要向左或向右偏转而产生侧滑。机头向右偏转，气流从飞机的左前方吹来，形成左侧滑；反之，机头向左偏转，气流从飞机的右前方吹来，形成右侧滑。对后掠翼飞机，侧滑还使作用于两侧机翼的气流当量不等，机翼可分为侧滑前翼和侧滑后翼。气流从哪侧吹来，哪侧机翼就为侧滑前翼，另一侧机翼为侧滑后翼。

飞行或滑跑过程中，飞机受到推力(拉力)、阻力和侧向力等都可以构成绕竖轴转动的力矩，即偏转力矩。

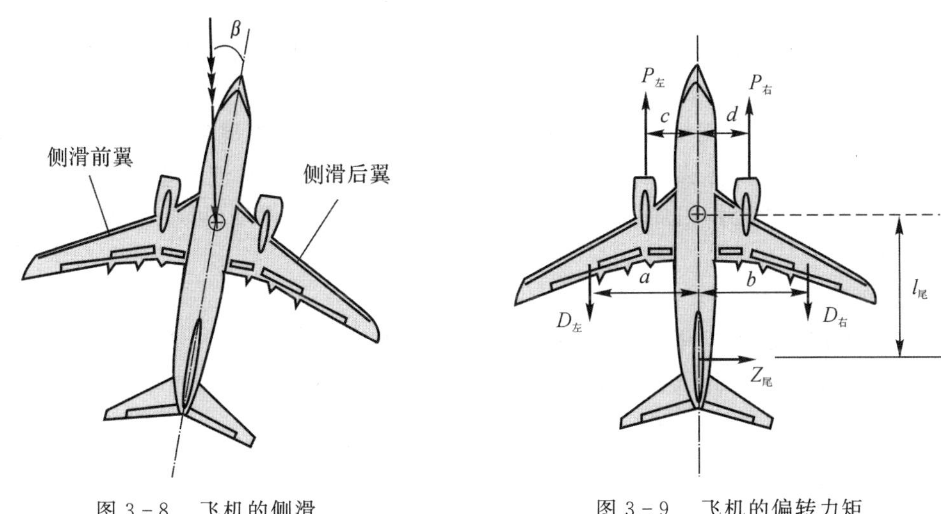

图 3－8　飞机的侧滑　　　　图 3－9　飞机的偏转力矩

1. 偏转力矩的产生

作用于飞机上的主要偏转力矩有两机翼的阻力对重心产生的偏转力矩，垂直尾翼侧力对重心产生的偏转力矩，双发或者多发发动机的拉力(推力)对重心产生的偏转力矩，如图 3－9 所示。

机翼阻力偏转力矩是指机翼阻力对竖轴形成的偏转力矩，其大小可以用下式表示：

$$M_{y翼}=D_{左}\,a \quad 或 \quad M_{y翼}=D_{右}\,b \tag{3-6}$$

式中，a，b 分别表示左、右机翼阻力绕竖轴转动力臂的大小。

正常情况下，左、右两侧机翼的阻力对竖轴产生的力矩相互平衡，机头不发生偏转，当两侧机翼的阻力不等时，机头会向阻力较大的一侧偏转。

垂直尾翼偏转力矩是指当飞机发生侧滑时，或方向舵发生偏转时，或存在螺旋桨滑流扭转时，垂直尾翼产生的侧向力($Z_{尾}$)对竖轴形成偏转力矩，其大小可以用下式表示：

$$M_{y尾}=Z_{尾}\,l_{尾} \tag{3-7}$$

式中，$l_{尾}$ 表示垂尾侧力的力臂，为垂尾侧力作用线到重心的水平距离。

垂直尾翼的侧向力，使机头向与作用力方向相反的一侧偏转。如果飞机不发生侧滑、方向舵没有偏转且没有滑流扭转的作用，垂直尾翼将不会产生侧向力矩。

发动机拉力(推力)偏转力矩是指发动机的作用力对竖轴形成的偏转力矩，其大小可以用下式表示：

$$M_{y发}=P_{左}c \quad 或 \quad M_{y发}=P_{右}d \tag{3-8}$$

式中，c，d 分别表示左、右两侧发动机的作用力绕竖轴转动力臂的大小。

正常情况下，左、右两侧发动机的作用力对竖轴产生的力矩相互平衡，机头不发生偏转，当两侧发动机的拉力（推力）不等时，机头会向拉力（推力）较小的一侧偏转。

2. 影响方向平衡的因素

侧滑或者侧风都可以形成侧向气流，侧向气流使得垂直尾翼出现附加侧向力，也可以导致左、右两侧机翼的阻力不等，都会产生偏转力矩。侧向气流使机头向侧向来流方向一侧偏转。

机翼变形（或者两侧机翼的形状不一致），导致左、右两侧机翼的阻力不相等。机头会向变形大、阻力大的一侧偏转。

多发动机飞机左、右两侧发动机工作状态不同，或者一侧发动机停车，从而产生不对称的拉力或推力。机头会向拉力或推力较小的一侧偏转。

（单发）螺旋桨发动机飞机，油门改变时，螺旋桨滑流引起垂直尾翼力矩的改变。螺旋桨滑流作用导致的机头偏转与螺旋桨的旋向有关，对于右旋螺旋桨，滑流对垂尾产生的侧向力由左指向右，加大油门，滑流作用加强，将使机头向左偏转；反之则相反（可参考螺旋桨的滑流扭转作用）。

3. 方向平衡的条件

根据方向平衡的定义，飞机不绕竖轴作偏转运动，保持侧滑角不变，必须使作用在飞机上的左偏力矩与右偏力矩大小相等、方向相反、相互平衡，或绕竖轴的力矩之和为零，即

$$\sum M_{左偏}=\sum M_{右偏} \quad 或 \quad \sum M_y=0 \tag{3-9}$$

为了保持飞机的方向平衡，飞行员可以蹬舵或使用方向舵调整片产生的操纵力矩来保持飞机的方向平衡。方向舵左偏，垂直尾翼将产生向右的附加侧向力，产生绕着竖轴的左偏力矩，使机头左偏；反之，方向舵右偏，垂直尾翼将产生向左的附加侧向力，产生绕着竖轴的右偏力矩，使机头右偏。

三、飞机的横向（侧向）平衡

飞机的横向平衡，是指作用于飞机上的各滚转力矩之和为零，飞机不绕纵轴作滚转运动，保持坡度不变或没有坡度。飞机绕纵轴的滚转运动，主要导致沿着横轴两侧（机翼）的飞行姿态变化，因此，横向平衡性又称为侧向平衡性。

所谓坡度，又称飞机倾斜角（bank angle），用 γ 表示，是指飞机绕纵轴转动的角度，其大小为飞机对称面与铅垂线间的夹角（参考图 5－1）。

飞机飞行中，升力和侧向力等都可以构成绕纵轴转动的力矩，此外，（单发）螺旋桨旋转时的反扭矩也是绕纵轴转动的力矩，即滚转力矩。

1. 滚转力矩的产生

作用于飞机上的滚转力矩主要有两侧机翼升力对重心产生的滚转力矩，垂直尾翼侧力对重心产生的滚转力矩，螺旋桨旋转时的反扭矩对重心产生的滚转力矩，如图 3－10 所示。

机翼升力滚转力矩是指机翼升力对纵轴形成的滚转力矩，其大小可以用下式表示：

$$M_{x翼}=L_{左}a \quad 或 \quad M_{x翼}=L_{右}b \tag{3-10}$$

式中，a，b 分别表示左、右机翼升力绕纵轴滚转力臂的大小。

正常情况下，左、右两侧机翼升力对纵轴产生的力矩相互平衡，飞机不发生滚转，当两侧机

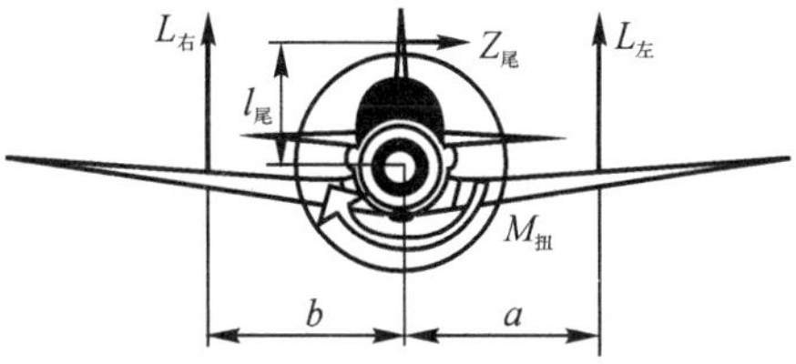

翼的升力不等时，飞机会向升力较小的那侧滚转。

垂直尾翼滚转力矩是指当飞机发生侧滑时，或存在螺旋桨滑流扭转时，垂直尾翼产生的侧向力（$Z_{尾}$）对纵轴形成滚转力矩，其大小可以用下式表示：

$$M_{x尾}=Z_{尾}\ l_{尾} \tag{3-11}$$

式中，$l_{尾}$ 表示垂尾侧力的力臂，为垂尾侧力作用线到重心的竖直距离。

图 3－10　飞机的滚转力矩

垂直尾翼的侧向力，使飞机向与作用力方向相一致的方向绕纵轴滚转。

此外，对螺旋桨飞机，尤其是单发螺旋桨飞机，螺旋桨在旋转时，螺旋桨反扭矩 $M_{扭}$ 的作用会产生绕纵轴的滚转力矩。对于右旋螺旋桨飞机，其反扭矩方向向左，会使飞机向左滚转；对于左旋螺旋桨飞机，其反扭矩方向向右，会使飞机向右滚转。

2. 影响横向平衡的因素

机翼变形（或者两边机翼的形状不一致），导致左、右两侧机翼的升力不相等。飞机会向升力较小的那侧滚转。

侧滑或者侧风都可以形成侧向气流，侧向气流使得垂直尾翼出现附加侧向力，也可以导致左、右两侧机翼的升力不等。侧向气流使飞机向与侧向来流相反的那侧滚转。

重心的左右移动（如两翼油箱的油耗不均），两侧机翼升力作用点到重心的力臂改变，形成滚转力矩。重心向哪侧移动，飞机就向哪侧滚转。

螺旋桨发动机飞机，油门改变时，螺旋桨的反扭矩随之而改变。增大油门，螺旋桨的反扭矩作用增大，飞机会向与螺旋桨旋向相反那侧滚转；反之则相反。此外，螺旋桨滑流扭转作用，对滚转力矩也有影响，其可以减小或抵消螺旋桨反扭矩的影响作用。

3. 横向平衡的条件

根据横向平衡的定义，飞机不绕纵轴作滚转运动，保持坡度不变，必须使作用在飞机上的左滚转力矩与右滚转力矩大小相等、方向相反、相互平衡，或绕纵轴的力矩之和为零，即

$$\sum M_{左滚}=\sum M_{右滚} \quad 或 \quad \sum M_x=0 \tag{3-12}$$

为了保持飞机的横向平衡，飞行员可以适当转动驾驶盘，偏转副翼或使用副翼调整片产生的操纵力矩来保持飞机的横向平衡。偏转副翼产生滚转操纵力矩时，两侧副翼的偏转方向是相反的。正常情况下，左副翼上偏，右副翼下偏，右机翼升力大于左机翼升力，将产生绕纵轴向左滚转的力矩，使飞机向左滚转（左倾），左机翼下沉、右机翼上扬；反之，左副翼下偏，右副翼上偏，左机翼升力大于右机翼升力，将产生绕纵轴向右滚转的力矩，使飞机向右滚转（右倾），右机翼下沉、左机翼上扬。

第三节　飞机的稳定

稳定是指物体（系统）受到微小扰动后偏离原来的平衡状态，在扰动消失后，能自动恢复原来平衡状态的一种能力，具备这种能力的物体（系统）具有稳定性。飞机的稳定性是指飞机受到各种各样的扰动（如阵风、发动机工作不均衡、舵面的偶然偏转等），使飞机偏离原来的平衡状态，在扰动消失后，飞机自动恢复原来平衡状态（非飞行状态）的能力，具备这种能力的飞

机具有稳定性。

稳定的一个重要特性就是能自动恢复平衡，这种特性并不是恒定的，是一个具有稳定性物体必须满足的条件。

一、稳定性的概念及条件

在研究飞机稳定性之前，先了解一般物体的稳定性，一个具有稳定性的物体必须具备一定的条件。例如一个下垂、处于平衡状态的单摆，受微小扰动偏离原来的平衡位置，在扰动消失后，摆锤在平衡位置附近来回往复摆动，摆动的幅度越来越小，最后恢复到原来的平衡位置上。这说明下垂的单摆具有稳定性。

下垂单摆之所以具有稳定性，究其原因有两个：一是当单摆不在平衡位置时，可将摆锤的重力分解为与摆杆平行的分力 G_1 和与摆杆垂直的分力 G_2，如图 3－11(a) 所示。垂直分力 G_2 对摆轴形成一个力矩，使摆锤具有自动恢复原来平衡位置的趋势，这个力矩称为稳定力矩。二是摆锤在来回往复摆动中，作用于摆锤的空气阻力 D 对摆轴也形成一个力矩，阻止摆锤摆动，这个力矩称为阻尼力矩。

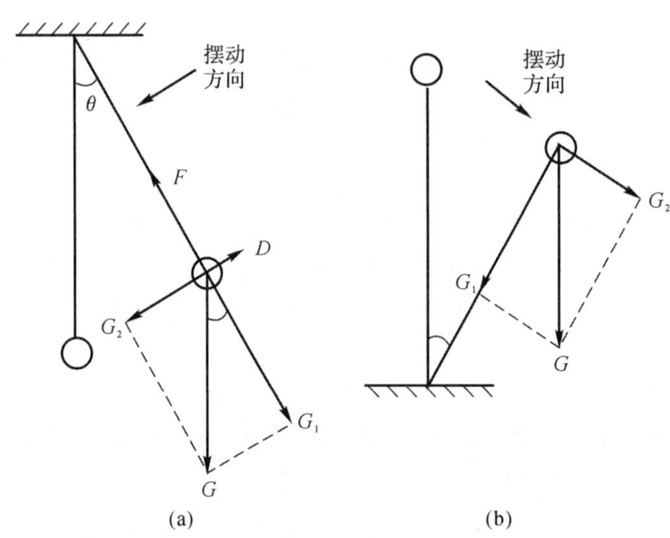

图 3－11　单摆的稳定性与不稳定性

如果把单摆倒立过来，如图 3－11(b) 所示，摆锤偏离平衡位置后，分力 G_2 对摆轴形成一个不稳定力矩，使摆锤更加偏离原来平衡位置，直至倒下。这说明倒立的单摆没有稳定性。

由上述分析可知，稳定力矩是稳定性的必要条件，没有稳定力矩的物体是不能稳定的。所谓稳定力矩是指物体受扰偏离原平衡状态后，自动出现的、力图使物体回到原平衡状态、方向始终指向原平衡位置的力矩。但只有稳定力矩而没有阻尼力矩也是不行的，下垂单摆将来回往复摆动不停，有了阻尼力矩才能使单摆的摆幅减小直至停止下来。所谓阻尼力矩，是指物体受扰后的运动过程中，自动出现的、力图使物体最终回到原平衡状态、方向始终与运动方向相反的力矩。这也就是说，只有在稳定力矩和阻尼力矩的共同作用下，才能使下垂单摆具有稳定性。

稳定性又可分为静稳定性和动稳定性。静稳定性是指物体受扰后具有回到原来平衡状态的趋势(可能性),研究物体受扰的最初响应问题,与稳定力矩有关。动稳定性是指物体受扰后回到原来平衡状态的时间响应历程,与阻尼力矩有关。物体的静稳定性具有三种不同的形态,即正静稳定性、中立静稳定性和负静稳定性;同样,动稳定性也具有三种不同的形态,即正动稳定性、中立动稳定性和负动稳定性,如图 3-12 所示。

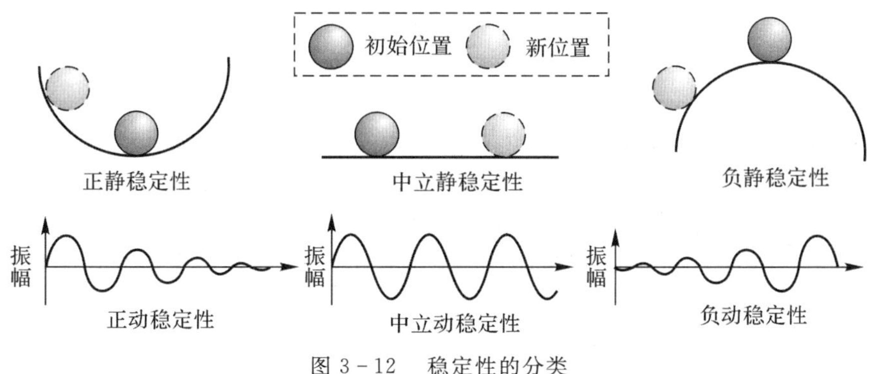

图 3-12　稳定性的分类

飞机稳定性与单摆稳定性的基本原理是一样的。飞机要具有稳定性,首先是飞机偏离原来平衡状态时出现了稳定力矩,使飞机具有自动恢复原来平衡状态的趋势(可能性);其次是在摆动过程中,出现了阻尼力矩,使飞机的摆动幅度减弱直至消失。

飞机在飞行过程中所受的扰动,在正常情况下,相对飞机来说属于小扰动,在稳定力矩和阻尼力矩的共同作用下,飞机能恢复原来的平衡状态,飞机具有稳定性。飞机的稳定性是飞机本身必须具备的一种特性,但飞机的稳定性不是恒定的,会随飞行条件改变。也就是说,在一定飞行条件下,飞机具有足够的稳定性,而在另一种条件下,飞机的稳定性可能减弱,甚至丧失稳定性。飞机的稳定性与飞机的操纵性密切相关,要学习飞机的操纵性,就必须先懂得飞机的稳定性。

研究飞机的稳定性,主要是研究稳定力矩是如何产生的,以及阻尼力矩又是如何产生的。为了研究问题方便,可以将飞机的稳定性分为俯仰稳定性、方向稳定性和横向稳定性。

二、飞机的俯仰稳定性

飞机的俯仰稳定性是指在飞行中,飞机受微小扰动以致迎角发生变化,在扰动消失后,飞机自动恢复原来迎角的特性,又称纵向稳定性。飞机俯仰稳定是俯仰稳定力矩和俯仰阻尼力矩共同作用的结果。

1. 飞机俯仰稳定力矩的产生

飞机俯仰稳定力矩主要是由水平尾翼产生的。如图3-13所示,当飞机受扰动机头上仰使机翼迎角增大时,水平尾翼的迎角也增大,产生向上的附加升力($\Delta L_{尾}$),对飞机重心形成下俯力矩,使飞机趋向于恢复原来的迎角;反之,当飞机受扰动机头下俯使机翼迎角减小时,水平尾翼产生向下的附加升力($\Delta L_{尾}$),对飞机重心形成上仰的力矩,也使飞机趋向于恢复原来的迎角。这便是水平尾翼产生俯仰稳定力矩的过程。

实际上,当飞机受扰动迎角发生变化时,除机翼、水平尾翼的迎角随之变化外,机身、螺旋桨等部分的迎角也要发生变化,同样也会产生升力增量,即飞机附加升力。由于机翼焦点离飞机重心很近,甚至可能在重心之前,也就是说,机翼附加升力对重心形成的力矩对俯仰稳定力矩的贡献小，甚至无贡献。所以，一般认为飞机俯仰稳定力矩主要由水平尾翼产生。

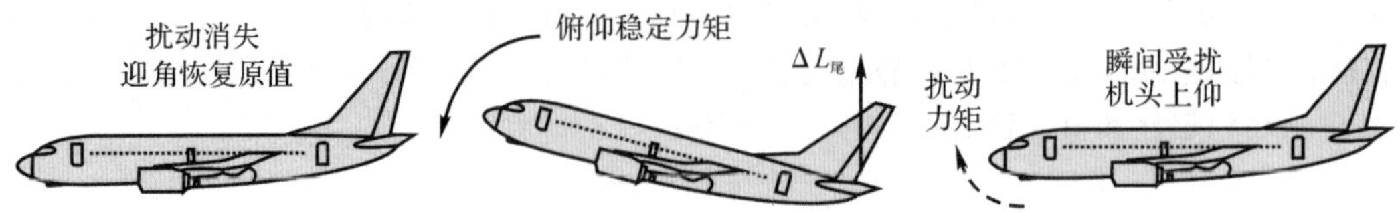

图 3-13　水平尾翼产生的俯仰稳定力矩

飞机的附加升力可以为正也可以为负，正常情况下，迎角增加，附加升力为正；反之，迎角减小，附加升力为负。附加升力能对飞机重心形成俯仰力矩，这些俯仰力矩能否成为飞机的俯仰稳定力矩，取决于飞机焦点与重心的前后位置关系。

飞机焦点位于飞机重心之后，飞机能产生俯仰稳定力矩，飞机具有俯仰静稳定性。这是因为当飞机受扰机头上仰迎角增大时，飞机附加升力（$\Delta L_{飞机}$）向上，对飞机重心形成下俯力矩；或者当飞机受扰机头下俯迎角减小时，飞机附加升力（$\Delta L_{飞机}$）向下，对飞机重心形成上仰力矩，都使飞机具有恢复原来迎角的趋势，都为俯仰稳定力矩。

飞机焦点位于飞机重心之前，飞机不能产生俯仰稳定力矩，飞机不具有俯仰静稳定性。这是因为当飞机受扰机头上仰迎角增大时，飞机附加升力（$\Delta L_{飞机}$）向上，对飞机重心形成上仰力矩；或者当飞机受扰机头下俯迎角减小时，飞机附加升力（$\Delta L_{飞机}$）向下，对飞机重心形成下俯力矩，都迫使飞机更加偏离原来的迎角，都为俯仰不稳定力矩。

飞机焦点与飞机重心重合，飞机附加升力对重心产生的力矩为零，飞机既不会自动恢复原来的迎角，也不会偏离原来的迎角，这种状态称为中立不稳定。

由上述分析可知，为了保证飞机具有俯仰静稳定性，飞机焦点必须位于飞机重心之后。对一般飞机来说，由于水平尾翼的作用，飞机焦点都位于飞机重心之后。

2. 飞机俯仰阻尼力矩的产生

飞行中，仅有俯仰稳定力矩还无法保证飞机的俯仰稳定性。要使飞机最后能恢复到原来的迎角，除了应具备俯仰稳定力矩，使飞机具有自动恢复到原来迎角的趋势外，还要在俯仰摆动中，形成阻尼力矩，迫使飞机的摆动幅度逐渐减小直至消失。

飞机在绕着重心的俯仰摆动过程中，水平尾翼、机翼和机身等部件都可以产生俯仰阻尼力矩，但俯仰阻尼力矩主要是由水平尾翼产生的。如飞机绕重心以角速度 ω_Z 转动时，重心前后各处可获得附加线速度 $\omega_Z l$（l 为沿纵轴距重心的距离），如图 3-14 所示，这些线速度产生的相对气流与飞行气流速度作矢量相加，改变了飞机各部分的局部迎角，产生了附加升力。

当 $\omega_Z > 0$ 时，机头向上转动，水平尾翼向下转动。重心之前各处的局部迎角变小，产生了向下的附加升力，对重心形成附加下俯力矩；重心之后各处的局部迎角变大，产生了向上的附加升力，对重心形成附加下俯力矩；反之亦然。这些由局部迎角变化所产生的附加升力对重心形成力矩（$M_{Z\omega_Z}$）的方向始终与飞机转动方向相反，阻碍飞机转动，故称为俯仰阻尼力矩。

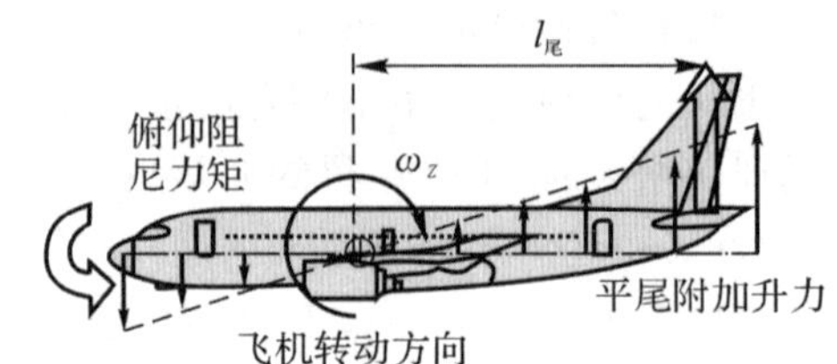

图 3-14　俯仰阻尼力矩的产生

水平尾翼距重心的距离最远（l 最大），飞机绕重心以 ω_Z 转动时，平尾的附加线速度（$\omega_Z l_{尾}$）

最大，而且产生附加升力的力臂最长，产生的阻尼力矩比其他部件大得多，所以，在分析俯仰阻尼力矩产生时，可以只考虑水平尾翼产生俯仰阻尼力矩的作用。

3. 飞机俯仰稳定性的判别

飞机是否具有俯仰稳定性，可以通过俯仰力矩系数曲线来判断。飞机的俯仰力矩系数可以用下式计算：

$$m_Z = \frac{M_Z}{\frac{1}{2}\rho v^2 S b_A} \tag{3-13}$$

式中，M_Z 为全机俯仰稳定力矩，可通过理论计算和实验（风洞、试飞）得到。

图 3-15 所示是飞机的俯仰力矩系数曲线，又称为迎角稳定度，它反映了 m_Z 随迎角（α）的变化规律，表示迎角每变化 1° 飞机俯仰力矩系数的变化量。如果$\frac{\partial m_Z}{\partial \alpha}<0$，当飞机受扰动迎角增大，即 $\Delta\alpha>0$ 时，则飞机的俯仰力矩系数 $\Delta m_Z<0$，即飞机产生附加下俯力矩；反之，当飞机受扰动迎角减小，即 $\Delta\alpha<0$ 时，则飞机的俯仰力矩系数 $\Delta m_Z>0$，即飞机产生附加上仰力矩。这些附加力矩使飞机趋向恢复原来的平衡状态。由上面分析可知，迎角稳定度为负值（$\frac{\partial m_Z}{\partial \alpha}<0$），飞机具有俯仰稳定性，其绝对值越大，俯仰稳定性越强。

当飞机的迎角稳定度为正值，即$\frac{\partial m_Z}{\partial \alpha}>0$ 时，飞机不具备俯仰稳定性。这是因为，当飞机受扰动迎角改变时，飞机上产生的将是俯仰不稳定力矩，使飞机更加偏离原来的平衡状态。

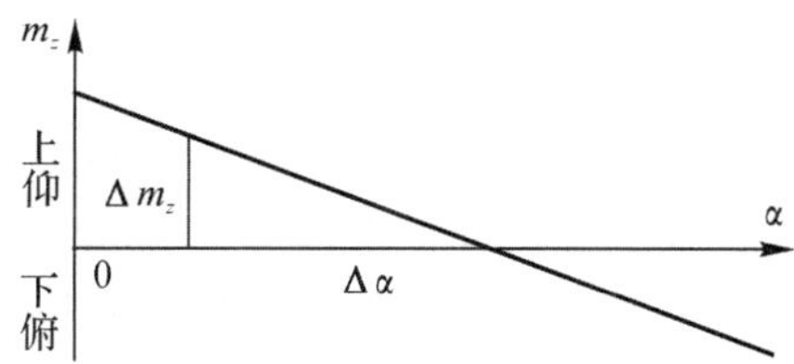

图 3-15　俯仰力矩系数随仰角的变化曲线

三、飞机的方向稳定性

飞机的方向稳定性是指在飞行中，飞机受微小扰动以致方向平衡遭到破坏，在扰动消失后，飞机自动恢复原来方向平衡的特性，又称航向稳定性。飞机的方向稳定是方向稳定力矩和方向阻尼力矩共同作用的结果。

1. 飞机方向稳定力矩的产生

飞机方向稳定力矩，主要是飞机侧滑时，由垂直尾翼产生的。如图 3-16 所示，飞机在平飞中，飞机受微小扰动，机头右偏，出现左侧滑时，气流从飞机的左前方吹向飞机，作用在垂直尾翼上，使得垂直尾翼左右两侧的气流流场不再对称，产生了向右的附加侧向力（$\Delta Z_{尾}$），对重心形成了左偏力矩，使机头左偏，力图消除侧滑，使飞机自动趋向恢复原来的方向平衡状态。这个偏转力矩就是方向稳定力矩。同理，飞机机头左偏时，飞机出现右侧滑时垂直尾翼也会产生右偏的方向稳定力矩。

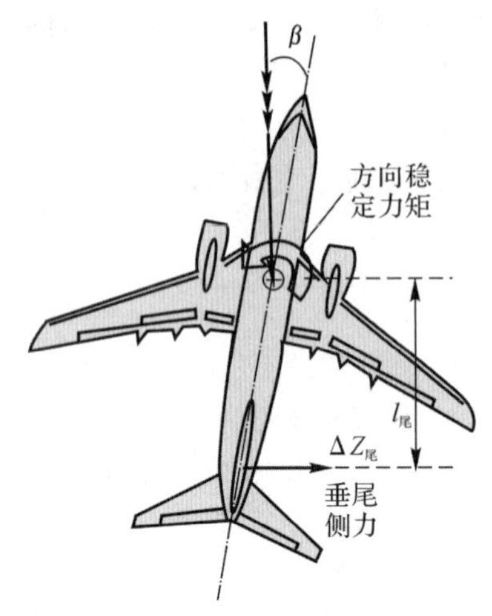

图 3-16　垂尾产生方向稳定力矩

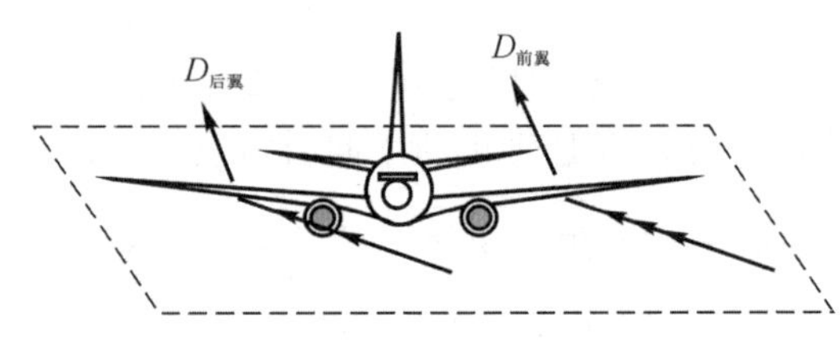

图 3-17　上反角产生方向稳定力矩

此外，机翼的上反角、后掠角也能使飞机产生方向稳定力矩。

假设飞机出现了左侧滑，如图 3-17 所示。上反角之所以能产生方向稳定力矩，是因为飞机产生侧滑时，上反角度侧滑前翼（左机翼）的迎角大于侧滑后翼（右机翼）的迎角，致使侧滑前翼的阻力（D 后翼）大于侧滑后翼的阻力（D 后翼），两侧机翼的阻力差对重心形成了向左偏转的力矩，力图消除左侧滑，为方向稳定力矩。

若飞机的机翼不是上反角而是下反角，侧滑前翼（左机翼）的迎角会小于侧滑后翼（右机翼）的迎角，将会产生方向不稳定力矩，使飞机更加偏离原来的平衡状态。

后掠角之所以能产生方向稳定力矩，是因为相对气流速度（v_{∞}）可以分解为与机翼前缘垂直的分速度（v_n）和与机翼前缘平行的分速度（v_t），如图 3-18 所示。与机翼前缘平行的分速度（v_t）沿翼面流动时，只产生摩擦阻力，对机翼阻力大小变化影响不大；而与机翼前缘垂直的分速度（v_n）沿翼面流动时，会产生摩擦阻力、压差阻力、诱导阻力等阻力，对机翼阻力大小起决定性作用。飞机侧滑时，后掠角度侧滑前翼的气流垂直分速度（$v_{n前}$）大于侧滑后翼的气流垂直分速度（$v_{n后}$），致使侧滑前翼的阻力（$D_{前翼}$）大于侧滑后翼的阻力（$D_{后翼}$），两侧机翼的阻力差对重心形成了向左偏转的力矩，力图消除左侧滑，为方向稳定力矩。

另外，有些飞机机身上的背鳍和腹鳍，相当于增大了垂直尾翼的作用面积，增强方向稳定性。垂直尾翼的后掠布局使垂直尾翼侧向力到重心的力臂增大，可增强方向稳定性。

2. 飞机方向阻尼力矩的产生

飞机有了方向稳定力矩，只能使飞机有自动恢复原来方向平衡的趋势，还需要在偏转摆动过程中产生阻尼力矩，才能使飞机偏转摆动的幅度逐渐减弱直至消失。

飞机在绕重心的偏转摆动过程中，垂直尾翼、机身、背鳍和腹鳍等部件都可以产生方向阻尼力矩，但方向阻尼力矩主要是由垂直尾翼产生的。如飞机绕重心以角速度 ω_Y 转动时，重心前、后各处可获得的线速度 $\omega_Y l$（l 为沿纵轴距重心的距离），如图 3-19 所示。机头右偏时，垂直尾翼向左运动，在垂直尾翼上产生向右的相对气流，垂直尾翼的实际气流从垂尾左前方吹来，在垂直尾翼上形成侧滑角，在垂直尾翼上产生向右的附加侧向力（$\Delta Z_{尾}$），对重心形成向左偏转的力矩，阻止机头向右偏转，称为方向阻尼力矩。同理，机头向左偏时，垂直尾翼也要产生阻止飞机机头左偏的方向阻尼力矩。

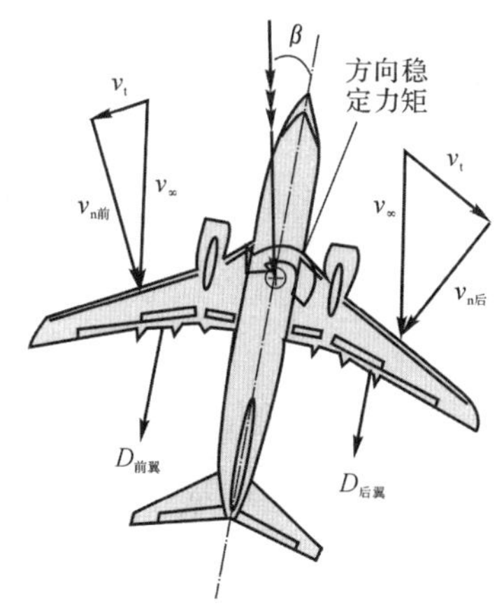

图 3－18　后掠翼产生方向稳定力矩

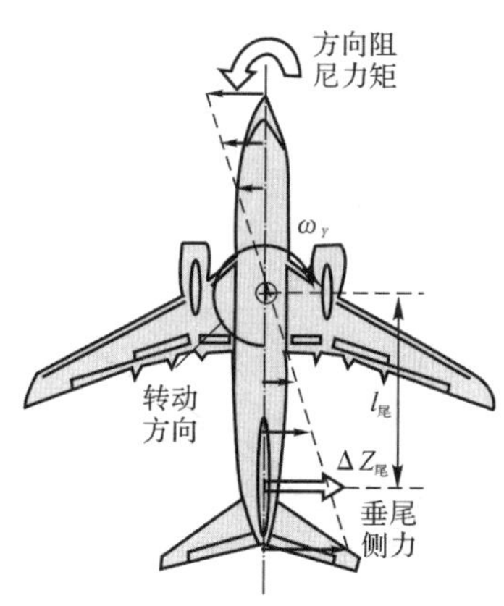

图 3－19　方向阻尼力矩的产生

同理，飞机机身、背鳍和腹鳍等部件也可以产生方向阻尼力矩。但它们所产生的方向阻尼力矩比垂直尾翼产生的小得多，所以，在分析方向阻尼力矩产生时，可以只考虑垂直尾翼产生方向阻尼力矩的作用。

飞机的方向稳定性只能恢复原来的方向平衡，即保证侧滑角不变或侧滑角为零，而不能保证飞机的飞行方向（航向）不发生变化。因此，飞机的方向稳定性又称风标稳定性。

四、飞机的横向稳定性

飞机的横向稳定性是指在飞行中，飞机受微小扰动以致横向平衡遭到破坏，在扰动消失后，飞机自动恢复原来横向平衡的特性，又称侧向稳定性。飞机的横向稳定是横向稳定力矩和横向阻尼力矩共同作用的结果。

1. 飞机横向稳定力矩的产生

飞机横向稳定力矩主要由侧滑中机翼的上反角和后掠角产生。

飞机在平飞中，受到微小扰动而向右滚转（右倾），形成右坡度，升力（L）和重力（G）可以形成一个合力（P），如图 3－20 所示。P 使飞机形成向右的侧向位移速度 $v_{侧}$，此速度与飞行速度（v_∞）可以合成为 v'。这样一来就使得气流从飞机的右前方吹来（相对气流方向与飞机运动速度方向相反），导致飞机处于右侧滑状态。同理，若飞机受到微小扰动而向左滚转（左倾），飞机将会处于左侧滑状态。需要将这种侧滑的成因与飞机因机头偏转而形成的侧滑区分开来。

此时，机翼上反角的作用，如图 3－21 所示，致使侧滑前翼（右机翼）的迎角大于侧滑后翼（左机翼）的迎角，使得右机翼产生的升力（$L_{前翼}$）大于左机翼产生的升力（$L_{后翼}$）。左右两侧机翼的升力差对飞机重心形成向左滚转的力矩，力图消除右坡度，从而消除侧滑，而使飞机具有自动恢复原来横向平衡状态的趋势，这就是飞机的横向稳定力矩。

若飞机的机翼不是上反角而是下反角，右机翼（侧滑前翼）的迎角会小于左机翼（侧滑后翼）的迎角，将会产生横向不稳定力矩，使飞机更加偏离原来的平衡状态。

机翼的后掠角也可以使飞机产生横向稳定力矩。其道理是这样的，当飞机出现侧滑时，相对气流速度（v_∞）可以分解为与机翼前缘垂直的分速度（v_n）和与机翼前缘平行的分速度（v_t），如图3-18所示。平行于机翼前缘的分速度（v_t）沿着与机翼前缘平行方向流动，沿此方向的机翼表面是平的，速度保持不变，不影响沿翼弦方向的压力分布，不影响升力的大小。只有垂直机翼前缘方向的机翼表面才是弯曲的，气流流过时才会产生速度的变化，才能影响沿翼弦方向的压力分布，从而影响升力的大小。因此，只有与机翼前缘垂直的分速度(v_n)对产生升力才是有效的，称为有效分速度。在侧滑中，侧滑前翼的有效分速度比侧滑后翼的有效分速度大，因而侧滑前翼的升力大于侧滑后翼的升力，两侧机翼的升力差对重心形成滚转力矩，也是横向稳定力矩。

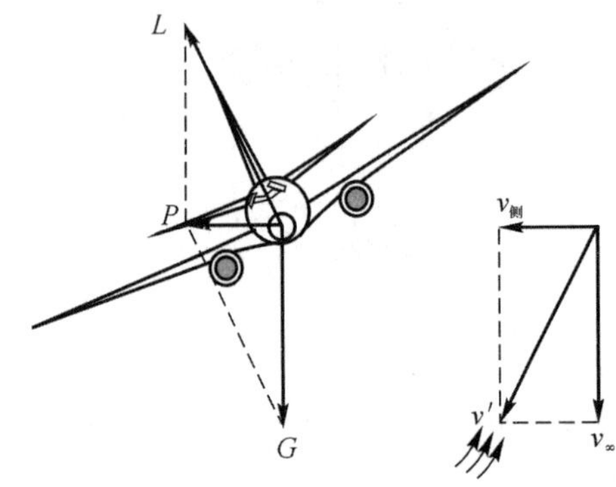

图 3-20　滚转导致的侧滑

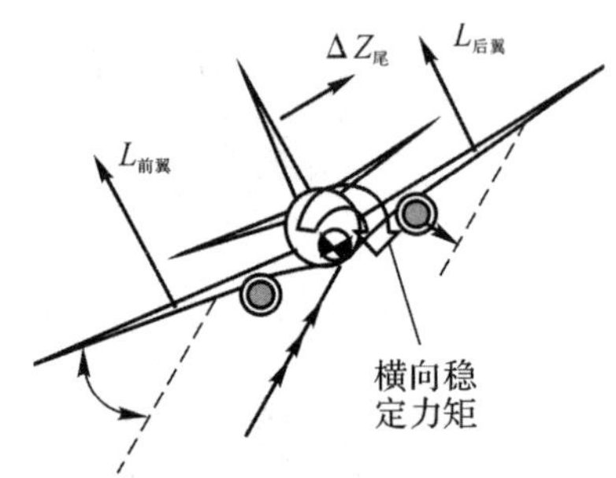

图 3-21　横向稳定力矩的产生

飞机在侧滑中，垂直尾翼上的附加侧向力($\Delta Z_{尾}$)因其着力点在飞机重心位置的上方，也会对重心形成横向稳定力矩，如图 3-21 所示。

机翼与机身的不同配置形式也对飞机的横向稳定性有影响，如图3-22所示。当飞机受到扰动倾斜出现坡度时，对于上单翼飞机，侧滑前翼下表面的气流受机身的阻滞，流速减慢，压力升高，升力增大，附加升力形成横向稳定力矩，使飞机的横向稳定性增强；对于下单翼飞机，侧滑前翼上表面的气流受机身的阻滞，流速减慢，压力升高，升力减小，附加升力形成横向不稳定力矩，使飞机的横向稳定性减弱；对于中单翼飞机，侧滑前翼上、下表面的气流都受机身的阻滞，流速均减小，压力均升高，基本上不产生附加升力，对飞机的横向稳定性影响不大。

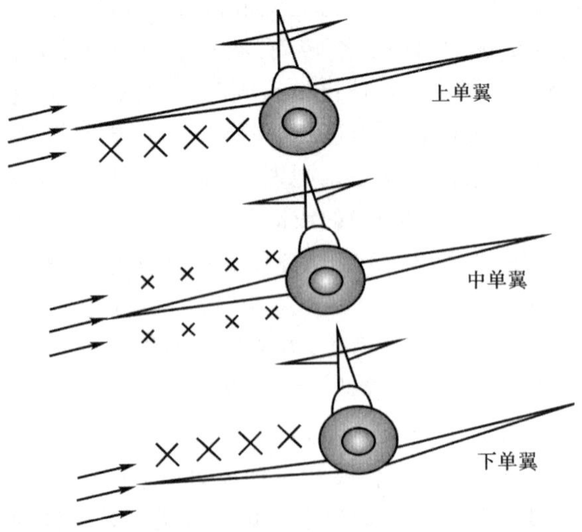

图 3-22　单翼不同配置对横向稳定性的影响

综合前面分析可以得出，若单纯考虑飞机的横向稳定性，上单翼、上反角布局飞机的横向稳定性最强。但对飞机整体稳定性而言，并不是横向稳定性越强就越好，飞机的横向稳定性还要与方向稳定性进行耦合。因此，飞机通常采用上单翼、下反角，下单翼、上反角，或中单翼的机翼配置形式。

2. 飞机横向阻尼力矩的产生

飞机的机翼、尾翼都可以产生横向阻尼力矩，但飞机的横向阻尼力矩主要是由机翼产生的。如图3-23所示，飞机向左滚转，左机翼下沉，产生向上的附加相对气流速度($\Delta v_{上}$)，而使左机翼迎角增大，如图3-24所示，产生向上的附加升力(迎角在临界迎角范围内)；右机翼上扬，产生向下的附加相对气流速度($\Delta v_{下}$)，而使右机翼迎角减小，产生向下的附加升力。这样使得左机翼的升力大于右机翼的升力，左、右机翼的升力差对飞机重心形成向右的滚转力矩，阻止飞机向左滚转，附加升力产生的力矩始终与飞机滚转方向相反，阻止飞机的滚转，这就是飞机的横向阻尼力矩。同理，飞机向右滚转时，机翼会产生向左的横向阻尼力矩。

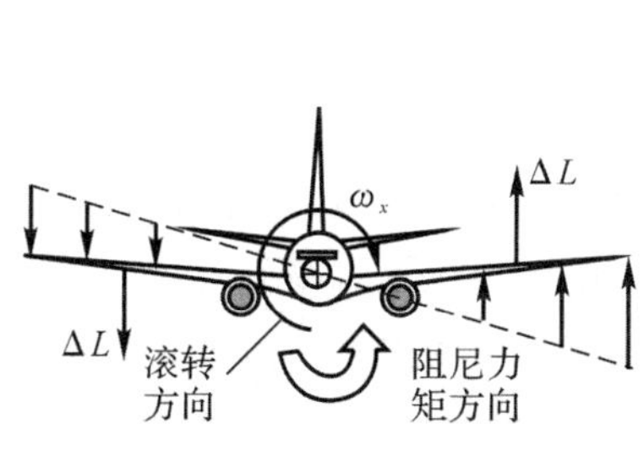

图3-23　横向阻尼力的产生

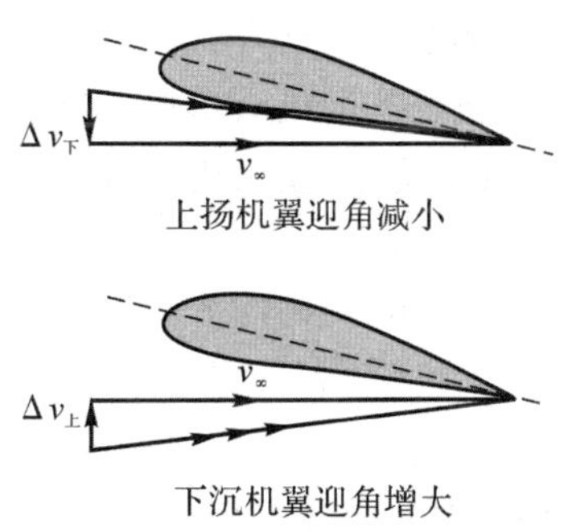

图3-24　滚转对机翼迎角的影响

飞机的尾翼，尤其是水平尾翼产生横向阻尼力矩的原理与机翼产生横向阻尼力矩的原理相同，但要比机翼产生的阻尼力矩小得多。所以，在分析横向阻尼力矩产生时，可以只考虑机翼产生横向阻尼力矩的作用。

由上面分析可知，飞机在飞行中，只要飞机绕纵轴发生滚转，左、右两侧机翼的迎角就有差别，如果迎角都在临界迎角范围内，机翼就能产生横向阻尼力矩。

3. 飞机方向稳定性、横向稳定性的判别*

与俯仰稳定性相似，也可以通过飞机的偏转力矩系数(m_y)和滚转力矩系数(m_x)来分别判断飞机的方向稳定性和横向稳定性。图3-25、图3-26所示分别是飞机的偏转力矩系数、滚转力矩系数随侧滑角(β)的变化曲线，两曲线的斜率($\frac{\partial m_y}{\partial \beta}$)和($\frac{\partial m_x}{\partial \beta}$)分别被称为方向稳定度和横向稳定度。它们分别表示侧滑角每变化1°飞机偏转力矩系数或滚转力矩系数的变化量。

当$\frac{\partial m_y}{\partial \beta}<0$时，飞机具有方向稳定性；当$\frac{\partial m_y}{\partial \beta}>0$时，飞机没有方向稳定性。

当$\frac{\partial m_x}{\partial \beta}<0$时，飞机具有横向稳定性；当$\frac{\partial m_x}{\partial \beta}>0$时，飞机没有横向稳定性。

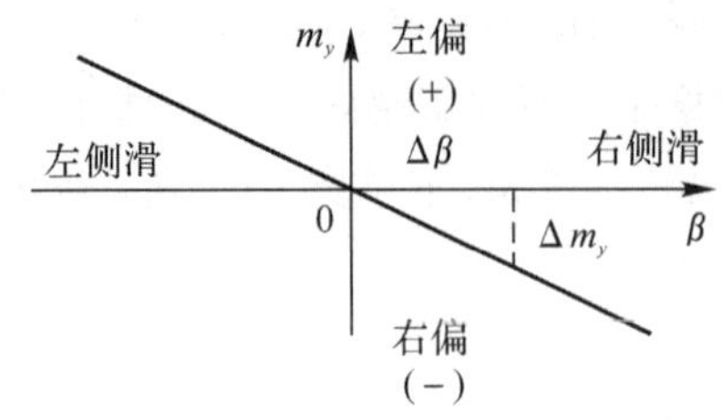

图 3-25 偏转力矩系数随侧滑角变化曲线

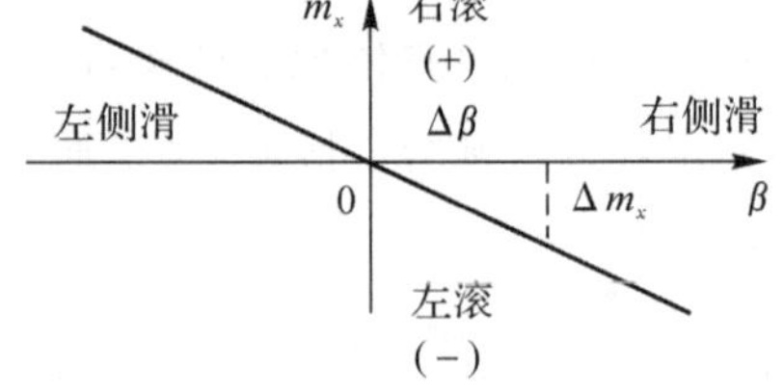

图 3-26 滚转力矩系数随侧滑角变化曲线

五、飞机方向稳定性和横向稳定性的关系

由前面分析可知，飞机的偏转或滚转都可以导致飞机侧滑，对上反角和后掠角布局的飞机，飞行中若飞机出现了侧滑，除了产生向侧滑那侧偏转的方向稳定力矩外，同时还要产生与侧滑方向相反的滚转横向稳定力矩。比如，飞机受扰动左倾出现左坡度，产生左侧滑时，飞机除了产生横向稳定力矩，使飞机向右滚转，消除倾斜（坡度）之外；还要产生方向稳定力矩，使机头左偏，消除侧滑。同理，飞机右倾也会使机头右偏，也就是说飞机发生滚转的同时又发生偏转。又如，飞机受扰动机头右偏，出现左侧滑时，由于侧滑前翼的升力大于侧滑后翼的升力，会产生向右滚转的力矩，使飞机向右倾。同理，飞机机头左偏也会使飞机左倾。也就是说飞机发生偏转的同时又发生滚转。

综上所述可得出，飞机的方向稳定性和横向稳定性是相互关联、相互耦合的。飞机方向稳定性和横向稳定性的总和，称为飞机的横侧稳定性。要使飞机具有横侧稳定性，除了飞机应该具备方向稳定性和横向稳定性之外，还要求两者必须有一定的关系。也就是说，只有当飞机的方向稳定性和横向稳定性配合得当，才能保证飞机具有横侧稳定性；否则，飞机将不具备横侧稳定性，飞机也不能稳定。

1. 飘摆（荷兰滚）

如果飞机的横向稳定性过强，而方向稳定过弱，飞机在飞行中受到微小扰动出现倾斜，产生侧滑时，飞机就会产生明显的飘摆现象，即所谓的荷兰滚。

比如，飞机在平飞中受微小扰动向左倾斜时，使飞机出现左侧滑，为了消除坡度和侧滑，飞机应该向右滚，机头向左偏。在消除坡度和侧滑的过程中，如果飞机产生右滚的横向稳定力矩过大（横向稳定性过强导致），飞机就会迅速右滚而改平（左）坡度；如果此过程中产生使机头左偏的方向稳定力矩过小（方向稳定性过弱导致），机头左偏的角（幅）度不够，飞机就不能立即消除左侧滑。当飞机改平坡度时，左侧滑还未完全消除，飞机向右滚转的力矩也没完全消除，飞机会继续向右滚转，形成右坡度，进而产生右侧滑。飞机一旦向右倾斜后，在消除坡度和侧滑过程中，由于同样的原因，又会向左倾斜，产生左侧滑。这样周而复始，导致飞机在左右滚转过程中，机头左右往复摆动，形成飘摆。

飞机的飘摆震荡周期只有几秒钟时间，修正飘摆往往超出了人的反应能力，修正过程中极易造成推波助澜，加大飘摆，危及飞行安全。因此，大型运输机在高空或低速飞行时由于稳定性发生变化易发生飘摆，为了消除飘摆，大型飞机广泛采用抑制飘摆的阻尼器。

2. 螺旋下降

如果飞机的方向稳定性过强，而横向稳定过弱，飞机在飞行中受到微小扰动出现倾斜，产生侧滑时，飞机就会自动产生缓慢的螺旋下降。

比如，飞机在平飞中受微小扰动向左倾斜时，使飞机出现左侧滑，为了消除坡度和侧滑，飞机应该向右滚，机头向左偏。在消除坡度和侧滑的过程中，如果产生使机头左偏的方向稳定力矩过大(方向稳定性过强导致)，飞机机头就会迅速左偏而回正方向；如果飞机产生向右滚转的横向稳定力矩过小(横向稳定性过弱导致)，飞机“无力”改出左坡度，还处于左倾状态。并且飞机机头在绕竖轴的迅速左偏过程中，导致右机翼的相对气流速度比左机翼的大(机头左偏时，右机翼逆风运动、左机翼顺风运动)，右机翼的升力比左机翼的大，形成附加左滚力矩，迫使飞机向左滚转。这样导致的结果是飞机“无力”改出左坡度和消除左侧滑，始终处于左倾、机头左偏的状态。当飞机出现坡度时，就会导致升力不足(可参考飞机盘旋)，飞行高度下降，飞机将自动进入缓慢的向左螺旋下降。同理，飞机受扰动出现右倾斜时，飞机最终会自动进入缓慢的向右螺旋下降。飞机的这种不稳定现象，称为螺旋不稳定。

螺旋不稳定的周期较大，有足够的时间进行修正，对飞行安全不构成威胁，飞机设计中允许出现轻度的螺旋不稳定。

综上所述，如果飞机的方向稳定和横向稳定配合不好，飞机的横侧稳定性将不好，这种飞机也不具备稳定性。

六、影响飞机稳定性的因素

飞机稳定性的强弱，一般可用摆动衰减时间，摆动幅度、摆动次数等指标进行衡量。若飞机受扰动后，恢复原来平衡状态所用的时间短、摆动幅度小、摆动次数少，则飞机的稳定性越强。飞机的稳定性是相对的、有条件的，会随着重心位置、飞行速度、飞行高度、迎角等飞行条件发生变化。

1. 重心位置前后变动对飞机稳定性的影响

飞机重心位置越靠前，焦点到重心的距离越远，飞机受扰动后，迎角每变化 1° 所产生的俯仰稳定力矩就越大，即俯仰稳定度的绝对值($\left|\frac{\partial m_z}{\partial \alpha}\right|$)越大，飞机的俯仰稳定性越强。

飞机重心位置越靠前，飞机俯仰稳定性越强，飞机在相同的扰动下，俯仰摆动的幅度比较小。这是因为重心位置越靠前，飞机的俯仰稳定力矩越大，由相同扰动量所引起的迎角增量越小，即飞机俯仰摆动的幅度越小。

飞机重心位置越靠前，飞机的方向稳定性越强，但不明显。因为重心到垂尾侧力着力点的距离，比重心到飞机焦点的距离大得多，相对变化量小，重心位置的前后移动对俯仰稳定性的影响比方向稳定性的要大；另外，飞机的方向稳定力矩不仅仅是由垂直尾翼产生的，上反角、后掠角也产生方向稳定力矩。因此，重心位置的前后移动对方向稳定性影响小。

飞机重心位置的前后移动，不影响飞机的横向稳定性。因为，重心位置的前后移动既不影响机翼压力中心到重心(横向)力臂的大小，又不影响垂尾侧力到重心(竖直)力臂的大小，重心位置的前后移动不影响飞机滚转力矩的大小。

综上所述可得出，飞机重心位置的前后变化，对俯仰稳定性影响最大；对方向稳定性有一定影响；对横向稳定性无影响。

2. 速度变化对飞机稳定性的影响

飞机摆动衰减周期的长短，主要取决于飞机阻尼力矩的大小。阻尼力矩越大，摆动消失越快，飞机恢复原平衡状态越迅速。在同一高度上，速度越大，相同摆幅的转动，飞机所产生的稳定力矩和阻尼力矩就越大，迫使飞机摆动迅速消失，因而飞机稳定性增强。反之，速度越小，稳定性越弱。另外也可以这样理解，在其他条件不变情况下，速度越大的飞机，动量就越大，越难改变其状态，飞机的稳定性就越好。

3. 高度变化对飞机稳定性的影响

随着高度的升高，空气密度变小，飞机的阻尼力矩减小，飞机摆动的衰减周期越长，飞机的稳定性越差。这需要与飞机在高空飞行比较平稳区分开来。飞机在高空飞行比较平稳，是指高空气流比较稳定，扰动较少、较小，但飞机在高空受到扰动后，飞机摆动的衰减周期将比较长，飞机不容易稳定下来。

4. 大迎角对飞机稳定性的影响

迎角大小主要对飞机的横向稳定性造成影响。飞机在接近临界迎角的大迎角飞行时，飞机受扰动后，所产生的横向稳定力矩、阻尼力矩会变小，使横向稳定性变差；甚至力矩方向都可能发生变化，致使飞机丧失横向稳定性。

比如，飞机在大迎角平飞，飞机受扰动以致向左倾斜时，产生左侧滑，由于上反角的原因，侧滑前翼迎角大于侧滑后翼迎角，若侧滑前翼的迎角超过临界迎角，它所产生的升力反而是减小了，若比侧滑后翼的还小，将不能产生横向稳定力矩。在飞机滚转过程中，下沉的机翼，迎角增大，上扬的机翼，迎角减小，如图 3-24 所示。若下沉机翼的迎角超过临界迎角，它所产生的升力反而是减小了，若比上扬机翼的还小，两机翼升力之差形成力矩就改变了方向，不仅不能阻止飞机滚转，反而使飞机滚转加快，从而失去横向稳定性。

飞机的稳定性是飞机本身应该具备的一种特性。在飞行中，飞机的稳定性能帮助驾驶员保持飞机的平衡状态。但是，飞机的稳定性是相对的、有条件的，飞行速度、飞行高度、飞机迎角、重心位置等飞行条件发生变化，飞机的稳定性也随之发生变化。在有些情况下，飞机受扰动偏离原来的平衡状态，飞机只能自动恢复原来的力和力矩的平衡，而不能自动恢复原来的飞行状态。比如，在平飞中，飞机受扰动发生倾斜和侧滑，具有横侧稳定性的飞机能自动消除倾斜和侧滑，使飞机恢复原来的平衡状态，但在恢复平衡的过程中，飞机的飞行高度和航向都可能发生了变化，飞机的稳定性对此没办法自动恢复。因此，要想使飞机完全恢复原来的飞行状态，驾驶员就不能完全依赖飞机的稳定性，而是必须主动、及时地对飞机实施相应的操纵才行。

第四节　飞机的操纵

飞机除了应具有必要的稳定性外，还应具有良好的操纵性，以保证飞机按既定意图进行飞行。飞机的操纵性和稳定性是对立统一的，稳定性太强，操纵性就会较差，飞机反应较迟钝；反之，稳定性太弱，操纵性就较好，飞机反应灵敏，甚至可能出现过灵敏的现象。因此，一架性能良好的飞机，要求稳定性与操纵性能有机统一起来。

所谓飞机的操纵性，通常是指驾驶员（或控制系统）发出飞行操纵指令，通过操纵系统传递指令，驱动舵面运动，改变翼面（机翼、水平尾翼、垂直尾翼）原来的气动特性，产生操纵力和操纵力矩，而有目的地控制飞机飞行状态的特性。操纵性好的表现是操纵动作简单、省力、飞机反应快；反之，操纵动作复杂、笨重、飞机反应慢，是操纵性不好的表现。研究飞机的操纵性，就是要研究飞行状态改变与操纵杆舵力和行程（位移）大小的基本关系，以及飞行条件改变对操纵性能的影响。

飞机操纵可以分为:主操纵和辅助操纵。主操纵是指通过操纵升降舵、方向舵和副翼,使飞机绕三根机体轴的运动,以改变或保持飞机的飞行状态。辅助操纵是指通过操纵襟翼、缝翼、扰流板、水平安定面等活动面,以分别达到增升、减速、卸升、配平等作用。

本小节将主要研究飞机的主操纵。下面分别按俯仰、方向和横向三个方面来阐述飞机的操纵过程及操纵性能。

一、飞机的操纵系统

飞机操纵系统组成包括操纵机构、传动机构或指令传递机构和舵(翼)面。操纵机构是驾驶员用手或脚直接操纵的部分,如驾驶杆(盘)、脚蹬等。传动机构是将操纵机构产生的信号传输到舵面或伺服执行机构(液压伺服机构、伺服电机等)。舵面是最终的执行机构,用于产生操纵力和力矩来实现对飞机的操纵。

飞机操纵系统主要可分为三种形式,即无助力操纵系统、助力操纵系统和电传操纵系统。无助力操纵系统,驾驶员作动操纵机构,操纵力和位移通过传动机构(硬式、软式或混合传动机构)直接输送到舵面,操纵舵面偏转。助力操纵系统,驾驶员作动操纵机构,通过传动机构把操纵力和位移(信号)输送到助力机构,由助力机构来操纵舵面,从而实现助力操纵舵面偏转。电传操纵系统(fly by wire),驾驶员作动操纵机构的信号转变为电信号,通过缆线将此电信号输送到飞行操纵计算机,经过处理的信号变为指令,控制伺服执行机构,由伺服执行机构来操纵舵面。现在,在电传操纵的基础上又发展形成了一种光传操纵,它是利用光代替电作为传输载体,以光导纤维作为物理传输介质,在操纵机构、飞行控制计算机和舵面之间传递指令和反馈信息的飞行控制系统。光传操纵可以克服电传操纵易受雷电、电磁干扰及核辐射影响的弱点,具有抗电磁干扰、抗电磁脉冲辐射和防雷电等特点,从而提高了操纵的可靠性和安全性。图3-27所示是它们的系统简图。

1.操纵机构

飞机的操纵机构包括手操纵部分和脚操纵部分。传统上,飞机主操纵机构的手操纵部分大多采用驾驶(杆)盘,驾驶杆可以向前推或向后拉(常称为推杆或拉杆),通过传动机构等部件可以操纵升降舵偏转,对飞机进行俯仰操纵;左右转动驾驶盘或左右偏转驾驶杆(常称为压盘或压杆),通过传动机构等部件可以操纵副翼偏转,对飞机进行滚转操纵。飞机主操纵机构的脚操纵部分有左、右两个脚踏板(脚蹬),主要用于操纵方向舵(操纵脚踏板常被称为蹬舵),对飞机进行方向操纵;飞机在地面滑行时还可以脚蹬来操纵前轮转弯,如图3-28(a)所示。现代大型飞机,往往有两套主操纵系统,通常左侧为“机长”操纵系统,右侧为“副驾驶”操纵系统,且它们是相互关联的。

采用电传操纵系统的飞机(如A320飞机),其操纵机构完全打破了传统意义上手操纵部分的结构,将主操纵机构的手操纵部分放置在左、右侧台上,称为侧杆(side stick)。侧杆看起来像电脑的游戏手柄,它主要是用来产生操纵信号,而不是力和位移,可实现对升降舵和副翼的操纵,如图3-28(a)所示。电传操纵的脚操纵部分与传统操纵系统的一致。

辅助操纵机构用于实现对飞机的辅助操纵,如图3-28(b)所示。增升装置控制手柄用于操纵襟翼、缝翼的工作,扰流板(减速板)控制手柄用于操纵扰流板工作,俯仰配平手轮用于飞机纵向配平,当然还包括对飞机发动机的操纵。

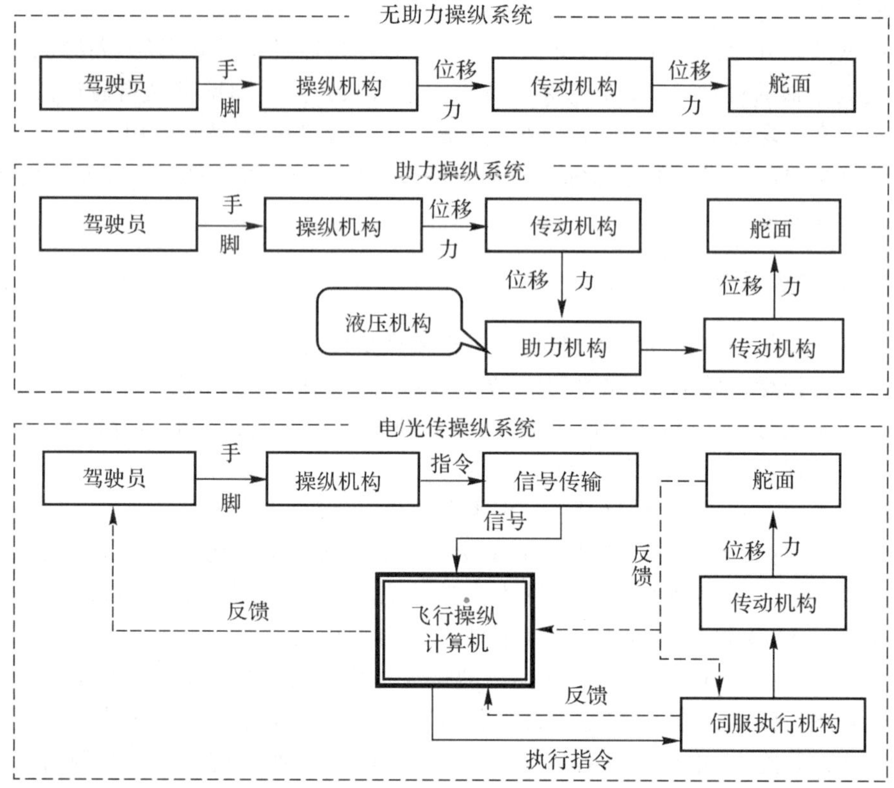

图 3-27　飞机操纵系统简图

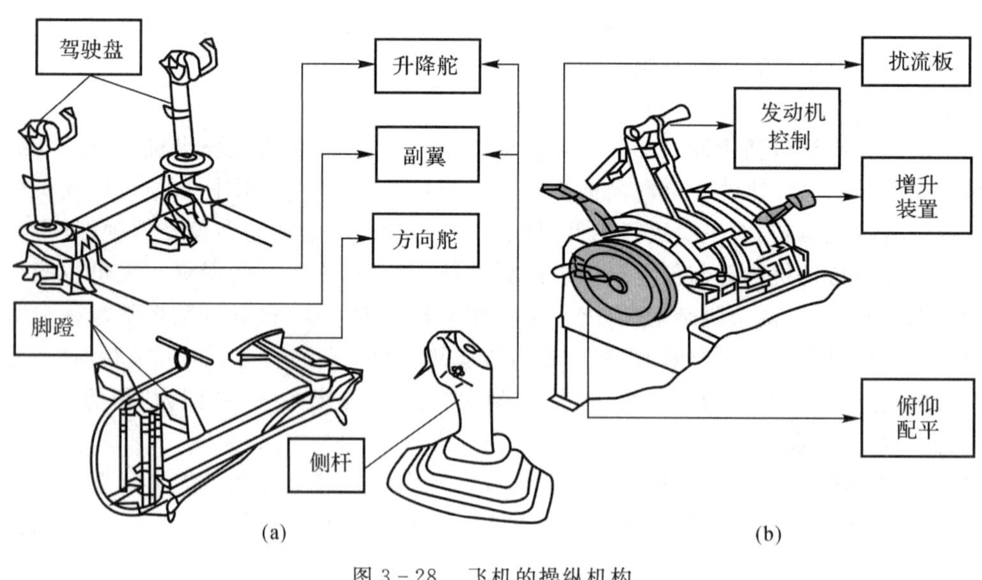

图 3-28　飞机的操纵机构

(a) 主操纵机构；(b) 辅助操纵机构

以上为对飞机操纵机构最一般、最简单的描述，不同飞机的操纵机构（尤其是辅助操纵机构）在细节上会有较大的不同，需要针对具体的机型才能全面阐述。

2. 传动机构

传动机构的作用是将操纵机构产生的信号(力和位移) 传送到舵面、助力执行机构或控制机构。传动机构可分为机械式和光电式两种。

机械式传动机构通常有硬式、软式和混合式三种。硬式传动机构主要包括传动杆和摇臂等构件,可以传递受到的拉力或压力,刚度大,操纵灵敏,但占用空间大,装配时不容易绕过其他设备。软式传动机构主要包括钢索和滑轮等构件,具有占用空间小及装配时容易绕过其他设备等优点,但钢索刚度小,只能传递拉力,操纵灵敏性变差。混合式传动机构则由硬式和软式传动机构组合而成,综合了两者的优点,如图 3-29 所示。机械式传动机构占用的空间多、重量大,在间隙、摩擦、变形等非线性因素的影响下,会导致飞机反应滞后、灵敏性变差,难于精确传递微小操纵信号等缺点。

对于电 / 光传操纵,其传动机构就变为电缆或光缆,它们可减小传动机构所占的空间体积和重量,还可以传递微小的操纵信号。但它们更容易出现故障或遭到破坏,可靠性没有机械式的高。因此,采用电 / 光传操纵的飞机,或多或少都还留有(备份) 一定的机械传动操纵,以便飞机的应急操纵,以提高飞机操纵的可靠性和飞行安全性。

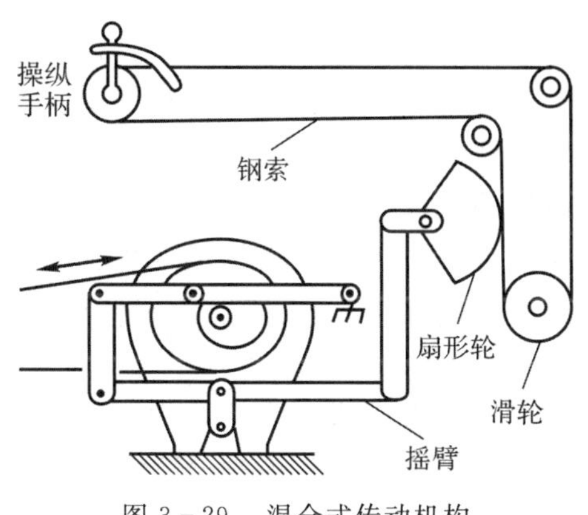

图 3-29　混合式传动机构

3. 舵面

舵面包括用于主操纵和用于辅助操纵的舵面。主操纵舵面包括:升降舵、方向舵和副翼,其基本构成可以参考“飞机主要组成部分及其功用”(第 1 章第二节) 的内容。辅助操纵舵面包括:襟翼、缝翼、扰流板、水平安定面等,其基本构成可以参考“增升装置”(第 2 章第五节) 的内容。

二、飞机的俯仰操纵

飞机的俯仰操纵是指飞机驾驶员操纵驾驶杆偏转升降舵后,产生俯仰操纵力矩,使飞机绕横轴转动而改变其迎角等飞行状态的过程。

1. 俯仰操纵的基本过程

在直线飞行过程中,若驾驶员向后拉杆,使升降舵向上偏转一定角度,如图 3-30(a) 所示,改变了水平尾翼的弯曲度,水平尾翼产生向下的附加升力($\Delta L_{尾}$),对飞机重心形成上仰操纵力矩,迫使机头上仰,迎角增大。迎角增大,导致飞机产生向上的附加升力($\Delta L_{飞机}$),如图 3-30(b) 所示。具有俯仰稳定性的飞机,焦点在重心后面,飞机的附加升力对重心形成俯仰稳定力矩,其方向与操纵力矩方向相反。随着迎角增大,飞机的附加升力和它所产生的稳定力矩也逐渐增大。当迎角增大到一定程度时,附加俯仰稳定力矩与俯仰操纵力矩平衡,飞机停止绕横轴转动,飞机重新获得俯仰平衡,并保持一定迎角飞行。此时,力矩的平衡关系是:俯仰操纵力矩 = 附加俯仰稳定力矩,即 $M_{Z操} = \Delta M_{Z稳}$。

如果驾驶员增加往后拉杆的位移量,升降舵将向上偏转一个更大的角度,水平尾翼将产生更大的附加升力和俯仰操纵力矩。在操纵力矩的作用下,飞机的迎角将会再增大,飞机附加升力产生的俯仰稳定力矩也相应增大。当上仰力矩与下俯力矩重新平衡时,飞机将保持一个更大的迎角飞行。

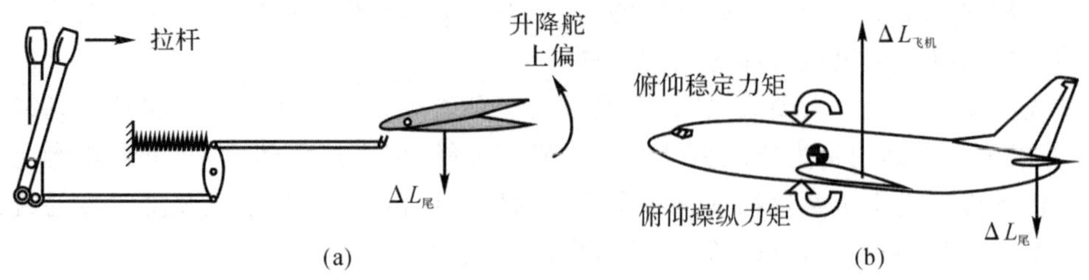

图 3-30　飞机的俯仰操纵

相反，如果驾驶员向前推杆，升降舵将下偏，水平尾翼将产生向上的附加升力，对重心形成下俯操纵力矩，迫使机头下俯，迎角减小。由于迎角减小，飞机产生向下的附加升力，对飞机重心形成上仰的附加稳定力矩，最终使得飞机保持较小的迎角飞行。

由此可见，在直线飞行中，驾驶杆的前后位置或升降舵的上下偏转角度对应着一个迎角。驾驶杆的位置越靠后，升降舵上偏角度越大，对应的迎角也越大；反之，驾驶杆的位置越靠前，升降舵下偏角度越大，对应的迎角也就越小。

在飞机直线飞行过程中，要维持升力与重力的平衡。飞机以不同速度飞行，需要对应不同的迎角，也就是说，飞机的一个飞行速度对应着一个迎角。

综上所述，飞机正常飞行中，驾驶杆前后的每一个位置，都对应着一个迎角或飞行速度。图 3-31 所示是飞机升降舵偏转角度(δ) 与飞行速度(v_1) 的关系曲线。从曲线可以看出，小速度飞行时，升降舵上偏较大的角度，随着速度增大，升降舵上偏角度逐渐减小到零，再继续增大速度，升降舵转为下偏，并逐渐增大下偏角度。升降舵上偏的最大角度要比下偏的最大角度大。此外还需要指出，对于很多飞机，由于机翼安装角的原因，当升降舵处于中立位置(不偏转) 时，飞机的迎角仍可为一个小的正迎角。

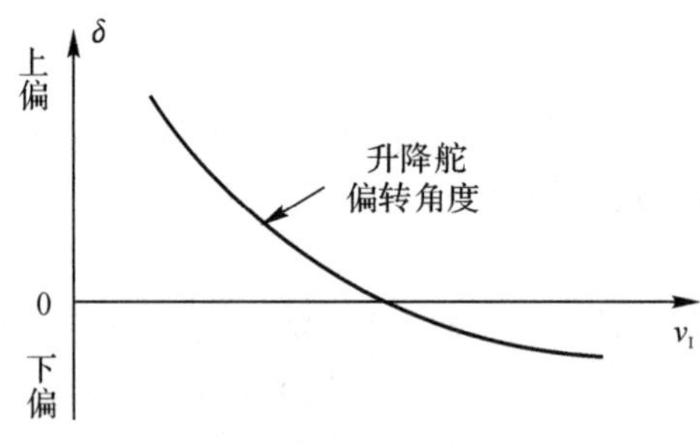

图 3-31　升降舵偏转角度与速度的关系曲线

飞机在作曲线飞行时，速度方向不断发生变化，具有俯仰稳定性的飞机，要保持迎角不变，飞机势必不断地绕着横轴做俯仰运动。此时，升降舵产生的操纵力矩不仅要克服由于迎角增大而产生的稳定力矩，而且还要克服由于飞机曲线运动所产生的阻尼力矩。当转动角速度一定时，飞机俯仰力矩的平衡关系是：俯仰操纵力矩 = 附加俯仰稳定力矩 + 附加阻尼力矩。

由此可见，曲线飞行与直线飞行相比，驾驶员移动相同量的驾驶杆位移，改变的迎角要小些；或者说，曲线飞行时，改变相同的迎角，驾驶杆的位移量要较直线飞行的大些。

2. 驾驶杆力

(1) 驾驶杆力的产生与影响因素。当升降舵偏转一定角度时，升降舵上将产生与偏转方向相反的额外空气动力，对升降舵的转轴(铰链)形成一个力矩，称为铰链力矩，这个力矩迫使升降舵和驾驶杆返回中立位置，为了平衡铰链力矩的作用，保持升降舵偏转角度不变，驾驶员必须对驾驶杆施加一定的作用力，这就是驾驶杆力的产生过程。如图 3-32 所示，无助力操纵系统采用硬式传动机构，当驾驶员向前推杆，升降舵向下偏转一个角度(δ)时，升降舵将产生一个向上的附加空气动力($\Delta L_{舵}$)，对升降舵转轴产生一个铰链力矩($M_{铰链}$)，通过传动机构传回到驾驶杆，驾驶员必须施加一个向前的推杆力(P)来平衡铰链力矩，以维持驾驶杆和升降舵的位置不变。对于助力操纵系统，舵面偏转所产生的铰链力矩主要由助力机构来平衡，此时，施加于驾驶杆上的杆力来自杆力模拟机构，与舵面空气动力和铰链力矩有间接联系。

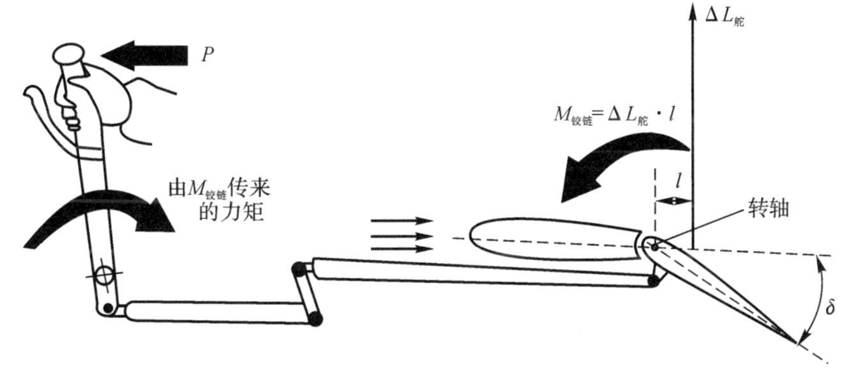

图 3-32　驾驶杆力的产生

飞行过程中，升降舵偏转角度越大，气流动压(速度)越大，升降舵上产生的空气动力也越大，所产生的铰链力矩也就越大，所需的驾驶杆力也就越大。

飞行过程中，升降舵偏转角度与速度有一定的关系，而保持升降舵偏转一定角度又必须对杆施加一定的作用力，因此，杆力和飞行速度也必然存在一定关系。飞行中，杆力(P)与速度(v)的关系，可以用图 3-33 所示的曲线来表示，称为杆力曲线。从图 3-33 中可以看出，小速度飞行，迎角大，升降舵要向上偏转，要向后拉杆，故施加于驾驶杆上的是拉杆力；随着速度逐渐增大，升降舵上偏角度逐渐减小或转为下偏，拉杆力减小或转变为推杆力，速度越大，推杆力就越大。

综上所述，驾驶杆力的性质与大小，与升降舵的偏转有关，升降舵上偏，产生拉杆力，升降舵下偏，产生推杆力，偏转角度越大，产生的杆力就越大；与气流动压(速度)有关，动压越大，产生的杆力就越大；此外，杆力还与飞机重心的前后位置有关，重心位置靠前(下俯力矩增加)会增大拉杆力，减小推杆力。

(2) 驾驶杆力的补偿。随着舵面偏转角度的增大、飞行速度的提高和舵面尺寸的增大，舵面产生的铰链力矩和驾驶杆力亦相应增大。若单纯靠驾驶员的生理力量去平衡杆力，会大大增加驾驶员的工作强度，甚至是不可能胜任的工作。为了减小或消除铰链力矩和杆力，通常采用舵面补偿装置进行空气动力补偿。常见的补偿装置包括轴式补偿、角式补偿、内封补偿、随动补偿、弹簧补偿、伺服调整片和配平调整片等。下面将以调整片为例，阐述补偿装置如何减小或消除驾驶杆力。

所谓调整片是指飞机主要操纵舵面(升降舵、方向舵、副翼)后缘铰接的小翼面,通过它可以改变主操纵舵面的铰链力矩。

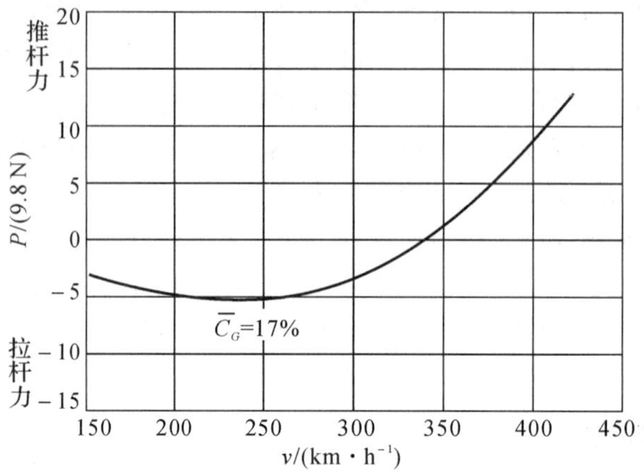

图 3-33　某型飞机的杆力曲线

如图 3-34 所示,当升降舵下偏一个角度(δ)时,驾驶员必须对驾驶杆施加一个推杆力。在这种情况,若将升降舵的调整片向上偏转一个角度(τ),调整片上将产生向下的附加空气动力($L_{调}$),对升降舵铰链形成力矩(大小为 $L_{调}\ l_1$,方向顺时针),使升降舵向下转动,可以抵消一部分升降舵铰链力矩,因而减小杆力。当调整片向上偏转一定角度,调整片产生的铰链力矩和升降舵产生的铰链力矩平衡($L_{调}\ l_1=L_{舵}\ l_2$)时,升降舵就自动保持某一个偏角不变,此时驾驶杆力为零。驾驶员可以通过操纵系统的感觉定中装置,感知到杆力的消除。

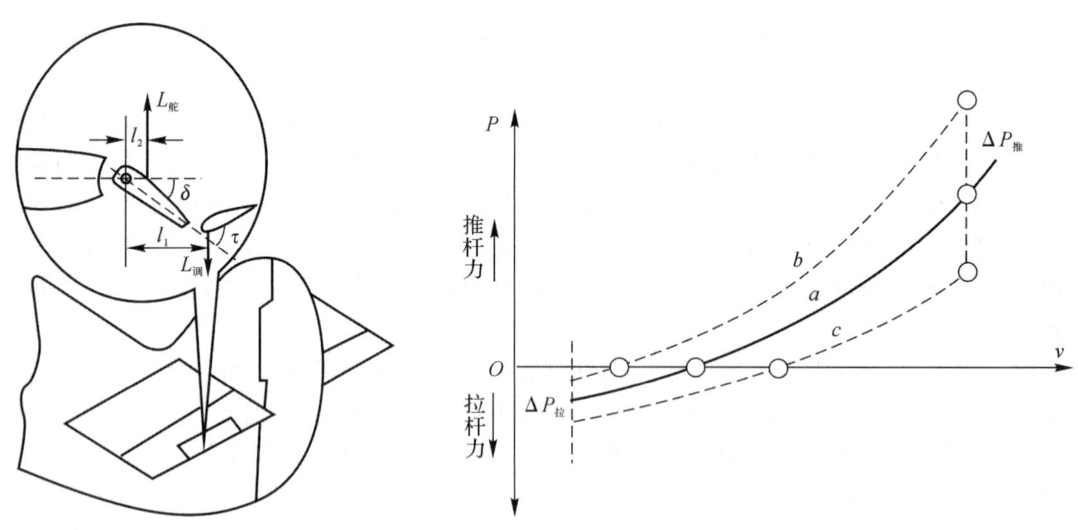

图 3-34　升降舵调整片的作用　　　　图 3-35　调整片对平飞中杆力的影响

反之,当升降舵向上偏转一定角度时,调整片可以对应向下偏转一定角度,当调整片产生的铰链力矩和升降舵产生的铰链力矩平衡时,升降舵就自动保持某一个偏角不变。这如同驾驶员操纵驾驶杆一样,也能使飞机保持平衡。这就是使用调整片减小或消除杆力,同时还能偏转升降舵保持飞机纵向平衡的基本原理。

使用调整片可以减小或消除某一个方向的杆力，但会增加反向操纵的杆力。比如，升降舵下偏时，调整片上偏可以减小或消除推杆力，此时（保持调整片上偏），若要上偏升降舵，会增加拉杆力。使用调整片对各个速度下杆力的影响如图 3－35 所示。曲线 a 为调整片中立情况下的平飞杆力曲线。曲线 b 为调整片向下偏转一定角度时的平飞杆力曲线，曲线 b 与曲线 a 相比较可以看出，各个速度下都增加了一个额外的推杆力（$\Delta P_{推}$）。这是因为调整片向下偏，要产生一个使升降舵向上转动的铰链力矩，此时，若要保持升降舵位置不变，驾驶员就必须对驾驶杆施加额外的推杆力。当驾驶杆力为拉杆力时，附加的推杆力就相当于减小拉杆力。由于调整片引起的力矩变化与动压（速度二次方）成正比，飞行速度越大，杆力增加也就越多，在大速度飞行时，调整片下偏将显著增大推杆力。反之，调整上偏时，将使各个速度下增加额外的拉杆力（$\Delta P_{拉}$），如图中曲线 c 所示。因此，如何合理使用调整片，对驾驶员非常重要。

三、飞机的方向（无滚转）操纵

飞机的方向操纵是指飞机驾驶员蹬舵偏转方向舵后，产生方向操纵力矩，使飞机绕竖轴转动而改变其侧滑角等飞行状态的过程。

偏转方向舵改变侧滑角的原理与偏转升降舵改变迎角的原理基本相同。

如图 3－36 所示，在没有侧滑的直线飞行中，驾驶员蹬右舵使方向舵向右偏转一定角度，在垂直尾翼上产生向左的附加侧力（$\Delta Z_{尾}$），对重心形成一个的方向操纵力矩，使机头向右偏转。在机头右偏过程中，出现左侧滑，在机身、垂直尾翼等部件上产生向右的侧力（$\Delta Z_{飞机}$），飞机左右两侧机翼的阻力不等，都对重心形成左偏的方向稳定力矩，力图阻止侧滑角扩大。起初，由于右偏的方向操纵力矩大于左偏的方向稳定力矩，侧滑角会继续增大，随着侧滑角的增大，左偏的方向稳定力矩也增大，当附加方向稳定力矩增大到与方向操纵力矩平衡时，飞机保持一定的侧滑角（β）不变。此时，力矩的平衡关系是：方向操纵力矩 ＝ 附加方向稳定力矩，即 $M_{y操} = \Delta M_{y稳}$。

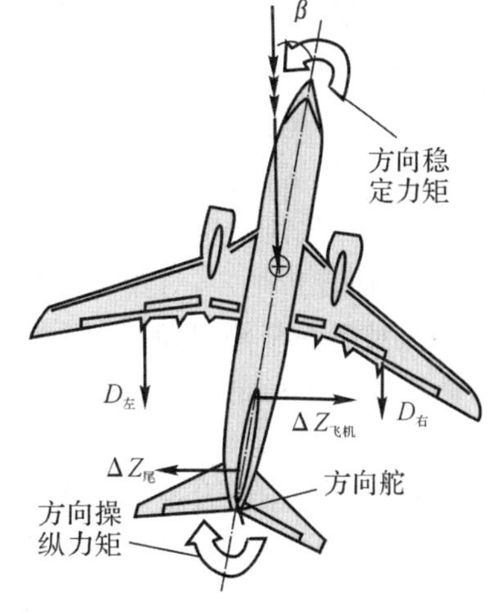

图 3－36　飞机的方向操纵

反之，驾驶员蹬左舵使方向舵向左偏转一定角度，产生的方向操纵力矩使机头左偏，飞机形成右侧滑，并最终保持一定的右侧滑角不变。

与俯仰操纵相似，对方向操纵而言，在直线飞行中，每一个脚蹬位置，对应方向舵一个偏转角度，对应着一个侧滑角。蹬右舵，方向舵右偏，机头向右偏转，飞机产生左侧滑；蹬左舵，方向舵左偏，机头向左偏转，飞机产生右侧滑。

方向舵偏转后，同样会产生铰链力矩，驾驶员需要用力蹬舵才能保持方向舵偏转角度不变。方向舵偏转角越大，气流动压越大，蹬舵力越大。同样，也可以使用补偿装置来减小或消除蹬舵力。

四、飞机的横向（无侧滑）操纵

飞机的横向操纵是指飞机驾驶员操纵驾驶盘偏转副翼，产生横向操纵力矩，使飞机绕纵轴滚转而改变其滚转角速度、坡度等飞行状态的过程。

如图 3－37 所示，当驾驶员向左压盘时，右副翼下偏，右侧机翼升力增大；左副翼上偏，左侧机翼升力减小，左右两侧机翼的升力差对重心形成横向操纵力矩，使飞机向左加速滚转。此时，因为假定飞机无侧滑，飞机不会产生横向稳定力矩。在飞机滚转过程中，机翼因存在滚转角速度和线速度，而产生横向阻尼力矩，制止飞机加速滚转。起初，横向操纵力矩大于横向阻尼力矩，滚转角速度逐渐增大。随着滚转角速度的增大，横向阻尼力矩也逐渐增大，当横向阻尼力矩增大到与横向操纵力矩平衡时，飞机保持一定的角速度（ω）滚转，但坡度（γ）在不断发生变化。此时，力矩的平衡关系是：横向操纵力矩＝横向阻尼力矩，即 $M_{x操}=M_{x阻}$。

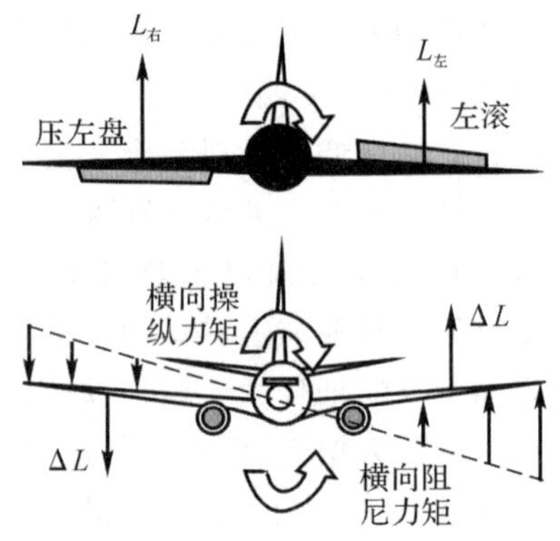

图 3－37　飞机的横向操纵

反之，驾驶员向右压盘，右副翼上偏，右侧机翼升力减小；左副翼下偏，左侧机翼升力增大，左右两侧机翼的升力差对重心形成横向操纵力矩，使飞机向右滚转。

驾驶员再向右压盘，会增大右滚操纵力矩，右滚角速度将会增大，横向阻尼力矩也随之增大，当横向阻尼力矩与横向操纵力矩再次取得平衡时，飞机以一个更大的角速度作滚转运动。可见，在横向操纵中，驾驶盘左右转动的每个位置，都对应着一个稳定的滚转角速度，驾驶盘左右偏转的角度越大，滚转的角速度就越大。

副翼偏转后，同样产生铰链力矩，驾驶员需要用力压盘才能保持副翼偏转角度不变。副翼偏转角越大，气流动压越大，压盘力越大。同样，也可以使用补偿装置来减小或消除压盘力。

由上面分析可知，对俯仰操纵而言，前后推拉驾驶杆，对应一个迎角；对方向操纵而言，左右蹬舵，对应一个侧滑角；对横向操纵而言，左右压驾驶盘，对应的却是一个稳定的滚转角速度，而不是一个稳定的坡度，不是一个稳定的飞行状态。这是因为在俯仰操纵和方向操纵中，操纵力矩是由稳定力矩来平衡，可以对应一个稳定的飞行状态；而在无侧滑的滚转中，不存在横向稳定力矩，操纵力矩是由阻尼力矩来平衡。

飞机在盘旋或转弯运动时，飞机需要保持一定的坡度，就要求飞机在接近预定坡度时将驾驶盘回到中立位置，以消除横向操纵力矩，飞机在横向阻尼力矩的作用下，使滚转角速度消失（$\omega=0$），从而保持一定的坡度。有时，驾驶员甚至可以向飞机滚转的反方向压一点驾驶盘，迅速制止飞机滚转，从而使飞机更快更准确地达到预定坡度。

五、方向操纵与横向操纵的关系

在分析飞机方向操纵时，我们假设飞机是无滚转的，而在分析飞机横向操纵时，又假设飞机是无侧滑的，目的是为了方便分析问题。然而，在实际飞行中，侧滑和滚转往往是同时出现的，飞机的方向操纵和横向操纵与方向稳定和横向稳定一样，也是相互关联和相互影响的，即它们是相互耦合的。

例如，驾驶员蹬右舵，方向舵右偏，机头向右偏转，产生左侧滑，由于机翼上反角和后掠角等的作用，左机翼升力比右机翼升力大，对重心形成右滚力矩，使飞机向右滚转。反之，驾驶员蹬左舵，方向舵左偏，机头向左偏转，产生右侧滑，右机翼升力比左机翼升力大，对重心形成左滚力矩，使飞机向左滚转。又如，驾驶员向右压盘，飞机向右滚转（右倾斜），飞机在升力和重力的合力作用下，向右滑移，产生右侧滑（参考图 3－20）。在侧滑中，相对气流从飞机右前方吹来，在垂直尾翼上产生向左的附加侧向力，同时机翼上反角和后掠角等的作用，使右机翼阻力比左机翼阻力大，都对重心形成向右的偏转力矩，使飞机向右偏转。反之，向左压盘，产生左侧滑，飞机在向左滚转时，还向左偏转。

由此可见，蹬舵使飞机不仅绕竖轴偏转，同时还会绕纵轴滚转；压盘使飞机不仅绕纵轴滚转，同时还会绕竖轴偏转。也就是说，无论蹬舵还是压盘，都能造成飞机的偏转和滚转，对操纵效果而言，存在盘、舵互换的效应，但操纵效率不高。盘舵互换效应有其特殊的用途，例如，飞机在大迎角飞行时，横向操纵性变差，这时可用蹬舵来改变或修正飞机的坡度；飞机在盘旋时，要求盘、舵必须相互配合好，才能实现飞机的正常盘旋。

在飞行中，正常操纵飞机转向，飞机并不是像在地面那样水平转向，而是在转向过程中伴随着滚转；或者可以通过使飞机先滚转倾斜一定角度，来实现飞机转向。

因此，研究飞机的方向操纵和横向操纵时，应结合起来研究。飞机的方向操纵和横向操纵综合起来称为飞机的横侧操纵。

六、影响飞机操纵性能的因素

飞机的操纵性不是一成不变的，它受到许多因素的制约。飞机的操纵性与稳定性是对立统一的，下面将分析影响飞机操纵性的主要因素。

1. 重心位置前后变动对飞机操纵性的影响和重心的前后极限位置

飞机重心位置的前后移动对飞机三个方面的操纵性能影响是不同的，对飞机的俯仰操纵性能影响最大，对飞机的横向操纵性能影响最小。在此，主要分析重心位置前后移动对俯仰操纵性能的影响。

重心位置的前后移动，会引起平飞中升降舵偏转角和杆力发生变化。图3-38所示是某型飞机在不同重心位置时，升降舵偏转角、杆力与平飞速度的关系曲线。从图中可以看出，在同一平飞速度下，重心位置不同，升降舵所需的偏转角和杆力也不同。

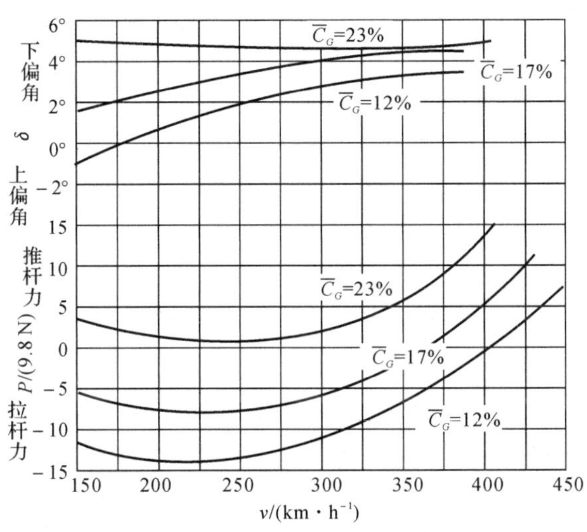

图 3－38　重心的前后位置对平飞升降舵偏转和杆力的影响

重心前移($\overline{C}_G$减小),要求升降舵的上偏角增大(或下偏角减小),所需拉杆力增大(或推杆力减小)。这是因为重心前移,飞机升力对重心形成一个附加的下俯力矩(参考飞机的俯仰平衡影响因素),为了维持飞机的俯仰平衡,驾驶员必须向后拉杆,上偏升降舵,产生一个上仰操纵力矩来平衡由于重心前移所形成的附加下俯力矩。此时,飞行速度(或飞机迎角)并没有发生变化,而升降舵上偏角和拉杆力却增大了。重心前移越多,升力所形成的附加下俯力矩就越大,升降舵所需要的上偏角和拉杆力也越大。反之,重心位置后移,就需要增大升降舵下偏角和推杆力。

由上述分析可知,重心前移,增大相同的迎角,升降舵所需的上偏角增大。重心前移越多,升降舵所需的上偏角越大。但升降舵上偏角是要受到水平尾翼结构和气流分离的限制,并不能无限制增大。重心前移过多,就可能会出现这样的情况,即使把驾驶杆拉到极限位置,升降舵上偏至极限位置,迎角也不能增加到所需要的迎角。也就是说,飞机的俯仰操纵受限。

因此,为了保证飞机具有良好的俯仰操纵性,重心位置不能无限制地向前移动,重心位置应该有一个前限,称为飞机重心的前极限位置。一般地,飞机重心的前极限位置受下述三个条件的限制,并且要同时满足这些条件。① 飞机着陆时,把飞机拉成接地迎角,升降舵偏转角不超过最大偏角的90%;② 前三点飞机,飞机起飞时升降舵偏角应能保证在规定的速度抬起前轮;③ 着陆进场时,杆力不超过规定值。

飞机重心的前极限位置受这些条件限制是因为飞机接地时,飞机速度较小、迎角比较大,升降舵所需要的上偏角度大;着陆时,增升装置的用量大,机翼的压力中心更靠后,相同大小的升力可以产生更大的下俯力矩;再者,飞机接近地面飞行时,由于地面效应的作用,气流的下洗作用减小,使水平尾翼的有效迎角减小,从而引起水平尾翼的上仰力矩减小或下俯力矩增大(参考地面效应),需要增大升降舵的上偏角来消除地面效应的不利影响。也就是说,飞机着陆接地时,保持相同的迎角,升降舵所需的上偏角更大。

与重心前极限位置对应的是飞机重心的后极限位置。根据前面对飞机俯仰稳定性的分析,重心位置后移,飞机的俯仰稳定性变差,当重心位置过于靠后,接近飞机焦点时,俯仰稳定性变得很差。在这种情况下,改变相同迎角,飞机所产生的俯仰稳定力矩很小,驾驶员稍微移动驾驶杆,飞行状态会发生明显的变化,飞机的迎角和升力就会变化很大,飞机显得“过于灵敏”。飞机操纵太灵敏,驾驶员不容易掌握好操纵量,时刻要注意飞机操纵,这会造成驾驶员神经过分紧张,不能合理分配精力,不能兼顾全面工作,影响到飞机的正常飞行。一旦重心后移到飞机焦点之后,飞机将失去俯仰稳定性。因此,飞机重心位置也应规定一个后限,称为飞机重心的后极限位置。为保证飞机具有一定的俯仰稳定性,飞机重心位置的后限应在飞机焦点之前,并留有一定的安全裕度。

综上所述,为保证飞机具有足够的稳定性和良好的操纵性,飞机重心位置不应超过前限和后限位置,而应该在前、后限规定的范围内。

为了提高飞行性能,飞机除了规定重心位置的前限和后限外,还应规定飞机重心的有利范围,如图3-39所示。这是因为,飞机重心在规定范围内过于靠前或靠后位置时,一方面会使升降舵所需的偏转角度增大,过于偏离中立位置,导致飞机的废阻力增大,影响飞行的经济性;另一方面,在速度发生变化时,还会使驾驶员感到杆力过大(重心位置靠前)或过小(重心位置靠后),造成操纵不便。另外,重心在规定范围内太靠后,还可能导致操纵性过强,而稳定性太差。例如,某型飞机重心位置前限和后限分别为16%和32%,有利重心范围为25%～28%。

为了使飞机重心位置能在规定范围内，飞机装载、燃油消耗顺序、空投次序等均应该严格按照规定执行，可参考载重与平衡章节的内容。

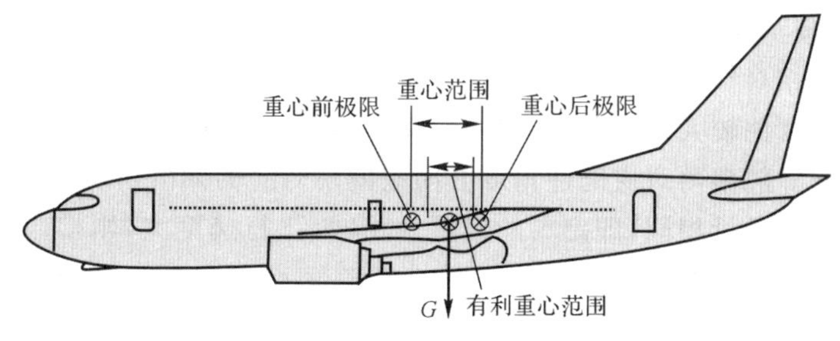

图 3-39　飞机的重心范围

飞机重心位置的左右移动，对飞机的横向操纵性也有影响。比如，飞机重心位置向左移动，这相当于飞机增加了一个向左的滚转力矩。要保持两侧机翼的水平，驾驶员就要经常向右压盘。这不仅使驾驶员分散精力和易于疲劳，而且使驾驶盘向右活动的有效行程减小，限制了向右滚转的能力。因此，飞机重心位置的左右移动，同样也有严格的限制。

现代大中型飞机由于纵向尺寸都比较大，重心的前后位移量大。如果重心位置在规定范围内过于偏前或偏后，需要的纵向操纵量很大，单靠升降舵不能完全实现纵向操纵，或者升降舵偏转角度过大导致飞行经济性变差，这种情况下，可以通过下面两种措施来改善飞机的纵向操纵，常被称为飞机的纵向配平。

调节飞机水平安定面的安装角，如图 3-40 所示，现代大中型飞机多数具备这种功能。采取这种措施飞机的水平安定面可以绕其转轴(通常在靠近水平安定面后缘)上下偏转，从而调节水平安定面的安装角，改变水平尾翼的气流迎角，从而改变水平尾翼气动力的大小，产生相应的操纵力矩来维持飞机的纵向平衡。因为水平安定面的作用面积要比升降舵的作用面积大得多，水平安定面偏转较小的角度，就可以产生较大的操纵力矩。飞机在起飞前应根据飞机的载重和平衡情况进行水平安定面的配平，水平安定面在起飞之前必须调节到起飞位置，以保证飞机在起飞过程中的纵向操纵。

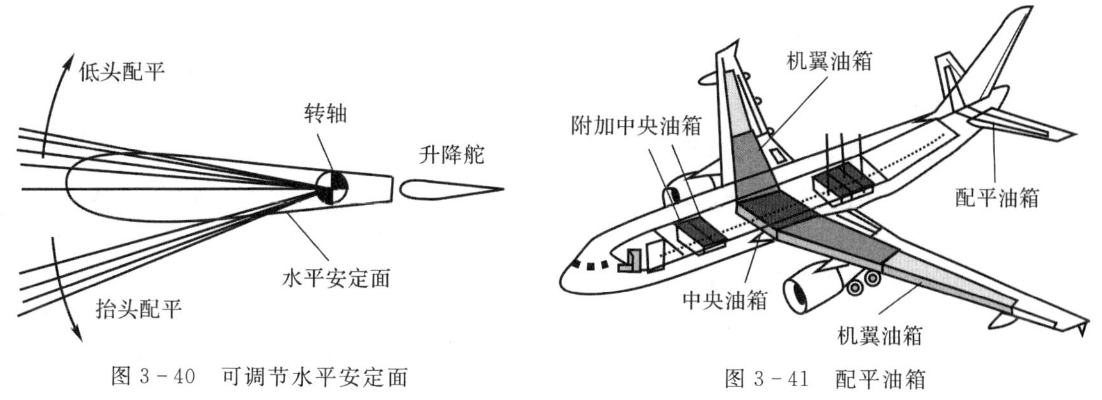

图 3-40　可调节水平安定面

图 3-41　配平油箱

采用水平尾翼配平油箱，如图 3-41 所示。设置水平尾翼配平油箱的目的不是为了多装载燃油，其中的燃油不直接参与飞机的用油，燃油管理系统可根据需要将燃油送入(或抽出)配平油箱，调整飞机重心的位置，来完成飞机的纵向配平。因为配平油箱具有最大的平衡力臂，其重量的变化对飞机重心有较明显的影响。使用配平油箱可以减小飞机水平尾翼的配平角度,降低飞行阻力,现代大型飞机,如 B747,A340,A380 等机型具有配平油箱。

2. 飞行速度对飞机操纵性的影响

飞行速度越高,相对气流速度越大,动压也越大。对俯仰、方向操纵性而言,以杆、舵量相同作比较,在飞行速度比较大的情况下,相同的舵面偏量,产生的操纵力矩较大,转动角速度也大,飞机达到与此升降舵偏角对应的迎角或方向舵偏角对应的侧滑角所需的时间比较短;对横向操纵性而言,如果压盘量相同,即副翼的偏转角相同,飞行速度大,则横向操纵力矩大,滚转角速度大,飞机达到对应坡度的时间短。

总之,飞行速度大,飞机反应快,飞机操纵性好;飞行速度小,飞机反应慢,飞机操纵性变差。

3. 飞行高度对操纵性的影响

随着高度升高,空气密度降低,以同一真速在高空飞行,动压减小,作用于舵面上的空气动力减小,保持杆、舵在一定位置所需的杆力减小。

如果在不同的高度,保持同一真速平飞,为了产生足够的升力,各平飞真速所对应的升力系数随高度增大,与低空相比,高空飞行所需迎角更大、升降舵上偏角更大、飞机驾驶杆位置要更靠后。

另外,若保持同一真速在高空飞行,空气密度降低,与低空相比,舵面偏转相同角度所产生的操纵力矩小,角加速度随之减小,飞机达到对应的迎角、侧滑角或坡度所需的时间增长,也就是说飞机反应变慢。

归纳起来,飞机高空飞行有杆、舵变轻,行程(位移)变大,飞机反应迟缓的现象。

4. 迎角对横向操纵性的影响

随着迎角增大,机翼上气流分离加剧,对副翼下偏一侧机翼的影响更大,导致操纵力矩变小,使得横向操纵性变差。特别是在大迎角情况下影响更为明显,甚至会出现横向反操纵现象。

对飞机实施横向操纵,压盘使左右两侧机翼升力差形成操纵力矩,使飞机发生滚转。驾驶员向右压盘,左副翼下偏、右副翼上偏,飞机向右滚转。在滚转过程中,不仅升力与重力的合力使飞机产生右侧滑,而且还因左副翼下偏,气流分离更严重,左侧机翼阻力大于右侧机翼阻力,形成对重心的左偏力矩,进一步加强右侧滑。由于机翼上反角和后掠角的作用,右侧滑使右侧机翼升力增大、左侧机翼升力减小,从而产生向左滚转的力矩,力图制止飞机向右滚转,减小滚转操纵力矩,从而削弱了副翼的操纵作用。小迎角时,两机翼的阻力差很小,其造成的侧滑也不大,对操纵力矩影响不大,故横向操纵性比较好。大迎角时,两机翼的阻力差较大,其造成的侧滑也较大,对操纵力矩影响较大,故横向操纵性变差。当飞机接近临界迎角时,机翼上出现严重的气流分离,两副翼都处于涡流区内,一方面,下偏副翼的增升作用变差,偏转副翼后两机翼升力差减小,产生的横向操纵力矩小;另一方面,此时下偏副翼的阻力明显增大,两机翼阻力差更大,其造成的侧滑作用更强烈,产生向左滚转的力矩(制止飞机向右滚转的力矩)更大,故横向操纵性显著变差,当此力矩大于横向操纵力矩时,甚至会出现向右压盘,飞机向左滚转的现象,这就是所谓的横向反操纵现象。

出现横向操纵性变差或者横向反操纵的现象,究其原因是迎角增大,气流分离加剧,副翼效率降低导致的。

为了改善横向操纵性，特别是要消除大迎角下的横向反操纵现象。一方面，在飞机设计上采取改进措施，比如使用差动副翼、阻力副翼、开缝副翼等；另一方面，在大迎角小速度飞行时，驾驶员可以利用飞行扰流板或方向舵来辅助副翼进行横向操纵。

七、飞机的辅助操纵

飞机的辅助操纵主要是指对发动机工作状态（功率）调节，起落架收放，飞机增升装置、扰流板、地面刹车、地面转弯、配平装置等的使用控制过程。现代大中型飞机，用于辅助操纵的机构（舵面）很多，操纵过程复杂，它们操纵性能的好坏，对飞行性能，尤其是对飞机的起降性能有很大的影响。

驾驶员主要可以通过操控油门控制杆加减油门来控制发动机功率，有些发动机还可以通过控制发动机的进气量来调节发动机功率。驾驶员还可以通过控制发动机的反推来提升飞机的刹车效能，减小飞机的滑跑距离。对于螺旋桨飞机，尤其是功率较大的螺旋桨飞机，还设有专门的调速器变距机构，称为变距杆，用来调节螺旋桨的桨叶角，以改变螺旋桨发动机拉力的大小（具体可参考螺旋桨变距机构相关内容）。现代飞机还可以使用自动油门（推力）系统（A/T）来实现对飞机发动机油门/功率的自动控制。

驾驶员可以通过操控起落架手柄（DOWN，OFF，UP），如图3-42所示（飞机铭牌上用DN表示DOWN），来控制起落架的放下或收起，在起落架收放过程中还有一个锁紧/解锁的重要步骤。起落架收放主要可分为沿翼展方向（横向）收放和沿翼弦方向（纵向）收放两种形式，沿翼展方向收放又可分为内收和外收两种形式，多数飞机采用内收形式；沿翼弦方向收放又可分为前收和后收两种形式，多数飞机采用前收形式。

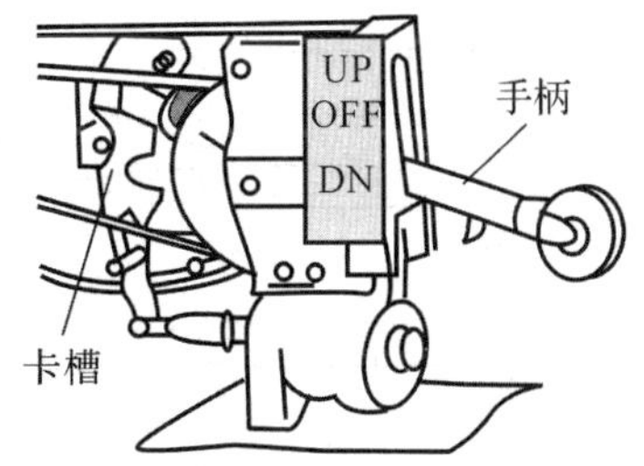

图3-42　起落架控制手柄

不同机型的增升装置、扰流板、配平装置的配置情况有较大的不同，因此，不同机型的辅助操纵会有较大的区别。下面以某型飞机的增升装置使用为例，简单阐述飞机的辅助（增升）操纵过程。

现代飞机为了缩短起飞和着陆滑跑距离，要求飞机在起飞、着陆时使用增升装置。但飞机在起飞和着陆过程中增升装置的使用量不同，即后缘襟翼或前缘缝翼的放出角度是不同的，一般起飞时放出的角度要小于着陆放出的角度。通过襟翼控制手柄可以控制增升装置的收放，如图3-43所示为某型飞机在起飞和着陆时对后缘襟翼和前缘缝翼的操纵，其后缘襟翼最大放出角度为30单位（units），起飞过程中允许放出的角度是5，15，20单位，爬升或进近过程中放出角度为1单位；而在着陆过程中允许放出的角度为25，30单位。当襟翼手柄大于等于1单位位置时，前缘缝翼部分放出，当襟翼手柄大于等于25单位位置，前缘缝翼完全放出。

对扰流板的操纵又可分为空中扰流板操纵和地面扰流板操纵。空中扰流板的操纵控制又可分为空中减速、辅助（配合或代替副翼）横向操纵和地面减速。当空中扰流板用作空中减速时，通过减速手柄（见图3-44），操控左、右两侧的空中扰流板对称地打开相同角度；当用作辅助横向操纵时，当驾驶盘偏转角度超过一定值时，可以使副翼上偏一侧机翼上的空中扰流板向上打开一定的角度，另一侧的空中扰流板不作相应偏转，从而配合副翼实现横向操纵；当空中扰流板在地面使用时，可以完全打开，与地面扰流板作用相同。地面扰流板只有（完全）打开和关闭两种选择，地面扰流板只有飞机在地面上才能打开，打开地面扰流板，可以起到卸升和增阻作用，从而提高刹车效率。当在地面操纵减速手柄到“UP”位置时，所有扰流板打开至最大角度，当减速手柄放到“DOWN”位置时，就可将扰流板收起关闭。还可以通过扰流板的自动控制装置来操纵扰流板。此外，有些机型(如 B737)还可以通过发动机油门控制杆来操控扰流板，当发动机反推(拉起发动机反推手柄)时，扰流板亦会打开；而任一油门杆前推(加速)时，扰流板就会收起关闭。

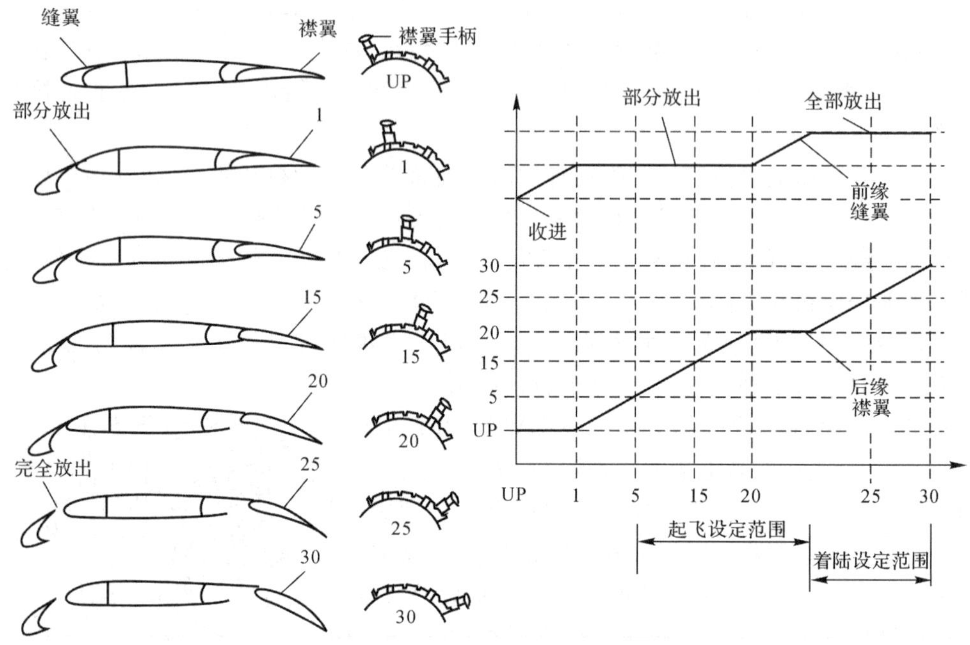

图 3-43　某型飞机的增升操纵

当飞机在地面滑行时，还需要对地面转弯进行控制。一般地，飞机地面转弯主要通过操控前轮偏转来实现，当转弯角度较小时，可用通过脚蹬来操控前轮转弯，当转弯角度较大时，就需要通过操纵专门的转弯机构(手轮)来实现。脚蹬既可以控制方向舵偏转，又可控制前轮偏转，飞机上有一些专门机构(如空地感应装置)用来控制脚蹬是否可以操控前轮转弯。

飞机在着陆滑跑或中断起飞过程中，需要进行刹车。刹车可以分为自动刹车和人工刹车，自动刹车通过选择电门来控制刹车用量；人工刹车通过踩刹车踏板来控制刹车用量，可以参考“着陆”章节的相关内容。此外，飞机在地面长时间停放还需要使用停留(驻)刹车。

飞行速度的变化、飞机重心的改变和气动外形的改变(襟翼扰流板偏转等)等等都会导致飞机力矩的不平衡，影响飞机的正常飞行，需要对飞机进行配平。配平的作用就在于消除不平衡力矩和稳态时的操纵杆力。飞机配平可以分为手工配平和自动配平，可以参考“飞机配平”章节的相关内容。

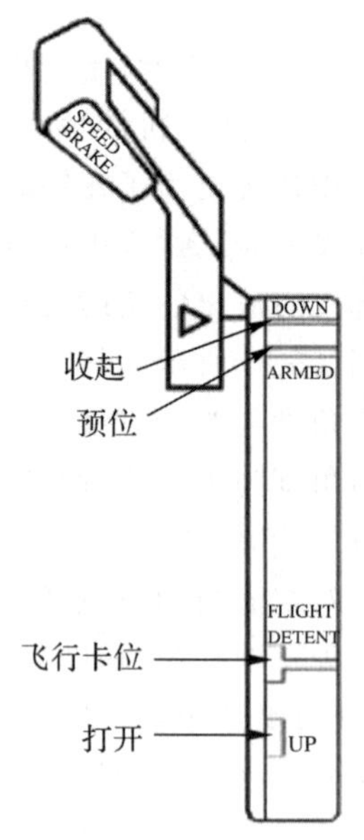

图 3-44　某机型的减速手柄

总之，飞机的辅助操纵主要是通过特定的操控手柄或操控旋钮发出控制信号，通过传动机构将控制信号传递至相应舵面或者助力伺服机构来操控被控制机构，从而完成对飞机的辅助操纵。不同机型的辅助操纵会有较大的差别，要具体机型具体分析。

复习思考题

1.什么是飞机重心？重心位置如何表示？

2.什么是机体轴坐标系？其方向如何规定？

3.什么是飞机的焦点？对全机焦点有何要求？

4.什么是飞机的平衡？

5.哪些部件可以产生飞机俯仰力矩？

6.影响飞机俯仰平衡的因素有哪些？

7.飞机的侧滑是如何产生的？

8.哪些部件可以产生飞机偏转力矩？

9.飞机具有稳定性，需要具备哪些条件？

10.水平尾翼在保持飞机稳定具有哪些功用？

11.哪些部件能产生方向稳定力矩和横向稳定力矩？

12.机翼的上反角、后掠角在产生方向稳定力矩和横向稳定力矩有何异同？

13.方向稳定性与横向稳定性有何关系？当它们不协调时，会出现什么现象？

14.影响飞机稳定性的因素有哪些？

15.飞机的飘摆是如何形成的？

16.重心位置的前后移动如何影响飞机的稳定性？

17.大迎角飞行如何影响飞机的稳定性？

18.什么是飞机的操纵？飞机的操纵系统如何组成？

19.飞机的传动机构可以分为哪几类？各有什么优缺点？

20.飞机的俯仰操纵是如何实现的？

21.在平直飞行中，为什么一个升降舵位置对应一个迎角？

22.驾驶杆力随速度如何变化？

23.调整片有什么作用？

24.方向操纵力矩如何平衡？

25.在无侧滑的滚转中，为什么一个副翼的偏角对应一个稳定滚转角速度？

26.飞机的方向操纵与横向操纵有什么关系？

27.影响飞机操纵性的因素有哪些？

28.为什么要规定飞机重心的前后极限位置？怎么规定？

29.为什么会出现横向反操纵？

30.飞机的辅助操纵主要包括哪些？

第4章　基本飞行

飞机的典型飞行过程是从某机场起飞(出发),爬升至预定高度,此过程称为上升,然后在预定高度层进行巡航(平飞),将要到达目的地时,逐步降低飞行高度,此过程称为下降,最后在目的机场着陆。由此可见,飞机的典型飞行过程包括起飞、上升、平飞、下降和着陆这五个基本过程,如图4-1所示。本章将基本按照这个过程来阐述飞机的飞行过程及相关知识。

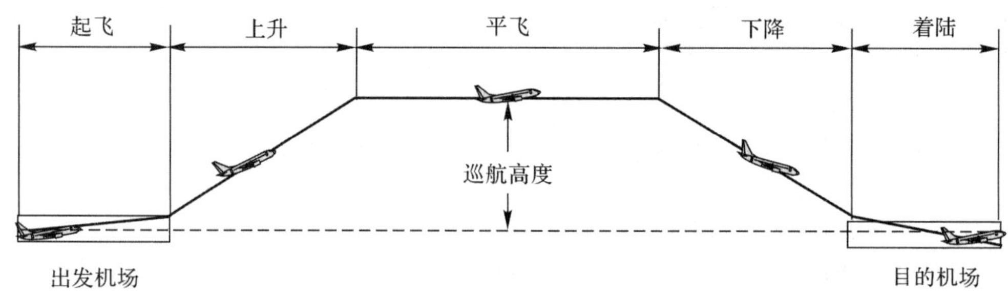

图4-1　飞机的基本飞行过程

第一节　预备知识

飞机执行每次飞行任务都离不开机场,在空中飞行也必须各行其道,并且要严格遵守空中交通规则。下面将简单介绍机场环境、飞机航线和空中交通管制等方面的知识。

一、机场环境*

机场环境涉及方方面面,与飞行过程密切相关的机场环境是飞机的起降跑道,简称为飞机跑道。飞机跑道是机场上划分出的特定长条形区域,供飞机起飞或着陆使用。飞机在起飞和着陆时的性能直接受到风的影响,因此机场建设在设计跑道时,需要首先考虑跑道的方向,跑道的方向一般是由该地常年主要风向决定。

飞机跑道除了起降跑道外,还包括跑道肩、安全带、滑行道和净空道等附属区域。跑道上有各式的标志和记号,通常包括跑道编号、跑道中心线、跑道入口、着陆点、接地区、跑道边界线等。飞机跑道可以分不同的类型和等级,如图4-2所示是不同类型的飞机跑道,分别为基本跑道、非精密跑道和精密跑道。跑道两端有数字编号,称为跑道编号,是由跑道的磁航向确定的。磁航向采用360°的方位予以表示,以正北为0°、顺时针旋转到正东为90°、正南为180°、正西为270°,再回到正北为360°或0°。跑道编号只用磁航向度数的百位数和十位数,个位数按四舍五入圆整到十位数。例如一条指向为西北284°的跑道,它的编号就是28,如果是285°,编号就是29,如果第一位没有数就用0来表示,编号00用36取代。同一条跑道,因为有两个朝向,所以就有两个编号,例如,一条正北正南的跑道,一端的编号为18,另一端的编号为36,

跑道两端的编号在数值上总是相差 18。如果某机场有同方向的几条平行跑道，就再分别冠以 L(左)、C(中)、R(右)等英文字母以示区别，如北京首都机场有两条平行的南北向跑道，西边一条的跑道编号是 18R/36L，东边一条的是 18L/36R。

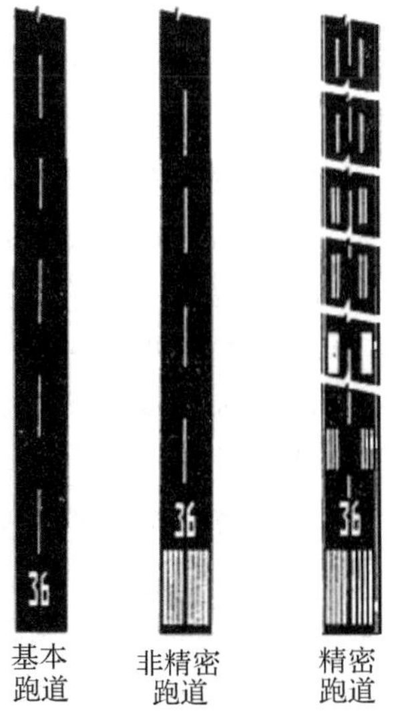

图 4-2 不同类型的跑道

飞机跑道的基本参数包括长度、宽度和坡度，可用一位阿拉伯数字(1～4)加一位拉丁字母(A～F)来表示跑道的等级。数字越大表示跑道长度越长，字母越靠后表示跑道越宽。目前，我国主要国际机场的跑道都达到了 4E 级，还有多家机场达到了 4F 级(可以起降 A380 等超大宽体客机)，这类机场的跑道长度在 3 000m 以上，宽度在 45m 以上。中小城市的机场多数是 3C 级，跑道长度在 1 500m 左右，宽度在 30m 以上。

二、飞机航线*

1. 起落航线

起落航线，又称为五边飞行航线，是一种矩形航线。建立起落航线的目的一方面是为了使进入和离开机场的飞机流量得到合理的控制，它广泛用于目视进近；另一方面，五边飞行是训练飞行员的一种重要手段，其主要环绕机场飞行，飞行学员可从五边飞行中学习飞机起飞、爬升、转向、平飞、下降及着陆等重要飞行技巧。

虽然每个起落航线的方向、宽度和高度不尽相同，但大部分机场使用矩形起落航线，起落航线可分为左转航线和右转航线，一般为左转航线，如图 4-3 所示是左转起落航线。从起飞到着陆的五个直线段分别叫作一边(离场边，departure leg)、二边(侧风边，cross-wind leg)、三边(下风边，down-wind leg)、四边(基线边，base leg)、五边(最后进近边，final approach leg)。矩形起落航线由四个转弯组成，从起飞到着陆的四个转弯分别称为一转弯、二转弯、三转弯和四转弯。

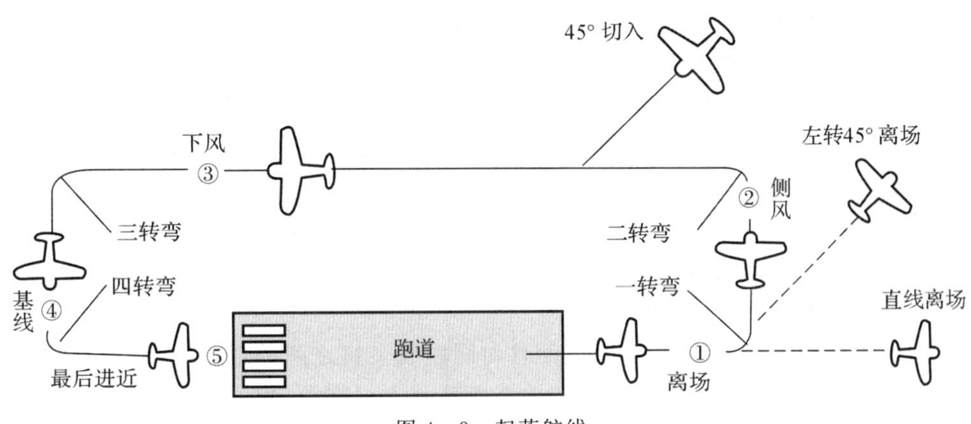

图 4-3 起落航线

矩形起落航线的一边沿着起飞跑道的方向，开始于飞机起飞离地，终止于一转弯开始。如果要脱离起落航线，可保持起飞方向直线离场或左转 45°离场。二边垂直于跑道，飞机起飞后，爬升至 100m 以上高度，左转 90°(一转弯)进入二边。飞机在二边爬升至一定高度后，左转

90°(二转弯)进入三边,三边平行于跑道,离跑道的距离为0.81~1.61km(0.5~1mile),三边的飞行高度通常为300~500m,可以比较容易看清跑道。飞机通常可以在三边以45°切入,加入起落航线。在三边左转90°(三转弯)进入四边,四边为三边与最后进近阶段(五边)的过渡段,垂直于跑道,飞机通常在四边下降飞行高度,准备降落。在四边左转90°(四转弯),结束四转弯的飞行高度不得低于100m,进入五边,即最后的进近段,是整个起落航线中最重要的部分,要求驾驶员对飞机的速度和下降角做出精确判断和控制。需要指出,受制于航线、风速、空域和机场繁忙程度、空中交通管制的指挥,进近(着陆)航线不一定严格要飞完五边,可以适时从某条边切入,加入起落航线。

2. 飞行航线

飞机飞行的路线称为飞行航线,飞行航线不仅确定了飞机飞行具体方向、起讫点和经停点,而且还根据空中交通管制的需要,规定了航线的宽度和飞行高度,以维护空中交通秩序,保证飞行安全。目前我国规定的航线宽度为20km,即航路中心两侧各10km,如果航路某一段受条件限制,可以减少宽度,但不得小于8km。为适应航空事业发展需要,进一步提高空域资源利用率,自2007年11月22日开始,依据实施RVSM(Reduced Vertical Separation Minimum,缩小垂直间隔最低标准)标准,制定了《中国民航实施缩小8 400m以上飞行高度层垂直间隔方案》(以下简称为《方案》)。《方案》实施后,规定真航线角在0°~179°范围内(东向飞),高度在900~8 100m,8 900~12 500m,每间隔600m为一个同向高度层,12 500m以上,每间隔1 200m为一个同向高度层;真航线角在180°~359°范围内(西向飞),高度在600~8 400m,9 200~12 200m,每间隔600m为一个同向高度层;13 100m以上,每间隔1 200m为一个同向高度层,如图4-4所示。《方案》实施之前,在8 400m以下范围内对向高度层的垂直间距已经为300m;《方案》的实施要实现在8 400~12 500m范围内对向高度层的垂直间距由原来600m缩小为300m的目标。考虑到我国飞行高度层采用公制计量单位,为减少与周边国家采用英制计量单位造成的误差,使飞行高度层配备标准尽可能一致,我国在8 400~8 900m一段设置了一个500m垂直间距的缓冲层。这样一来,使得在8 400~12 500m范围内飞行高度层由原来的7个增加到13个,增加了飞行航线,提高了空域资源的利用率。大部分大型民航飞机的巡航高度在8 400~12 500m范围内,《方案》的实施不仅可以大大减少(民航)飞机地面延误和空中等待时间,提高航空运输效率,而且可以降低飞机的燃油消耗(因为飞机可以选择更经济的飞行高度),提高飞行经济性。《方案》实施后,我国空域在600~12 500m范围内,对向高度层的垂直间距基本缩小为300m。

为了更好地标识飞行高度层,需要对高度层进行编号。国际上广泛使用的飞行高度层FL(Flight Level)的编号规则是将其压力高度(英尺表示)除以100后得到的数据,如压力高度为9 150m(30 000ft)的高度层,编号为FL300。

飞行航线不仅对宽度和高度有要求,而且对同航线飞机之间的最小水平(前后)间隔也有明确要求。飞机之间的最小水平间隔与空中交通管制方式有关,程序管制要求同航线航空器之间的水平间隔为10min(对于大中型飞机来说,相当于150km左右的距离),雷达监控条件下的程序管制的水平间隔只需75km,而雷达管制的水平间隔仅仅需要20km,甚至还可以更小。目前,我国空中交通管制正由程序管制向雷达管制过渡发展,大部分区域实现了雷达管制。

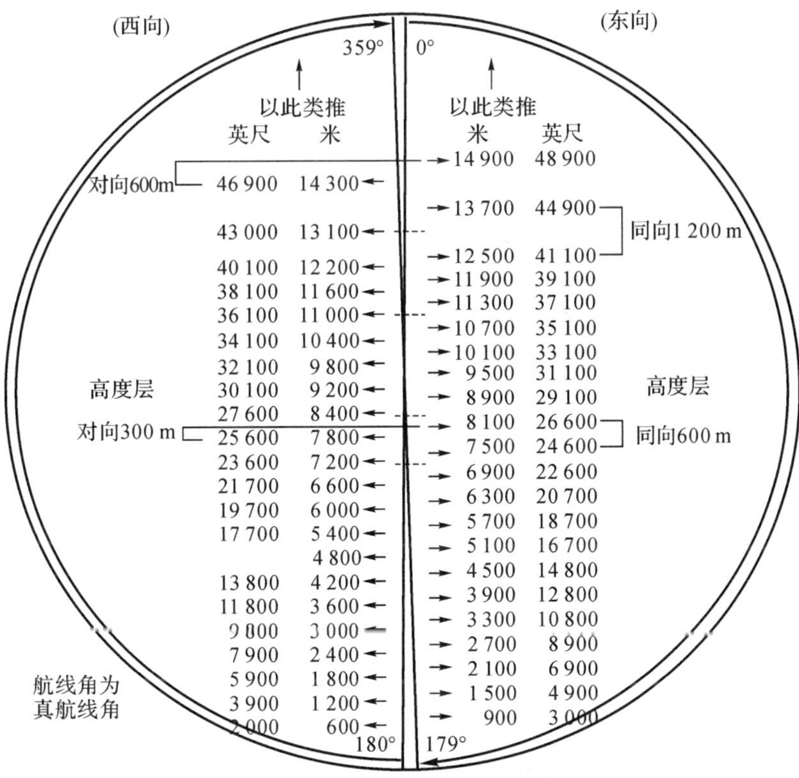

图4-4 高度层配备标准示意图

三、空中交通管制*

空中交通管制(Air Traffic Control,ATC)是指利用通信、导航技术和监控手段对飞机飞行活动进行监视和控制,保证飞行安全和有秩序飞行。空中交通管制在飞机航线的空域划分为不同的管理区域,包括航路、飞行情报管理区、进近管理区、塔台管理区、等待空域管理区等。管制方法可分为程序管制和雷达管制。程序管制(procedural control)是一种根据一系列事先协议好并公布的规定和程序对航空器的飞行活动实施管制的方式。雷达管制(radar control)是指直接使用雷达信息(本管制空域雷达波覆盖范围内所有航空器的精确位置)来提供空中交通管制服务。雷达管制与程序管制相比是空中交通管制的巨大进步,两者最明显的区别在于允许航空器之间的最小水平(前后)间隔不同。雷达管制允许的最小水平间隔比程序管制的要小得多。允许的最小间隔越小,意味着单位空域的有效利用率越大,飞行架次容量越大,越有利于保持空中航路指挥顺畅,更有利于提高航班正常率。

每架次(民航)飞机执行飞行任务时,基本都要经历放行管制、地面管制、塔台管制、离场/进近管制和区域管制(区调),如图4-5所示。与空中交通管制相关的机构还包括地区管理局调度室(管调)和民航总局空中交通管制总调度室。

(1)放行管制:又称放行许可,负责对包括对飞行目的地、使用跑道、飞行计划航路、巡航高度、离场程序、应答机编码的确认管理,有时还应该包括:起始高度、离场频率、特殊要求等。获准放行许可后，飞机开始做起飞前准备、上客、装货、加油等，都准备好后，请求推出许可。并按规定与相关管制单位协调以及移交管制。

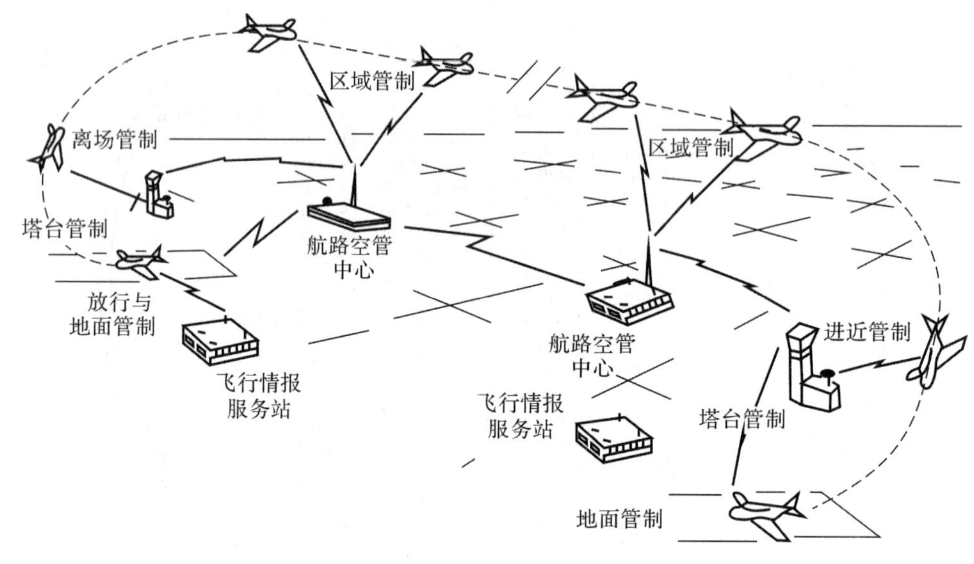

图 4-5　空中交通管制的基本过程

(2)地面管制：主要负责对飞机推出、发动机启动、地面牵引或滑行进行管理。地面滑行管理主要包括：使用滑行道，滑行速度、滑行间距、将滑行到达的跑道号、等待位置等进行管理。对着陆后的飞机，负责引导滑行至指定的停机位置。并按规定与相关管制单位协调以及移交管制。

(3)塔台管制：主要负责对飞机起飞、爬升、下降和着陆进行管理。塔台管制要合理调配和控制航空器之间的间隔，准确发布起飞、上升、下降、着陆等管制指令，并按规定和协议实施管制协调和移交等。对一些吞吐量比较小的机场，可以将地面管制归并到塔台管制。

(4)离场/进近管制：主要负责航路空域和机场空域之间的飞行转换管理。离场管制负责对起飞离场加入航路的航空器提供空中交通管制服务，一般都有一套标准离场程序。在这套程序中包括飞机飞离机场时的航向、高度、转弯地点、时间等。管制员仅需控制飞机的飞行间隔，飞机按照这个程序就可以飞离机场进入航线。进近管制负责对进场着陆的航空器提供空中交通管制服务，在飞机准备从航路上下降时，管制员把飞机引导到仪表着陆系统的作用范围内，并移交给塔台管制员。也可以设计一套标准进场程序，使飞机可以按照一条标准路线进近，驾驶员使用某个机场时必须预先熟悉它的标准离场、进场程序。进近管制工作比较繁忙，一般大型繁忙的机场都有几位进近管制员同时提供进近管制服务。

(5)区域管制：又称区调，主要负责向本管制区内受管制的航空器提供空中交通管制服务，其负责管理的空域面积大，需要对空军计划、航班动态、资源管理、航行情报、气象情报、卫星云图、通航计划等信息进行管理。其中航班动态主要包括飞机的航班号、离地面的高度、地速和目的地机场等。

飞机在起飞和进近前，驾驶员应主动收听机场自动终端情报服务 ATIS(Automatic

Terminal Information Service)。机场自动终端情报服务是在特定频率上反复录制并播放的机场基本信息，其内容和顺序有固定格式，包括：机场名称、代码；预期进近类别、使用跑道、跑道情况；地面风向、风速、能见度、跑道视程；现行天气的温度、露点、气压；高度表拨正值；以及其他必要的飞行情报。机场自动终端情报服务正常情况下每小时更新一次，天气变化迅速时也可随时更新，它可以减小驾驶员与管制员之间的信息交流量，达到减轻管制员的工作负荷及避免频道拥挤的目的。

四、高度表拨正与过渡高度层*

飞行高度是一个非常重要的飞行参数，在飞行过程中，高度表基准的设置与拨正，对判断飞行高度至关重要。1993 年，一架 MD－82 型飞机在进近过程中，因驾驶员混淆了高度基准，高度表拨正错误，造成飞机下降高度过快，触地坠毁。

飞机在同一高度飞行时，选择不同的参照物(基准)，所测得的高度值是不同的。飞行高度层是以 ISA 标准大气海平面压力作为基准进行设定的，称为 QNE 设定，相应的高度称为标准海压高度。但在飞机起飞、着陆以及场区内的高度表设置，除了 QNE 设定外，还有两种设置方法，一种是以机场平面为参考点，使用场面气压，称为 QFE 设定；另一种是使用平均海平面(Mean Sea Level，MSL)为参考点，使用修正海平面气压(平均海平面气压与 ISA 气压不一致)，称为 QNH 设定。

使用 QFE 设定时，飞机停在跑道上，高度表的读数为零，飞机在空中时，高度表指示的是相对于机场表面的高度。QFE 的使用范围是有限制的，在飞机驶离机场一定距离、一定高度后，QFE 设定将失去参考作用。使用 QNH 设定时，飞机停在跑道上，高度表的读数为机场的标高(海拔)，飞机在空中时，高度表指示的是飞机相对于平均海平面(MSL)的高度。不像 QFE 设定，使用 QNH 设定时没有机场标高的限制，可以较准确地测量飞行高度。为了便于与国际接轨，在 2001 年，中国民航总局空管局规定：统一使用 QNH 代替 QFE 和 QNE 设定，作为飞机在起降阶段的高度表设定基准。

平均海平面的高度并不是一成不变的，并且它的大气参数与 ISA 规定的标准大气参数往往不一致。海平面的上升和下降对人类的生产、生活会产生巨大的影响。因此，在设定飞机飞行高度层(flight level)时，并没有采用 QNH 进行设定，而是采用 QNE 进行设定，这样可以保证飞行高度层设定后保持不变。

飞机在起飞离场或进场着陆时，在穿越一定高度时，就必须进行 QNH/QNE 设定的转换。对于起飞离场的飞机，在过渡高度(transition altitude)进行高度设定转换，从 QNH 转换为 QNE，过渡高度是基于 QNH 设定的一个高度；对于进场着陆的飞机，在过渡高度层(transition level)进行高度设定转换，从 QNE 转换为 QNH，过渡高度层是基于 QNE 设定的一个高度。过渡高度与过渡高度层之间的垂直距离不小于 300m，它们之间的空间，称为过渡夹层(transition layer)，如图 4－6 所示。飞机不能在过渡夹层内平飞。过渡高度与过渡高度层的设定与机场的标高、进近高度相关，例如，机场标高 1 200m(含)以下，起始进近高度 2 700m(含)以下，过渡高度为 3 000m，过渡高度层为 3 600m。

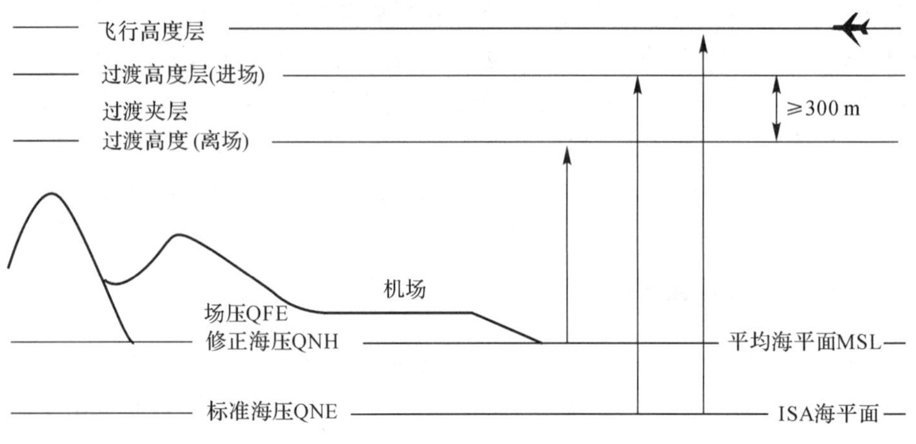

图 4-6　过渡高度与过渡高度层

五、飞行速度

飞行速度是一个非常重要的飞行参数。飞行过程中，空速表所指示的速度，并不一定是飞机与气流的真实相对速度。下面将阐述飞行中几种速度之间的关系。

地速是指飞机相对地面参照物的速度，其缩写为 GS(Ground Speed)。由于风的作用，地速并不一定等于飞机的相对气流速度。另外需要指出，受地球自转的影响，同一架飞机(空速相同)往返两地的地速会有差异，导致飞行时间不同。这种影响对东西向飞行的飞机尤为明显。

真速是飞机相对于空气的真实速度，其缩写为 TAS(True Air Speed)，用 v_T 表示。

指示空速，又称为表速，是飞机上空速表(外圈)指针指示的空速，如图 4-7 所示，其缩写为 IAS(Indicated Air Speed)，用 v_I 表示。指示空速是根据动压的大小换算而来的，空速表指针是根据所感受的动压转动而指示出读数。空速表的刻度是按标准海平面大气密度 ρ_0(为常量) 制定的。而大气密度 ρ 会随着高度、温度、压力等改变。因此，当 $\rho \neq \rho_0$ 时，空速表的指示读数就不能反映真速。它们之间满足

$$\frac{1}{2}\rho_H v_T^2 = \frac{1}{2}\rho_0 v_I^2 \Rightarrow v_T = \sqrt{\frac{\rho_0}{\rho_H}}\, v_I \qquad (4-1)$$

图 4-7　空速表

式中，ρ_H 表示不同高度的空气密度。

由式(4-1)可知，随着高度升高，ρ_H 减小，在 v_I 相同的情况下，v_T 会越来越大于 v_I，两者的差值会越来越大。

校正空速(校正表速)是指修正了仪表误差和位置误差后得到的空速，其缩写为 CAS(Calibrated Air Speed)，用 v_C 表示。

当量空速是指修正所有误差后得到的空速，其缩写为 EAS(Equivalent Air Speed)，用 v_E 表示。

本章中，除有特殊说明，认为各种误差均为零，即 $v_I = v_C = v_E$。

在对飞机的一些性能进行计算时，既可使用真速又可使用表速。如升力的计算公式，可以描述为$L=C_L\ \frac{1}{2}\rho_0 v_I^2 S$，还可描述为$L=C_L\ \frac{1}{2}\rho_H v_T^2 S$。采用前者，在直线飞行中，迎角与IAS存在一一对应关系，且不会随飞行高度发生变化；采用后者，在直线飞行中，迎角与TAS也存在一一对应关系，但还会随飞行高度(ρ_H)发生变化。因此，在很多计算分析过程中，采用IAS会比TAS简单。

第二节　起　　飞

起飞是指飞机由地面向空中飞行的初始阶段，即从起飞线开始滑跑，加速到抬前轮速度v_R时抬起前轮，继续滑跑离地上升至安全高度为止的加速运动过程。中国规定安全高度为25m，英、美等国规定为15.24m(50ft)或10.7m(35ft)。

飞机起飞前，得到塔台许可后，才能从滑行道等待线进入跑道。飞机对准跑道，必须确保发动机处于正常的工作状态，增升装置和配平设置于起飞位，高度表设定正确(为QNH)，操纵杆、舵处于正确位置，做好起飞前准备，得到许可方可起飞。

一、飞机正常起飞过程及操纵原理

飞机从地面滑跑到离地升空，要求升力大于等于重力。飞机升力会随飞机运动速度增加而增大，只有当飞机速度增大到一定值时，才可能产生足以支撑飞机重力的升力，可见飞机起飞是一个速度不断增加的过程。飞机起飞过程的最重要问题就是使飞机尽快加速，有效增加升力。

飞机的起飞过程一般可分为起飞滑跑、抬前轮离地和初始上升三个阶段，如图4-8所示，下面分别进行论述。

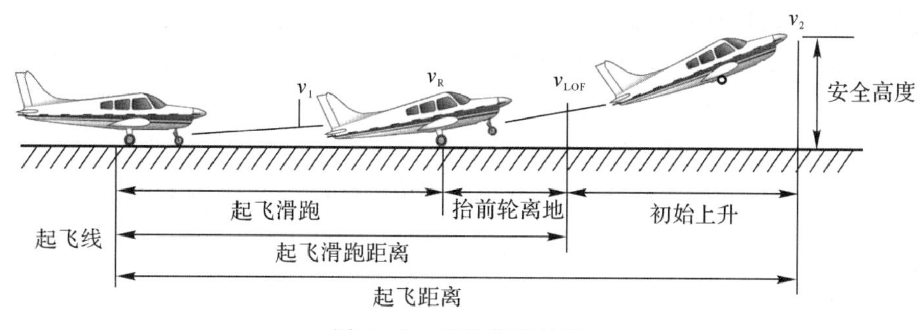

图4-8　飞机起飞过程

1.起飞滑跑

起飞滑跑的目的是为了增大飞机的速度，直到获得离地速度。如何使飞机加速滑跑、如何保持好滑跑方向，是起飞滑跑阶段的主要问题。

飞机滑跑时作用于飞机上的力，包括拉力(P)、阻力(D)、升力(L)、重力(W)、地面支撑力(N)和地面摩擦力($F=fN$)，如图4-9所示。由运动过程中力的分析，可以得出飞机滑跑时的运动方程为

$$\left.\begin{aligned}\frac{W}{g}a &= P-(D+F)\\ N &= W-L\end{aligned}\right\} \tag{4-2}$$

为了缩短飞机滑跑距离，必须增加飞机的推力，增大加速力，因此，飞机起飞时使用发动机能提供的最大（额定起飞）推力。飞机的加速力为推力与飞机总阻力之差，即剩余推力，可以表示为

$$\Delta P = P - [D + f(W - L)] \tag{4-3}$$

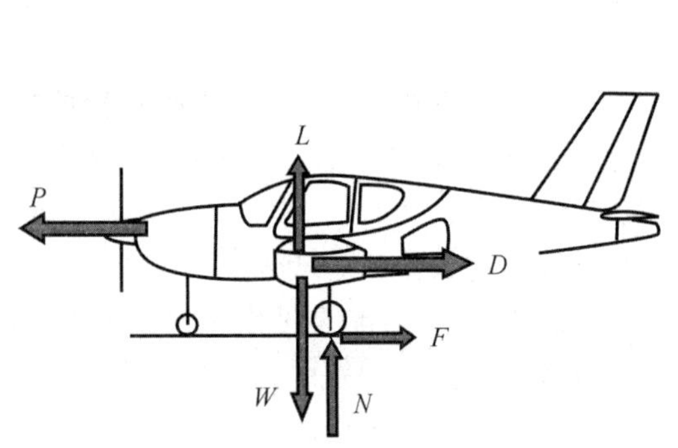

图 4－9　飞机滑跑时的受力情况

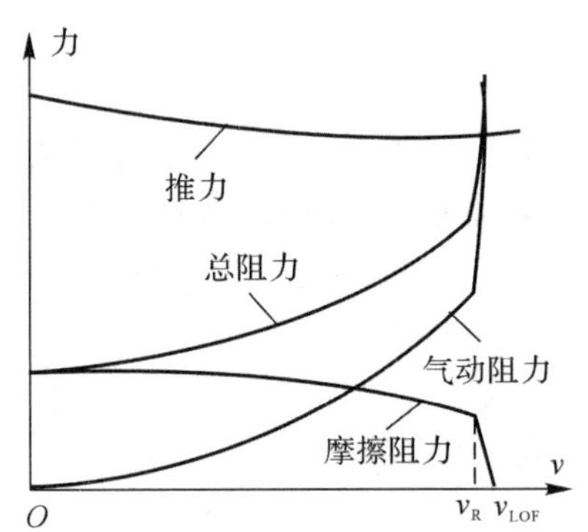

图 4－10　飞机滑跑中阻力随速度的变化

在起飞滑跑过程中，随着速度不断增加，作用于飞机上的力在不断发生变化。在起飞滑跑阶段，总加速力随滑跑速度增大而减小。这是因为：一方面，随着滑跑速度增加，发动机的可用推力减小；另一方面，随着滑跑速度的增加，总阻力增大。滑跑过程中的总阻力由气动阻力和地面摩擦力构成，它们随速度的变化规律如图 4－10 所示。气动阻力会随速度增大而一直增大；地面摩擦阻力随速度增大而减小，当飞机抬起前轮滑跑时（$v \geqslant v_R$），地面摩擦阻力会迅速减小，当飞机离地时（$v \geqslant v_{LOF}$），地面摩擦阻力减小为零，总阻力就为气动阻力。

在飞机加速滑跑过程中，还需要注意保持好滑跑方向。前三点式飞机在滑跑中具有良好的方向稳定性，易于保持滑跑方向。在滑跑过程中，出现了方向偏差，可以通过蹬舵来修正。随着滑跑速度的增加，飞机上各舵面的气动效能增加，舵面产生的操纵力距增加，用蹬舵来修正方向偏差，注意蹬舵量不宜过大。

为了使起飞滑跑过程中保持方向，驾驶员应正确分配注意力，根据机头与前方目标的相对运动，及时发现和修正方向偏差。

2. 抬前轮离地

如果在整个起飞滑跑阶段都保持三点接地姿态滑跑，由于迎角小，必然要将飞机加速至更大速度才能产生足够的升力使飞机离地起飞，这将导致起飞滑跑距离过长。因此，当飞机的滑跑速度增大到适当值（$v \geqslant v_R$），即预先规定的抬前轮速度时，应柔和向后拉杆抬起前轮，以增大迎角、增大升力使飞机离地起飞，缩短起飞滑跑距离，如图 4－11 所示。但并不是前轮抬得越早、越高越好。

抬前轮过程中，地面摩擦力陡降，产生附加上仰力矩，飞机有继续上仰的趋势，因此，在接近预定俯仰姿态时，应适当向前推杆，以使飞机保持在规定的离地姿态。抬起前轮后，继续保持姿态，飞机经过短暂的两点滑跑加速到离地速度，当升力稍大于重力，飞机即自动离地。机轮离地后，地面摩擦力（产生下俯力矩）消失，地面效应减弱，飞机机头具有上仰趋势，此时应

向前适当推杆以保持俯仰姿态。

图4-11 飞机抬前轮离地

在抬前轮离地过程中，要把握好抬前轮的时机与量。抬前轮时机过早、量过大，飞机以小速度升空，拉杆的位移大、迎角大，稳定性和操纵性较差，小速度升空后的安全裕度小。在升空后的机动飞行中如遇突发情况需要修正时，将使飞机失速的危险增加。小速度升空，还可能由于地面效应的减弱或消失，导致飞机升力变小而小于重力，飞机再次触地，危及飞行安全。前轮抬起过高，还可能造成机尾擦地。反之，抬前轮时机过晚、量过小，飞机以较大速度离地，则起飞滑跑距离过长，使起飞性能变差。因此，应严格按照手册中规定的抬前轮规程操作，手册中的抬前轮速度、拉杆量是基于各种因素，同时考虑到起飞性能和安全裕度科学制定的。

3. *初始上升*

飞机离地后，确保飞机有正的上升梯度，即升降率为正时，就可开始收起落架。同时使用驾驶杆使飞机继续保持在规定的俯仰姿态加速上升，在安全高度处使飞机加速至大于起飞安全速度 v_2。对运输机（民航飞机）来说，至此，只完成了起飞过程中的场道阶段，并没有完成起飞的全过程，运输机的完整起飞过程还包括起飞航道阶段。

超过安全高度后，根据规定的起飞程序，飞机进入起飞航道阶段，继续爬升至相应的高度457m(1 500ft)。在此过程中，飞机应保证有合适的上升梯度，爬升至规定高度，并完成收起起落架、增升装置，然后按照规定的程序和路线离场，加入航线。起飞航道阶段又可分为四个阶段，各阶段要完成的操作及达到的要求如图4-12所示。

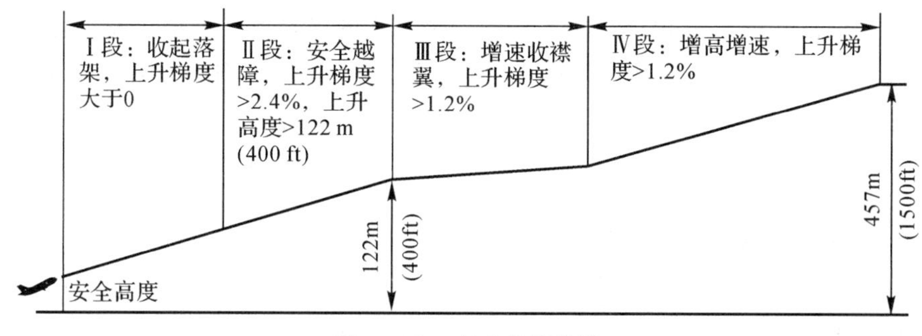

图4-12 起飞航道阶段

二、起飞性能

起飞性能主要包括最大起飞重量、与起飞有关的速度、起飞滑跑距离及起飞距离。

1. *最大起飞重量*

最大起飞重量(Maximum Take-off Weight，MTOW)是指飞机起飞时所允许的最大重量，如A380-800飞机的最大起飞重量可达560t。最大起飞重量受到设计因素和飞机运行环境的限制，包括：飞机结构强度的限制，发动机种类和推力的限制，大气参数（压力、密度、温度）的限制，跑道长度与状况的限制，越障能力（上升梯度）的限制，航路的限制，飞机轮胎速度的限制，甚至还受最大着陆重量和飞机刹车性能的限制。

如果环境限制比较严格，那就需要使用一个“受限制的最大起飞重量”（Regulated Maximum Take-off Weight，RTOW）。

2. 起飞速度

飞机在起飞过程中涉及多种速度，下面主要介绍起飞决断速度（v_1）、抬前轮速度（v_R）、离地速度（v_{LOF}）和安全速度（v_2）。

（1）起飞决断速度（v_1）。起飞决断速度用于给驾驶员判断当起飞过程中出现关键故障（如一发动机停车）时，是选择继续起飞还是中断起飞（Reject Take-off，RTO），并保证继续起飞或中断起飞的滑跑距离不会超过可用的起飞滑跑距离。

起飞决断速度是“措施”速度，当飞机出现关键故障，且飞机滑跑速度大于 v_1 时，要求飞机继续起飞，如果中断起飞，飞机存在冲出跑道的风险；若飞机滑跑速度小于 v_1，要求果断采取中断起飞的措施，以使飞机滑跑距离不会超过可用距离。

如图 4-13 所示是飞机中断起飞的决断过程。

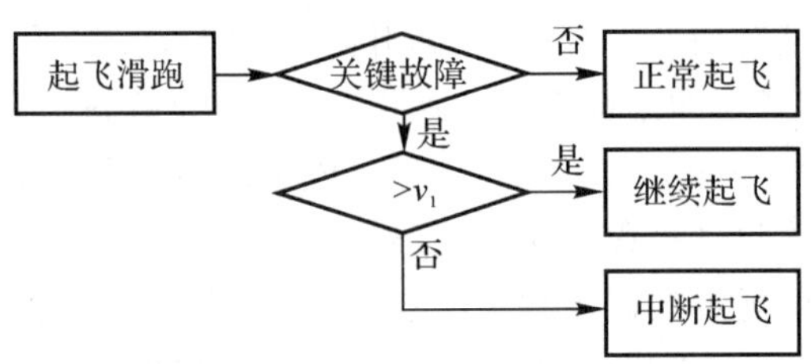

图 4-13　飞机中断起飞决断过程

（2）抬前轮速度（v_R）。抬前轮速度是起飞滑跑过程中驾驶员开始拉杆抬前轮增大飞机迎角时的速度，要求 $v_R \geqslant v_1$，并保证飞机上升到安全高度的飞行速度不小于安全速度（v_2）。

（3）离地速度（v_{LOF}）。离地速度是指飞机起飞滑跑过程中，当升力正好等于重力时的瞬时速度。达到离地速度时，升力等于重力，即有

$$L = C_{LLOF}\frac{1}{2}\rho v_{LOF}^2 S = W \Rightarrow v_{LOF} = \sqrt{\frac{2W}{C_{LLOF}\rho S}} \tag{4-4}$$

式中，C_{LLOF} 是离地时的升力系数。

从式（4-4）可以得出，离地速度与飞机的起飞重量、空气密度、机翼面积、离地时的升力系数都有关，起飞重力越大、空气密度越小、机翼面积越小、离地时的升力系数越小，离地速度就越大。

飞机离地时升力系数的大小取决于离地迎角和襟翼位置，离地时增大迎角以及放下襟翼起飞都使离地速度减小，但迎角增大、放下大角度的襟翼，会增加气动阻力，影响飞机的加速性能。空气密度与机场标高有关，同一机场，空气密度与大气温度、大气压力有关。气温升高或气压下降以及在高原机场起飞，都将使离地速度（真速）增大。但大气密度变化，并不影响飞机离地表速（v_1）的大小。

飞机还有一个最小离地速度（v_{MU}），是飞机允许以最大的地面俯仰姿态离地时的最小速

度，最小离地速度可经过计算和试飞得出。

(4) 安全速度(v_2)。安全速度是飞机上升到安全高度应该达到的速度。它是基于飞机当前构型的失速速度规定的，要求 v_2 不得小于 $1.2v_{S1}$(起飞构型失速速度)，此外，还要求 v_2 不得小于 v_R 加上在飞机达到高于安全高度时所获得的速度增量。

当飞机在安全高度达到起飞安全速度，就可以保证飞机的上升梯度达到要求，就可以保证飞机具有足够的安全裕度进行必要的机动，如对侧风进行修正。

需要指出，上述飞机起飞速度并不对应一个固定值，它们可以根据不同的起飞条件动态计算出来。

3. 起飞滑跑距离和起飞距离

飞机从开始滑跑至离地之间的距离，称为起飞滑跑距离，用 l_{TOR} 表示；飞机从开始滑跑到离地上升到安全高度所经过的水平距离，称为起飞距离，用 l_{TO} 表示，如图 4-8 所示。飞机起飞距离的长短是衡量飞机起飞性能好坏的重要标志之一。

如果知道离地速度和滑跑时间，起飞滑跑距离可以用下式近似计算，即

$$l_{TOR}=\frac{1}{2}a_{AVG}t_{TOR}^2=\frac{v_{LOF}^2}{2a_{AVG}} \tag{4-5}$$

式中，a_{AVG} 为滑跑平均加速度，t_{TOR} 为滑跑时间。

从式(4-5)可以得出，起飞滑跑距离取决于离地速度和平均加速度。离地速度越小，平均加速度越大，滑跑距离就越短。平均加速度可表示为

$$a_{AVG}=\frac{P_{AVG}-[D+f(W-L)]}{W}g \tag{4-6a}$$

飞机起飞加速滑跑过程中，气动阻力增加，地面摩擦力减小，认为它们间的变化量可以相互抵消，则平均加速度的近似计算公式为

$$a_{AVG}=\left(\frac{P_{AVG}}{W}-f\right)g \tag{4-6b}$$

式中，P_{AVG} 为平均推力；f 为地面摩擦因数。

飞机的起飞距离是由滑跑距离加上上升到安全高度所经过空中段的水平距离(l_{AIR}，其计算过程比较复杂，不详细阐述)组成，即有

$$l_{TO}=l_{TOR}+l_{AIR} \tag{4-7}$$

4. 起飞性能图表

飞机的起飞性能参数会随飞行条件改变。在实际飞行活动中，飞机的起飞性能是利用飞行手册中提供的各种图表和曲线(见图4-14)来确定的，这些图表和曲线给出了特定起飞程序下，不同温度和机场压力高度等条件下飞机的起飞性能数据。现代先进飞机，飞机的起飞性能参数可以通过 FMCS(Flight Management Computer System，飞行管理计算机系统)，从飞行性能数据库中计算查找出来。

5. 影响起飞滑跑距离和起飞距离的因素

由式(4-4)～式(4-6)可得出，影响起飞滑跑距离和起飞距离的因素有油门位置、离地姿态(迎角)、襟翼位置、起飞重量、机场标高与气温、跑道表面质量，此外，还有与风向风速、跑道坡度等有关。这些因素一般都是通过影响离地速度或起飞滑跑的平均加速度来影响起飞滑跑距离和起飞距离。

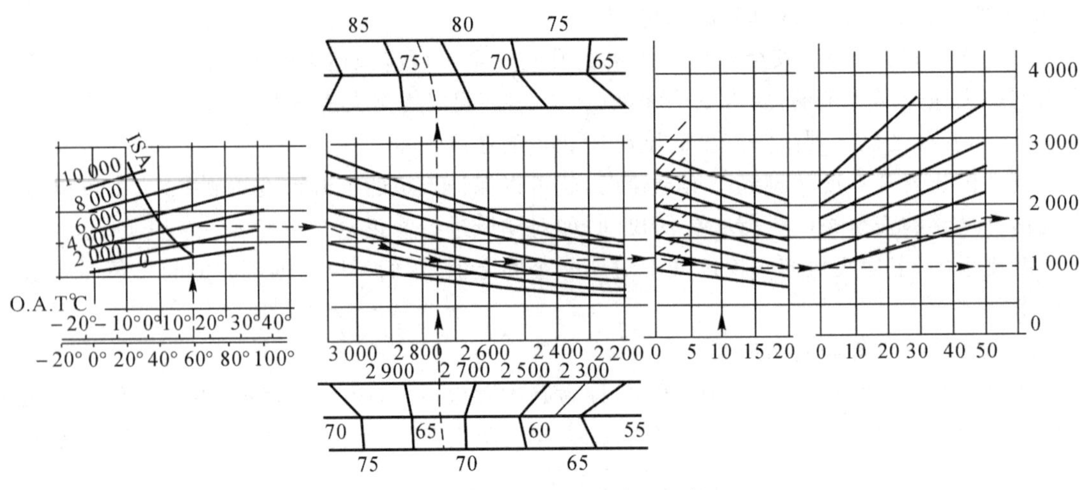

图 4－14　起飞性能曲线图示例

(1) 油门位置:油门越大,飞机的推力越大,飞机增速快,起飞滑跑距离和起飞距离就短。因此,一般应用起飞功率或满油门状态起飞。

(2) 起飞重量:起飞重力增加,不仅使飞机起飞离地速度增大,而且会引起地面摩擦力增大,使飞机不容易加速。因此,起飞重力增加,起飞滑跑距离和起飞距离都增长,且起飞后的越障爬升能力变差。飞机实际起飞重量不允许超过最大起飞重量。

(3) 离地姿态:离地姿态取决于抬前轮的高度。抬前轮高度越高,离地姿态大,离地迎角大,离地速度小,起飞滑跑距离短。反之,起飞滑跑距离长。但离地姿态太大,会影响到飞机升空后的安全裕度,实际起飞中应按手册规定的离地姿态。

(4) 增升装置用量:放下大角度襟翼,升力系数大,可使离地速度减小,起飞滑跑距离缩短;同时升阻比较小,飞机升空后的上升梯度较小。反之,放下小角度襟翼,升力系数小,离地速度大,起飞滑跑距离增加;同时升阻比较大,飞机升空后的上升梯度较大,如图 4－15 所示。因此起飞时使用襟翼角度的大小应综合考虑滑跑距离和升空后的越障能力。实际起飞中应按手册规定的襟翼角度起飞。

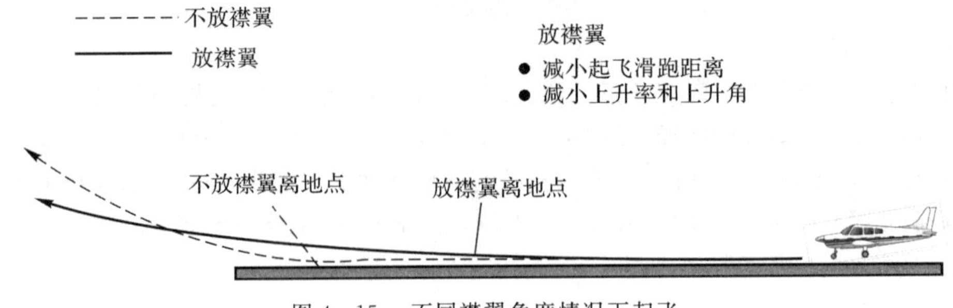

图 4－15　不同襟翼角度情况下起飞

(5) 机场压力高度与气温:机场压力高度或气温升高,都会引起空气密度减小,一方面使发动机推力减小,飞机加速慢;另一方面,离地真速增大(离地表速不变),起飞滑跑距离必然增长。所以,在炎热的高原机场起飞,起飞滑跑距离和起飞距离将显著增长。同等级的跑道,高原机场跑道长度要比平原的长。如我国西藏昌都邦达机场,机场标高 4 334m,跑道长度超过

5 000m，是世界上跑道长度最长的民用机场之一。

(6) 跑道表面质量：不同跑道表面质量的摩擦因数不同。跑道表面平坦而坚实，摩擦因数小，飞机增速快，起飞滑跑距离短。反之，跑道表面粗糙不平或松软，摩擦因数大，起飞滑跑距离就长。跑道表面状况与摩擦因数的关系见表 4－1。

表 4－1　跑道表面状况与摩擦因数

跑道表面状况	不刹车时平均摩擦因数	刹车时平均摩擦因数
干燥混凝土道面	0.03～0.04	0.30
潮湿混凝土道面	0.05	0.30
干燥坚硬草地	0.07～0.10	0.30
潮湿草地	0.10～0.12	0.20
覆雪或积冰道面	0.10～0.12	0.10

(7) 风向风速：飞机升力大小取决于飞机与气流的相对速度，即离地的指示空速是一定的。逆风滑跑时，相对气流速度增加，可以减小离地时的地速，所以起飞滑跑距离比无风时短。反之，顺风滑跑时，相对气流速度减小，要增加离地时的地速，起飞滑跑距离比无风时长。风速越大，对滑跑距离影响越大。因此，飞机起飞应尽量选择朝逆风方向。有风情况下，起飞滑跑距离可以按下式近似计算：

$$l_{\mathrm{TOR}}=\frac{(v_{\mathrm{LOF}}\pm\mu)^2}{2\left(\dfrac{P_{\mathrm{AVG}}}{W}-f\right)g} \tag{4-8}$$

式中，μ 为风速，顺风起飞取“+”号；逆风起飞取“—”号。

(8) 跑道坡度：跑道有坡度时，由于重力沿航迹方向分力的作用，会使飞机加速力增大或减小。下坡起飞，加速力增大，可以缩短滑跑距离；上坡起飞，加速力减小，会增长滑跑距离。在有坡度跑道上起飞，滑跑距离可以按下式近似计算：

$$l_{\mathrm{TOR}}=\frac{v_{\mathrm{LOF}}^2}{2\left(\dfrac{P_{\mathrm{AVG}}}{W}-f\pm\sin\theta\right)g} \tag{4-9}$$

式中，θ 为坡度，下坡起飞取“+”号；上坡起飞取“—”号。

从以上分析可知，影响飞机起飞滑跑距离的因素中，有些因素（如油门位置、离地姿态、襟翼的使用）是驾驶员能够操控改变的，而另一些因素（如跑道表面质量、风向风速和跑道坡度等）是驾驶员无法改变的，但可以充分利用这些因素的有利方面，来提升飞机起飞性能。因此，为缩短起飞滑跑距离，应该使用最大或额定起飞油门，放下一定角度襟翼，朝着逆风方向起飞；情况许可时，可以适当减轻起飞重量或利用下坡起飞。

三、舰载机起飞*

舰载机起飞是指固定翼飞机在航空母舰等大型舰船上的起飞。航空母舰上供飞机起飞滑跑的甲板长度只有一二百米，如果采用与陆地上（长跑道）相同的方式在航空母舰上使飞机离舰起飞，几乎是不可能的。因此，航空母舰上飞机的起飞应采取特殊的起飞方式。

飞机无论从什么地方起飞，前提条件是升力要大于等于重力。由式(2－10)可得出，要产生足够大的升力，要求有足够大的速度、足够大的升力系数和足够大的机翼面积，但机翼面积的大小，要受到其他因素的制约。当然，如果能产生足够的反冲力还可以将飞机“托举”上天。基于这样的一些思路，人们设计出不同的起飞方式，实现了在航空母舰有限的飞行甲板上起飞固定翼飞机。目前，航空母舰上飞机的起飞方式主要有四种，分别为弹射起飞、滑跃起飞、垂直起降和短距起飞，下面将进行简单介绍。

1. 弹射起飞

弹射起飞是通过弹射器对飞机进行加速，使飞机在很短的滑跑距离中就加速到起飞所需的离地(舰)速度离舰起飞，如图 4－16 所示。弹射器(aircraft catapult)是航空母舰上推动舰载机增大起飞速度、缩短滑跑距离的装置，全称为舰载机起飞弹射器。弹射器一般由动力系统、起飞系统、导向滑轨等构成。弹射起飞时，驾驶员加大发动机功率，操纵飞机松开刹车，并在弹射器动力系统的强力作用下，起飞系统推动飞机沿导向滑轨做加速运动，经过 50～95m 的滑跑，飞机与起飞系统分离，可伴随着前起落架的突伸作用，增大起飞迎角，产生足够升力离舰起飞。飞机与起飞系统分离后，由复位系统将起飞系统回归原位，准备再次弹射。弹射器的核心部分是动力系统，根据不同的动力系统，目前弹射起飞技术主要可分为两类：蒸汽弹射和电磁弹射。蒸汽弹射技术最初由美国独家掌握，电磁弹射技术是进入 21 世纪后才开始研发使用的，相比前者具有巨大优势。

弹射起飞技术先进，效率高，可以弹射多种不同类型的飞机；其缺点是航空母舰建造比较困难，使用和维护成本较高，舰船能耗高。

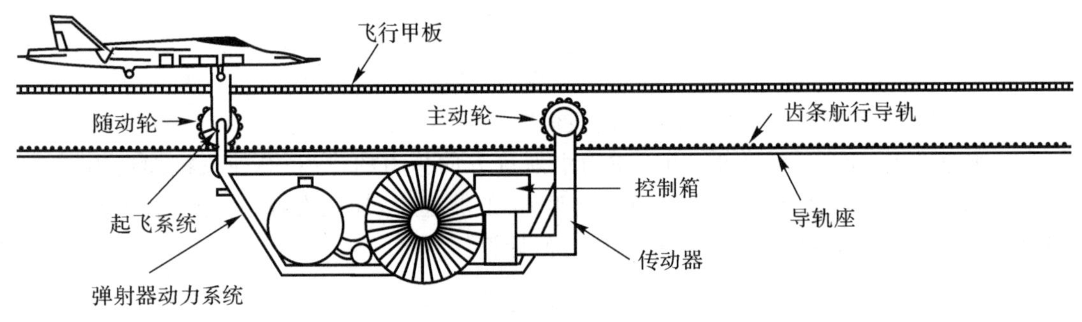

图 4－16　弹射器基本原理

2. 滑跃起飞

滑跃起飞是指飞机只在发动机推力的作用下加速滑跑，在很短的距离达到离地(舰)速度，从舰首上翘一定角度的甲板(称为滑跃甲板)跃出，做类似半抛物线运动，在发动机持续(剩余)推力作用下完成空中加速产生足够的升力使飞机起飞，如图 4－17 所示。滑跃甲板并不能对飞机起到加速的作用，它是通过降低起飞所需的离地(舰)速度，来缩短起飞滑跑距离的。其原理为：① 当飞机从甲板上滑跑跃出时，上翘的甲板使飞机的迎角迅速增加到一个理想值，飞机处于一个较佳的离地(舰)姿态，使离地升力系数(C_{LLOF})迅速增大，从而降低起飞所需的离地(舰)速度；② 飞机从舰首跃出时的速度 $v_{跃}$ 可分解为水平分速度 v_x 和竖直分速度 v_y，v_x 使飞机继续前进、产生升力，v_y 使飞机保持初始上升，从而为飞机在剩余拉力的作用下完成空中加速而赢得时间和空间。飞机从舰首跃出时，速度较低，升力并不足以维持重力($L < G$)，v_y 使飞机处于上升航迹，不会急剧下坠，伴有一段抛射运动，在发动机持续推力作用

下，v_x 增加，飞机升力逐步增大，从而产生足够的升力使飞机起飞升空。在飞机从舰首跃出后，飞机沿着如图 4-17 中 OAB 航迹运动，而不是沿着 OA' 航迹运动，在拐点 A 处，飞机升力增至足以维持飞机重力($L \geqslant G$)，飞机便可成功起飞。

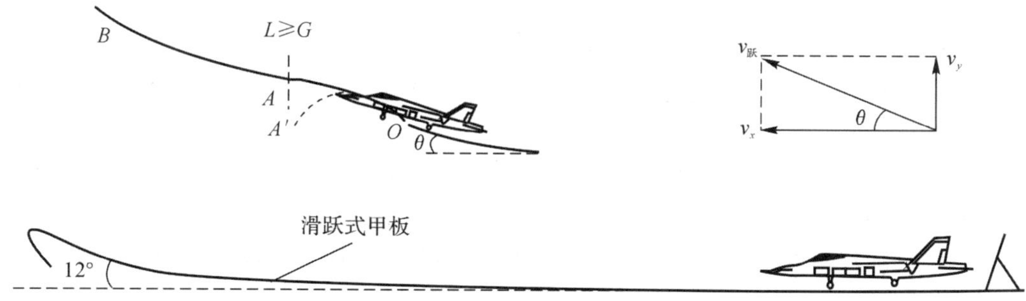

图 4-17 滑跃起飞基本原理

滑跃起飞能有效缩短起飞滑跑距离，试验表明，有些机型能缩短一半以上的滑跑距离。

滑跃起飞相比弹射起飞，具有建造航空母舰比较简单，故障率低，使用和维护成本低等优点；其缺点是对舰载机的种类有限制，对起飞重量也有限制，要求飞机发动机具有较大的推力(更大的推重比)、起飞油耗高，要求飞机的气动性能更好；单位时间飞机出动效率低；对飞行员的操控水平要求很高等。

目前，有多个国家的航空母舰都采用滑跃起飞。滑跃甲板上翘的倾斜角要设置合理，与水平面的夹角 θ 通常取 6° ～ 20°，倾斜角过小，其滑跃作用(效果) 不明显；倾斜角过大，会使滑跃甲板倾斜段的圆弧曲率半径减小，滑跑时会产生过大的向心力，使起落架与机体承受过大的载荷而容易产生结构性损伤。我国首艘航空母舰"辽宁号" 也采用滑跃起飞技术，其滑跃甲板上翘 14°。

3. 垂直起降

垂直起降是指通过发动机、升力风扇等装置产生垂直升力克服飞机重量，飞机无须滑跑就能起飞上升或下降着陆，甚至还具备空中悬停功能，如图 4-18 所示。具有垂直起降功能的飞机对起降场地要求低、机动灵活，非常适合作为大型舰船的舰载机。垂直起降发展经历了"飞机转向→发动机转向→推力转向"的过程。① 飞机转向，即"尾坐式"起飞，起飞时，机身与地面垂直、机头朝上，尾喷管出口朝向地面或使旋翼转轴竖直产生垂直推力，实践表明，这种起飞方式实用性非常差。② 发动机转向，即为飞机配备专用的垂直升力发动机供起降使用，正常飞行则由巡航发动机提供推力，采用了"升力 + 巡航" 发动机的动力装置构型。升力发动机增加了飞机重量，成为飞行过程的"死重"，降低了飞行性能。③ 推力转向，即采用转向技术对发动机推力方向进行控制，起降时使发动机喷口朝向地面或通过竖直倾转旋翼产生垂直推力，正常飞行时调节发动机喷口向后或使旋翼转轴水平产生向前推力。垂直起降飞机主要取决于其动力装置，现代垂直起降飞机多数基于推力转向理念，并设计开发了一体式动力装置、组合型动力装置、复合型动力装置和倾转旋翼动力装置。

迄今为止，能实现垂直起降的飞机有英国的"鹞"式系列，美国的 AV-8 系列、F-35B、V-22以及俄罗斯的雅克系列(雅克 36/38、雅克 141)等。

4. 短距起飞

垂直起降飞机机动灵活，具有常规飞机无可比拟的优势，但同时也有许多重大的缺点。由于技术发展的制约，垂直起降飞机发动机的油耗量大，最大起飞重量受限制（为发动机推力的83%～85%），有效载荷小，导致载油量小、载弹量小，使作战效能大打折扣。因此，人们又在垂直起降技术的基础上，提出了一种新的技术方案，称为“短距起飞/垂直降落（Short Take - off and Vertical Landing，STOVL）”。它是通过垂直推力装置产生的升力，再加上滑跑过程由机翼产生的升力使飞机起飞的。采用这种技术的飞机起飞时只需在平直甲板上加速滑跑很短的距离，降落时则可以垂直下降，还可以增大飞机的最大起飞重量，使飞机的有效载荷和作战效能都得到提升。

STOVL 飞机对起降场地要求低、机动灵活，可降低舰载机起降风险；其缺点是对动力装置要求高，在不同飞行状态（起降、巡航）转换过程中的推力转换、飞机控制难度高。

目前，采用纯粹垂直起降理念的飞机比较少，更多的是采用 STOVL 理念。此外，可将短距起飞与滑跃起飞结合起来使用，以进一步提升飞机的起飞性能。

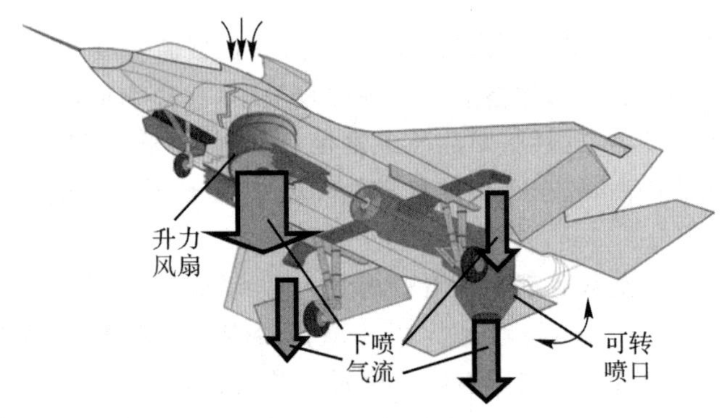

图 4 - 18　垂直起降基本原理

第三节　平　　飞

按飞机的基本飞行过程，起飞完成后，其后续阶段是上升。但在分析飞机上升性能时，需要用到平飞的一些性能（如平飞所需拉力曲线、所需功率曲线等），因此，我们首先阐述平飞。平飞是飞机最基本的飞行状态。

飞机平飞是一种水平直线飞行，上升、下降是斜直线飞行。飞机的上升、平飞、下降通常被认为是既不带倾斜也不带侧滑的等速直线飞行。飞机处于等速直线飞行状态时，一般不绕各机体轴转动，可以不考虑力矩对飞行状态的影响，我们主要分析飞机上所受的各种作用力对飞行状态、性能的影响。

一、飞机平飞时的作用力

飞机平飞中，作用于飞机上的作用力有升力（L）、重力（W）、推力（P）和阻力（D），如图 4 - 19 所示。平飞是一种匀速直线运动，飞机无转动，各作用力对飞机重心的力矩相互平衡，各作用力也相互平衡。

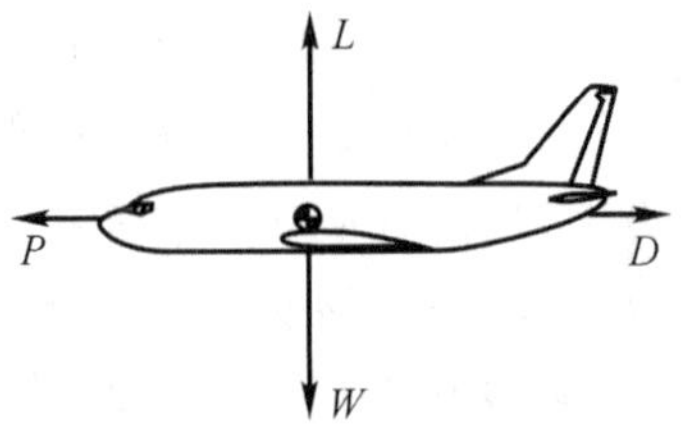

图 4 - 19　飞机平飞的作用力

由图 4 - 19 可得出，飞机平飞时，升力与重力平衡，推力与

阻力平衡，可用方程式表示为

$$\left.\begin{aligned} L=W \\ P=D \end{aligned}\right\} \tag{4-10}$$

式(4-10)称为平飞运动方程或平飞条件，飞机平飞时必须同时满足两个等式的条件，其中任何一个不满足，都会使飞机的运动轨迹向上或向下弯曲，使飞行高度和速度发生变化，飞机将不能平飞。如果飞机升力(L)大于重力(W)，飞机的飞行轨迹会向上弯曲，在重力分力的作用下，飞机的飞行速度会减小；又如飞机的推力(P)大于阻力(D)，飞机的飞行速度会增大，在其他条件不变情况下，随着速度增大，升力也会增大，飞机的运动轨迹会向上弯曲。在飞行中，只要能始终维持升力(L)与重力(W)的平衡，飞机将可以做水平直线运动。

二、飞机平飞所需速度及其影响因素

为了保持平飞，需要满足平飞运动方程的条件，需要足够的升力来平衡飞机的重力，即 $L=W$。为了产生这一升力需要一定的飞行速度，称为平飞所需速度，用 $v_{平飞}$ 表示。

由平飞水平飞行条件 $L=W$ 及升力公式(2-10)，可以得出

$$v_{平飞}=\sqrt{\frac{2W}{C_L\rho S}} \tag{4-11}$$

由式(4-11)可以得出，影响飞机平飞所需速度的因素有飞行重量、升力系数、空气密度和机翼面积。在平飞过程中，空气密度、机翼面积基本上是保持不变的。下面重点讨论飞行重量、升力系数对平飞所需速度的影响。

(1) 飞行重量：在其他飞行条件不变的情况下，飞机的平飞重量越重，则平飞所需速度越大；反之，则平飞所需速度越小。

(2) 升力系数：在其他飞行条件不变的情况下，飞机升力系数越大，则平飞所需速度越小；反之，则平飞所需速度越大。飞机升力系数主要取决于飞机迎角和增升装置的使用情况。在临界迎角范围内，迎角大升力系数大，则平飞所需速度小；迎角小升力系数小，则平飞所需速度大。增升装置用量大，升力系数大，则平飞所需速度小；增升装置用量小，升力系数小，则平飞所需速度大。

在实际平飞中，飞行重量可认为基本保持不变，增升装置也基本不使用。因此，飞机平飞所需速度主要随升力系数，即随迎角变化。在其他飞行条件不变情况下，迎角增大，平飞所需速度减小；反之，迎角减小，平飞所需速度增大。

三、飞机平飞所需拉力

平飞中，要保持速度不变，飞机应克服飞行阻力，应满足拉力等于阻力，即 $P=D$。为了克服飞行阻力所需要的拉力，称为平飞所需拉力，用 $P_{平飞}$ 表示。

1. 平飞所需拉力的计算

由平飞运动方程式(4-10)及升阻比公式(2-15)，可以得出

$$P_{平飞}=\frac{W}{K} \tag{4-12}$$

由式(4-12)可得出，飞机的平飞所需拉力(气动阻力)与飞行重量成正比，与飞机的升阻比成反比。飞行重量越重，平飞所需拉力越大；升阻比越小，平飞所需拉力越大。

2. 平飞所需拉力曲线

飞机可以以不同速度平飞，而在直线飞行中，每一个平飞速度对应一个迎角和升阻比，也就是说，平飞所需拉力会随平飞速度变化。把平飞所需拉力随平飞速度变化的规律用曲线表示出来，此曲线称为平飞所需拉力曲线，如图 4-20 所示。

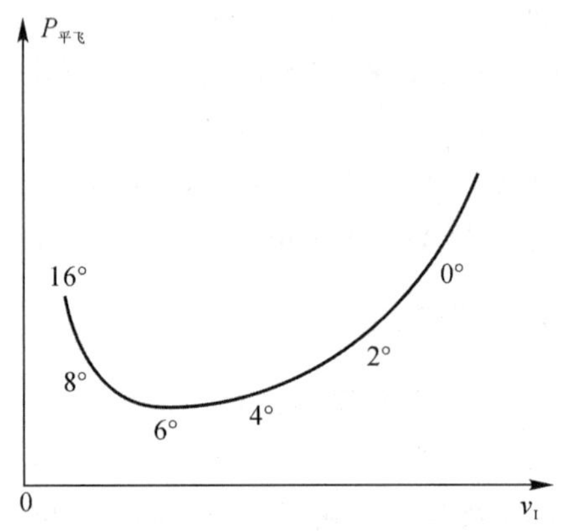

图 4-20　平飞所需拉力曲线

在图 4-20 中，平飞速度为表速(IAS)。从图中可看出，随着平飞速度的增大，平飞所需拉力先减小后增大。这是因为：平飞速度增大，其对应的迎角减小，在临界迎角到有利迎角范围内，迎角减小，升阻比增大(参考图 2-33，升阻比曲线)，则平飞所需拉力减小；在小于有利迎角范围内，迎角减小，升阻比减小，则平飞所需拉力增大；以有利迎角平飞，升阻比最大，则平飞所需拉力最小。

飞机平飞所需拉力的大小等于飞机平飞气动阻力(D)。飞机的气动阻力由废阻力($D_{废}$)和诱导阻力($D_{诱导}$)构成，即 $D=D_{废}+D_{诱导}$。因此，飞机平飞所需拉力(平飞气动阻力)的变化，也可以从废阻力和诱导阻力的变化来分析。

飞机的废阻力可以表示为

$$D_{废}=C_{D废}\times\frac{1}{2}\rho v^2 S \tag{4-13}$$

式中，$C_{D废}$ 为飞机的废阻力系数。

式(4-13)中，飞机的废阻力系数($C_{D废}$)基本上不随速度变化，飞机平飞时，高度不变，空气密度不变，机翼面积又是一定值，因此，飞机废阻力的大小与飞行速度二次方成正比。飞机废阻力随飞行速度的变化规律，如图 4-21 中的 $D_{废}$ 曲线(速度为 IAS)所示。

飞机的诱导阻力可以表示为

$$D_{诱导}=C_{D诱导}\times\frac{1}{2}\rho v^2 S \tag{4-14}$$

式中，$C_{D诱导}$ 为飞机的诱导阻力系数。

诱导阻力系数($C_{D诱导}$)大小与升力系数(C_L)的二次方成正比，与机翼的展弦比(λ)成反比，其计算公式为

$$C_{D诱导}=\frac{1}{\pi\lambda}C_L^2$$

平飞中，升力系数(C_L)可表示为

$$C_L = \frac{2W}{\rho v^2 S}$$

将以上两式代入式(4－14)，整理后得

$$D_{诱导} = \frac{2W^2}{\pi \lambda \rho v^2 S} \tag{4-15}$$

从式(4－15)可以得出，飞机诱导阻力的大小与飞行速度二次方成反比。飞机平飞速度越大，诱导阻力越小；飞机平飞速度越小，诱导阻力越大。飞机诱导阻力随飞行速度的变化规律，如图 4－21 中的 $D_{诱导}$ 曲线所示。

将同一飞行速度下的废阻力曲线与诱导阻力曲线相叠加，就得到飞机的平飞气动阻力(平飞所需拉力)曲线，如图 4－21 中的 $D_{平飞}$ 曲线所示。

因此，飞机平飞气动阻力(平飞所需拉力)随飞行速度的变化规律又可以这样解释：飞机以小速度平飞时，废阻力较小，气动阻力主要是诱导阻力，所以飞机气动阻力随飞行速度增大而减小；以大速度平飞时，诱导阻力较小，气动阻力主要是废阻力，所以飞机气动阻力随飞行速度的增大而增大；当飞机的诱导阻力与废阻力相等时，飞机的气动阻力最小，对应的速度为飞机的最小阻力速度(v_{MD})，对应的迎角为飞机的有利迎角。

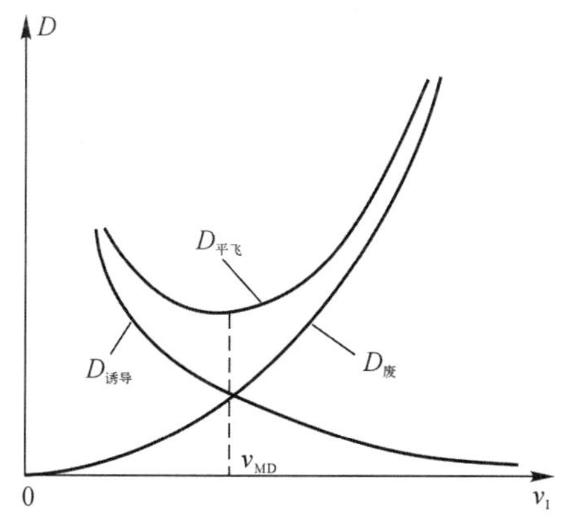

图 4－21　平飞阻力曲线

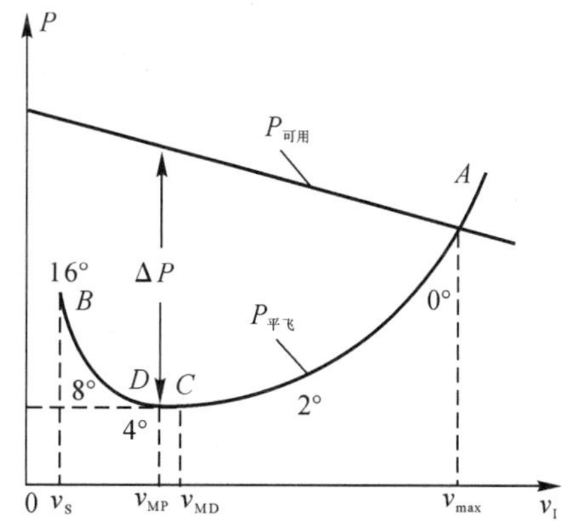

图 4－22　平飞拉力曲线

3. 平飞剩余拉力

把飞机平飞所需拉力曲线与可用拉力(用 $P_{可用}$ 表示)曲线绘制在同一坐标系上，称为平飞拉力曲线，如图 4－22 所示。

可用拉力是飞机发动机在一定工作状态下所能提供的拉力(推力)。喷气式发动机的可用拉力(推力)会随速度先减小后增大。主要是因为在较小速度时，发动机的进气量和喷气量、喷气速度没有很大的变化，随着飞行速度增大，喷气速度与飞行(气流)速度之间的差值减小，导致可用推力略有下降；当飞行速度增大到一定程度，发动机进气量增加较多(冲压作用)，喷气速度也增加较多，可用推力又会随着飞行速度增加而略为增大。螺旋桨发动机的可用拉力会随速度增大而减小，其原因可以参考第 7 章第三节的内容。

剩余拉力是指同一速度下，飞机可用拉力(推力)与平飞所需拉力之差，用 ΔP 表示，即 $\Delta P = P_{可用} - P_{平飞}$。

由图 4－22 可以看出，随飞行速度的增大，剩余拉力先增大后减小。发动机在同一油门情况下，以最小功率速度(v_{MP})平飞时，对应的剩余拉力最大(ΔP_{max})。

四、飞机平飞所需功率

平飞中，拉力需要克服飞行阻力对飞机做功，拉力在单位时间内所做的功就是平飞所需功率，用 $N_{平飞}$ 表示。

1.平飞所需功率的计算

根据功率计算公式和平飞所需功率的定义，其计算公式为

$$N_{平飞}=P_{平飞}v_{平飞} \tag{4-16}$$

从式(4-16)可得出，平飞所需功率的大小取决于平飞所需拉力和平飞速度的大小。

2.平飞所需功率曲线

把平飞所需功率随平飞速度的变化规律用曲线表示出来，该曲线称为平飞所需功率曲线，如图 4-23 所示。

从图4-23可以看出，随着平飞速度的增大，平飞所需功率是先减小后增大。这是因为：从临界迎角对应的平飞最小速度开始，随着平飞速度的增大，起初，由于平飞所需拉力减小，且其减小量大于速度的增加量，平飞所需功率减小；平飞速度继续增大，虽然平飞所需拉力仍旧减小，但其减小量小于速度的增加量，平飞所需功率开始增大；当飞行速度大于最小阻力速度后，随着平飞速度的增大，平飞所需拉力也增大，所以平飞所需功率会显著增大。

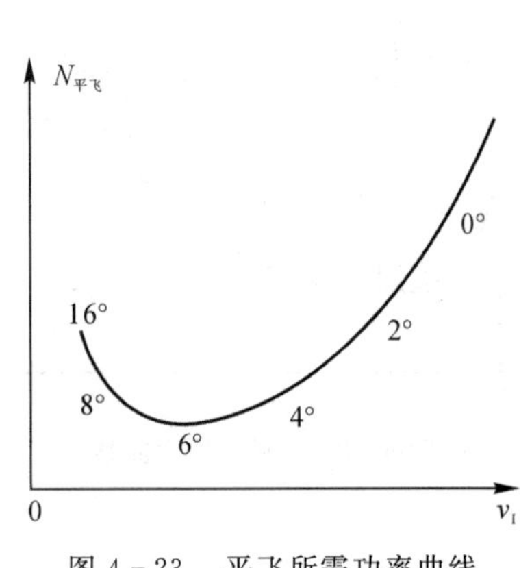

图 4-23　平飞所需功率曲线

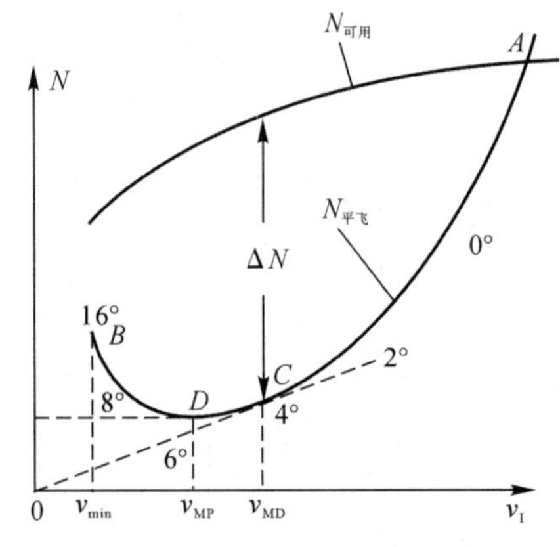

图 4-24　平飞功率曲线

3.平飞剩余功率

把飞机平飞所需功率曲线与可用功率(用 $N_{可用}$ 表示)曲线绘在同一坐标系上，称为平飞功率曲线，如图 4-24 所示。

在图 4-24 中，平飞所需功率曲线最低点(D 点)所对应的速度为平飞最小功率速度，用 v_{MP} 表示；过坐标原点作直线与平飞所需功率曲线相切，切点(C 点)所对应的速度为平飞最小阻力速度(v_{MD})。

剩余功率是指同一速度下，飞机的可用功率与平飞所需功率之差，用 ΔN 表示，即 $\Delta N=N_{可用}-N_{平飞}$。

由图 4-24 可以看出，随着飞行速度的增大，剩余功率先增大后减小。发动机在同一油门情况下，以最小阻力速度(v_{MD})平飞时，对应的剩余功率最大(ΔN_{max})。

五、飞机的平飞性能

平飞是飞机的主要飞行状态，平飞性能的好坏直接影响到飞机的总体性能。平飞性能主要包括平飞最大速度、平飞最小速度、最小阻力速度、最小功率速度、平飞速度范围。下面基于平飞拉力曲线(图 4-22) 和平飞功率曲线(图 4-24) 来分析平飞性能。

1. 平飞性能参数

(1) 平飞最大速度。平飞最大速度是指飞机发动机在满油门(或额定功率) 条件下平飞能达到的最大稳定飞行速度，用 $v_{\max}$ 表示。

由图 4-22 和图 4-24 可以看出，在 A 点，满油门可用拉力(或可用功率) 与所需拉力(或所需功率) 相等，则该点对应的速度就为平飞最大速度。

以平飞最大速度平飞时，飞机的阻力等于满油门下发动机可用拉力($P_{\text{可用满}}$)，即有

$$P_{\text{可用满}} = D = C_D \frac{1}{2}\rho v_{\max}^2 S \Rightarrow v_{\max} = \sqrt{\frac{2P_{\text{可用满}}}{C_D \rho S}} \tag{4-17}$$

由式(4-17) 可得出，影响飞机平飞最大速度的因素有：满油门(或额定功率) 的可用拉力($P_{\text{可用满}}$)、飞机阻力系数(C_D)、空气密度(ρ) 和机翼面积(S)。可见满油门的可用拉力越大，平飞最大速度越大；阻力系数、空气密度、机翼面积任何一个因素增大，都会引起平飞最大速度减小。

上面所确定的是飞机理论上能达到的平飞最大速度，并不是飞机实际使用的最大速度，由于受飞机结构强度等因素的限制，飞机的最大使用速度比平飞最大速度要小。

(2) 平飞最小速度。平飞最小速度是指飞机平飞所能保持的最小稳定速度，用 $v_{\min}$ 表示。在发动机功率足够(飞行高度低) 的情况下，此时可用拉力曲线(或可用功率曲线) 与所需拉力曲线(或所需功率曲线) 在最左边没有交点，平飞最小速度受最大升力系数限制，平飞最小速度为飞机的失速速度(v_S)，如图 4-22 和图 4-24 中的 B 点所对应的速度。随着飞行高度的增加，发动机的有效功率降低，可用拉力曲线下移，在发动机功率不足(接近升限时) 的情况下，平飞最小速度要大于失速速度，为可用拉力曲线与所需拉力曲线最左边交点所对应的速度，如图 4-25 中的 B 点所对应的速度。

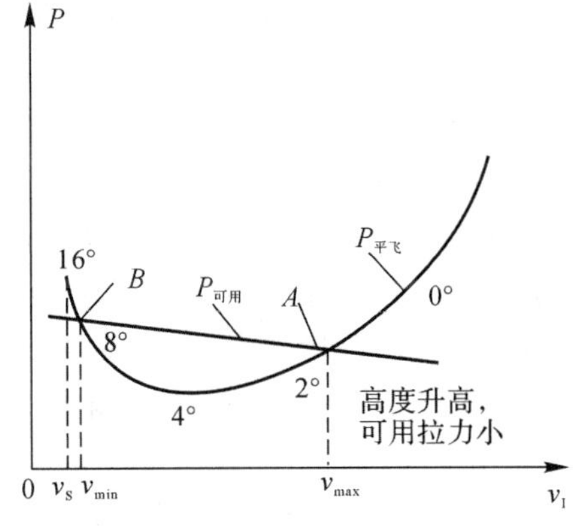

图 4-25 平飞最小速度

实际飞行中，当飞机接近临界迎角飞行时，由于流过机翼气流严重分离，飞机的稳定性操作性变得很差，因此以失速速度飞行是不安全的。为了保证飞行安全，平飞最小使用速度（用 $v_{\min使用}$ 表示）要比平飞最小速度大，一般取 $v_{\min使用}=(1.1\sim1.25)v_{\min}$。

(3) 最小阻力速度。最小阻力速度是指平飞所需拉力最小对应的飞行速度，用 v_{MD} 表示。以有利迎角飞行，飞机的升阻比最大，平飞所需拉力最小，其对应的速度就为最小阻力速度，为平飞所需拉力曲线最低点所对应的速度，如图 4-22 中的 C 点所对应的速度。

在图 4-24 中，过坐标原点作直线与平飞所需功率曲线相切，切点所对应的速度为平飞最小阻力速度。由式(4-16) 可得出

$$P_{平飞}=N_{平飞}/v_{平飞}=k$$

在图 4-24 中，切线所对应的斜率(k) 最小，则平飞所需拉力最小，所以切点(C 点) 所对应的速度为最小阻力速度。

(4) 最小功率速度。最小功率速度是指平飞所需功率最小对应的速度，用 v_{MP} 表示，如图 4-22 和图 4-24 中的 D 点所对应的速度。图 4-22 中的 D 点是可用拉力曲线与平飞所需拉力曲线相切的切点(可参考图 4-31)；图 4-24 中的 D 点是平飞所需功率曲线的最低点。

(5) 平飞速度范围。从平飞最小速度到平飞最大速度，称为平飞速度范围。理论上，在平飞速度范围内以任一速度均可以保持平飞，但实际飞行中使用的平飞速度范围要小些。飞机平飞速度范围越大，则平飞可选用的速度就越多，说明平飞性能越好。

对一些低速飞机(如螺旋桨飞机) 将最小功率速度到平飞最大速度称为平飞第一速度范围(正操纵区)；将平飞最小速度到最小功率速度称为平飞第二速度范围(反操纵区)。实际飞行中不允许在第二速度范围内平飞，这样平飞实际使用速度在平飞第一速度范围，因此，最小功率速度就是允许的平飞最小使用速度。

2. 平飞性能的变化及影响因素

随着飞行条件的改变，很多平飞性能都会发生变化。如飞行重量变化，平飞所需拉力、所需功率都会随之改变，飞行高度会影响发动机有效功率，对应的平飞性能参数也会发生变化。下面我们将主要讨论平飞最大速度、平飞最小速度的变化及其影响因素。

(1) 平飞最大速度的变化及影响因素。

1) 平飞最大速度随飞行重量的变化。飞行重量增大，在可用拉力和可用功率不变的情况下，平飞所需拉力和所需功率将增大，平飞所需拉力曲线和所需功率曲线将上移，可用拉力曲线与所需拉力曲线的交点左移，这样，随飞行重量的增大，平飞最大指示空速和真速将减小，如图 4-26 所示。

2) 平飞最大速度随飞行高度的变化。随飞行高度的增加，飞机以同一指示空速(v_I) 飞行时，飞机的动压和阻力系数不变(不随高度变化)，飞机的平飞所需拉力不变，即以指示空速(v_I) 为横坐标的平飞所需拉力曲线不随飞行高度变化。但随飞行高度增加，空气变稀薄，使飞机发动机的有效功率降低，可用拉力减小，可用拉力曲线下移，可用拉力曲线与所需拉力曲线的交点左移，如图 4-27 所示。这样随飞行高度的增加，平飞最大指示空速将减小。因此，飞行高度越高，平飞最大速度就越小，平飞最大速度随高度的变化规律如图 4-28 所示。

3) 平飞最大速度随气温的变化。气温变化将引起空气密度发生变化，从而导致飞机发动机有效功率发生变化。气温升高，空气密度降低，发动机有效功率减小，可用拉力减小，可用拉力曲线下移，导致平飞最大速度减小。

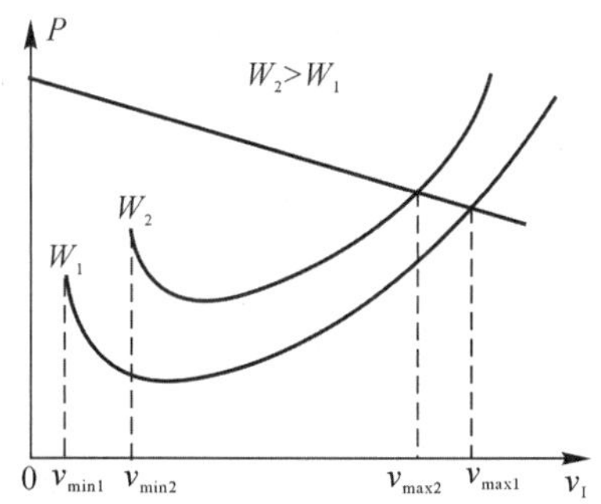

图 4－26　平飞最大速度随飞行重量的变化

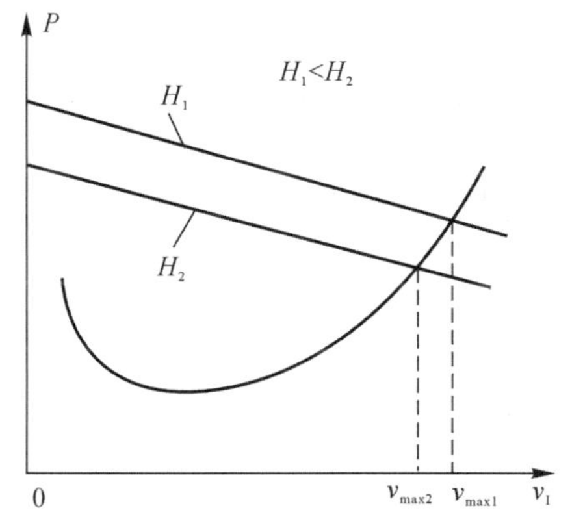

图 4－27　平飞最大速度随密度的变化

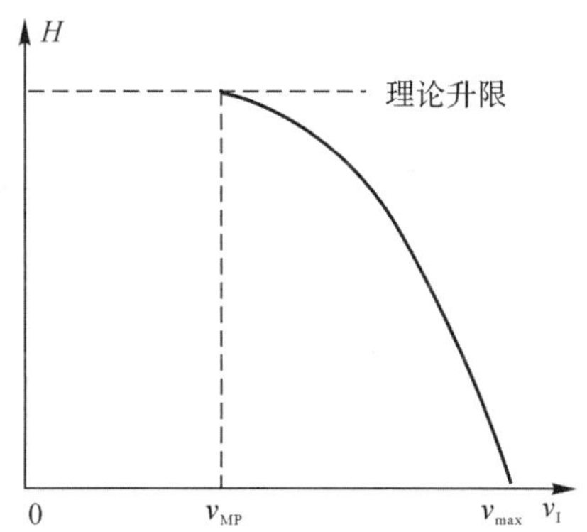

图 4－28　平飞最大速度随高度的变化

(2) 平飞最小速度的变化及影响因素。飞机飞行在一定高度(低空飞行) 范围内,发动机功率足够,平飞最小速度只受临界迎角限制,为飞机失速速度(v_S) 的指示空速,随高度增加,平飞最小速度的指示空速不变,但平飞最小速度的真速增大(参考式(4－1));超过此范围(高空飞行),由于可用拉力减小,可用拉力曲线下移,与平飞所需拉力曲线在左边存在交点(见图 4－25 中的 B 点),此时,随飞行高度的增加,平飞最小速度的指示空速增大,平飞最小速度的真速则增大更多,如图 4－29 所示。

随着飞行重量的增加,平飞所需拉力增大,平飞所需拉力曲线上移,平飞最小速度将增大,如图 4－26 所示。

综上所述可得出,随飞行重量、高度的增加,平飞最小速度增大,而平飞最大速度减小,平飞速度范围越来越小。

(3) 飞行包线。飞机的平飞速度范围随飞行高度变化的曲线称为飞行包线或平飞速度包线,如图 4－30 所示。从图中可以看出,随飞行高度的增加,飞机的平飞速度范围逐渐缩小,当达到一定高度(理论升限) 时,平飞最小速度与平飞最大速度相等,飞机只能以同一个速度(v_{MP}) 飞行。在实际飞行中,考虑到飞机实际升限、飞机结构强度、稳定性、操纵性等的影响,实际使用的飞行包线比理论飞行包线要小。

六、飞机平飞操纵

理论上,从平飞最小速度到平飞最大速度范围内的各个速度都可以实现平飞。在平飞中,每一个速度对应一个迎角，为了满足平飞时的平衡条件，驾驶员需要前后操纵驾驶杆偏转升降舵来改变迎角，同时还需要操纵油门调整发动机功率。但在整个平飞速度范围内，对飞机的操纵方法有所不同。因此，把平飞速度范围划分为第一速度范围和第二速度范围，第一速度范围从最小功率速度(v_{MP})到平飞最大速度(v_{max})；第二速度范围从平飞最小速度(v_{min})到最小功率速度(v_{MP})，如图 4-31 所示。

我们将分两个速度范围来讨论平飞中飞机的操纵。

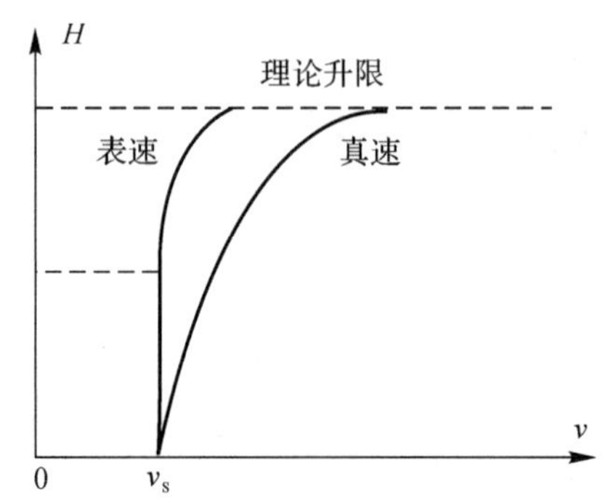

图 4-29　平飞最小速度随飞行高度的变化

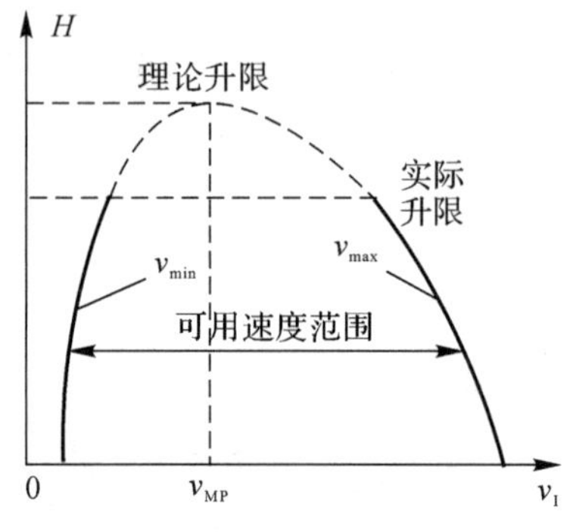

图 4-30　飞行包线

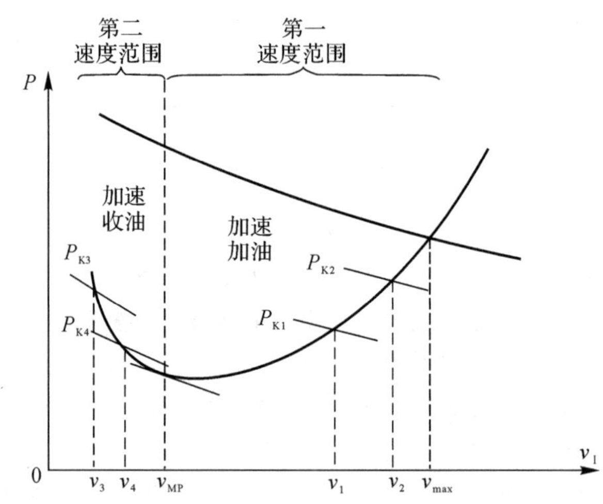

图 4-31　平飞速度范围的划分

1. 在第一速度范围内的操纵

设飞机以速度 v_1 平飞时，所对应的迎角为 α_1，油门为 P_{K1}，此时飞机的升力(L)等于重力(W)，拉力 P_1 等于阻力 D_1。若要增大速度至 v_2，必须加大油门(由 P_{K1} 增大至 P_{K2})使可用拉力大于阻力(所需拉力)，让飞机获得加速度而开始加速。随飞机速度增大，飞机的升力也增大，会引起飞行高度的增加，为了维持高度不变，在加速的同时应相应地向前推杆减小迎角(由 α_1 减小至 α_2)，使升力始终等于重力。在第一速度范围内，速度增大，平飞所需拉力增加，剩余拉力(ΔP)不断减小，速度增大至 v_2 时，剩余拉力为零，可用拉力 P_2 等于阻力 D_2，飞机就以迎角 α_2 对应的速度 v_2 稳定平飞。反之，要减小平飞速度，就应减小油门，同时相应地向后拉驾驶杆增大迎角，如图 4-31 所示。

在平飞第一速度范围内飞机的操纵方法是：要增大平飞速度，必须增大油门，并随速度增大相应地向前推杆；要减小平飞速度，则必须减小油门，并随速度减小相应地向后拉驾驶杆。

2. 在第二速度范围内的操纵

当飞机以速度 v_3 平飞时，迎角(α_3)和油门(P_{K3})都调到对应位置，此时飞机的升力(L)等于重力(W)，拉力 P_3 等于阻力 D_3。若要增大速度至 v_4，必须先加大油门使飞机增速，随飞行速度增大，相应地向前推杆减小迎角，维持飞行高度不变。在第二速度范围，速度增加，平飞所需拉力减小，所以当速度增大至 v_4 时，为了使可用拉力 P_4 等于阻力 D_4，则要将油门收小至速度 v_4 对应的位置(P_{K4})。反之，要减小平飞速度，驾驶员要先收油门，同时相应地向后拉驾驶杆，但当速度减小到预定速度时，还要将油门加大至相应位置。

在平飞第二速度范围内飞机的操纵方法是：要增大平飞速度，先增大油门，并随速度增大相应地向前推杆，最后还要收小油门，即"加速 → 收油"；要减小平飞速度，先减小油门，并随速度减小相应地向后拉驾驶杆，最后还要加大油门，即"减速 → 加油"。因此，第二速度范围也称为"反操纵区"。由此可见，在第二速度范围内改变速度的操纵与在第一速度范围内改变速度的操纵相比较，对驾驶杆的操纵方法相同，对油门的操纵方法相反，且与人的正常操纵习惯相反，这不利于飞行安全。

在第二速度范围飞行，不仅速度小(迎角大)，飞机的稳定性和操纵性差，易失速，而且速度也不易稳定。例如飞机偶尔受到扰动(如阵风)以至速度增大时，飞机将转入上升，驾驶员为了维持高度不变常会向前推杆来制止，但其结果是飞机迎角减小，平飞所需拉力减小，出现剩余拉力，飞机继续增速。相反，如果飞机偶尔受扰动以至速度减小时，飞机会转入下降，驾驶员常会向后拉杆制止，使得迎角、阻力增大，其结果是速度不仅不易恢复，而且还会继续减小，甚至失速。因此，如果飞机在飞行中进入了第二速度范围，应立即加油门并推杆，使飞机尽快从第二速度范围改出进入第一速度范围。

七、巡航性能

巡航是指飞机进入预定航线，持续进行接近于定常飞行的飞行状态。巡航是平飞的一种形式，飞机进入巡航阶段，就要更加多地考虑飞行的经济性。在此阶段，通常采用巡航性能来衡量飞机飞行的性能。

巡航性能主要是指飞机的航时和航程。航时是指飞机耗尽其可用燃油在空中能持续飞行的时间。航程是飞机耗尽其可用燃油沿预定方向所飞过的水平距离。平飞阶段的航时和航程，分别称为平飞航时和平飞航程。下面将在分析飞机平飞航时和平飞航程随飞行条件变化的基础上，讨论飞机的巡航性能。

1. 飞机可用燃油

飞机执行不同的飞行任务，其可用燃油量是不同的。给飞机加油，若燃油量不够将会出现灾难性后果，但也并不是加得越多就越好，加油量过多，增加飞行重量，影响飞行经济性；或者影响飞机的业载量。给飞机加多少燃油，可以根据不同的飞行任务计算出来。理论上，飞机的加油量包括正常飞行用油，地面试车和滑行用油，飞起落航线用油，飞备降机场用油，受油箱结构影响不能用尽的"死油"，为保证飞行安全的备份用油等，可以参考第 9 章"燃油计划"的相关内容。可见飞机上所装载的燃油并不能全部用于续航(正常)飞行，若计算巡航阶段的可用燃油量还应减去上升阶段和下降阶段的用油。

2. 平飞航时

(1) 小时燃油消耗量。平飞航时的长短与平飞可用燃油量和飞机的小时燃油消耗量有关，用 $T_{平飞}$ 表示。平飞可用燃油量用 $Q_{平飞}$ 表示，单位可为 kg，L 等。小时燃油消耗量是指飞行中 1h 发动机所消耗的燃油量，用 C_h 表示，单位可为 kg/h，L/h 等。小时燃油消耗量越小则平飞航时越长。即有

$$T_{平飞} = \frac{Q_{平飞}}{C_h} \tag{4-18}$$

小时燃油消耗量(C_h) 取决于发动机燃油消耗率和平飞所需拉力的大小，可表示为

$$C_h = C_e P_{平飞} \tag{4-19}$$

式中，C_e 为发动机燃油消耗率，指(喷气) 发动机每产生 1kgf 推力每小时的燃油消耗量。

(2) 飞行条件改变对平飞航时的影响。

1) 发动效率。发动效率的变化将导致发动机燃油消耗率发生变化。发动机的高效率一般在额定功率下，以大速度平飞时才能获得。为了减小燃油消耗量，应根据既能获得足够推力，又能获得更小的燃油消耗率的原则来使用发动机。飞行手册一般都会提供专门的巡航功率设置值，以方便选择更经济的发动机功率。

2) 飞行速度。飞机在同一高度上以不同速度平飞时，由于平飞所需功率不同使小时燃油消耗量不同，因此平飞航时也不同。能获得最长平飞航时的飞行速度称为久航速度。如果不考虑发动机的效率和螺旋桨效率，以最小功率速度(v_{MP}) 飞行，平飞航时最长。考虑到发动机效率及额定功率的影响，选择比最小功率速度稍大的速度飞行，可以使小时燃油消耗量略为减小，得到最小的小时燃油消耗量。一般地认为，久航速度对应于最小功率速度。

3) 飞行高度。不同的飞行高度，飞机的小时燃油消耗量不同，平飞航时也不同。能获得最长平飞航时的飞行高度称为久航高度。对活塞式螺旋桨飞机以相同的指示空速飞行，高度越低，小时燃油消耗量越小，平飞航时越长，最长平飞航时在低空飞行才能获得；而对喷气式飞机以相同的指示空速飞行，要在一定高度，小时燃油消耗量才变小，最长平飞航时只有在一定(较高) 高度飞行才能获得。

4) 飞行重量。飞行重量变化将引起平飞所需拉力、平飞所需功率的变化，使小时燃油消耗量发生变化，导致平飞航时变化。飞行重量越大，小时燃油消耗量增大，平飞航时就越短。若飞行重量增加是由业载引起的，小时燃油消耗量增大，平飞航时缩短；若飞行重量增加是因载油量引起的，虽然小时燃油消耗量增大，但由于可用燃油量增加使平飞航时增长。

3. 平飞航程

(1) 公里(或海里) 燃油消耗量。平飞航程的长短与平飞可用燃油量和飞机的公里(或海里) 燃油消耗量有关，用 $L_{平飞}$ 表示。平飞可用燃油量用 $Q_{平飞}$ 表示，单位可为 kg，L 等。公里燃油消耗量是指飞行 1km 发动机所消耗的燃油量，用 C_k 表示，单位可为 kg/km，L/km 等。公里燃油消耗量越小则平飞航程越长。即有

$$L_{平飞} = \frac{Q_{平飞}}{C_k} \tag{4-20}$$

公里燃油消耗量(C_k) 取决于发动机燃油消耗率、平飞所需拉力和飞行速度的大小，可表示为

$$C_k = \frac{C_h}{v} = \frac{C_e P_{平飞}}{v} \tag{4-21}$$

(2) 飞行条件改变对平飞航程的影响。由于发动机效率、飞行重量对平飞航程的影响与其对平飞航时的影响相同,可以参考上面相关内容,下面着重讨论飞行速度、飞行高度和风对平飞航程的影响。

1) 飞行速度。飞机以最小阻力速度(v_{MD})飞行,平飞所需拉力最小,若不考虑发动机效率和螺旋桨效率的影响,以最小阻力速度飞行,公里(或海里)燃油消耗量最小,平飞航程最长。能获得最长平飞航程的飞行速度称为远航速度。若考虑发动机效率和螺旋桨效率的影响,以比最小阻力速度稍大的速度飞行,公里(或海里)燃油消耗量更小,平飞航程最长。一般地认为,远航速度对应于最小阻力速度。

2) 飞行高度。飞行高度增加,以同一指示空速(IAS)平飞的所需拉力不变,因此,飞行高度增加,公里(或海里)燃油消耗量的变化,取决于发动机燃油消耗率和螺旋桨效率的变化。能获得最长平飞航程的飞行高度称为远航高度。在较低高度以最小阻力速度飞行,发动机可用功率大于所需功率,需要调整发动机功率,发动机效率降低,使公里燃油消耗量增大,平飞航程缩短。随飞行高度增加,发动机可用功率减小,当飞行高度增至某一高度,可用功率与所需功率相等,以这个高度飞行可以使公里(或海里)燃油消耗量最小,平飞航程最长。喷气式飞机的远航高度要比螺旋桨飞机的高。因此,飞机有一个最佳巡航(飞行)高度,偏离最佳巡航高度,会导致燃油消耗率增加。实施 RVSM,不仅可以提高空域的利用率,还可使飞机选择更合适的巡航高度,降低油耗,提高飞行经济性。

3) 风。风向、风速将影响飞机的地速,从而影响飞机的平飞航程,对于顺、逆风平飞,可以用下面式子计算飞机的公里(或海里)燃油消耗量:

$$C_{k风} = \frac{C_h}{v \pm \mu} \tag{4-22}$$

式中,μ 为风速,顺风取"+"号,逆风取"—"号。

从式(4-22)可以得出,在保持同一空速的情况下,顺风飞行,地速增大,公里(或海里)燃油消耗量减小,平飞航程增长;逆风则相反。

风对航程的影响不仅取决于风速,而且还与空速有关。当风速一定时,顺风飞行,如空速减小,可以使公里(或海里)燃油消耗量减小,增大平飞航程;逆风飞行时,如空速增大,可以使公里(或海里)燃油消耗量减小,增大平飞航程。因此,顺风飞行时可以适当减小空速,逆风飞行时可以适当增大空速以增大平飞航程。

飞机的巡航性能参数不是一成不变的,每次飞行任务巡航参数的设定取决于许多因素,如飞行距离、飞机装载情况、气象条件、空中交通管制、飞行经济性等。巡航性能参数可以根据飞行条件通过巡航性能图表来确定。对一般飞机来说,通常都按航程最远来设定飞机的巡航性能。

第四节　上　　升

上升是指飞机沿着倾斜向上的轨迹做等速直线飞行,是飞机增加飞行高度的基本方法。

一、飞机上升过程的作用力

飞机上升过程所受的作用力有升力(L)、重力(W)、推力(P)和阻力(D)。上升时重力与飞行轨迹不垂直,升力与重力不在同一作用线上,为了便于分析问题,需要把重力进行分解,分解为垂直于飞行轨迹的分力，大小为 $W\cos\theta_{上}$，称为重力第一分力，用 W_1 表示，和平行于飞行轨迹的分力，大小为 $W\sin\theta_{上}$，称为重力第二分力，用 W_2 表示，如图 4－32 所示。

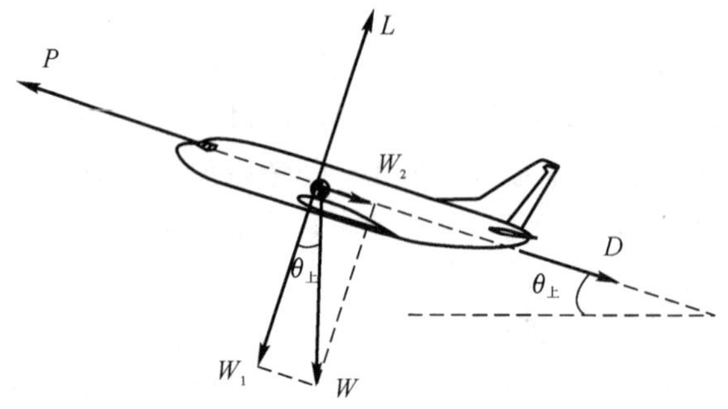

图 4－32　飞机上升的作用力

飞机上升时，飞机作等速直线运动，要求飞机各力矩平衡、各作用力相互平衡，即可得到

$$\left.\begin{aligned} L &= W_1 = W\cos\theta_{上} \\ P &= D + W_2 = D + W\sin\theta_{上} \end{aligned}\right\} \tag{4-23}$$

式(4－23)称为飞机上升的运动方程或上升平衡条件。其中一个条件不满足，飞机将不能做等速直线上升。从式中可以得出，上升时，飞机所需的拉力(P)大于飞机的气动阻力(D)，飞机上升所需的升力(L)小于飞机的重力(W)。以相同速度、相同迎角上升时，上升所需拉力大于平飞所需拉力。

飞机上升过程中，同样要维持升力与重力第一分力的平衡，产生这一升力所需要的飞行速度，称为上升所需速度，用 $v_{上}$ 表示。由 $L = W\cos\theta_{上}$ 及升力公式(2－10)，可以得到

$$W\cos\theta_{上} = L = C_L\,\frac{1}{2}\rho v_{上}^2\,S \Rightarrow v_{上} = \sqrt{\frac{2W}{C_L\rho S}}\sqrt{\cos\theta_{上}} = v_{平飞}\sqrt{\cos\theta_{上}} \tag{4-24}$$

从式(4－24)可得出，飞行重量相同情况下，以相同迎角上升，上升所需速度($v_{上}$)小于平飞所需速度($v_{平飞}$)，但由于 $\theta_{上}$ 较小，$\sqrt{\cos\theta_{上}} \approx 1$，可以认为 $v_{上} = v_{平飞}$。这样可以用平飞拉力(或功率)曲线来分析飞机的上升性能。

二、上升性能

与平飞一样，飞机上升也有上升性能。人们是基于平飞拉力(或功率)曲线来分析飞机的上升性能，因此，有很多上升性能的分析过程与平飞性能分析过程相似。例如，通过平飞拉力曲线可以分析飞机上升最大速度、上升最小速度等，只不过由于相同飞行条件下上升所需拉力大于平飞所需拉力，将会导致飞机上升最大速度减小，上升最小速度增大。

下面我们将分析飞机上升时所特有的一些性能。

1.上升角和陡升速度

(1) 上升角和上升梯度。上升角是指飞机上升轨迹与水平面之间的夹角，用 $\theta_{上}$ 表示，如图 4－32 所示。上升角大则说明经过相同的水平距离，飞机上升的高度更高，飞机的越障能力更强。

上升梯度是指飞机上升高度与前进水平距离之比，等于上升角的正切值($\tan\theta_{上}$)。

由式(4－23)中 $P = D + W\sin\theta_{上}$，可得出

$$\sin\theta_{上} = \frac{P-D}{W} = \frac{\Delta P}{W} \tag{4-25}$$

根据三角函数理论容易得出，当 $\theta_{上} \in [0°, 90°]$ 时，$\sin\theta_{上}$，$\tan\theta_{上}$ 都是单调增函数。由式(4-25)可以得出，飞机的剩余拉力越大，飞行重量越小，则飞机的上升角越大，上升梯度也越大。

(2) 陡升速度。陡升速度是指能获得最大上升角的上升速度，用 $v_{陡升}$ 或 v_x 表示。陡升速度也可以理解为上升角最大时对应的飞行速度。

从式(4-25)可以得出，在飞行重量不变的条件下，飞机的上升角和上升梯度取决于剩余拉力的大小。而剩余拉力的大小取决于可用拉力大小和所需拉力大小。以同一指示空速上升，油门越大，发动机输出功率越大，可用拉力越大，剩余拉力就越大，上升角和上升梯度也就越大。在油门一定情况下，速度不同则剩余拉力不同。由飞机平飞拉力曲线可得出，飞机以最小功率速度飞行时，剩余拉力最大。即发动机满油门(或额定功率)时，以最小功率速度上升，飞机的剩余拉力最大，飞机的上升角和上升梯度最大。因此，飞机的陡升速度为最小功率速度(v_{MP})。

2. 上升率和快升速度

(1) 上升率。上升率是指飞机上升过程中单位时间上升的高度，用 $v_{y上}$ 表示，单位为 m/s 或 ft/min，如图 4-33 所示。飞机的上升率大，说明飞机上升到同一高度的时间短，上升性能好。

由上升率与上升角、上升速度的关系可得

$$v_{y上} = v_{上} \sin\theta_{上} \tag{4-26a}$$

将式(4-25)代入上式可得

$$v_{y上} = v_{上}\frac{\Delta P}{W} = \frac{\Delta N}{W} \tag{4-26b}$$

从式(4-26)可得出，飞机的剩余功率越大，飞行重量越小，飞机的上升率越大。

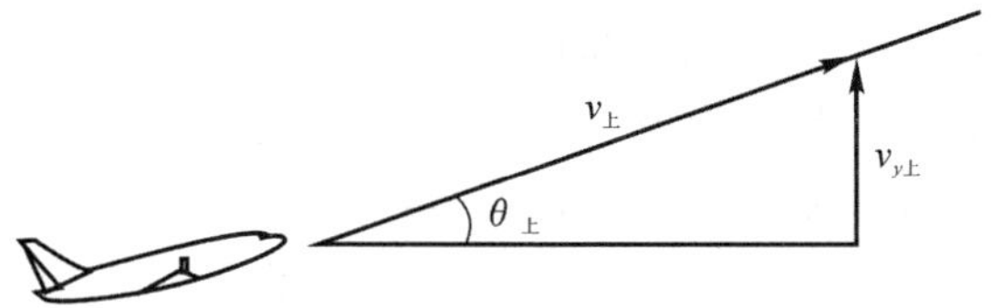

图 4-33　上升率与上升速度

(2) 快升速度。快升速度是指能获得最大上升率的上升速度，用 $v_{快升}$ 或 v_y 表示。快升速度也可以理解为上升率最大时对应的飞行速度。

在飞行重量一定的条件下，上升率取决于剩余功率的大小。油门越大，剩余功率越大，上升率越大。在油门一定时，剩余功率随飞行速度变化，由平飞功率曲线可得出，飞机以最小阻力速度上升，剩余功率最大，上升率最大，即飞机的快升速度为最小阻力速度(v_{MD})。

3. 上升时间和升限

飞机的上升时间为上升到预定高度所需的最短时间。上升时间与上升高度和平均上升率有关。

飞机的升限是指飞机所能达到最大的平飞高度，可分为理论升限和实用升限。

随飞行高度的增加，飞机的剩余功率减小，上升率减小，飞机上升到一定高度，上升率就会减小到零，如图 4-34 所示。上升率减小为零时飞机不可能继续上升，飞行高度不可能再增加。最大上升率降为零的飞行高度称为飞机的理论升限。在理论升限，飞机只能以最小功率速度平飞。

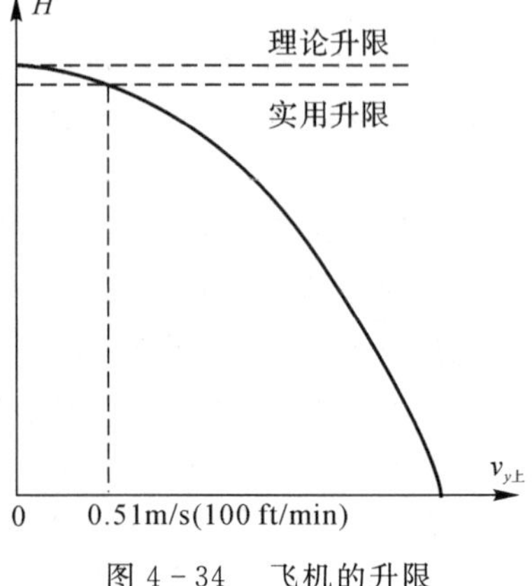

图 4-34　飞机的升限

随高度增加，上升率减小，上升单位高度的时间越长，越接近理论升限，上升率越小，飞机上升越缓慢，飞机上升到理论升限的时间趋于无穷大，且要消耗大量的燃油。这也就是说，飞机要稳定上升到理论升限，实际上是不可行的。因此，在实际飞行中规定飞机的实用升限，低速飞机以最大上升率降为 0.51m/s(100ft/min)所对应的飞行高度为实用升限；而高速飞机以最大上升率降为 2.54m/s(500ft/min)所对应的飞行高度为实用升限。

由式(4-26)及升限理论可得出，提高飞机升限的措施主要有：增大发动机在高空时的功率、降低飞行阻力、减轻飞行重量等。

4. 上升性能的影响因素

上升性能主要受剩余拉力和剩余功率的影响，主要取决于发动机所能提供能量和飞行中所需要能量的大小。上升性能除了与发动机功率密切相关外，影响因素还包括飞行重量、飞行高度和气温，此外，风对上升性能也有影响。

(1) 飞行重量。飞行重量的变化会导致所需拉力和所需功率的变化，从而导致剩余拉力、剩余功率的变化。飞行重量增加，所需拉力、所需功率都将增大，在其他条件不变的情况下，剩余拉力、剩余功率都减小，使得上升角、上升梯度减小，上升率降低，上升到相同高度的时间长，升限降低。反之，飞行重量减小，则上升角、上升梯度和上升率都增大，上升到相同高度的时间短，升限升高。因此，当飞机上升过程中要求有较强的越障能力，对上升梯度要求高，而飞机的上升梯度满足不了要求时，应减轻飞行重量以达到要求。

(2) 飞行高度。飞行高度增加，因为空气密度降低会使发动机有效功率降低，可用拉力、可用功率都减小。飞机以同一指示空速上升，所需拉力不变，而所需功率(为所需拉力与真速的乘积)因真速的增大而增大，从而使剩余拉力、剩余功率都减小。因此，随飞行高度的增加，上升角、上升梯度和上升率都减小，与此同时，最大剩余拉力、最大剩余功率对应的速度逐渐向最小功率速度靠近。当飞机上升到一定高度时，剩余拉力、剩余功率都会减小为零，飞机的上升角、上升梯度和上升率也都减小为零。最后，飞机只能以最小功率速度在一定高度上平飞。

(3) 气温。气温升高，空气密度降低，发动机有效功率降低，剩余拉力、剩余功率减小，上升角、上升梯度和上升率减小。相反，气温降低，则上升角、上升梯度和上升率增加。

(4) 风。有风的情况下，飞机除了与空气相对运动外，还随风一起相对地面运动，风将影响飞机的上升性能，如图 4-35 所示。水平方向的风，对飞机的上升率(上升高度)无影响，但对上升时所经过的水平距离有影响。在单位时间逆风上升，上升高度不变，上升水平距离减小，上升角、上升梯度增大；在单位时间顺风上升，上升高度不变，上升水平距离增加，上升角、上升梯度减小。

垂直方向的上升、下沉气流，对飞机的上升率(上升高度)有影响，上升角、上升率都要改变。在上升气流中上升，使单位时间内上升高度增加，上升角、上升率都增大；在下沉气流中上升，使单位时间内上升高度减小，上升角、上升率都减小。

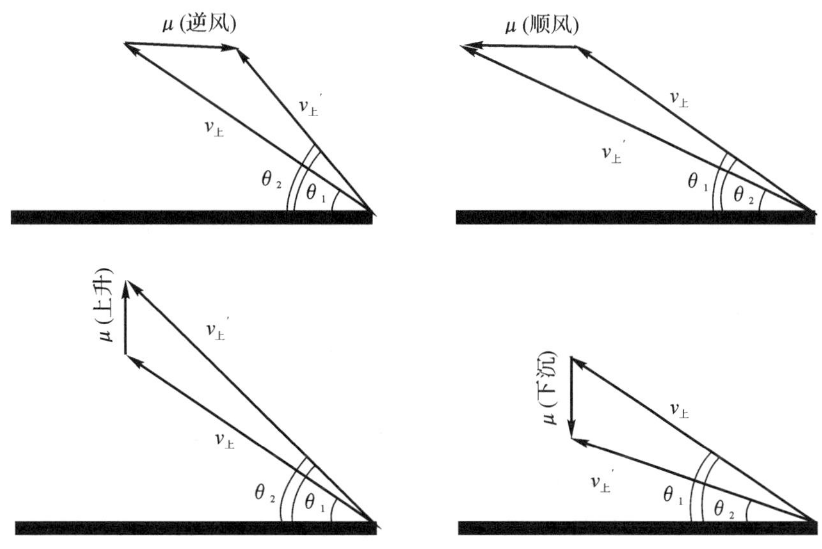

图4-35　风对上升性能的影响

三、飞机上升操纵

1. 上升的两个速度范围

飞机上升时，必须有剩余拉力，剩余拉力不同上升角不同，飞机以最小功率速度(v_{MP})上升时，对应的剩余拉力最大，上升角最大。

由图4-36可知，在平飞(上升)最大速度到最小功率速度范围内，驾驶员拉杆，迎角增大，速度减小，剩余拉力增大，上升角增大；当拉杆、减速到最小功率速度，剩余拉力和上升角达最大。继续拉杆，速度减小，但剩余拉力减小，上升角减小，当迎角增大到临界迎角，飞机失速。

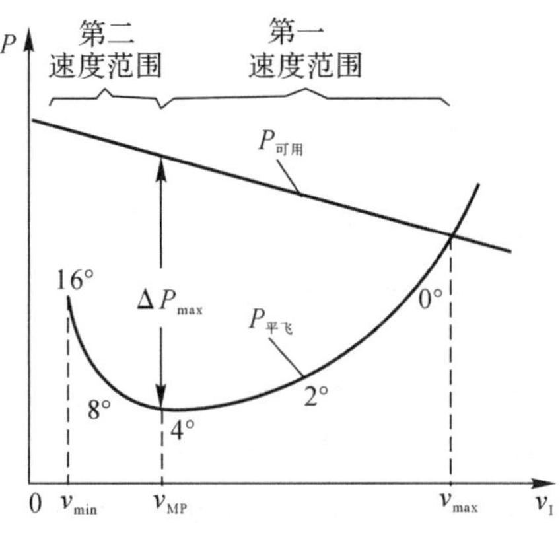

图4-36　上升的两个速度范围

由以上分析可得出，当飞机以大于最小功率速度上升时，驾驶员拉杆，上升角增大，飞机抬头，这与人们的正常操纵习惯一致；而飞机当以小于最小功率速度上升时，驾驶员拉杆，上升角减小，飞机反而低头，这与人们的正常操纵习惯不一致。因此，以最小功率速度为界，将上升速度分为二个范围，最小功率速度到平飞(上升)最大速度称为上升第一速度范围；最小功率速度到平飞(上升)最小速度称为上升第二速度范围。

在上升第二速度范围，不仅操纵与人的正常操纵习惯不一致，而且由于速度小、迎角大，飞机的稳定性和操纵差，飞行不安全，一般都不用上升第二速度范围的速度上升。

2. 飞机由平飞转上升的操纵

飞机要由平飞转入上升，首先必须要有向上的向心力，即要使飞机升力大于重力，飞机的轨迹才能向上弯曲，使飞机转入上升。要使升力大于重力，可以通过加油门加速，或向后拉杆增大迎角的方法来实现。

在上升第一速度范围内，飞机原来以速度 v_1 上升，驾驶员不动油门，只向后拉驾驶杆，飞机迎角增大，升力增加大于重力($L-W>0$)，产生向上的向心力。在向上向心力的作用下，飞机的运动轨迹向上弯曲，飞机转入上升，形成重力第二分力(W_2)。随着迎角增大，气动阻力(D)增加，使得飞机的推力小于总阻力($P<D+W_2$)，导致飞机减速。当飞机速度减小到 v_2，由于速度 v_2 对应的所需拉力比速度 v_1 的小，会出现剩余拉力(ΔP)，当剩余拉力等于重力第二分力($\Delta P=W_2$)时，飞机就以速度 v_2 稳定上升，如图 4-37 所示。因此可以得出，单拉杆，飞机可以由平飞转入上升，上升速度要小于原来的平飞速度。

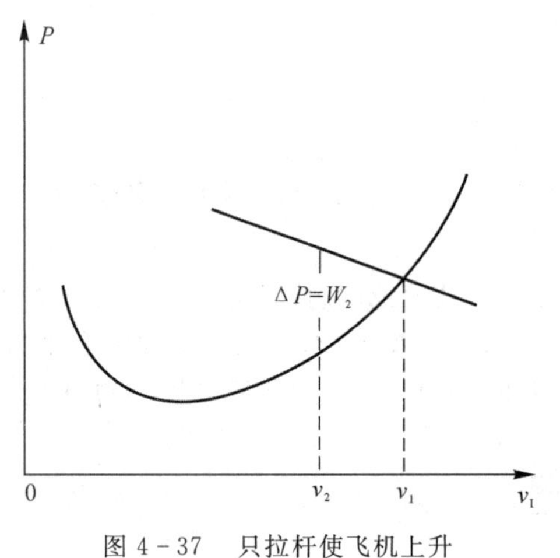

图 4-37　只拉杆使飞机上升

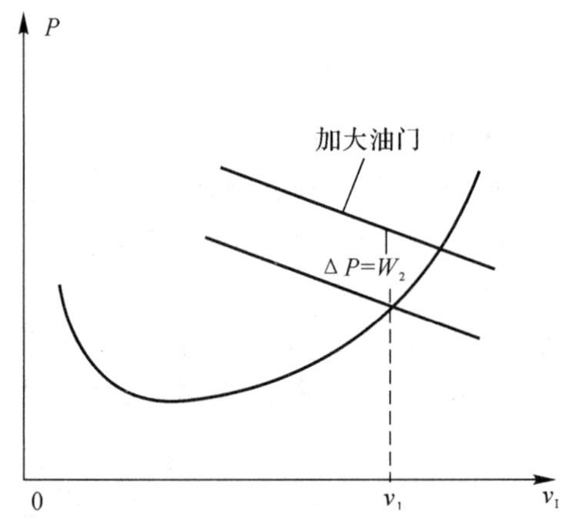

图 4-38　只加油门使飞机上升

在上升第一速度范围内，飞机原来以速度 v_1 上升，驾驶员不动驾驶杆而加大油门，最初由于拉力大于气动阻力($P>D$)使飞机加速，升力增加大于重力($L-W>0$)，产生向上的向心力。在向上向心力的作用下，飞机的运动轨迹向上弯曲，飞机转入上升，形成重力第二分力(W_2)。速度增大，气动阻力(D)增加，与 W_2 共同作用使飞机减速。当剩余拉力等于重力第二分力($\Delta P=W_2$)时，飞机基本保持速度 v_1(实际稍小于 v_1)稳定上升，如图 4-38 所示。因此可以得出，单加油门，飞机可以由平飞转入上升，上升速度与原来的平飞速度基本相等。

飞机由平飞转入上升的效率取决于向心力的大小，上升角的大小取决于剩余拉力的大小，上升角大则重力第二分力(W_2)大，减速作用强。为了使飞机快速由平飞转入上升，并按预定的速度上升，一般在向后拉驾驶杆的同时，相应地加大油门增大拉力，使拉力与气动阻力和重力第二分力之和平衡，即 $P=D+W_2$。

飞机转入等速直线上升后，飞机升力只需要平衡重力第一分力(W_1)，所需升力减小。因此，当飞机接近预定的上升角(或上升率)时，应适当地向前推驾驶杆，以减小升力，使升力正好等于重力第一分力，即 $L=W_1$。

综上所述，飞机由平飞转入上升的基本操纵方法是：加大油门至预定位置，同时柔和地向后拉驾驶杆，使飞机逐渐转入上升，当接近预定的上升角(或上升率)时，适当前推驾驶杆，以便使飞机稳定在预定的上升角(或上升率)。

3. 飞机由上升转平飞的操纵

飞机由上升转入平飞，要产生向下的向心力。驾驶员应向前推杆减小迎角，或收小油门降低速度，以减小升力，使飞机的升力小于重力第一分力($L<W_1$)，使飞机的运动轨迹向下弯曲，从而使飞机逐渐转入平飞。

在飞机转入平飞的过程中，上升角和上升率不断减小，重力第二分力(W_2)也随之减小，飞机速度有增大的趋势。为了保持预定的平飞速度，应在前推驾驶杆的同时，相应地减小油门，减小可用拉力，以便在达到平飞状态时，飞机的可用拉力恰好等于阻力。当飞机接近平飞状态时，重力第一分力(W_1)会增大，还应适当向后拉驾驶杆增大迎角，增大升力，以便在达到平飞状态时，飞机的升力恰好等于重力。

因此，飞机由上升转入平飞的基本操纵方法是：柔和地向前推驾驶杆，同时适当收小油门，使飞机逐渐转入平飞，当上升角(或上升率)接近零时，适当向后拉驾驶杆保持飞机平飞。

第五节　下　　降

下降是指飞机沿倾斜向下的轨迹做等速直线飞行，是飞机降低飞行高度的基本方法。

一、飞机下降过程的作用力

飞机下降过程所受的作用力有升力(L)、重力(W)、拉力(P)和阻力(D)。升力与重力也不在同一作用线上，与上升过程相同需要把重力进行分解，分解为垂直于飞行轨迹的分力，大小为 $W\cos\theta_{下}$，称为重力第一分力，用 W_1 表示，和平行于飞行轨迹的分力，大小为 $W\sin\theta_{下}$，称为重力第二分力，用 W_2 表示。但重力第二分力(W_2)在下降过程中，与飞机前进方向一致，成为飞机前进的驱动力。飞机下降，根据拉力的不同作用形式，可分为正拉力、零拉力和负拉力下降，零拉力下降又称为下滑，如图 4-39 所示。

飞机下降时，飞机作等速直线运动，要求飞机各力矩平衡、各作用力相互平衡，即可得到

正拉力下降
$$\left.\begin{aligned} L &= W_1 = W\cos\theta_{下} \\ D &= P + W_2 = P + W\sin\theta_{下} \end{aligned}\right\} \tag{4-27}$$

零拉力下降
$$\left.\begin{aligned} L &= W_1 = W\cos\theta_{下} \\ D &= W_2 = W\sin\theta_{下} \end{aligned}\right\} \tag{4-28}$$

负拉力下降
$$\left.\begin{aligned} L &= W_1 = W\cos\theta_{下} \\ D + P &= W_2 = W\sin\theta_{下} \end{aligned}\right\} \tag{4-29}$$

上面三式称为飞机的下降运动方程或平衡条件。

飞机下降过程中，同样要维持升力与重力第一分力的平衡，产生这一升力所需要的飞行速度，称为下降所需速度，用 $v_{下}$ 表示。由 $L=W\cos\theta_{下}$ 及升力公式(2-10)，可以得到

$$W\cos\theta_{下}=L=C_L\frac{1}{2}\rho v_{下}^2 S\Rightarrow v_{下}=\sqrt{\frac{2W}{C_L\rho S}}\sqrt{\cos\theta_{下}}=v_{平飞}\sqrt{\cos\theta_{下}} \quad (4-30)$$

从式(4-30)可得出，飞行重量相同情况下，以相同迎角下降，下降所需速度($v_{下}$)小于平飞所需速度($v_{平飞}$)，但由于 $\theta_{下}$ 较小，$\sqrt{\cos\theta_{下}}\approx 1$，可以认为 $v_{下}=v_{平飞}$。这样可以用平飞拉力(或功率)曲线来分析飞机的下降性能。

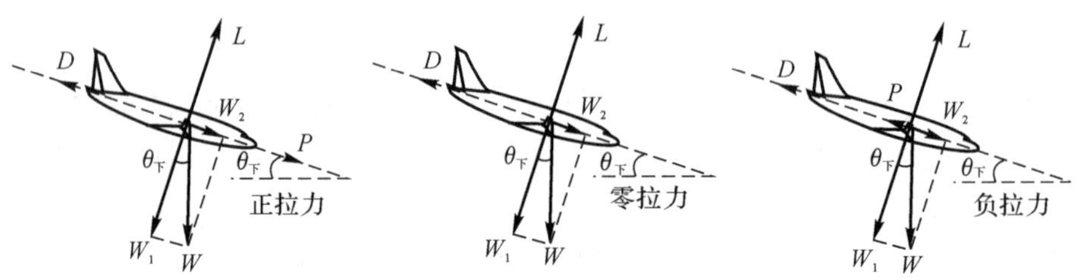

图 4-39　飞机下降的作用力

二、下降性能

我们同样也基于平飞拉力(或功率)曲线来分析飞机的下降性能，飞机的下降性能主要包括最小下降角、最大下降距离和最小下降率。由于对零拉力下降的分析过程比较简单，下面主要针对零拉力下降来分析飞机的下降性能。

零拉力下降称为下滑，此时飞机相当于滑翔机，因此，下降性能又称为下滑性能。

1. 下降角和下降距离

下降角是指飞机下降轨迹与水平面之间的夹角，用 $\theta_{下}$ 表示。下降距离是指飞机下降一定高度(H)所前进的水平距离，用 $l_{下}$ 表示，如图 4-40 所示。

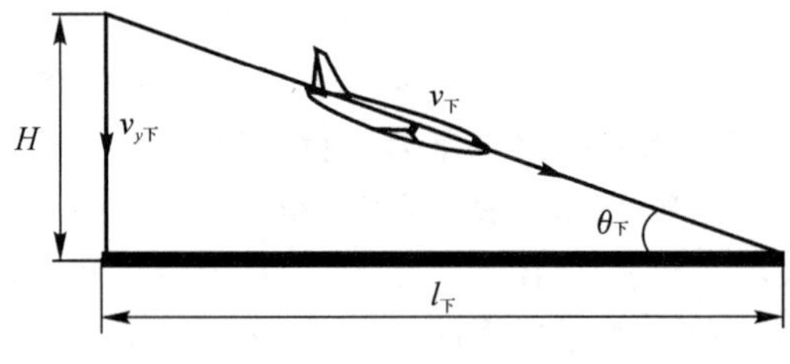

图 4-40　下降性能参数

(1) 零拉力下滑时的下滑角和下滑距离。由零拉力下降的运动方程式(4-28)可得

$$\tan\theta_{下}=\frac{W\sin\theta_{下}}{W\cos\theta_{下}}=\frac{D}{L}=\frac{1}{K} \quad (4-31)$$

从图 4-40 可得出

$$l_{下}=\frac{H}{\tan\theta_{下}}=HK \quad (4-32)$$

从式(4-31)和式(4-32)可得出，零拉力下滑时，飞机下滑角的大小取决于升阻比的大小；下滑距离的大小取决于下滑高度和升阻比的大小；在下滑高度一定时，下滑距离只取决于升阻比的大小。升阻比增大，下滑角减小，下滑距离增加。以最小阻力速度(v_{MD})下滑，飞机的升阻比最大，下滑角最小，下滑距离最长。这里需要指出：零拉力下滑时，飞机的下滑角和下

滑距离不受飞行重量的影响。

飞行中还常用滑翔比的大小来估计下滑距离的长短。滑翔比是飞机下滑距离与下滑高度之比，用 η 表示，即

$$\eta=\frac{l_{下}}{H} \tag{4-33}$$

在下降高度一定时，滑翔比越大，飞机的下滑距离越长。无风和零拉力下降条件下，飞机的滑翔比等于升阻比。

(2) 正拉力下降时的下降角和下降距离。由式(4-27)和式(4-32)可得

$$\tan\theta_{下}=\frac{D-P}{L}=\frac{-\Delta P}{L}\approx\frac{1}{K}-\frac{P}{W} \tag{4-34}$$

$$l_{下}=\frac{H}{\tan\theta_{下}}=\frac{H}{\left(\frac{1}{K}-\frac{P}{W}\right)} \tag{4-35}$$

(3) 负拉力下降时的下降角和下降距离。由式(4-29)和式(4-32)可得

$$\tan\theta_{下}=\frac{D+P}{L}\approx\frac{1}{K}+\frac{P}{W} \tag{4-36}$$

$$l_{下}=\frac{H}{\tan\theta_{下}}=\frac{H}{\left(\frac{1}{K}+\frac{P}{W}\right)} \tag{4-37}$$

从式(4-34)～式(4-37)可得出，当飞机不是零拉力下降时，飞机的下降角和下降距离不仅取决于升阻比，还取决于拉力和飞行重量。在下降高度、飞行重量一定时，正拉力增大则下降角减小，下降距离增大；负拉力增大则下降角增大，下降距离缩短。

2. 下降率

下降率是指飞机在单位时间下降的高度，用 $v_{y下}$ 表示，单位为 m/s 或 ft/min。飞机的下降率越小，说明飞机的下降性能越好。

飞机下降时，下降角一般都比较小，有 $\sin\theta_{下}\approx\tan\theta_{下}$。

(1) 零拉力时的下滑率。由图 4-40、式(4-31)可得

$$v_{y下}=v_{下}\ \sin\theta_{下}\approx v_{下}\ \tan\theta_{下}=\frac{v_{下}}{K} \tag{4-38}$$

或

$$v_{y下}=v_{下}\ \sin\theta_{下}\approx v_{下}\frac{D}{W}=\frac{N_{平飞}}{W} \tag{4-39}$$

从式(4-39)可知，飞行重量相同情况下，当 $N_{平飞}$ 最小时，下滑率最小，即飞机以最小功率速度(v_{MP})下滑，可以获得最小的下滑率。

(2) 正拉力下降的下降率。由图 4-40、式(4-34)可得

$$v_{y下}=v_{下}\ \sin\theta_{下}\approx v_{下}\ \tan\theta_{下}=v_{下}\left(\frac{1}{K}-\frac{P}{W}\right) \tag{4-40}$$

从式(4-40)可知，飞机正拉力下降时，正拉力越大，下降率越小。

(3) 负拉力下降的下降率。由图 4-40、式(4-36)可得

$$v_{y下}=v_{下}\ \sin\theta_{下}\approx v_{下}\ \tan\theta_{下}=v_{下}\left(\frac{1}{K}+\frac{P}{W}\right) \tag{4-41}$$

从式(4-41)可知，飞机负拉力下降时，负拉力越小，下降率越小。

3.下降性能的影响因素

(1) 飞行重量。飞行重量增加，下降所需速度增加。零拉力下滑时相同迎角下的升阻比不变，下滑角不变，下滑距离不变，但由于下滑速度增大而使下滑率增大。飞行重量减小则相反。

由式(4-30)、式(4-34)、式(4-40)可知，正拉力下降时，飞行重量增加，飞机的下降速度、下降角和下降率都增大，下降距离缩短。

(2) 气温。气温升高，相同迎角对应的升阻比不变，故零拉力的下滑角不变，但气温升高使空气密度减小，相同指示空速的真速增大，即下降速度增大，使下滑率增大；气温下降则相反。正拉力下降时，气温升高，拉力减小，负的剩余拉力增大，下降角增大，下降率增大；气温下降则相反。

(3) 风。风对下降性能的影响与风对上升性能的影响相似。

水平方向的气流，对飞机的下降高度、下降率无影响，但对下降经过的水平距离有影响。顺风下降，下降率不变，下降距离增加，下降角减小；逆风下降，下降率不变，下降距离减小，下降角增大，如图4-41所示。

垂直方向的气流，对飞机的下降角、下降距离和下降率都有影响。在上升气流中下降，下降角和下降率都减小，下降距离增加；在下沉气流中下降，下降角和下降率都增加，下降距离减小，如图4-42所示。

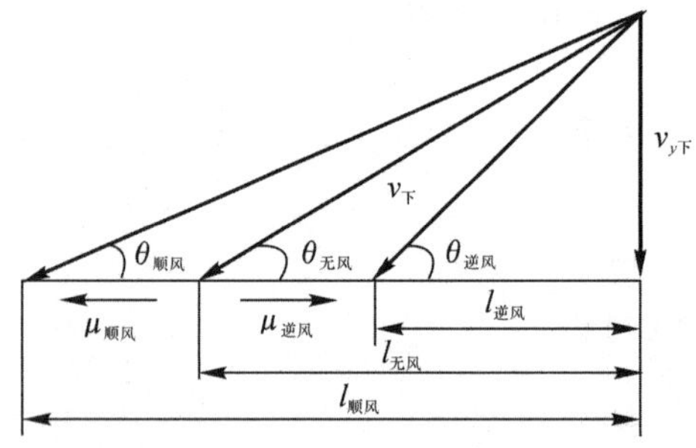

图4-41　水平气流对下降性能的影响

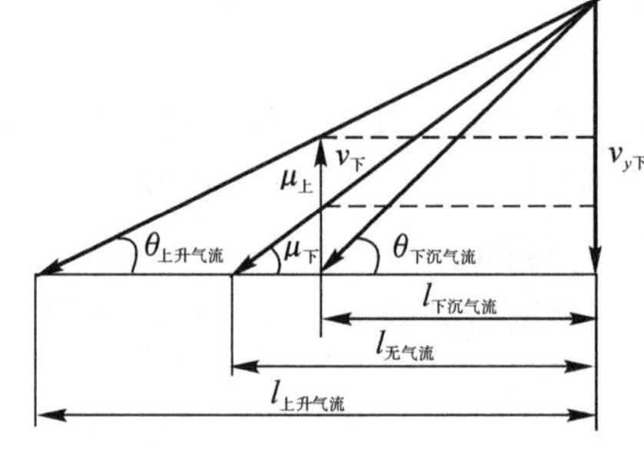

图4-42　垂直气流对下降性能的影响

有风零拉力下降时，最大下降距离将不以最小阻力速度获得。顺风下降，适当减小速度，可增加下降时间，增加下降距离；逆风下降，适当增加速度，则可增加下降距离。

三、飞机下降操纵

1.飞机下降的两个速度范围

从前面讨论飞机的零拉力下滑可知，当飞机的下滑速度等于最小阻力速度时，飞机的下滑角最小。当下降速度大于最小阻力速度(迎角小于有利迎角)时，驾驶员向后拉驾驶杆增大迎角，升阻比增加，飞机的下滑角减小；如果下降速度小于最小阻力速度(迎角大于有利迎角)时，驾驶员向后拉驾驶杆增大迎角，虽然最初飞机的下滑角由于飞机升力的增大而有所减小，但随后由于阻力增加更多，升阻比减小，飞机的下滑角最终却增大。

由此可见，在大于最小阻力速度和小于最小阻力速度的两个范围，同样的操纵，下滑角的变化却是相反的。因此，以最小阻力速度（v_{MD}）为界，把下滑速度也分为两个范围。大于最小阻力速度到平飞最大速度为下滑（下降）第一速度范围，小于最小阻力速度到平飞最小速度为下滑（下降）第二速度范围，如图4-43所示。在下滑第一速度范围内下滑，驾驶员向后拉驾驶杆，飞机抬头，下滑角减小，下滑距离增加；向前推驾驶杆，飞机低头，下滑角增大，下滑距离减小。在下滑第二速度范围内下滑，驾驶员向后拉驾驶杆，下滑角增大，向前推驾驶杆，下滑角减小，这与人的正常操纵习惯不符，而且在第二速度范围下滑，飞机迎角大、速度小，飞机的稳定性和操纵性差，飞行不安全。通常不在第二速度范围下滑（下降）。

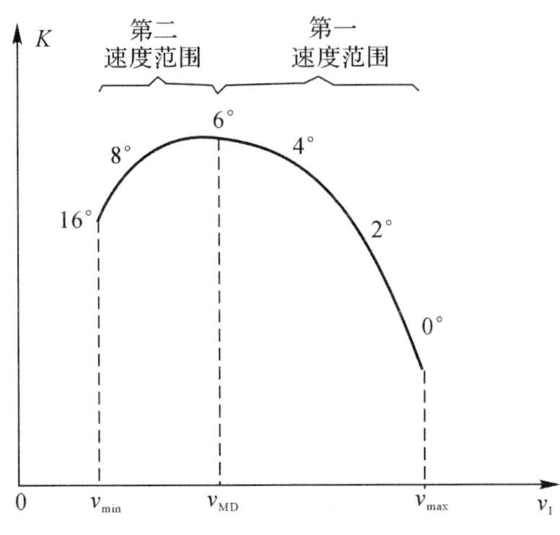

图4-43　飞机下滑的两个速度范围

2. 改变下降角、下降速度、下降率和下降距离

在稳定的下降过程中，一个迎角对应一个下降速度。前后推拉驾驶杆改变迎角，就可以相应地改变下降角、下降速度、下降率和下降距离。在下降第一速度范围内，向后拉驾驶杆，飞机的迎角增大，下降角、下降速度及下降率减小，下降距离增加。反之，向前推驾驶杆，飞机的迎角减小，下降角、下降速度及下降率增大，下降距离减小。

下降中，不动驾驶杆只加大油门，飞机可用拉力增大，下降速度增大，升力和阻力增大。升力大于重力第一分力（W_1），飞机运动轨迹向上弯曲，下降角减小。随着下降角减小，重力第二分力（W_2）随之减小，重力第一分力（W_1）随之增大。当拉力与重力第二分力之和等于阻力（$P+W_2=D$），下降速度不再改变；而重力第一分力（W_1）增大至等于升力时，下降角也不再减小，最后，飞机稳定在较小的下降角和稍大的下降速度。因此，下降中加大油门，会使下降角减小，下降速度稍增加，下降距离增加；反之，下降中减小油门，会使下降角增加，下降速度稍减小，下降距离减小。

下降中，主要是通过操纵驾驶杆和油门，保持好规定的下降角、下降率和下降速度。只要油门在规定的位置，操纵驾驶杆保持好规定的下降速度，就可以获得规定的下降角和下降率。

3. 飞机由平飞转入下降的操纵

飞机要由平飞转入下降，飞机的升力应小于重力，产生向下的向心力，飞机的运动轨迹才会向下弯曲，才能逐渐增大下降角，使飞机转入下降。

飞机原来以速度 v_1 平飞，驾驶员不动油门单向前推驾驶杆，飞机迎角减小，升力减小，升力小于重力，在向下向心力$(W-L)$的作用下，飞机运动轨迹向下弯曲。迎角减小，飞机阻力减小，拉力大于阻力，加上下降所形成的重力第二分力(W_2)的作用，飞机速度增大。随着速度的增加，阻力会增大，当速度增大到 v_2，阻力的增加量与重力第二分力平衡$(\Delta D=W_2)$，如图4-44所示，升力与重力第一分力平衡$(L=W_1)$时，飞机以速度 v_2 稳定下降。因此，单推杆，飞机将大于平飞速度下降。

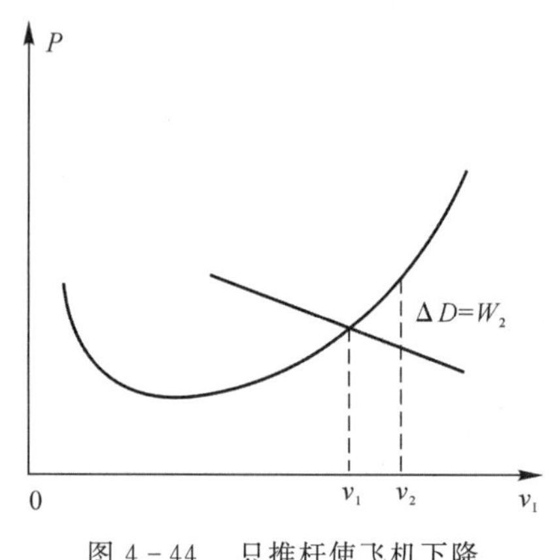

图4-44　只推杆使飞机下降

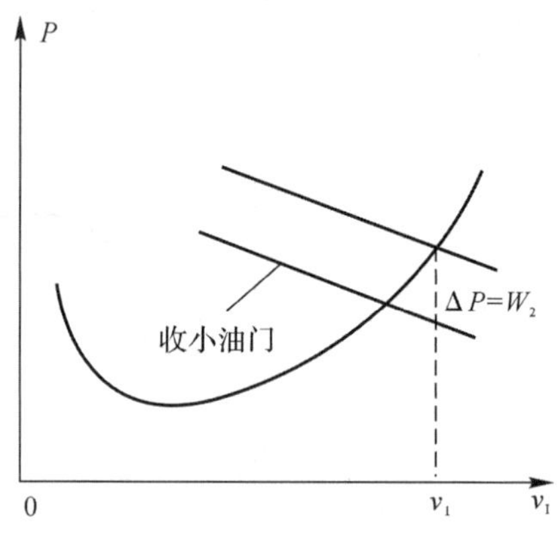

图4-45　只收油门使飞机下降

飞机原来以速度 v_1 平飞，驾驶员不动驾驶杆只收小油门，最初由于拉力小于阻力使飞机减速。速度减小则升力减小并小于重力，在向下向心力$(W-L)$的作用下，飞机运动轨迹向下弯曲，下降角逐渐增大。飞机转入下降，形成重力第二分力(W_2)，使拉力与重力第二分力之和大于阻力，又使飞机速度增大。当油门减小的负剩余拉力与重力第二分力平衡$(\Delta P=W_2)$，如图4-45所示，升力与重力第一分力平衡$(L=W_1)$时，飞机基本保持平飞速度 v_1（实际稍小些）下降。因此，单收小油门，飞机基本保持原速度下降。

实际飞行中，由平飞转入下降，一般是先前推驾驶杆减小升力，使飞机转入下降。随着下降角的逐渐增大，重力第二分力(W_2)的加速作用增强，为了保持规定的下降角和下降速度，在前推驾驶杆的同时，相应地收小油门，使拉力与重力第二分力(W_2)之和等于阻力。油门收小多少，应根据预定的下降角和下降速度的大小而定，预定的下降角大，下降速度小，应多收小油门。直线下降中，应保持升力等于重力第一分力(W_1)，所以，当接近预定的下降角（或下降率）时，应适当向后拉驾驶杆增大迎角，增大升力，制止下降角进一步增大，以便飞机达到预定的下降角时，升力恰好等于重力第一分力(W_1)，使飞机保持预定的下降角下降。

综上所述，飞机由平飞转入下降的操纵方法是：柔和向前推驾驶杆使飞机转入下降，随下降角增大的同时收小油门，待飞机接近预定的下降角（或下降率）时，应及时适当向后拉驾驶杆，保持好预定的下降角（或下降率）稳定下降。

4. 飞机由下降转入平飞的操纵

飞机由下降转入平飞，驾驶员首先应向后拉驾驶杆增大迎角，使飞机的升力大于重力第一分力$(L>W_1)$，产生向上的向心力，使飞机的运动轨迹向上弯曲，减小下降角而逐渐转入平飞。当下降角减小时，重力第二分力(W_2)随之减小，导致飞机拉力不足，应在向后拉驾驶杆的同时相应加大油门。当飞机接近平飞状态时，则应适当地向前推驾驶杆减小迎角和升力，以便使飞机达到平飞状态时，升力恰好等于重力，保持平飞。

因此，飞机由下降转入平飞的操纵方法是：加大油门至预定的平飞位置，同时柔和地向后拉驾驶杆，待飞机接近平飞状态时，适当向前推驾驶杆保持平飞。

第六节 着 陆

着陆是指飞机以规定速度通过跑道头，从安全高度下降过渡到接地滑跑直至停止的减速运动过程。飞机着陆一般分下降、拉平、平飘接地和着陆滑跑四个阶段，如图 4-46 所示。

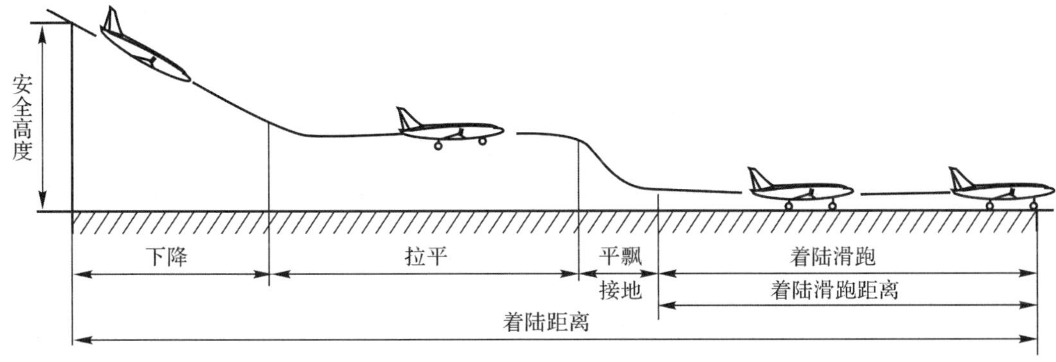

图 4-46 飞机的着陆过程

一、飞机正常着陆操纵

与起飞相反，着陆是飞行高度不断降低、速度不断减小的运动过程。

着陆是飞机最后进近的延续，飞机加入起落航线后，要求驾驶员在(五边)最后进近阶段对飞机的速度和下降角做出精确判断和控制，控制好飞机的俯仰姿态和油门，按规定的下降角下降，并以不小于进场参考速度(v_{REF})的速度飞越距着陆平面安全高度的位置。此时，飞机处于进近姿态，无侧风的情况下飞机纵轴对准跑道中心线，发动机处于慢车工作状态，襟翼处于着陆位置，起落架放下并锁好。

飞机按规定的下降角(3°左右)下降，随着高度进一步降低，下降到离地面一定高度(6～12m)时，向后拉驾驶杆使飞机抬头，进入拉平阶段。在降至离地面 0.5～1.0m 时，拉平阶段结束。在此阶段中，为保持飞机升力与重力平衡，应柔和地拉杆，逐渐增大迎角，在气动阻力作用下，速度不断降低，飞机缓慢下沉。当升力减小到小于飞机重量时，进入平飘接地阶段。在平飘接地过程中，要控制好飞机的下沉率，逐渐飘落。飞机以规定的接地姿态和接地速度，以主轮轻盈接地。主轮接地后，先两点滑跑，再转入三点滑跑，同时使用刹车和减速装置(如减速板、减速伞、发动机反推装置等)使飞机减速滑跑直至停止(或减速至地面滑行速度)，这个减速滑跑过程，就是着陆滑跑。

下面将分析下降、拉平、平飘接地和着陆滑跑四个阶段的操纵方法。

1. 下降

着陆过程的下降阶段是飞机最后进近阶段的延续。目视进近中，在(五边)最后进近阶段，关键是保持好下降角和下降速度，飞机距着陆平面安全高度过跑道头时，必须将速度调整至 v_{REF}，称为着陆进场参考速度或过跑道头速度。v_{REF} 的大小为飞机当前构型失速速度（v_{S1}）的 1.3 倍，即 $v_{REF}=1.3v_{S1}$。如果在安全高度处的速度控制不好，就会导致随后的着陆过程发生偏差，使修正量过大，从而使着陆困难。

在正常着陆中，v_{REF} 的大小由飞机着陆重量和增升装置用量决定，飞机着陆重量越大，着陆进场参考速度越大；增升装置用量越小，着陆进场参考速度越大。实际飞行中，驾驶员可以根据飞行手册来确定 v_{REF} 的大小。

2. 拉平

拉平是飞机由下降姿态平滑过渡到接地姿态的曲线运动过程。飞机在规定高度开始向后拉驾驶杆以减小下降角，拉平一旦开始，就应该是一个连续的过程，直至飞机接地，拉平实际上是一段下降角很小的下降过程，如图 4－47 所示。

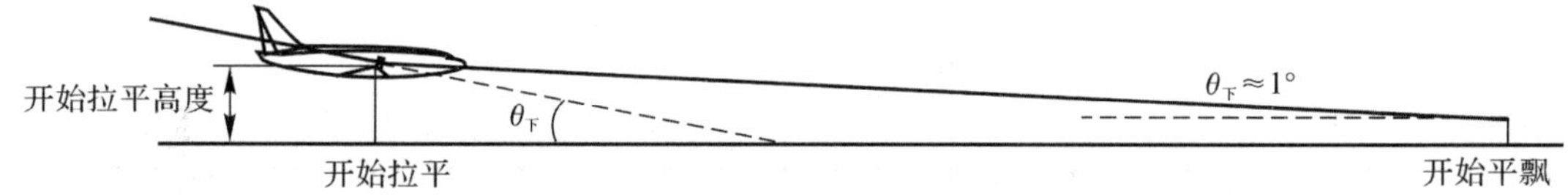

图 4－47 飞机的拉平过程

拉平过程中，飞机的迎角和俯仰姿态逐渐增大，升力增大，飞机的飞行轨迹逐渐由下降转为平飞，下降率逐渐减小。迎角增大，飞机的气动阻力也增大，同时在拉平过程中均匀地收小油门，使发动机拉力减小，而且由于下降角不断减小，重力沿航迹方向的分力（重力第二分力）也不断减小，总推力减小，因此，飞机的飞行速度随高度的降低不断减小。

开始拉平的高度不宜过高，也不宜过低。过高或过低的开始拉平高度会导致拉杆的操纵动作偏离正常。例如，开始拉平的高度过高，拉平动作就应较慢；反之，开始拉平的高度过低，拉平动作就应该较快。开始拉平高度过低还可能导致在飞机尚未拉平的情况下，机轮已经撞地。机型不同，开始拉平的高度也不同，小型飞机开始拉平的高度通常在 5 ～ 6m，大型飞机开始拉平的高度通常稍高。

下降角的大小也将影响拉平操纵。在下降速度不变的情况下，下降角大，下降率也大，拉平的动作就应该快些，反之，下降角小，拉平动作就应该慢些。

下降角正常而下降速度较大的情况下，如按正常情况拉杆，则下降轨迹的弯曲程度增大，拉平中下降的高度小，易形成拉高或拉飘。

因此，在实际拉平过程中，应根据飞机离地高度、下沉快慢和俯仰姿态，来决定拉杆的快慢，这是做好拉平的关键。

此外，在拉平过程中，还需注意用方向舵保持好飞机的方向，使飞机轨迹与跑道中心平行。如果飞机带坡度，应立即快速用盘修正，此时迎角大速度小，横向操纵性弱，副翼的效能差，压盘量可以较正常飞行时大些。

在拉平过程中，应该控制好油门，并保持一只手放在油门杆上，以便在任何突发和危险的情况下立即（加油）复飞。

3. 平飘接地

在拉平的后段，飞机接地前，此时，飞机离地面距离非常小，飞行轨迹通常为下降角较大的直线,飞机作下沉状,这段飞行称为平飘或飘飞。平飘是拉平的延续,平飘阶段飞机速度继续减小,俯仰姿态继续增大,高度不断减小。同拉平一样,在平飘中,拉杆快慢也必须与飞机离地高度、下沉快慢和俯仰姿态相适应。小型飞机的平飘阶段相对较长,大型飞机的平飘阶段很短,甚至基本没有平飘阶段。

飞机在平飘阶段,已经做好了随时接地的准备。

接地时,应按规定的接地姿态和速度,两主轮同时轻盈接地,即轻两点接地。应避免重接地和三点同时接地,以免产生着陆弹跳现象。在无侧风情况下接地时,飞机的运动方向和机头方向均对正跑道方向,飞机不带坡度和侧滑。

飞机在接地前会出现机头下俯的趋势。这是因为飞机离地面越来越近,地面效应增强,形成使机头下俯的力矩。另外,飞机在接地前的下沉过程中,相对气流从下方往上,迎角要增大,俯仰稳定力矩也将使机头下俯。因此,在平飘接地过程中,还要继续向后拉杆,才能保证所需的接地姿态。

4. 着陆滑跑

着陆滑跑是着陆过程的最后阶段,关键问题是减速和保持好滑跑方向。

对于前三点式飞机,为了减小着陆滑跑时对前轮和刹车装置的磨损,飞机接地后一般要保持一段两点(主轮接地)滑跑的姿态,这样飞机迎角大,可以利用较大的气动阻力使飞机减速。因此,飞机两点接地后,应继续拉杆以保持两点滑跑,此外,主轮接地后产生的地面摩擦力形成使机头下俯的力矩,还应保持适当的拉杆量。随着滑跑速度减小,气动阻力逐渐减小,待机头自然下沉至前轮接地后,前推驾驶杆过中立位置,将飞机转为三点滑跑。在三点滑跑过程中,需要使用脚蹬来控制方向舵和前轮的偏转,因此前轮接地前,必须将两脚蹬放平,使前轮不带偏侧地接地。滑跑中,柔和使用刹车减速直至飞机停止(或减速至地面滑行速度)。飞机着陆滑跑刹车可分为自动刹车和人工刹车,如图4-48所示。自动刹车通过选择刹车开关上的旋钮档位(例如RTO,OFF,1,2,3,MAX等)来选择不同的刹车用量,通过刹车控制器/系统实施自动刹车;人工刹车依靠驾驶员用力蹬刹车踏板来控制刹车,蹬踏力越大,刹车用量越大。现代飞机通常在主起落架/机轮上装有刹车系统,刹车系统包括控制系统、防滞系统(类似汽车上的ABS)和刹车执行装置(例如多盘式刹车装置)。

在滑跑过程中,选好参照目标,用蹬舵保持好滑跑方向。在高速滑跑时,脚蹬通过操纵方向舵偏转来保持滑跑方向,在低速滑跑时,脚蹬通过操纵前轮偏转来保持滑跑方向。对于前三点式飞机由于地面的方向稳定性好,滑跑方向容易保持。

对于大中型飞机,除了有机轮刹车外,还配备有其他强有力的地面滑跑减速装置。为了缩短着陆滑跑距离,同时也为了降低刹车磨损,在飞机接地后除了使用机轮刹车外,还应该尽量使用其他滑跑减速装置。常用的滑跑减速装置包括襟翼、扰流(减速)板、发动机反推力装置、螺旋桨反桨和减速伞。

在着陆时,放下大角度的襟翼,一方面可以增大升力系数,减小飞机的接地速度;另一方面,可以利用襟翼产生的气动阻力,使飞机减速。

飞机着陆接地后,飞机扰流板(包括空中扰流板和地面扰流板)将完全打开,一方面可以利用扰流板产生的气动阻力,使飞机减速,另一方面,可以通过扰流板的卸升作用,快速减小机翼升力,增大飞机与地面间的作用力(即增加飞机机轮的抓地力),以增强飞机的刹车效果,使飞机尽快减速,如图 4-49 所示。

发动机反推力装置,简称为发动机反推 (thrust reverser),是通过某种方式将喷气发动机原本向后喷出的气流折向前方,使喷气方向与飞机运动方向相同,产生与飞机运动方向相反的作用力,即反推力。发动机反推力装置是现代大型运输机上的常用装置,其实现方式不尽相同。对于涡扇发动机,反推力装置可以仅改变外涵道的气流方向,也可以同时改变内、外涵道的气流方向,反推实现方式可以分为两大类:出口前型,只改变外涵道气流方向,又可分为折流门式和叶栅式;和出口后型(又称为抓斗式),改变全部尾喷气的方向,如图 4-50 所示。

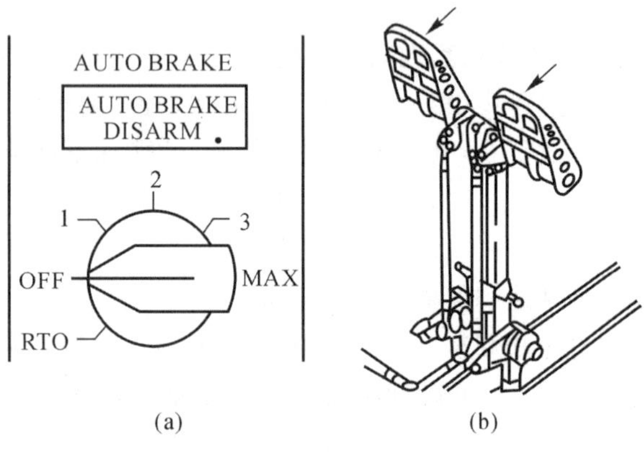

图 4-48　飞机刹车操控

(a) 自动刹车;　(b) 人工刹车

图 4-49　飞机着陆滑跑时的扰流板与襟翼

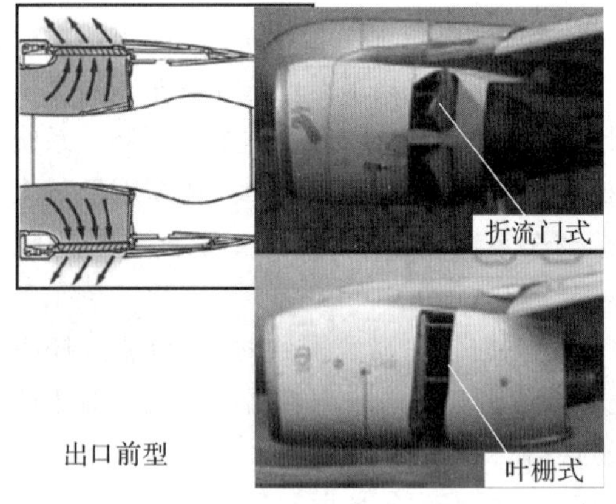

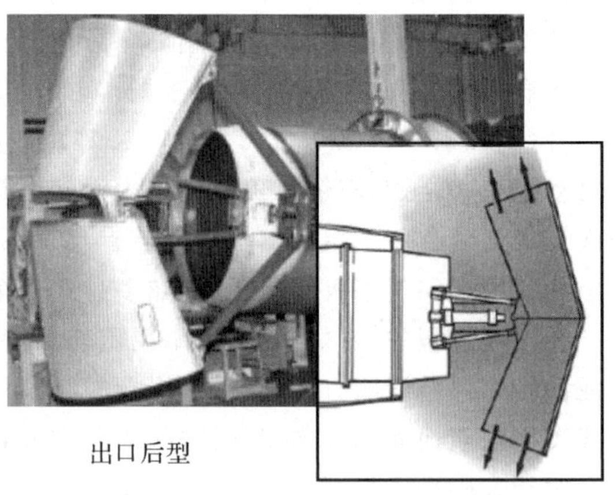

图 4-50　发动机反推力装置

螺旋桨反桨是指操纵螺旋桨使其桨叶角变为负值,使螺旋桨产生的拉力改变方向,成为与飞机运动方向相反的负拉力。

减速伞又称阻力伞,是用来减小飞机着陆滑跑速度(距离)的伞状工具。通常由主伞、引导伞和伞袋等组成,装在飞机尾部的伞舱内,如图 4-51 所示。飞机着陆滑跑中,由驾驶员操纵打开减速伞舱门,引导伞首先张开,将伞袋拉出,随后打开主伞,伞衣被拉出张开后可增大空气阻力,向后拖拽飞机,使之减速,缩短滑跑距离。这种减速方式常在战斗机上使用。

图 4-51 飞机减速伞

二、着陆性能

着陆性能主要包括飞机最大着陆重量、进场参考速度、接地速度、着陆滑跑距离和着陆距离。

1. 最大着陆重量

最大着陆重量(Maximum Landing Weight,MLDW)是指飞机在着陆时允许的最大重量,如A380-800飞机的最大着陆重量可达386t。最大着陆重量主要受两个方面条件的限制,一方面是飞机机体结构强度和起落架所能承受冲击载荷的限制,另一方面是飞机复飞爬升能力的限制;此外,还受飞行条件和着陆跑道质量的影响。大中型飞机的最大着陆重量小于最大起飞重量,小飞机两者差别不大。最大着陆重量由飞机制造商和飞机使用安全标准所规定。

着陆重量影响飞机的进场参考速度、接地速度、着陆距离等性能。着陆重量越大,这些着陆性能参数都将增大。

刚刚满载起飞的飞机,如果遇到突发情况需要返航,需要在空中放油或盘旋,将飞机重量减轻至最大着陆重量范围内,才能返航着陆。当然也可遵循"事急从权"的原则。

2. 着陆进场参考速度

着陆进场参考速度,用 v_{REF} 表示,是根据飞机着陆时应保留的安全裕量而确定的一个速度,其大小为飞机着陆构型失速速度的1.3倍($v_{REF}=1.3v_{S1}$)。飞机着陆进场时,下降至距离跑道表面安全高度时的速度必须大于等于 v_{REF}。飞机着陆构型(襟翼位置等)和着陆重量都会影响其失速速度大小,从而影响到着陆进场参考速度的大小。着陆进场参考速度大,将使飞机的接地速度增加,使着陆滑跑距离和着陆距离增加。

3. 接地速度

飞机接地瞬间的速度,称为接地速度,用 v_{TD} 表示。接地瞬间,飞机的升力与飞机重量大致相等,即有

$$L=C_{LTD}\times\frac{1}{2}\rho v_{TD}^2S=W$$

因此,接地速度可以按下式近似计算:

$$v_{TD}=k\sqrt{\frac{2W}{C_{LTD}\rho S}} \tag{4-42}$$

式中,k 为速度修正系数,因为飞机在接地时,升力与重力的大小并不完全相等,升力要小于重

力，实际接地速度要比理论计算值小。C_{LTD} 为接地时的升力系数。

从式(4-42)可得出：与离地速度一样，飞机接地速度的大小取决于飞机着陆重量、接地时的升力系数、空气密度和机翼面积。着陆重量增加，飞机接地时所需升力增加，接地速度相应增大。空气密度减小，为维持升力不变，需相应增大接地速度。所以气温升高或在高原机场着陆时，接地真速要增大(接地表速不变)。接地升力系数的大小，取决于接地姿态(迎角)和增升装置用量，还要考虑地面效应的影响。接地迎角大，接地速度就小，但接地迎角受飞机临界迎角和擦尾角的限制。襟翼放下角度越大，升力系数越大，甚至还可以增大机翼面积(对后退襟翼而言)，接地速度就越小，所以一般飞机都放下大(全)角度襟翼着陆，此外，还可以利用襟翼产生的气动阻力对飞机进行减速。

4. 着陆滑跑距离和着陆距离

着陆滑跑距离是指飞机从接地到滑跑停止(或减速至地面滑行速度)所经过的距离，用 l_{LDR} 表示。着陆距离是指从距跑道表面安全高度开始，下降接地到滑跑停止(或减速至地面滑行速度)，飞机所经过的水平距离，用 l_{LD} 表示。飞机着陆距离的长短是衡量飞机着陆性能的重要标志之一。

近似计算中，可以认为整个着陆滑跑过程中为三点滑跑的匀减速运动，知道飞机接地速度和滑跑中的平均减速度，则着陆滑跑距离可用下式计算，即

$$l_{LDR}=\frac{v_{TD}^2}{2a_{AVG}} \tag{4-43}$$

式中，a_{AVG} 为平均减速度(负加速度)，近似可以这样确定：在飞机接地瞬间，认为地面摩擦力(F)为零，只有气动阻力(D_{TD})起减速作用，应用 $L=W$ 的条件和升阻比定义，可得此时气动阻力为

$$D_{TD}=\frac{W}{K_{TD}}$$

当滑跑结束时，气动阻力减小到零，只有地面摩擦力起减速作用，于是，整个滑跑过程中的平均减速力(F_{AVG})为

$$F_{AVG}=\frac{D_{TD}+F}{2}=\frac{1}{2}\left(\frac{W}{K_{TD}}+fW\right)$$

则滑跑中的平均减速度为

$$a_{AVG}=\frac{F_{AVG}}{m}=\frac{g}{W}F_{AVG}=\frac{1}{2}g\left(\frac{1}{K_{TD}}+f\right)$$

因此，着陆滑跑距离的近似计算公式为

$$l_{LDR}=\frac{v_{TD}^2}{g\left(\frac{1}{K_{TD}}+f\right)} \tag{4-44}$$

式中，K_{TD} 为着陆时的升阻比；f 为着陆滑跑的地面摩擦因数。

着陆距离由着陆空中段的水平距离(l_{AIR})和着陆滑跑距离组成。l_{AIR} 的计算过程比较复杂，在此不详细阐述，即有

$$l_{LD}=l_{AIR}+l_{LDR} \tag{4-45}$$

在实际飞行活动中，如同起飞一样，飞机的着陆性能也是通过飞行手册中提供的各种图表和曲线来确定的，这些图表和曲线给出了在特定着陆条件下，在不同的温度和机场压力高度

下，飞机的着陆性能数据。

5.影响着陆滑跑距离和着陆距离的因素

从前面的分析计算可知，着陆滑跑距离的长短取决于接地速度的大小和滑跑中减速的快慢。若接地速度小，滑跑中减速又快，则着陆滑跑距离就短。着陆距离的长短，不但取决于着陆滑跑距离的长短，而且还取决于着陆过程空中段水平距离的长短。影响着陆滑跑距离与着陆空中段距离的因素有很多，下面对此进行简要分析。

(1) 着陆重量：着陆重量增加，所需升力、所需速度增大，使飞机的进场参考速度、接地速度都增大，引起着陆滑跑距离和着陆距离增加。飞机的实际着陆重量不能超过飞机最大允许着陆重量。

(2) 进场速度与进场高度：进场速度大，飞机接地速度大，着陆滑跑距离和着陆距离增加，且进场高度高、进场速度大，还易拉高或拉飘。因此，正确着陆的前提是保持正确的进场高度和进场速度。

(3) 接地姿态：接地姿态直接影响接地速度的大小，接地姿态大，接地迎角大，升力系数大，接地速度小，着陆滑跑距离短。但接地姿态过大，速度过小，可能导致飞机失速，也易造成飞机擦尾。因此，为缩短着陆滑跑距离，应按规定的接地姿态接地。

(4) 增升装置用量：放下襟翼着陆，一方面可以增大升力系数，减小飞机的进场参考速度和接地速度；另一方面，可以利用襟翼产生的气动阻力，使飞机减速，缩短着陆滑跑距离和着陆距离。反之，不放襟翼着陆，着陆滑跑距离和着陆距离增加。为了缩短着陆滑跑距离和着陆距离，各型飞机一般均规定着陆时应将襟翼放到最大位置，即着陆襟翼位置。

(5) 机场压力高度与气温：机场压力高度或气温升高时，空气密度减小。由于飞行中的各种速度多是按表速进行规定的，保持相同的表速，由于空气密度降低，真速增大，着陆滑跑距离和着陆距离增加。

(6) 跑道表面质量：跑道表面光滑平坦，机轮与地面之间的摩擦力小，刹车效果差，着陆滑跑距离增加；反之，跑道表面粗糙柔软，刹车效果好，着陆滑跑距离缩短。

(7) 刹车与减速状况：着陆滑跑中，正确使用刹车是缩短着陆滑跑距离常用的有效方法。刹车效率对着陆滑跑距离影响很大，当跑道上有积水、积雪或积冰的情况下，减小了机轮与地面的摩擦作用，刹车效率变低，滑跑距离将大大增加。在这些情况下着陆，就必须考虑到机场跑道长度是否够用，需要按规定给跑道实施人工除雪、除冰等。另外，刹车的使用时机和刹车用量也对着陆滑跑有较大的影响，使用刹车早，着陆滑跑距离缩短，刹车用量越大，着陆滑跑距离缩短，但刹车用量过大，将使刹车过度磨损，可能导致拖胎，严重时甚至可能引起爆胎事故。现代大型运输机，为了缩短着陆滑跑距离，都不同程度地采用了强有力的地面滑跑减速装置。据统计，B737飞机放下全角度襟翼(40 units)、完全打开减速板，可以使刹车总制动力比不使用减速装置增加150%。在湿滑跑道着陆，发动机反推将起到显著缩短着陆滑跑距离的作用；在干燥跑道着陆，发动机反推不能显著缩短着陆滑跑距离，其主要作用是避免刹车过度磨损。发动机反推的最佳效果是在高速滑跑阶段获得，一般当滑跑速度小于60kn(30m/s)时，应解除发动机反推。

(8) 风向风速：在表速不变时，逆风着陆，使进场参考速度和接地速度减小，着陆滑跑距离和着陆距离缩短；反之，顺风着陆，着陆滑跑距离和着陆距离增加。且风速越大，对着陆滑跑距离的影响越明显。如果有可能，着陆应尽量选择逆风方向进行。在有风的情况下着陆，着陆滑

跑距离可按下式近似计算，即

$$l_{LDR}=\frac{(v_{TD}\pm\mu)^2}{g\left(\frac{1}{K_{TD}}+f\right)} \tag{4-46}$$

式中，μ 为风速，顺风着陆取“+”号，逆风着陆取“−”号。

(9) 跑道坡度：上坡滑跑，重力沿航迹方向的分力(重力第二分力)起减速作用，飞机减速快，着陆滑跑距离短。反之，下坡滑跑，着陆滑跑距离增加。在有坡度的跑道上着陆，着陆滑跑距离可用下式近似计算，即

$$l_{LDR}=\frac{v_{TD}^2}{g\left(\frac{1}{K_{TD}}+f\pm\sin\theta\right)} \tag{4-47}$$

式中，θ 为跑道坡度，上坡着陆取“+”号，下坡着陆取“−”号。

从以上分析可知，要缩短着陆滑跑距离和着陆距离，应严格控制好飞机的进场参考速度和接地速度，将襟翼放在着陆位置，并尽可能向逆风和上坡方向着陆，接地时应将飞机拉成规定的接地姿态，滑跑中应及时正确地使用刹车和减速装置，使飞机尽快减速。

三、非正常着陆*

1. 着陆中常见的偏差及修正

着陆中的偏差是多种多样的，下面将简单介绍几种常见的偏差。

(1) 拉高和拉低。在拉平过程中，飞机在较高的高度上，过早地改变飞行姿态，造成飞行姿态和规定高度不相适应(高度过高)，就称为拉高，如图4-52所示。飞机在较低高度上，尚未形成相应的飞行姿态，称为拉低。不管是拉高还是拉低，都表现为飞行姿态与高度不相适应，它们的成因正好相反。

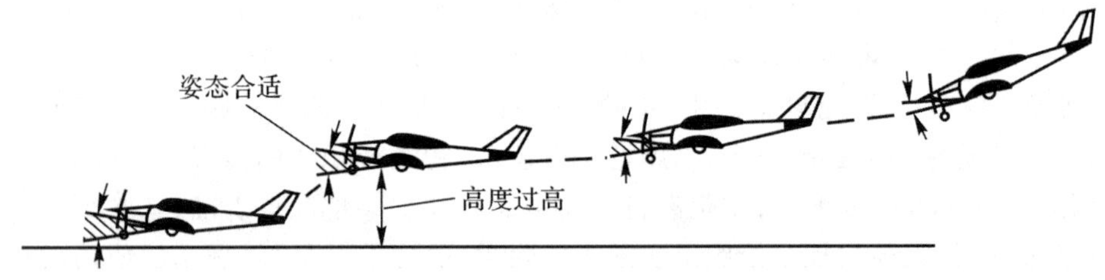

图4-52　拉高

拉平开始高度过高，下降速度过大、下降角过小时，若仍按正常的动作拉杆，会造成拉高；反之，则造成拉低。

在拉平过程中发现有拉高趋势时，应适当减慢或停止拉杆，待飞机下沉到与当时姿态相适应的高度，再继续拉杆。

在拉平过程中发现有拉低趋势时，应特别注意看好地面，适当增大拉杆量，尽快形成与当时高度相适应的飞行姿态，但应注意防止飞机飘起，发现拉低时，应在不使飞机飘起的前提下，尽快拉杆形成接地姿态，以避免飞机重接地。

(2) 拉飘。开始拉平后，飞机向上飘起，造成飞机不降反升的现象，称为拉飘，如图4-53所示。

拉飘的主要原因是拉杆量过多。在拉平过程中，如高度、速度判断不当，特别是在预判要

拉低时，粗猛地拉杆，会导致飞机向上飘起。另外，在大逆风情况下，如果拉杆动作与无风相同，就会引起升力过大而造成拉飘。

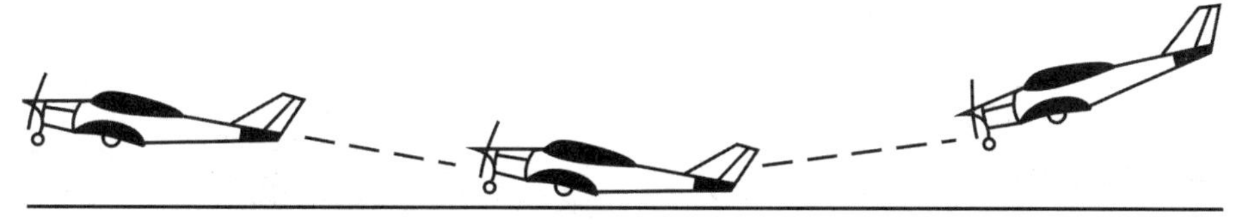

图 4-53　拉飘

飞机出现拉飘后，迎角增加引起阻力增加，并且重力沿航迹方向的分力会使飞机速度迅速减小，易导致飞机失速。应根据拉飘程度，相应进行修正。

如果拉飘高度不高，应稳住杆，待飞机下沉时，及时拉杆。

如果拉飘飘起高度较高，在最初应及时推杆制止上飘。待飞机下沉时，根据下沉快慢及时拉杆，使飞机在正常高度上形成两点接姿态。

如果飘起高度超过一定量(2m)时，应果断加油门复飞。

(3) 跳跃。飞机接地后又跳离地面的现象，称为跳跃，如图 4-54 所示。造成飞机着陆跳跃的原因很多，只要接地时飞机升力与起落架反弹力之和大于飞机重量，就会产生跳跃。

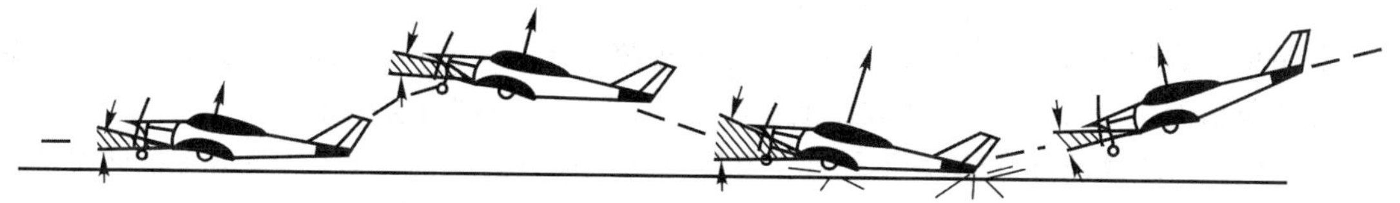

图 4-54　重接地引起跳跃

在下列情况下接地可能产生跳跃：

飞机以重两点或重三点接地。飞机三点接地时，三机轮将同时受到地面的反作用力。接地越重，反作用力也就大。前三点式飞机，主起落架减震吸收的能量比较多，而前起落架减震吸收的能量比较少，也就是说，前起落架的反弹力比较大，机头上仰使迎角增大，升力也增大，使飞机跳离地面，形成跳跃。

飞机以前轮撞地。在着陆操纵中，动作不当，或拉飘修正推杆过多，飞机没有形成接地姿态，使前轮首先接地，前起落架弹力大，使机头上仰迎角增大，升力也就增大，结果与上面一样，也可能产生跳跃。

接地时拉杆量过大。迎角突增，升力增加，也可能产生跳跃。

修正跳跃的方法与修正拉飘的方向相同。

2.侧风着陆

(1) 侧风对飞行姿态的影响。侧风使空速与飞机对称面不平行而形成侧滑。侧滑产生的方向稳定力矩，使机头有向上风(迎风)方向偏转的趋势；侧风产生的横向稳定力矩，使飞机有向下风(背风)方向倾斜的趋势，如图 4-55 所示。

因此，为了消除侧风引起飞行姿态的改变，应向上风方向压盘，向下风方向蹬舵。

(2) 侧风导致的偏流及其修正。飞机在空中飞行时，遇到侧风，飞机将要随侧风按同一速度一起漂移，导致飞机航迹(即地速)与飞机对称面不一致的飞行状态，称为偏流，如图 4-

56(a) 所示。

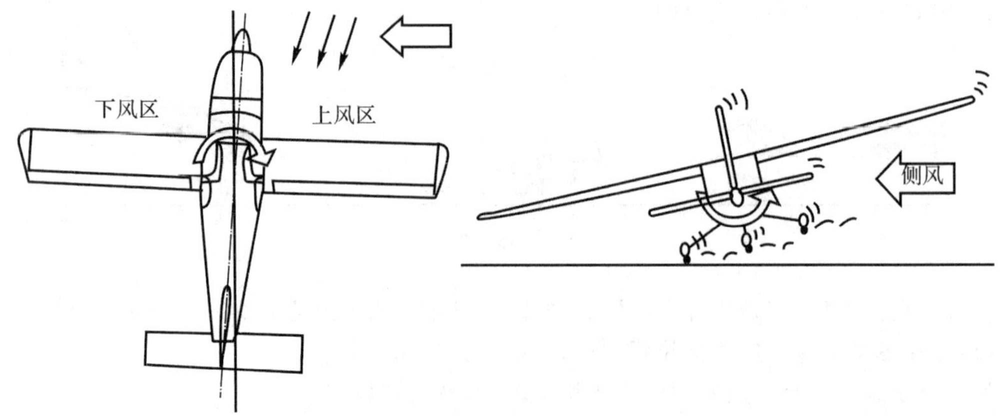

图 4-55　侧风对飞行姿态的影响

产生偏流后，航迹（即地速）偏离飞机对称面，形成如图 4-56(a) 所示的速度三角形。此时，空速与地速之间的夹角，称为偏流角。偏流角的大小由空速、风速的大小及其方向决定。当空速大小与方向一定时，风速越大，航迹偏离越多，偏流角也越大。风速与风向一定时，空速越大，偏流角就越小，侧风的影响相对减弱。

偏流的存在使飞机地面航迹发生偏斜，不能按预定计划飞向预定目的地，因此必须加以修正。修正偏流有两种方法：一是用改变航向法修正；另一是用侧滑法修正。

1) 用改变航向法修正偏流。侧风使实际航迹向下风方向偏离原航向，操纵飞机使机头向上风方向偏转一个角度，使飞机改变的航向角正好等于偏流角，则航迹（地速）就与预定航迹一致，从而修正偏流，这种修正方法就称为改变航向法，简称为航向法，如图 4-56(b) 所示。

用改变航向法修正侧风时，飞机不带侧滑和坡度。偏航角的改变量必须与当时的侧风情况相适应，否则飞机航迹不能保持预定方向。

2)用侧滑法修正偏流。侧风会引起飞机的侧滑，可以操纵飞机产生侧滑来修正飞机的偏流。用侧滑修正偏流，驾驶员向上风方向压盘，使飞机向上风方向带坡度和侧滑（侧滑角应等于偏航角），同时向下风方向蹬舵，保持机头指向跑道不变，简称为侧滑法，如图 4-57 所示。这时，压盘产生的横向操纵力矩用于平衡侧滑引起的附加横向稳定力矩；蹬舵产生的方向操纵力矩用于平衡侧滑引起的附加方向稳定力矩；而带坡度后升力倾斜，升力的水平分力用于平衡侧风引起的侧向力。用侧滑法修正偏流，压盘蹬舵以后，由于升力倾斜，升力的竖直分量将减小，可以适当向后拉杆并加油门来维持。

用侧滑法修正偏流，在飞行速度不变的情况下，侧风量决定了压盘、蹬舵量的大小。压盘和蹬舵的操纵量必须与当时的侧风情况相适应，否则飞机的航迹将偏离预定方向。

用改变航向法修正偏流，其优点是飞机不带侧滑和坡度，升阻比大，而且改变航向不受侧风限制，即使侧风很大，也能用改变航向法来修正；其缺点是由于航迹与机体纵轴不一致，驾驶员不便于根据纵轴方向来保持运动方向，而且飞机接地前改出航向法的修正量较不易掌握。用侧滑法修正偏流，其优点是飞机的航迹与机体纵轴一致，便于根据纵轴方向保持飞机的运动方向，飞机接地前改出侧滑法的修正量较易掌握；其缺点是飞机带坡度，需要增大升力才能维持与重力的平衡，阻力增大，升阻比减小，导致飞机的气动性能变差，当侧风量太大时，只用侧滑法将无法完全修正偏流。

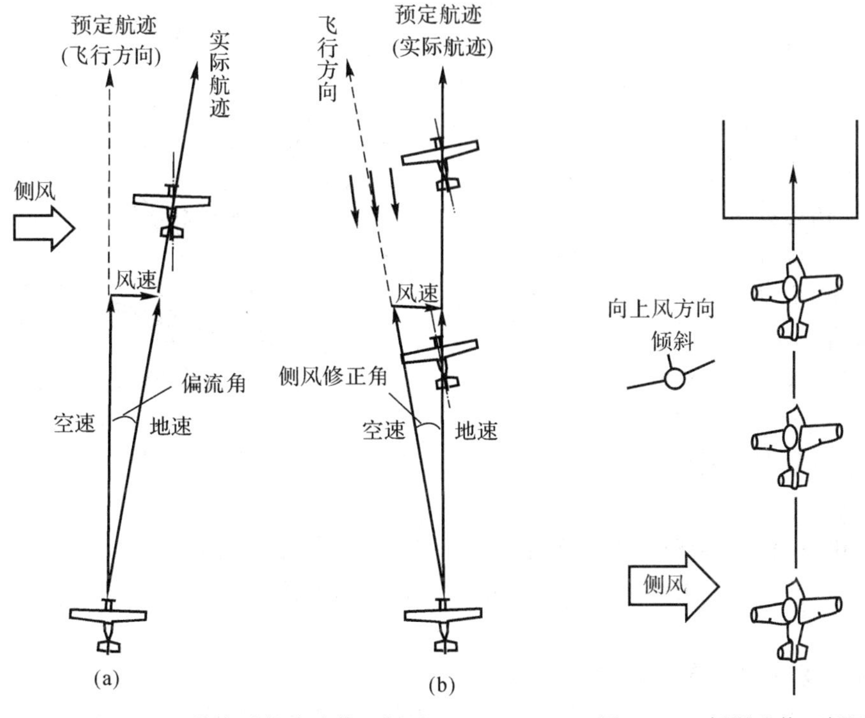

图 4－56　偏流及航向法修正侧风　　　　图 4－57　侧滑法修正侧风

综上所述，两种方法各有优缺点，可以单独使用，也可以结合起来使用。究竟采用哪种方法好，应视具体情况而定。一般而言，飞机在绝大部分飞行阶段，都使用改变航向法修正侧风，只有在着陆进近阶段，为了便于控制飞机下降方向，采用侧滑法修正，或采用侧滑法与航向法结合的方法修正。

(3)侧风情况下的着陆操纵。在最后进近与着陆阶段，可以采用航向法与侧滑法修正侧风的影响，虽然航向法在五边进近时易于掌握与操纵，但它要求驾驶员在飞机接地前瞬间将飞机从航向法改出，这就要求驾驶员必须具备准确的判断能力和较高的飞行技术。

如果在五边进近时采用航向法修正，可以在开始拉平前将飞机逐渐转入侧滑修正法。如果在五边进近时采用侧滑法修正，应将飞机地面轨迹和机头对准跑道中心线，根据飞机的侧向飘移情况，使用向上风压盘和向下风蹬舵进行协调修正。压盘量取决于飞机侧向漂移情况，如果飞机向上风方向飘移，则需要减小盘量，反之，需加大盘量。蹬舵量取决于飞机机头偏转的情况，如机头偏向上风方向，则需加大向下风方向的蹬舵量，反之，则需减小蹬舵量，以使飞机机头和地面航迹对准跑道中心线。

拉平中，飞机需要继续保持向上风方向带坡度和侧滑。由于拉平中速度逐渐减小，舵面效率逐渐降低，因此应逐渐增大盘舵量，用盘保持飞机不带侧滑漂移，用舵控制飞机机头对准跑道方向。这种情况一直维持到飞机拉平后的平飘段直至接地前。

接地前，应操纵飞机改出侧滑法。应适当回盘，减小坡度值接近改平，使上风一侧主轮稍微先接地，如图 4－58 所示，同时少量回舵保持机头方向。由于速度不断减小，气动力不断减小，侧滑引起的横向稳定力矩也不断减小，在保持盘量不变时，飞机本来就有减小坡度的趋势，所以改变坡度并不需要回盘过多。同样为了保持机头方向，本应减小回舵量，所以，随回盘的回舵量更小甚至不回舵。

两点滑跑后，速度继续减小，舵面效率继续减弱，应继续增加盘舵量。为易于保持滑跑方向，也可提早放下前轮转入三点滑跑。前轮接地前，必须快速放平脚蹬，以防止前轮带偏转接地。在三点滑跑阶段，适当使用刹车，随滑跑速度减小，应继续增加上风盘量，同时抵住下风舵保持方向。

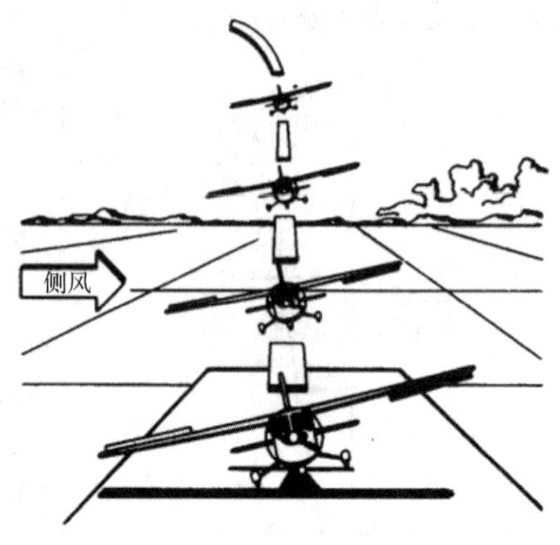

图 4-58　侧风情况下着陆

整个进近着陆过程中，实际侧风的方向和大小不一定是稳定的，在阵风和紊流的情况下，需要驾驶员根据飞机状态进行及时、快速的盘舵修正。

大型飞机一般在接地前的整个飞行中均使用航向法修正，在接地前向下风方向蹬舵使飞机纵轴与跑道平行，同时用盘保持飞机不带坡度，改出航向法。

3. 复飞

由于着陆场地有障碍或有其他不宜着陆的条件存在时，飞机终止进近并由下降转入上升的过程称为复飞(Go Around，GA)，又称为进近复飞，如图 4-59 所示。复飞的主要特点是要在速度较小和高度较低的情况下，保证飞机能迅速增速和安全上升。

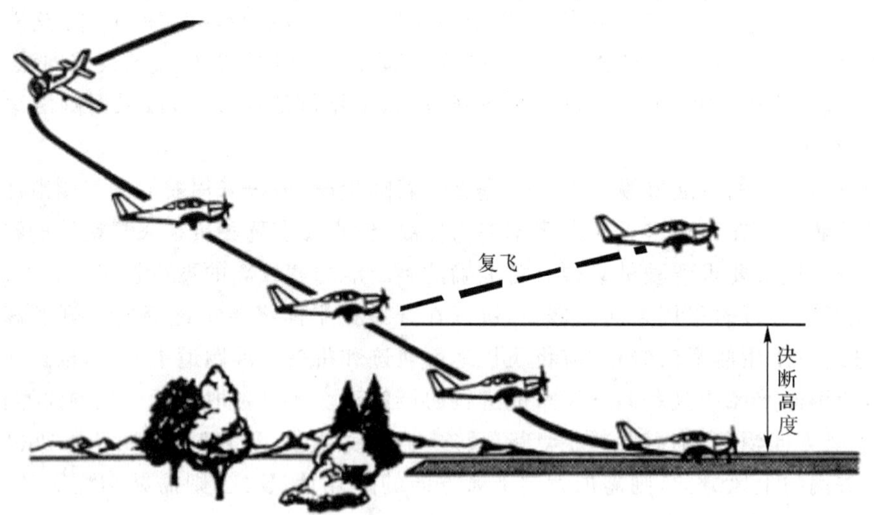

图 4-59　进近复飞

引起复飞的原因有多种，比如能见度低于可着陆的最低标准，侧风或逆风过大，与前方降落或起飞的飞机间隔不足，跑道入侵，塔台航空管制指示，风切变，突发系统失效、不确定起落架是否已放下并锁紧，其他驾驶员认为现阶段无法将飞机安全降落的情况。

在气象条件不好，能见度比较低的情况下，飞机进近下降至一个规定的最低高度时，仍然没有足够的目视参考时，必须复飞。对于精密进近，飞机下降至决断高度(Decision Altitude，DA)时，若仍然看不见跑道或引进标志，便要求驾驶员及时操纵飞机复飞。决断高度是决定用目视方法继续进近以前能够下降的极限，这并不意味着驾驶员在决定复飞或基于目视参考继续进近之前要一直等到决断高度，做决断的过程始于开始进近之时并持续至进近结束。决定着陆或复飞，并非仅在决断高度点进行，紧急情况下行将接地或者已经在跑道上滑跑的飞机亦可立即加大油门拉杆复飞，称为着陆复飞。

决断高度与仪表着陆系统(Instrument Landing System，ILS)，俗称盲降的标准等级有关。盲降标准等级可分为三级，CAT I：能见度不低于 800m(半英里)或跑道视程不小于 550m，决断高度不低于 60m；CAT II：能见度不低于 400m(1/4 英里)或跑道视程不小于 350m，决断高度不低于 30m；CAT III(可再细分为 A，B，C 三级)：不能有效看清跑道，决断高度在 30m 以下或无决断高度。目前国内，北京首都国际机场，广州白云国际机场，上海虹桥、浦东国际机场等几家机场，盲降系统已达到了 CAT Ⅱ类运行标准。

着陆还是复飞由飞机驾驶员最终决定，并对其决定负责。如果可能，复飞决定应尽早做出，推迟至最后一刻才决定复飞可能会危及飞行安全。一旦做出复飞决定后，应立即将油门加大至起飞功率，同时拉杆使飞机转入规定的复飞状态，以减小或停止下降转入上升。在确保飞机有稳定的正上升率后，收起起落架；过早收起落架，如果飞机在复飞过程中二次接地，就可能导致飞机机体撞地事故。飞机收襟翼也必须严格按飞行手册中规定的复飞程序执行；收襟翼过早或一次性收完，飞机升力降低过多，可能会导致飞行高度降低而坠地。飞机复飞时，要求飞机必须有足够的上升梯度(一般不小于 2.1%)。

复飞后的程序和路线，应按照机场使用细则中的规定执行。复飞航空器的高度在 100m 以下，地面上的其他航空器不得起飞。

四、舰载机着陆(舰)*

舰载机在航空母舰等大型舰船上的着陆(舰)是舰载机起降过程中难度最高的阶段，被比喻为“刀尖上的舞蹈”。舰载机在航空母舰上的着陆(舰)之所以难，是因为航空母舰上可供着陆跑道的长度只有 200m 左右，仅为陆上跑道的 1/15；航母在航行时，运动要素复杂，在涌浪的作用下，飞行甲板可能会沿着前、后、左、右、上、下六个方向运动，为非稳定着陆场所。另外，海上气象条件复杂，风向、风速复杂多变，不规则的气流会严重扰乱飞机着陆(舰)时的飞行轨迹，操控飞机的难度十分大。

目前，除具有垂直起降功能的舰载机，其他舰载机在航空母舰上的着陆(舰)都采用了拦阻着陆方式，如图 4－60 所示。拦阻着陆的关键是拦阻装置。

图 4－60　舰载机的结构特点

拦阻装置是航空母舰上吸收着舰飞机的前冲能量，以缩短其滑跑距离的装置。由拦阻索、拦阻网及其拦阻机、缓冲器、控制系统等构成。拦阻索用于飞机正常着舰，是将钢索横拦于着陆甲板上，与着舰方向垂直，每隔 10 余米设一道，共设 3 ～6 道。飞机接近航空母舰时，放下尾钩(拦阻钩、着陆钩)，勾住任何一道拦阻索，在飞机惯性力作用下拦阻索被拖出，拉动缓冲器，抑制拦阻索的运动，使飞机快速减速，滑行 50 ～100m 后停止向前滑行。拦阻网用于飞机应急着舰，当飞机尾钩损坏或因故障不能放下，又不能复飞时，则需要临时架设拦阻网将飞机阻拦在甲板上。现代拦阻网多由尼龙带制成，布置在最后一道拦阻索前方，高约 4.5m，宽度略大于拦阻索。

拦阻索并不是一根简单的钢丝绳，它是一种拦阻力产生装置，其基本组成如图 4－61 所示，其技术关键是吸能缓冲装置。拦阻索的高度一般为 5～20cm，高度过高对飞机着舰起阻碍作用，甚至会损伤飞机起落架，但高度过低又会造成飞机勾索困难。飞机勾住拦阻索后的滑行距离，既不能太长，又不能太短。试验表明，滑行 100m 左右停下来比较合适，此时，飞行员和飞机结构承受的载荷相对较小（约 2.2g，g 为重力加速度）；如果要在 50m 内停下来，承受的载荷要超过 4g。

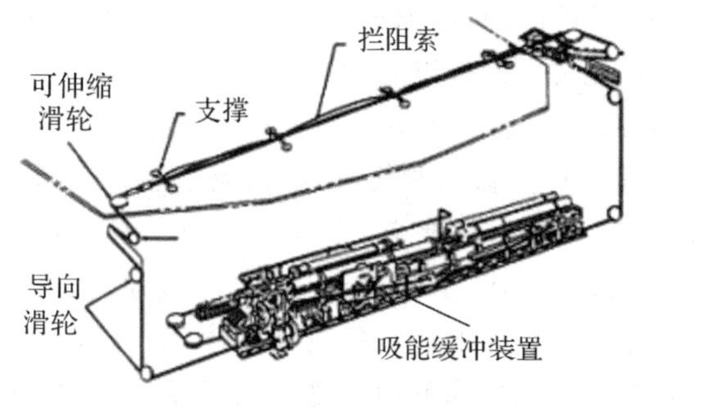

图 4－61　拦阻索的基本组成

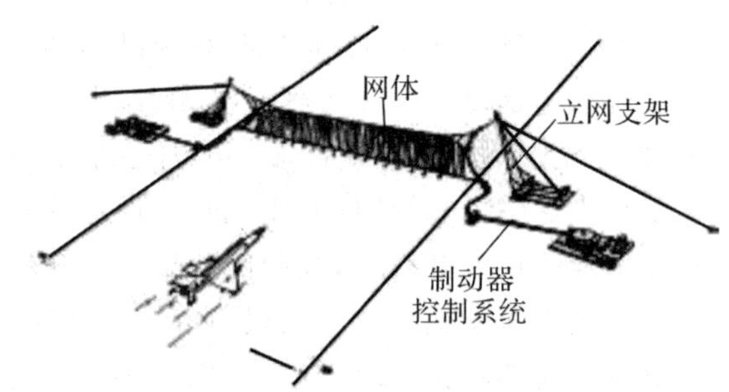

图 4－62　拦阻网

拦阻网是由高强度尼龙丝带为主体材料制成、保障飞机滑跑安全的应急网状装置。它的结构主要由网体、立网支架、制动器和控制系统等组成，如图 4－62 所示。拦阻网平时不架设，在应急情况下使用时，只要几分钟就能临时架设完毕，一般架设在第 3、第 4 道拦阻索（最后两道拦阻索）之间。拦阻网使用后，不但拦阻网会被损坏，而且飞机也会受到一定程度的损伤。

舰载机是一种特种飞机，并不是在普通飞机上加装尾钩，就可以成为舰载机。舰载机的特殊性与其起降的方式有密切关系。舰载机在航空母舰上的着舰难度很高，时刻面临着着舰不成功（没能勾住拦阻索）的风险。为了最大限度地保证着舰安全性（不会掉入大海），舰载机着舰程序中还设计有非常重要的一环，就是舰载机的“逃逸复飞”。如果舰载机要安全复飞，要求舰载机在规定的甲板长度内加速到安全离舰速度。因此，舰载机着舰时，与陆基飞机着陆时的速度、油门等操控上存在很大差异。舰载机规定的接地（舰）速度比较大（300km/h 左右），着陆（舰）时油门并不是收到最小，而是保持在一定位置，因为它随时要做好着舰不成功复飞的准备。舰载机要求带油门、大速度着陆（舰），舰载机的正常着陆（舰），形象地讲就是将飞机以较大速度撞到航空母舰的甲板上，对普通飞机来说就是重着陆。再加上航空母舰的着陆平台在航行中的不稳定性，舰载机着舰时，要求飞机结构和起落架能承受非常大的冲击载荷。因此，舰载机与陆基飞机相比，在飞机起落架上要进行加强，增强起落架承受冲击载荷的能力、减震的能力。据不完全统计，相同着陆重量的舰载机与陆基飞机相比，单在增强起落架方面，增重就可达几百公斤。另外，拦阻着舰方式，要求飞机能承受更大的纵向载荷，一般以拦阻方式着舰的飞机，要求飞机的纵向过载因子（n_x）不低于 3.5。因此，舰载机与陆基飞机相比，还需要在结构上进行加强，对结构强度要求更高。

短距起飞/垂直降落(STOVL)型舰载机(如 F35B)在着舰时，采用垂直着陆技术，不用拦阻技术，可以减小着舰的风险，代表着舰载机一种新的发展方向。但这种类型的舰载机对飞机推力技术有较高的要求。

复习思考题

1. 机场跑道如何编号？
2. 飞机起落航线如何组成？
3. 空中交通管制的任务包括哪些？
4. 为什么要进行高度表的拨正？
5. 真速与表速有什么关系？
6. 飞机起飞滑跑过程中各种力是怎么变化的？
7. 简述飞机起飞过程的操纵原理。
8. 影响起飞滑跑距离和起飞距离的因素有哪些？
9. 什么是飞机平飞所需速度？影响平飞所需速度大小的因素有哪些？
10. 说明平飞所需拉力随平飞速度变化的规律，并说明原因。
11. 说明平飞阻力随平飞速度变化的规律，并说明原因。
12. 什么是剩余拉力？什么是剩余功率？它们随飞行速度是怎么变化的？
13. 平飞最大速度、平飞最小速度、最小阻力速度、最小功率速度是如何定义的？
14. 飞行高度、飞行重量、气温对平飞最大速度和平飞最小速度有何影响？
15. 平飞时如何操作飞机？
16. 什么是小时油耗？影响小时油耗的因素有哪些？
17. 什么是公里油耗？影响公里油耗的因素有哪些？
18. 什么是陡升速度？什么是快升速度？
19. 影响飞机上升性能的因素有哪些？
20. 飞机的升限如何规定？
21. 风如何影响飞机的上升性能？
22. 如何操作飞机由平飞转入上升？
23. 下降时，飞机上的力如何作用？
24. 零拉力下降情况下，如何获得最小下降角和下降率？
25. 影响飞机下降性能的因素有哪些？
26. 如何操作飞机由平飞转入下降？
27. 简述飞机着陆的操纵原理。
28. 影响着陆滑跑距离和着陆距离的因素有哪些？
29. 非正常着陆可表现为哪几种形式？它们是怎么造成的？
30. 侧风着陆，如何修正飞机？

第 5 章　机动飞行与特殊飞行

机动飞行(maneuvers)是指飞行状态(速度、高度和飞行方向等)随时间变化的飞行,简称为机动。按飞机运动轨迹的不同可分为:平面机动飞行,又可分为铅垂面内机动飞行(如俯冲)、水平面内机动飞行(如正常盘旋、平飞加减速);空间机动飞行,有懒八字、急上升转弯(战斗转弯)等。飞机单位时间内改变飞行状态的能力称机动性。飞行状态改变的范围越大,改变状态所需的时间越短,飞机的机动性就越好。

本章将介绍一些常见的机动飞行以及一些特殊情况下的飞行,以便更好地理解飞机的飞行性能。

第一节　飞机的载荷因数

飞机的载荷是指除飞机本身重力以外的其他作用力(发动机推力和气动力等)的总和,常用 R 表示,又称外载荷,其大小通常用载荷因数(load factor)来表示。载荷因数(又称载荷因子)是指飞机(外)载荷(R)与飞机重量(W)的比值,用 n 表示。载荷因数是一个无单位的矢量,其方向为(外)载荷的方向。

$$n=\frac{R}{W} \tag{5-1}$$

为了分析计算方便,可将载荷因数沿着机体轴的三个方向进行分解,分别为沿着机体轴竖轴方向的法向载荷因数,用 n_y 表示;沿着机体轴纵轴方向的纵向载荷因数,用 n_x 表示;沿着机体轴横轴方向的侧向载荷因数,用 n_z 表示。

法向载荷因数(n_y)主要是指飞机升力(L)与飞机重力(W)之比,即

$$n_y=\frac{L}{W} \tag{5-2}$$

纵向载荷因数(n_x)主要是指飞机推力(P)与阻力(D)之差与飞机重量(W)之比,即

$$n_x=\frac{P-D}{W} \tag{5-3}$$

侧向载荷因数(n_z)主要是指飞机侧力(Z)与飞机重量(W)之比,即

$$n_z=\frac{Z}{W} \tag{5-4}$$

在飞机三个方向的载荷因数中,对于一般飞机而言,由于竖轴方向的载荷往往比较大,其他两个方向的过载比较小,竖轴方向的过载因数 n_y 是飞机设计、使用的重要指标之一,如果不加说明,一般所指的载荷因数为法向载荷因数(n_y)。对于舰载机,除了强调竖轴方向的过载因数,由于拦阻着陆(舰)的作用力很大,还强调纵向过载因数。

飞机在不同飞行状态时的载荷因数是不同的,平飞时载荷因数等于 1;斜直线飞行(上升、下降)时载荷因数小于 1;飞机曲线飞行时载荷因数不等于 1。载荷因数有正负之分,其正负号

取决于升力的方向。载荷因数越大，表明升力比飞机重力大得多，飞机各部件的受力越大。飞机的结构强度一般可用飞机能承受的最大载荷因数加以限制。

根据 FAR23.305 对飞机强度的规定，飞机的最大载荷因数分为限制载荷因数(limit load factor)和极限载荷因数(ultimate load factor)。飞机的限制载荷因数为服役期中正常使用下的最大允许载荷与重力之比，飞机结构必须能够承受限制载荷因数而不会产生危及飞行安全的永久变形。限制载荷也称为最大允许使用载荷因数。极限载荷因数按限制载荷因数乘 1.5 倍的安全系数来规定，飞机结构必须能承受极限载荷因数至少 3s 而不被破坏。

第二节　盘　　旋

盘旋是指飞机连续转弯不小于 360° 的飞行，是飞机在水平面内的一种机动飞行，可分为定常盘旋和非定常盘旋。通常按盘旋的坡度大小将盘旋分为三种：坡度小于 20° 的盘旋称为小坡度盘旋；坡度在 20° ～ 45° 之间的盘旋称为中坡度盘旋；坡度大于 45° 的盘旋称为大坡度盘旋。民航飞机转弯盘旋的坡度一般控制在 30° 以内。

飞机作定常盘旋时，飞行参数，如飞行速度、高度、迎角、坡度和侧滑角等都不随时间改变。无侧滑的定常盘旋称为正常盘旋。虽然在实际飞行中，由于驾驶技术、飞机惯性、人的反应等因素的影响，要做到教科书式的正常盘旋基本上是不可能的。但飞机的盘旋运动是有可能接近正常盘旋的，所以下面我们着重讨论正常盘旋，分析盘旋中的作用力，以及在盘旋中杆、舵和油门协调配合的操纵原理。正常盘旋常用来衡量飞机的方向机动性能，对带有转弯的飞行运动都是适用的。

一、盘旋中的作用力

飞机的盘旋又可分为左盘旋和右盘旋，向左转弯的盘旋为左盘旋，向右转弯的盘旋为右盘旋。盘旋过程中，飞机横轴与水平面之间或飞机竖轴(对称面)与铅垂线之间存在夹角，称为转弯坡度，或盘旋坡度，用 γ 表示。

飞机正常盘旋时所受的力如图 5-1 所示，有升力(L)、重力(W)、推力(P)和阻力(D)。根据升力所起的作用，可将其分解为竖直方向的分力和水平方向的分力，竖直方向的分力，大小为 $L\cos\gamma$，用于平衡飞行重量，水平方向的分力，大小为 $L\sin\gamma$，作为曲线运动的向心力。

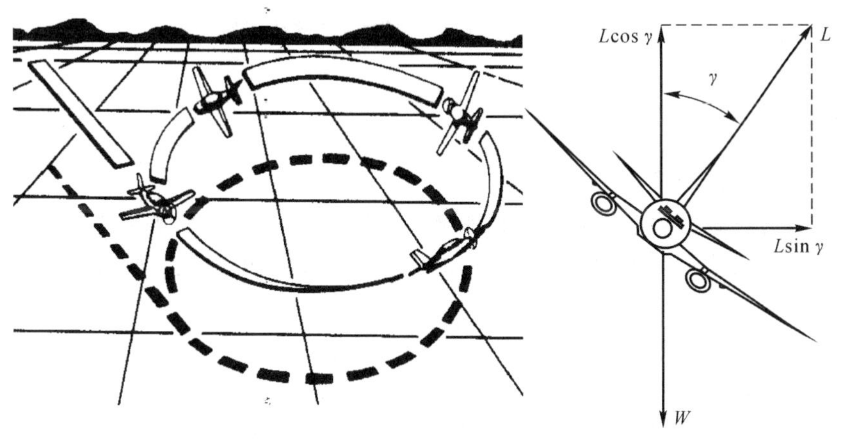

图 5-1　飞机盘旋及其受力情况

正常盘旋的基本要求是:保持盘旋速度、坡度、高度、和半径不变。从力学的知识可知,质量为m的飞机,要保持盘旋速度(v)、坡度(γ)、高度h和半径(r)不变,必须满足以下表达式,称为盘旋运动方程或平衡条件

$$\left.\begin{aligned} &L\cos\gamma=W \\ &L\sin\gamma=m\frac{v^2}{r}=\frac{W}{g}\frac{v^2}{r} \\ &P=D \end{aligned}\right\} \tag{5-5}$$

从式(5-5)可知,要保持高度不变,升力的竖直分力需与飞行重量平衡。对同一架飞机来说,飞行重量可以认为不变,升力的竖直分力随着升力大小和盘旋坡度改变。升力大小不变而坡度增大时,升力的竖直分力减小;坡度不变而升力增大时,升力的竖直分力增大。显然,盘旋坡度越大,必须增大盘旋升力,才能维持盘旋高度不变。

要保持盘旋速度不变,应当使拉力与阻力平衡。拉力大小由油门位置决定,阻力大小主要由飞行速度、迎角决定。要保持盘旋半径不变,必须保持盘旋速度与盘旋向心力(升力的水平分力)平衡。

综上所述,正常盘旋时,要求飞机的速度、姿态(包括迎角和坡度等)与油门之间相互配合协调。

飞机正常盘旋时要满足$W=L\cos\gamma$,所以有

$$n_y=\frac{L}{W}=\frac{1}{\cos\gamma} \tag{5-6}$$

从式(5-6)可知,正常盘旋时的载荷因数取决于坡度,即一定的坡度对应于一定的载荷因数,坡度越大,盘旋中的载荷因数越大,如图5-2所示。飞机以90°盘旋时,载荷因数将趋于无穷大,也就是说,要做坡度为90°的正常盘旋是不可能的,因为此时没有力在竖直方向上与重力平衡。

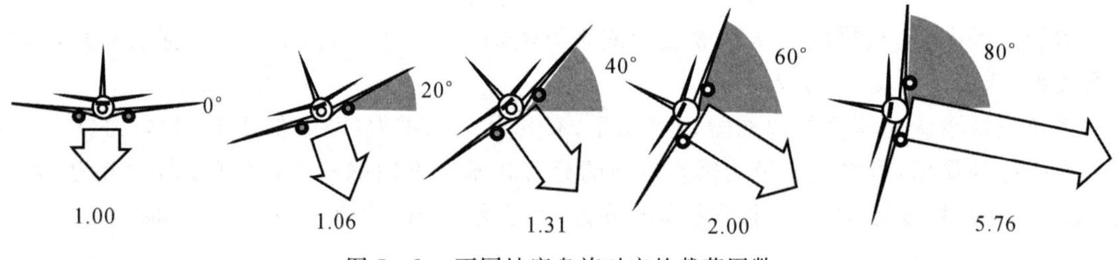

图5-2 不同坡度盘旋对应的载荷因数

二、盘旋性能

1. 盘旋速度、拉力、功率、半径和时间

为了维持升力竖直分力与飞行重量的平衡,保持盘旋高度不变,需要对应的速度,称为盘旋所需速度。根据盘旋运动方程中$W=L\cos\gamma$及式(2-10),可得盘旋所需速度为

$$v=\sqrt{\frac{2W}{C_L\rho S\cos\gamma}}=v_{平飞}\frac{1}{\sqrt{\cos\gamma}}=v_{平飞}\sqrt{n_y} \tag{5-7}$$

从式(5-7)可知,盘旋所需速度,除了与飞行重量、升力系数、空气密度、机翼面积有关外,还与盘旋坡度(即载荷因数)有关。盘旋中的载荷因数始终大于1,因此盘旋所需速度大于相

同条件下平飞所需速度，盘旋坡度越大，相同迎角下盘旋所需速度也越大。

保持盘旋所需速度所需要的拉力，称为盘旋所需拉力。盘旋所需拉力大小等于盘旋阻力大小，将式(5-7)代入盘旋运动方程中的 $P=D$，即有

$$P=D=C_D\frac{1}{2}\rho v^2 S=C_D\frac{1}{2}\rho v_{平飞}^2 S\frac{1}{\cos\gamma}=P_{平飞}\frac{1}{\cos\gamma}=P_{平飞}n_y \tag{5-8}$$

从式(5-8)可知，同一架次飞机，在飞行高度和迎角均相同的情况下，盘旋所需拉力是平飞所需拉力的 n_y 倍。盘旋中 $n_y>1$，所以盘旋所需拉力大于相同条件下平飞所需拉力。盘旋坡度越大，载荷因数越大，盘旋所需拉力也越大。

盘旋所需拉力与盘旋所需速度的乘积就是盘旋所需功率，用式子表示为

$$N=Pv=N_{平飞}\sqrt{n_y^3} \tag{5-9}$$

从式(5-9)可知，同一架次飞机，在飞行高度和迎角均相同的情况下，盘旋所需功率是平飞所需功率的 $\sqrt{n_y^3}$ 倍。随着坡度增加，盘旋所需功率比相同条件下的平飞所需功率大得多。

比如飞机进行 30° 坡度正常盘旋时，与相同条件下的平飞相比，所需速度增大 7.5%，所需拉力增大 15%，而所需功率则增大 24%。

总之，盘旋坡度越大，载荷因数越大，盘旋所需速度、拉力和功率也越大。所以飞机的可用拉力、功率和飞机允许的载荷因数将限制飞机盘旋的最大坡度。

从盘旋运动方程中的 $L\sin\gamma=m\frac{v^2}{r}=\frac{W}{g}\frac{v^2}{r}$ 可知，盘旋半径为

$$r=\frac{mv^2}{L\sin\gamma}=\frac{W}{g}\frac{v^2}{L\sin\gamma}=\frac{L\cos\gamma}{g}\frac{v^2}{L\sin\gamma}=\frac{v^2}{g\tan\gamma} \tag{5-10}$$

盘旋一周所需要的时间等于盘旋一周的周长与盘旋速度之比，即有

$$T=\frac{2\pi r}{v}=\frac{2\pi}{v}\frac{v^2}{g\tan\gamma}=\frac{2\pi}{g}\frac{v}{\tan\gamma} \tag{5-11}$$

从式(5-10)、式(5-11)可知，当盘旋坡度一定时，盘旋速度越大，盘旋半径越大(周长越大)，盘旋半径与盘旋速度平方成正比，盘旋时间越长；当速度一定时，坡度越大，盘旋半径越小，盘旋时间越短。对任何飞机，只要盘旋速度和坡度相同，盘旋半径和盘旋时间也相同。

正常盘旋时，转弯的角速度为

$$\omega=\frac{2\pi}{T}=\frac{g\tan\gamma}{v} \tag{5-12}$$

从式(5-12)可知，保持坡度不变，飞行速度增大，转弯角速度减小，盘旋一周所需时间增加。这是飞机盘旋与一般圆周运动的不同之处。

在实际飞行中，空管部门往往要求不同类型的飞机必须在相同的时间内完成 360° 转弯，不同类型飞机盘旋的角速度必须相等，即标准转弯速率。各种类型飞机盘旋一周所需的时间为 2min，所谓标准转弯速率是指按 3°/s(π/60(rad/s)的角速度)进行转弯。在实际飞行中，可以通过转弯侧滑仪来判断飞机是否按标准速率转弯。某些机型要按标准速率转弯只需在转弯过程中将转弯侧滑仪上小飞机翼尖始终对准标准转弯速率标记即可，如图 5-3 所示。

2. 盘旋拉力曲线

在平飞章节中，我们利用平飞拉力曲线和平飞功率曲线来分析平飞性能。对于盘旋，我们也可以通过盘旋拉力曲线和盘旋功率曲线来分析飞机的盘旋性能。

盘旋拉力曲线由盘旋所需拉力曲线和可用拉力曲线组成。盘旋所需拉力曲线是飞机在一

定高度，以一定坡度盘旋时，所需拉力随速度变化的曲线。与平飞所需拉力曲线相比，盘旋所需拉力曲线还与盘旋坡度有关，在其他条件不变情况下，盘旋坡度改变，盘旋所需拉力曲线也改变。如果已知飞机的平飞所需拉力曲线，利用前面的公式，就可以计算出不同坡度盘旋的所需速度和所需拉力。在盘旋拉力曲线中，可用拉力曲线与平飞可用拉力曲线相同，盘旋所需拉力曲线为一簇曲线，每根曲线对应一个盘旋坡度，如图5-4所示。从图中可以得出以下结论：

图5-3　转弯侧滑仪

(1) 以同一速度盘旋，坡度增大，则迎角增大，所需拉力增大。这是因为坡度增大，需要增大升力才能平衡飞行重量，保持飞行高度不变，速度不变时，升力增大，必须增大迎角，则阻力增大，故所需拉力也随之增大。

(2) 以同一迎角盘旋，坡度越大，所需速度和所需拉力也越大。这是因为坡度增大，需要增大升力才能平衡飞行重量，保持飞行高度不变，迎角不变时，升力增大，必须增大速度，则阻力增大，故所需拉力也随之增大。

(3) 以同一坡度盘旋，迎角增大，则所需速度减小，所需拉力先减小后增大，以最小阻力速度盘旋，所需拉力最小。同时可以得出，盘旋最小阻力速度随坡度变化，但有利迎角不随坡度变化。

(4) 坡度越大，盘旋所需拉力曲线上移，飞机失速速度越大，盘旋最小速度增大，盘旋最大速度减小，盘旋的可用速度范围越小。

由上面的分析可知，飞机在一定高度进行正常盘旋时，每一种飞行姿态(迎角和坡度)都有其对应的速度和拉力，若不遵循这个规律，就不能进行正常盘旋。

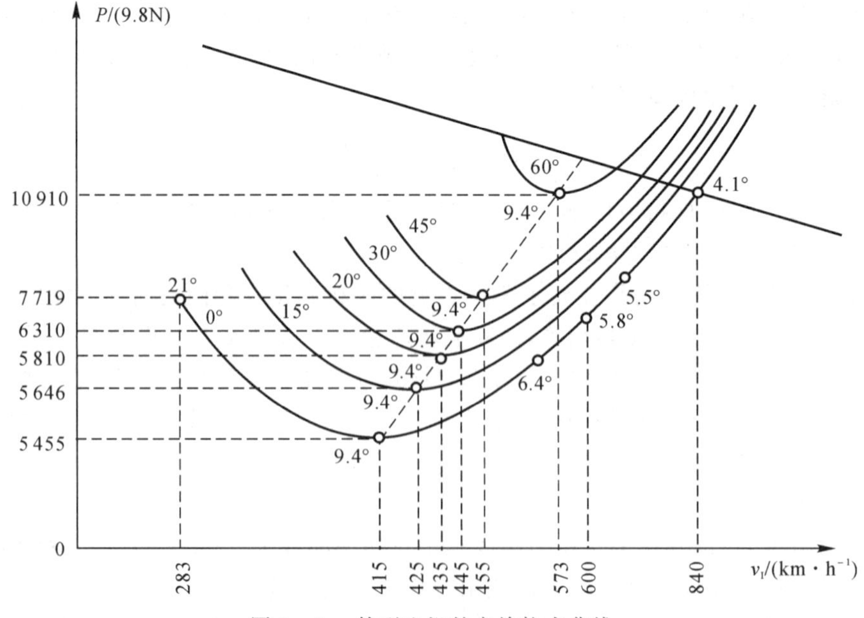

图5-4　某型飞机的盘旋拉力曲线

3. 极限盘旋性能

飞机的极限盘旋性能，例如盘旋最大坡度、盘旋最小速度、盘旋最大速度等，是由多方面因素所限制，归纳起来可分为 3 类，如图 5－5 所示。

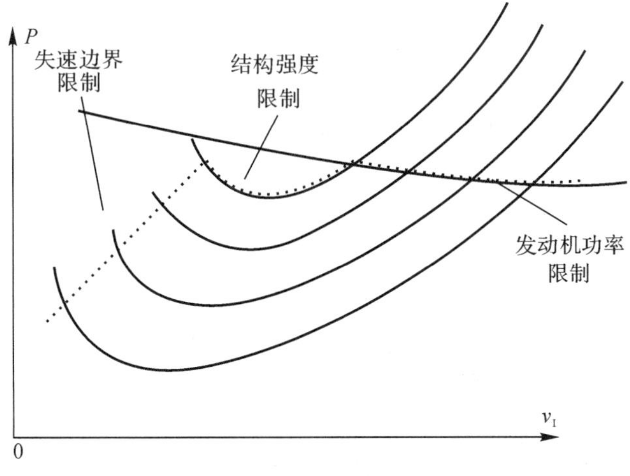

图 5－5　极限盘旋性能限制因素

(1) 飞机结构强度限制。由前面分析可知，盘旋坡度越大，飞机的载荷因数就越大。飞机的最大载荷因数是设计时就规定好的，最大载荷因数对应一个最大盘旋坡度。实际使用载荷不能超过设计载荷，即盘旋坡度不能超过规定的最大盘旋坡度。对于民用客机而言，大坡度盘旋不但使旅客的舒适性降低，而且在正常飞行情况下，也没有必要。对军用战斗机而言，飞机结构强度往往都很高，这类飞机的极限盘旋性能通常不是由其结构强度限制，而是由飞行员的生理极限所限制。

(2) 失速边界限制。盘旋所需拉力曲线最左端对应的速度为飞机失速速度。从理论上说，飞机可以以失速速度盘旋，但考虑到飞机的稳定性、操纵性以及飞行安全裕度，实际上要求飞机盘旋的最小速度必须大于该坡度下的失速速度，这就限制了飞机的盘旋最小速度。

(3) 发动机功率限制。发动机功率越大，所能提供的可用拉力就越大，可用拉力曲线上移，盘旋最大速度就越大。飞机的高速盘旋边界受到发动机最大可用功率的限制。

三、转弯中的侧滑与盘舵协调

飞机在转弯或盘旋过程中，非常容易产生侧滑。在第 3 章我们已经阐述过侧滑的概念，把侧滑分为左侧滑和右侧滑。在转弯过程中产生的侧滑，还可以分为内侧滑和外侧滑。它们的定义为：与转弯方向一致的侧滑称为内侧滑(slip)；与转弯方向相反的侧滑称为外侧滑(skip)。飞机在做左转弯(盘旋)时，如果产生左侧滑，就为内侧滑；反之，产生右侧滑，就为外侧滑，如图5－6 所示。

飞机在转弯或盘旋过程中，飞机需要绕竖轴偏转，使飞机的纵轴线与航迹曲线相切，还需要绕纵轴滚转倾斜形成一定坡度，使升力的水平分力与转弯产生的离心力平衡。偏转量、坡度与转弯量不相符，飞机都会产生侧滑。因此，飞机在转弯或盘旋中，要求盘舵相互协调，即压盘量和蹬舵量要协调一致。

飞机带有侧滑，会引起飞机空气动力性能下降，所以在一般情况下应避免飞机产生侧滑。

飞机在转弯或盘旋过程中，产生侧滑的原因是由于盘舵不协调造成的。

1. 压盘过量或蹬舵不足导致内侧滑

假设飞机在无侧滑的左转弯中，所需的坡度为 γ，所需的转弯量为 β。

如果压盘量过大，飞机倾斜坡度(γ') 大于所需坡度(γ)，即有 $L\sin\gamma' > L\sin\gamma = mv^2/r$，升力的水平分力将产生过大的向心力，使飞机向左侧(向内) 滑移，导致相对气流从飞机左前方吹来，产生左侧滑。此时，侧滑方向与转弯方向一致，则为内侧滑。

如果蹬舵量不足，飞机的转弯量(β') 小于所需转弯量(β)，转弯量不足，导致相对气流从飞机左前方吹来，产生左侧滑。此时，侧滑方向与转弯方向一致，则为内侧滑。

2. 压盘不足或蹬舵过量导致外侧滑

同样假设飞机在无侧滑的左转弯中，所需的坡度为 γ，所需的转弯量为 β。

如果压盘量过小，飞机倾斜坡度(γ') 小于所需坡度(γ)，即有 $L\sin\gamma' < L\sin\gamma = mv^2/r$，升力的水平分力不足于平衡转弯时产生的离心力，使飞机向右侧(向外) 滑移，导致相对气流从飞机右前方吹来，产生右侧滑。此时，侧滑方向与转弯方向相反，则为外侧滑。

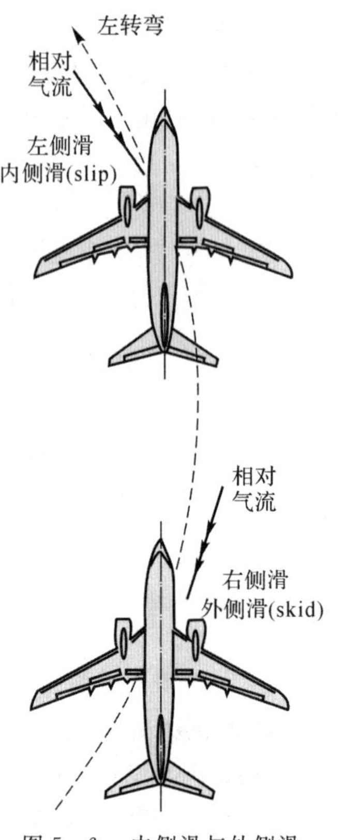

图 5－6　内侧滑与外侧滑

如果蹬舵量过大，飞机的转弯量(β') 大于所需转弯量(β)，转弯量过大，导致相对气流从飞机右前方吹来，产生右侧滑。此时，侧滑方向与转弯方向相反，则为外侧滑。

由此可见，在转弯或盘旋飞行中，要使飞机无侧滑，需要盘舵相互协调，同时，还要求发动机油门、飞机迎角也要相互协调。油门过大或迎角过大，会使升力增加，飞行高度发生变化，还会产生侧滑。因此，不带侧滑的正常盘旋要求油门、升降舵、副翼和方向舵协调操纵。

四、盘旋操纵

盘旋操纵可分为进入盘旋、稳定旋转和改出盘旋三个阶段。在进入盘旋阶段，飞机坡度逐渐增加；在稳定旋转阶段，坡度保持不变；而在改出阶段，坡度逐渐减小。驾驶员应根据不同阶段的特点来操纵飞机，才能盘旋好。下面就按进入、稳定、改出三个阶段来分析盘旋的操纵原理。

1. 进入阶段的操纵

飞机从平飞进入盘旋，所需升力增大，可以通过增大速度和增大迎角两种方法来实现。单纯拉杆增加迎角，可能使飞机迎角增大较多，导致飞机失速。因此，在实际操纵中，增大升力是通过同时增大速度和迎角的方法来实现。

进入盘旋前，可以采用平飞加速的方法增大飞行速度，即加油门并向前推杆。首先加油门至规定值，当速度增大至预定速度时，手脚一致地向盘旋方向压盘蹬舵。压盘是为了使飞机带坡度，以产生升力的水平分力，使飞机进入曲线运动；蹬舵是为了使飞机绕竖轴偏转，避免产生侧滑。

随着坡度的增大，升力竖直分力减小，为了保持高度不变，在压盘的同时，需要向后拉杆增大迎角，以增大升力。坡度和升力的增大，使向心力增加，所以需要继续向盘旋方向蹬舵以防止出现侧滑。

在飞机达到预定坡度之前，应及时提前回盘，以减小并制止飞机继续滚转，使飞机稳定在预定坡度。根据进入时压盘量的大小，回盘至中立位或回盘修正过中立位，以保持飞机稳定在预定坡度为准。

在回盘的同时，还需要相应地回一些舵。这是因为进入盘旋时，为了使飞机加速偏转，一般蹬舵量稍大些，使方向操纵力矩大于绕竖轴旋转形成的方向阻转稳定力矩，和因副翼偏转导致两翼阻力差（外侧机翼阻力大于内侧机翼阻力）而形成的反向偏转力矩。当飞机接近预定坡度时，副翼不再偏转，两机翼阻力差形成的反向偏转力矩减小，方向舵偏转的作用只是产生方向操纵力矩用以平衡方向阻转力矩和变小的反向偏转力矩，避免产生侧滑，所以，要减小偏转量，适量回舵，蹬舵量比进入时小些。

归纳起来，盘旋进入阶段的操纵方法是：加油门、推杆，速度增大至规定值时，手脚一致的向盘旋方向压盘蹬舵，同时拉杆保持高度，接近预定坡度时，回盘回舵。

2. 稳定阶段的操纵

在进入盘旋阶段，如果飞机的坡度、迎角增加合适，油门也符合要求，飞机就有条件保持稳定盘旋。但是操纵动作不可能在任何时候都做得绝对精准，这就需要驾驶员及时发现和修正各种偏差。稳定盘旋阶段中，经常出现的偏差是高度、速度保持不好。以下就着重分析稳定盘旋阶段如何保持高度和速度。

(1) 如何保持高度。盘旋中高度保持不好的主要原因是没有保持好坡度和迎角。

保持坡度是保持正常盘旋的首要条件。坡度不正确，将会引起所有盘旋参数不正确。坡度增大，升力的竖直分力小于飞行重量，飞机运动轨迹向下弯曲，引起飞行高度降低，同时飞行重量沿航迹向前的分力使盘旋速度增加。反之，坡度减小，升力的竖直分力大于飞行重量，飞机运动轨迹向上弯曲，引起飞行高度升高，同时飞行重量沿航迹向后的分力使盘旋速度减小。在保持坡度的情况下，再用驾驶杆保持高度。如拉杆量多了，飞行高度会增加；拉杆量少了，飞行高度会降低。

(2) 如何保持速度。在盘旋中，在保持坡度与高度不变的前提下，应该正确地使用驾驶杆和油门保持速度。如果坡度与高度正确，盘旋速度大于预定速度，则说明油门偏大，应适当收小油门，随速度减小的同时拉杆保持高度。反之，如果速度偏小，应适当加大油门，随速度增大的同时推杆保持高度。

盘旋速度的变化会影响升力的大小，会影响到盘旋高度。如果速度增加，飞机运动轨迹向上弯曲，盘旋高度升高，则飞行重量沿航迹向后的分力使盘旋速度减小。反之，盘旋高度降低则会引起盘旋速度增大。这表明，当盘旋高度和速度同时存在偏差时，应先保持好高度，再修正速度。此外，任何时候都要做到盘舵协调，使飞机不产生侧滑。

(3) 盘旋中的盘舵量。飞机围绕盘旋中心作盘旋运动时，由于翼展的影响，外侧机翼经过的路程长，运动线速度大，相对气流速度大；内侧机翼经过的路程短，运动线速度小，相对气流速度小，如图 5-7 所示。根据空气动力学的原理，相对气流速度大，则升力大，同时阻力也大。因此，飞机稳定旋转时，外侧机翼升力大于内侧机翼升力，外侧机翼阻力也大于内侧机翼阻力。两侧机翼的平均运动速度差越大，则两机翼的升力差越大，阻力差也越大。两侧机翼平均速度差取决于盘旋转弯半径和机翼翼展，盘旋半径越大，翼展越小，则速度差越小。对一般飞机来说，盘旋半径比机翼翼展要大得多。

飞机小坡度盘旋时，盘旋半径大，两侧机翼的平均运动速度差很小，两侧机翼的升力差很小，对坡度影响很小，此时作用在两机翼上的惯性力力矩有使飞机坡度减小的趋势，为保持所需坡度，驾驶盘一般处于中立位置附近（少量顺盘或反盘）。中、大坡度盘旋时，盘旋半径小，两侧机翼的平均运动速度差较大，两侧机翼的升力差较大，外侧机翼升力大于内侧机翼升力，使飞机有自动加大坡度的趋势，需要反向压盘保持坡度。

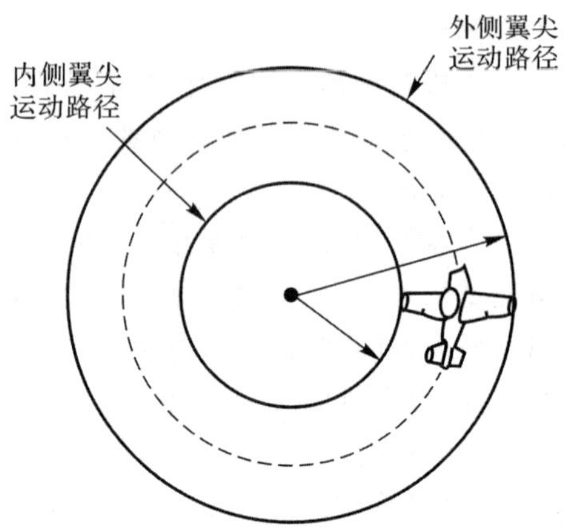

图 5-7　盘旋中两侧机翼的运动路径

盘旋时，飞机绕竖轴偏转，且外侧机翼的阻力大于内机翼的阻力，产生与盘旋方向相反的阻转力矩，中、小坡度盘旋时，两侧机翼的阻力差很小，附加方向阻转力矩并不大，基本不需要加大蹬舵量；大坡度盘旋时，两侧机翼的阻力差较大，附加方向阻转力矩比较大，需要向盘旋方向相应加大蹬舵量。蹬舵量的大小应以保持没有侧滑为准。

归纳起来，盘旋中保持稳定盘旋的基本操纵方法是：用油门保持好速度，用驾驶杆保持好高度，用驾驶盘保持好坡度，用蹬舵保持飞机不带侧滑。即油门、杆、盘、舵之间的正确配合是稳定盘旋的关键。

3.改出阶段的操纵

从盘旋改为平飞，飞机的坡度减小需要一个过程，在这个过程中，飞机还带有坡度，还会继续偏转。为了使飞机改出盘旋时处于预定方向，就必须提前做改出动作。坡度越大，提前量也必须大一些。通常情况下，提前改出的角度可设定为盘旋坡度的一半。改出时机过晚，或改出动作过慢，会使改出后的平飞超过预定方向；反之，改出时机过早，或改出动作过快，会使改出后的平飞不及预定方向。

改出盘旋首先要消除向心力，为此，应向盘旋的反方向压盘，以减小飞机坡度，同时向盘旋的反方向蹬舵，以制止飞机偏转，避免产生侧滑。飞机坡度减小，升力的竖直分力逐渐增大，为了保持高度不变，需逐渐向前推杆，同时柔和地收油门。当飞机接近平飞状态时，将盘和舵回到中立位置。

归纳起来，改出盘旋的基本操纵方法是：提前一定（转弯）角度向盘旋的反方向手脚一致地压盘、蹬舵，逐渐减小飞机坡度，并防止侧滑。随着坡度的减小，向前推杆，并收小油门，飞机接近平飞状态时，将盘和舵回到中立位置，保持平飞。

五、侧滑对盘旋的影响

盘旋过程中，当盘舵量不协调时，飞机就会出现侧滑，驾驶员可以通过侧滑仪来判断飞机是否出现了侧滑，如图5-8所示。当小球处于中央位置时，表示没有侧滑；小球左偏，表示出现左侧滑；小球右偏，表示出现右侧滑。小球偏离中心越多，表示侧滑越严重。

侧滑使相对气流与飞机对称面不一致，将引起飞机上的力和力矩发生变化，使飞机偏离预定的飞行状态，如图 5－9 所示。

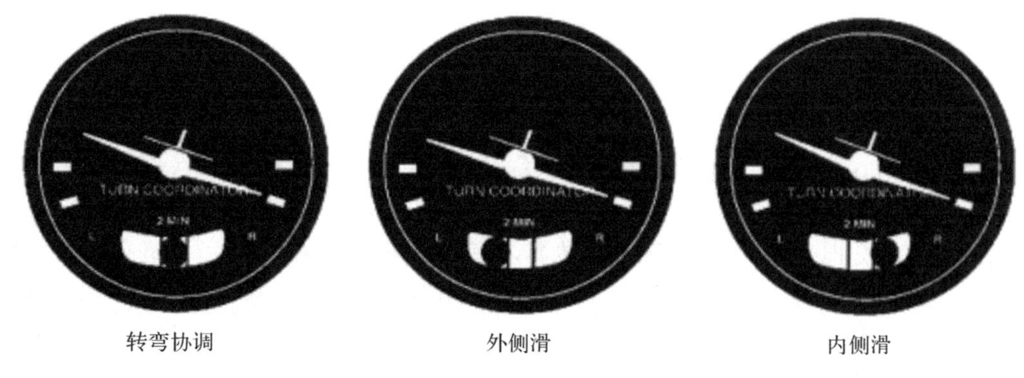

图 5－8　飞机侧滑仪

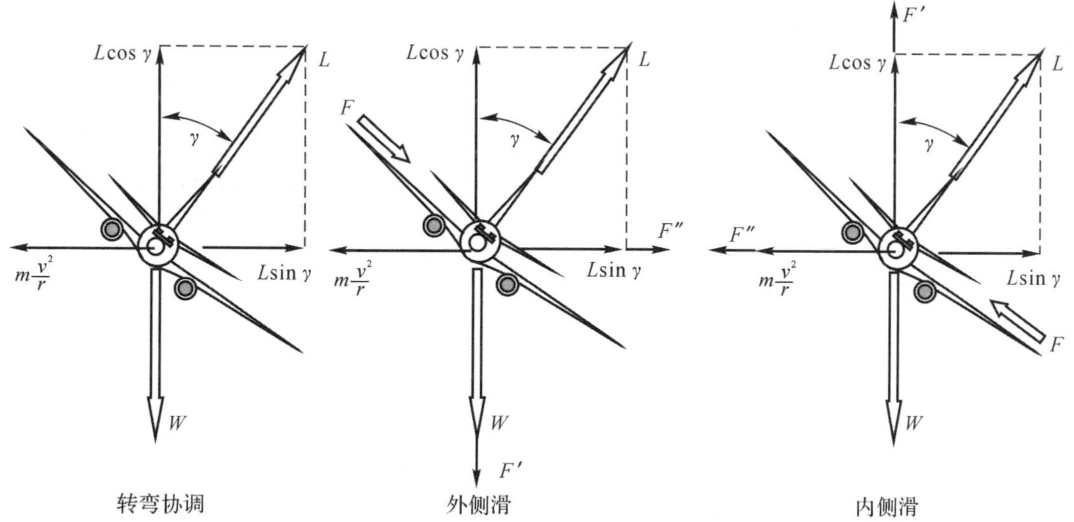

图 5－9　侧滑对飞行状态的影响

在盘旋过程中，当飞机发生外侧滑时，侧滑产生的侧向力（F）的方向向内向下，侧向力的竖直分力（F'）使盘旋高度降低，侧向力的水平分力（F''）使盘旋半径减小。同时，外侧滑还会引起外翼（侧滑前翼）升力增大，内翼升力减小，产生附加滚转力矩使飞机坡度增大，进一步使盘旋高度降低，盘旋半径减小。

在盘旋过程中，当飞机发生内侧滑时，侧滑产生的侧向力（F）的方向向外向上，侧向力的竖直分力（F'）使盘旋高度增加，侧向力的水平分力（F''）使盘旋半径增大。同时，内侧滑还会引起内翼（侧滑前翼）升力增大，外翼升力减小，产生附加滚转力矩使飞机坡度减小，进一步使盘旋高度增加，盘旋半径增大。

由此可见，侧滑对飞机的盘旋性能有很大影响。盘旋中，如果发现侧滑仪小球不在中央位置，飞机带有侧滑时，应先检查坡度是否正确，如果坡度正常，飞机仍带有侧滑，就应该向侧滑仪小球偏转一侧蹬舵，使侧滑仪小球回到中央位置，从而消除侧滑。

六、盘旋相关机动飞行简介*

在实际飞行中，特别是在训练飞行员的基本驾驶技术中，还广泛使用各种机动飞行。这些机动飞行基本都与盘旋相关，下面将对这些机动飞行进行简单介绍。

1. S 形转弯

S 形转弯(S turn)通常由沿着地面直线地标(如道路)进行一系列 180°的半圆飞行所组成。整个机动飞行中飞机可以保持高度不变，飞机的地面轨迹为一系列恒定半径的半圆。飞机从垂直直线地标的方向进入，然后进行 180°转弯，再垂直反向穿越直线地标，并进行反向 180°转弯，如此往复进行，如图 5-10(a)所示。S 形转弯是培养飞机驾驶员基本驾驶技术和参考地标空间定位能力的基本途径。如果飞机在长五边进近时的飞行高度过高，还可以采用 S 形转弯(增加航线长度)来降低飞行高度。

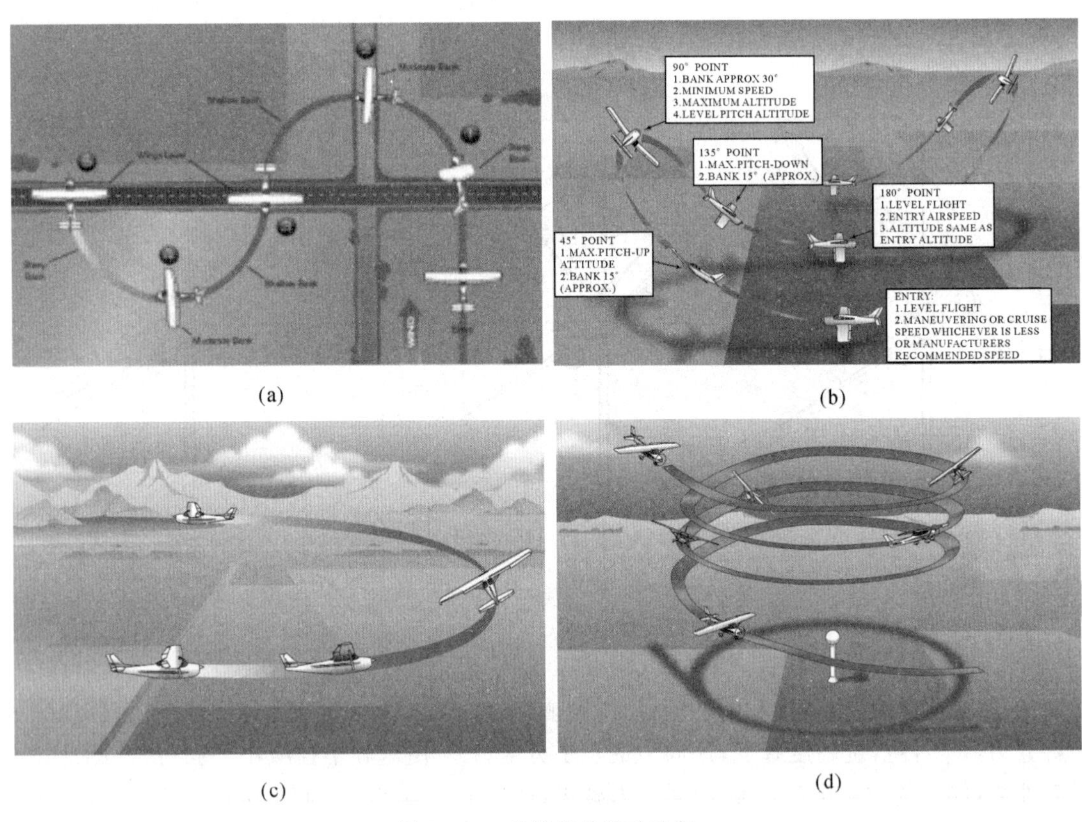

(a) (b) (c) (d)

图 5-10 盘旋相关机动飞行

(a)S 形转弯； (b)懒八字； (c)急上升转弯； (d)急盘旋下降

2. 懒八字

懒八字(lazy eight)由两个相反方向的 180°转弯所组成，同时在每个转弯飞行中，按对称的方式进行上升和下降，是一种空间机动飞行。懒八字飞行中飞机任何时刻都不再处于水平直线飞行中，而飞机坡度则处于交替变化中，只有在三个低点的瞬间，飞机坡度才为零，如图 5-10(b)所示。懒八字是培养飞机驾驶员对操纵杆力变化的感觉、空间定位和精确控制飞机能力的基本途径。

3. 急上升转弯

急上升转弯(chandelle)是一个 180°上升转弯，飞机在上升的同时进行转弯，要求发挥飞机的最佳飞行性能，按设定的坡度和功率，在不失速的前提下使飞机的爬升高度达到最大，如图 5－10(c)所示。急上升转弯，又称战斗转弯，是培养飞机驾驶员对飞机最强性能飞行的感觉，以及计划、协调和空间定位能力的途径。

4. 急盘旋下降

急盘旋下降(spiral dive)是指飞机以大坡度、小迎角、大速度快速盘旋下降，如图 5－10(d)所示。急盘旋下降飞机并没有失速，与(失速)螺旋下降不同，改出动作也与螺旋下降不同，是培养飞机驾驶员计划、协调和空间定位能力的途径。

第三节　其他机动飞行*

对于一些军用作战飞机，如歼击机、轰炸机等，还强调飞机在铅垂面内的机动飞行性能和空间机动飞行性能。下面将主要介绍飞机在铅垂面内和空间的机动飞行。

一、铅垂面内的机动飞行

飞机在铅垂面内的机动飞行主要包括俯冲、筋斗和跃升，其基本飞行轨迹如图 5－11 所示。

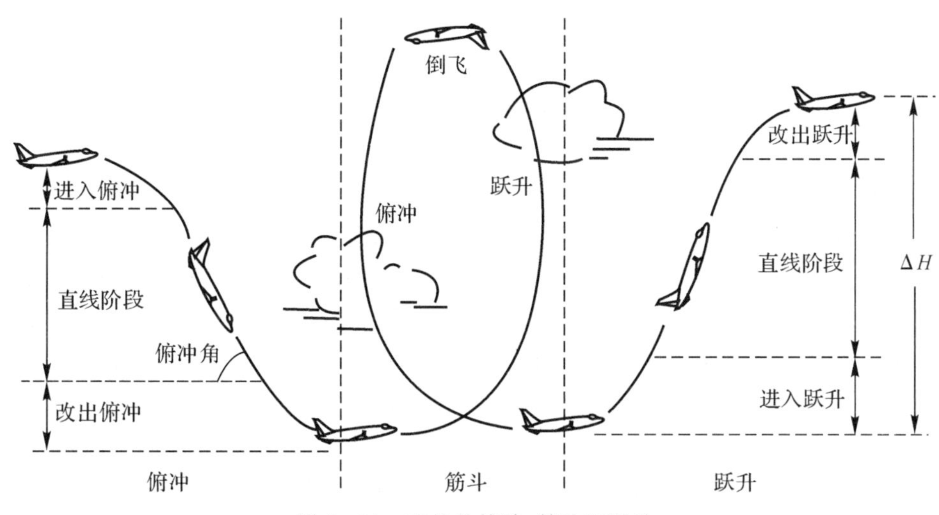

图 5－11　飞机的俯冲、筋斗和跃升

1. 俯冲

俯冲(dive)是飞机将位(势)能转化为动能、迅速降低高度、增大速度的机动飞行。俯冲过程分为进入、直线和改出俯冲三个阶段。俯冲是战斗机空战中的重要动作，在被敌机追踪时，可以利用俯冲加速逃脱；在占有高度优势时，可以利用俯冲加速扑向敌机。战斗轰炸机和近距空中支援攻击机则经常利用俯冲进行轰炸和扫射，以增加对地攻击的准确性。在实际飞行中，为尽快进入俯冲，通常是飞机先绕纵轴滚转或边转弯边进入俯冲，进入段的高度损失不大。在急剧俯冲时，为了防止速度增加过多和超过相应高度的最大允许速度，必须减小发动机推力，有时须放出减速板。改出俯冲后的高度不应低于规定的安全高度。为了减小高度损失，驾驶员可在不造成飞机抖振的条件下尽量后拉驾驶杆，增大向心力，即增大过载，但过载不应超过驾驶员的生理承受能力和飞机结构强度的限定值。

2. 筋斗

筋斗(loop)是飞机在铅垂平面内作轨迹近似椭圆、航迹方向改变360°的机动飞行。筋斗大致由跃升、倒飞、俯冲等基本动作组成，是驾驶员基本训练的科目之一，也是用来衡量飞机机动性的一种指标。完成一个筋斗所需的时间越短，机动性越好。要实现筋斗飞行，必须有足够的向心力，驾驶员须加大油门使飞机加速到具有足够大的速度并拉杆使飞机产生足够大的过载，以便产生足够大的向心力，使飞机向上跃升，达到筋斗顶点，进入倒飞状态，随后向下转入俯冲，最后拉操纵杆转入平飞，完成整个筋斗机动飞行。

3. 跃升

跃升(jump)是飞机将动能转化为位(势)能、迅速增加高度的一种作战用的机动飞行。在给定初始高度和速度的情况下，飞机所能获得的高度增量(ΔH)越大，完成跃升所需的时间越短，跃升性能越好。跃升的航迹与俯冲相反。跃升轨迹也可分为进入、直线和改出三个阶段。跃升时通常用发动机的大推力状态(使用发动机加力装置或火箭加速器)，以便最大限度地爬升获取高度并保持足够的飞行速度。飞机进入跃升时的速度越大，跃升终了时的速度越小，跃升高度就越高，但跃升终了速度不能过低，以免飞机发生失速或失控等危险。飞机升限中还有种跃升升限。

二、空间机动飞行

空间机动飞行除了前面所提及的急转弯上升(战斗转弯)外，还包括横滚、桶滚、斜筋斗、半筋斗翻滚和半滚倒转等。

1. 横滚

横滚(aileron roll)又称副翼滚转，是指飞机绕机体纵轴滚转360°的机动飞行，如图5-12所示。进入横滚时，飞机处于平飞状态，此时轻拉杆，使飞机具有一定的仰角(此时飞机将有一定程度的爬升)，随后向左或右侧压杆(盘)，飞机将开始滚转，随着滚转倾角变大，飞机将渐渐失去升力开始下降高度，补偿拉杆带来的爬升高度，在滚转接近完成时，适当向反方向压杆，补偿惯性并在平飞状态结束动作，其航迹为一弧线。滚转过程往往带来飞机偏航，有时飞行员需要向偏航的反方向蹬舵以补偿偏航。

横滚按滚转角大小可分为半横滚(滚转180°，然后转入其他动作)、全横滚(滚转360°)和连续横滚；按滚转角速度大小可分为急横滚(完成横滚时间短)和慢横滚(完成横滚时间长)。横滚是复杂特技飞行所必须掌握的基本动作之一，也是空中格斗常用的动作。

需要将横滚与桶滚区分开来。

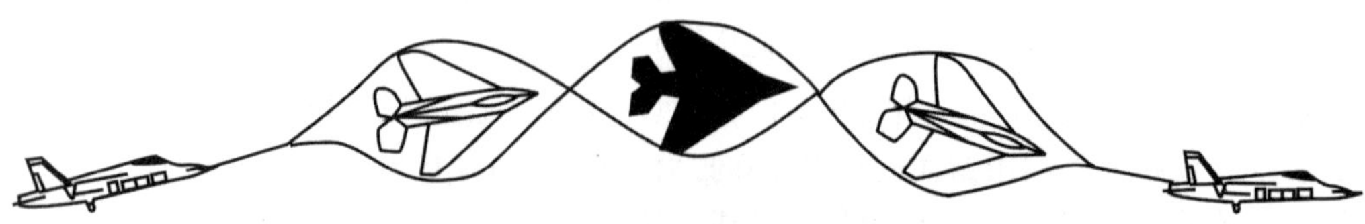

图5-12 横滚

2. 桶滚

桶滚(barrel roll)是从战机行进路线而来的，不仅是飞行特技，也是一种攻守兼备的机动飞行动作。做桶滚动作时，飞机匀速飞行并用旋转和滚转，沿螺旋线形航迹前飞，如图 5－13 所示。这样能保持飞行方向，并能逃脱导弹攻击，对付多个敌机的时候非常有效，是一个高难度的机动飞行动作。桶滚还可分为进攻性桶滚和防御性桶滚。

桶滚的基本操纵方法是向任意一方向压杆(横滚)同时向另外一方向蹬舵(垂尾满舵)，使飞机在连续滚转的同时向反向转向。

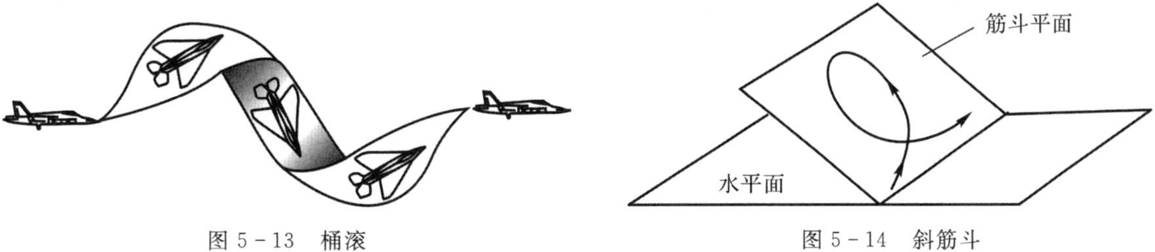

图 5－13　桶滚　　图 5－14　斜筋斗

3. 斜筋斗

斜筋斗是指在与水平面成一定角度的斜平面上的筋斗，实际上是把盘旋和筋斗结合起来的空间机动飞行动作，如图 5－14 所示。斜筋斗时，飞机的过载因数非常高，对飞机的抗过载能力和飞行员的驾驶技术要求极高。

4. 半筋斗翻滚

半筋斗翻滚(Immelmann)是飞机在铅垂面内迅速增加高度并改变 180°方向的机动飞行，它由筋斗的前半段和横滚的后半段结合起来，由高速平飞开始，拉起做筋斗，在筋斗的顶点，机腹朝上的时候，做一个半横滚，恢复正常平飞，如图 5－15 所示。它是以德国著名飞行员 Max Immelmann 名字命名的动作。

这种机动飞行既可以改变飞行方向，又可以上升获得高度优势，将速度动能转化为高度势能，同时改变航向 180°，是一种很有用的机动飞行，载荷因数较高。

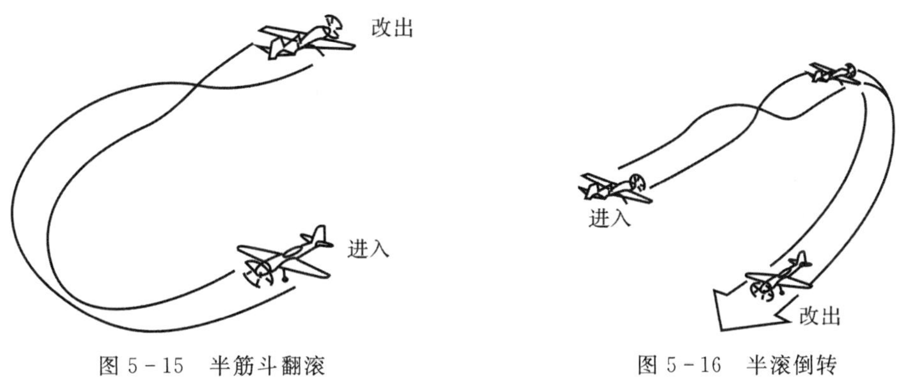

图 5－15　半筋斗翻滚　　图 5－16　半滚倒转

5. 半滚倒转

半滚倒转(split－S)是飞机在铅垂面内迅速降低高度并改变 180°方向的机动飞行，它由横滚的前半段和筋斗的后半段结合起来，是半筋斗翻滚的逆向过程，由平飞开始，先做一个半横滚，飞机进入俯冲，随后向后拉杆，使飞机从垂直俯冲慢慢拉起为平飞，如图 5－16 所示。

空战中飞行员常使用此机动逃逸，特别是俯冲性能优秀的战机，半滚倒转能比较有效地摆脱敌机的追击。不过这个机动需要一定初始高度，而且过载很大，实战中有许多飞行员没能及时拉起战机，而撞上地面。

第四节 特殊飞行*

飞机在飞行过程中可能会遇到一些特殊情况，例如失速、螺旋、低空风切变等，它们与飞机的正常飞行有很大的不同，了解这些特殊情况下的飞行和应对措施对于保证飞行安全十分重要。

一、失速

1. 失速的产生

失速(stall)是指飞机迎角超过其临界迎角，机翼上出现了严重的气流分离，升力突然减小，阻力急剧增大，不能维持正常飞行的现象。

飞机在正常飞行中出现迎角超过临界迎角而失速的情况是很少的，但若驾驶员操纵失误或遇到强烈的扰动气流，飞机迎角有可能超过其临界迎角而造成飞机失速。当飞机迎角超过临界迎角时，气流将不再平顺地流过机翼的上表面，而产生强烈的气流分离，由于气流分离而使飞机产生抖动，升力大量丧失和阻力急剧增加，导致飞机的飞行速度迅速降低、高度下降、机头下沉等等，飞机不能维持正常的飞行，从而进入失速状态。飞机失速的最直接原因是飞机迎角超过其临界迎角。因此，失速可以出现在任何速度、姿态和功率情况下。

失速一般可分为带动力失速和无动力失速，水平失速和转弯失速。带动力失速常常发生在飞机起飞、离地或爬升过程中，无动力失速常常发生在飞机进近过程中。

飞机刚进入失速时的速度，称为失速速度，用 v_S 表示。当飞行速度接近失速速度时，飞机迎角也接近临界迎角，此时，飞机的升力系数最大。因此，飞机平飞时的失速速度($v_{S平飞}$)可以表示为

$$v_{S平飞}=\sqrt{\frac{2W}{C_{L\max}\rho S}} \tag{5-13}$$

由式(5-13)可得出，飞行重量增加，失速速度增大；使用增升装置，飞机的最大升力系数增大，失速速度相应减小。

飞行状态不同，载荷因数大小不同，失速速度的大小也不一样。将式(5-2)代入飞机失速时的升力计算公式可推导出

$$v_S=\sqrt{\frac{2L}{C_{L\max}\rho S}}=\sqrt{\frac{2n_yW}{C_{L\max}\rho S}}=v_{S平飞}\sqrt{n_y} \tag{5-14}$$

由式(5-14)可得出，不同飞行状态下的失速速度是平飞失速速度的 $\sqrt{n_y}$ 倍。飞机在水平转弯或盘旋中，随着坡度的增大，载荷因数的增大，对应的失速速度也增大。

2. 失速警告

飞机失速会严重威胁到飞行安全，飞行过程中要尽量防止出现失速并及时改出失速。要想防止飞机进入失速并及时改出失速，首先要正确判断飞机是否接近或已经进入失速状态，这要求当飞机接近失速时，给驾驶员提供一个正确无误的失速警告，唤起驾驶员的注意，以便及

时采取措施，避免飞机进入失速。失速警告分为自然（气动）失速警告和人工失速警告。

（1）自然（气动）失速警告。飞机接近临界迎角时，由于机翼上表面气流分离严重，会表现出一些接近失速的征兆。主要表现为飞机及驾驶杆的抖动（抖杆），飞机操纵有一种失灵的感觉。这是由于飞机接近临界迎角时，机翼上表面气流产生强烈的分离，产生大量的涡流，产生的涡流又被气流吹散，随后又再次产生。机翼上表面的气流分离时而严重，时而缓和，具有一定的周期性变化规律，使机翼升力也周期性变化，大量涡流陆续流过副翼和尾翼时，会冲击各种舵面，使飞机、驾驶杆和脚蹬产生抖动。当飞机在大迎角飞行中，出现上述现象时，驾驶员应及时向前推杆减小迎角，防止飞机失速。

（2）人工失速警告。随着机翼翼型设计的改进，大大延缓了机翼表面的气流分离，再加上飞机操纵系统的改进，飞机失速前的自然警告已经很不明显了，单靠自然（气流）失速警告很难防止飞机失速。现代飞机大多数都安装了人工失速警告系统，在飞机接近失速状态时发出警告，有些飞机甚至还能自动推杆使飞机改出失速状态。

失速警告系统主要由三部分组成。输入部分：主要由迎角探测器、襟翼位置、缝翼位置等信号收集装置组成，并能将收集到的信号输送到信号处理器。失速信号处理器：接收输入部分传送来的信息，对信息进行分析处理，与失速警告迎角预定值比较，并向输出部分输送警告信号。输出部分：主要形式为失速警告喇叭、失速警告灯、抖杆器，有些飞机还有自动推杆器，在飞机接近失速状态时，自动推杆减小迎角，自动防止失速。

3. 失速改出

失速警告可以帮助驾驶员预防飞机进入失速状态，但若驾驶员思想麻痹或操纵失误，飞机仍有可能进入失速，因此，驾驶员应学会改出失速的方法。

飞机失速是由于迎角超过临界迎角产生的。因此，不论在什么飞行状态，只要判明飞机进入了失速，都应及时向前推杆减小迎角，当飞机迎角减小到小于临界迎角后，再柔和拉杆改出，在推杆减小迎角的同时，还应注意蹬舵，以防止飞机产生倾斜而进入螺旋。

在改出失速过程中，判断是否改出失速要以速度为准，一般以飞行速度大于 $1.3v_S$ 为准，而不能简单以俯仰姿态为准。因为向前推杆后，飞机呈下俯状态，机头虽不高，但由于飞机运动轨迹向下弯曲，飞机的迎角仍会大于临界迎角，若此时误认为飞机已经改出失速，而过早把飞机从下俯姿态中拉起，会使飞机陷入二次失速。

二、螺旋

螺旋（spin）是指飞机失速后，又受到扰动使机翼（飞机）自转，产生的一种急剧滚转和偏转运动，又称为尾旋。在螺旋发生过程中，飞机沿着一条小半径的螺旋线航迹旋转、急剧下降，并同时绕滚转、俯仰、偏航三机体轴不断地旋转。这种螺旋线航迹急剧下降的自发运动，特点是迎角大；螺旋半径小，甚至只有几米；旋转角速度高，可达每秒几弧度；下沉速度大，可达每秒百米。它与急盘旋下降不同，出现螺旋后，飞机操控变得困难，极易造成飞机的坠毁，正常情况下应该尽量避免进入尾旋，机动性较差的飞机，如客机、运输机，则严禁进入尾旋。

1. 螺旋的产生

飞机产生螺旋是由于飞机超过临界迎角失速后机翼自转引起的。在螺旋形成前，一定出现了失速。飞机失速时，飞机两侧机翼失速程度相同或几乎相同；而螺旋则是两侧机翼失速不一致造成的，可以简单地认为一侧机翼比另一侧机翼先进入失速状态。

螺旋是由于驾驶员操作不当造成飞机迎角过大或遇到突变气流而发生的。当飞机迎角小于临界迎角时，飞机受到侧向扰动时，在横侧稳定力矩的作用下，飞机会自动恢复原来的平衡状态。然而，当飞机迎角接近或超过临界迎角时，情况就完全不同。飞机若受扰动向右滚转，右侧下沉机翼的迎角虽然增大（超过临界迎角），但升力系数却减小；左侧上扬机翼的迎角虽然减小，升力系数却增大。这样，两机翼升力之差对重心形成的力矩（为横侧不稳定力矩），不但不能阻止飞机滚转，反而加速飞机滚转，促使滚转角速度增大。这也就是说，当飞机迎角接近或超过临界迎角时，只要飞机受一点扰动（如气流、操纵错误等）而获得一个初始角速度，飞机就会以更大的滚转角度绕纵轴自动旋转，这种现象称为机翼自转。

飞机进入自转后，下沉机翼的阻力大于上扬机翼的阻力（阻力系数随迎角增大而显著增大），两机翼阻力之差产生很大的偏转力矩，促使飞机绕立轴向自转方向急剧偏转。飞机自转后，不仅升力降低，而且方向随着机翼的自转不断倾斜（坡度增大），升力的竖分力不能平衡飞行重量，飞机高度迅速降低，运动轨迹由水平方向趋向于垂直方向。由于坡度增大，升力在水平方向的分力增大，起到向心力的作用，使飞机在下降中还做小半径的圆周运动，如图 5－17 所示。因此，飞机在螺旋中，不仅要绕纵轴滚转，而且还要绕立轴、横轴转动和绕着某中心轴旋转，这就使飞机形成了一面滚转，一面沿螺旋线轨迹下降的螺旋。

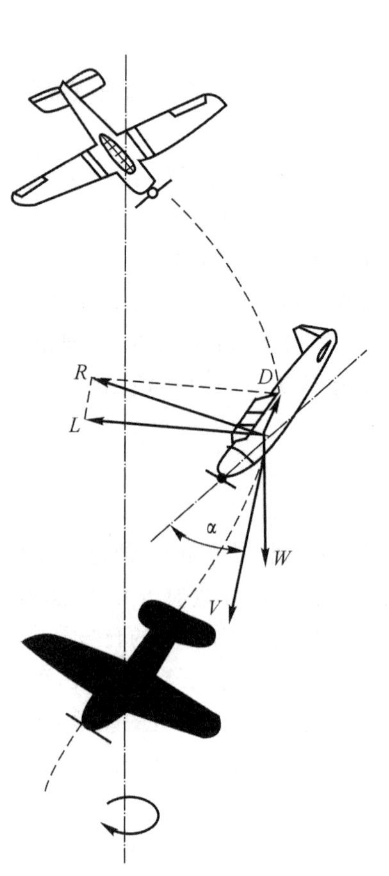

图 5－17 螺旋中的作用力

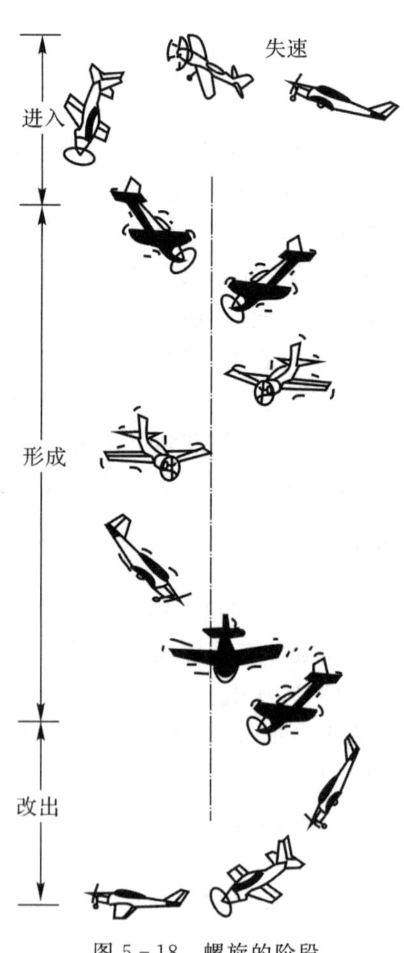

图 5－18 螺旋的阶段

2. 螺旋的过程

螺旋由三个阶段组成：进入螺旋、形成螺旋和改出螺旋，如图5-18所示。进入螺旋是指从飞机失速开始螺旋到螺旋全面形成的阶段。在刚进入螺旋时，飞机几乎直指地面，但由于倾斜的飞行路径和伴随的俯仰运动，随后机头恢复朝上。形成螺旋是指从一圈到另一圈的旋转中，飞行路径变得接近于垂直，并且滚转、偏转和俯仰运动开始重复，旋转角速度、空速和垂直速度比较稳定的阶段。改出螺旋是指从施加制止螺旋的作用开始，直到从螺旋中改出的阶段，在改出期间，两机翼的迎角减小到小于临界迎角，且旋转速度变慢。

3. 螺旋的改出

螺旋是飞机失速后机翼自转产生的，因此改出螺旋的关键在于制止机翼自转和改出失速。改出失速只要推杆使迎角小于临界迎角即可。制止机翼自转的有效办法是向螺旋反方向蹬舵。蹬舵产生的操纵力矩，可以制止飞机偏转，同时形成内侧滑，使内侧机翼升力大，外侧机翼升力小，可以制止飞机滚转。当盘旋速度减慢时，轻快地推杆减小迎角。当旋转停止时，向后拉杆使飞机从急剧下俯的姿态中改出。在改出过程中，应避免过大的空速和过载。在拉起过程中，过多过猛地向后拉杆、使用方向舵和副翼都可能造成二次失速和再次螺旋。

归纳起来，改出螺旋的基本操纵方法是：首先朝螺旋反方向蹬舵制止飞机旋转，紧接着推杆迅速减小迎角，使之小于临界迎角；当飞机停止旋转时，收平两舵，保持飞机不带侧滑；然后在俯冲中累积速度至规定值，拉杆改出，恢复正常飞行。

复习思考题

1. 机动飞行如何定义？如何判断飞机的机动性能？
2. 飞机的载荷因数如何定义？
3. 正常盘旋中，飞机上的各作用力是如何平衡的？
4. 盘旋性能包括哪些？与相同条件的平飞比较，有何不同？
5. 从盘旋拉力曲线可以得出什么结论？
6. 内侧滑、外侧滑如何定义？它们是如何产生的？
7. 简述盘旋的操纵原理。
8. 侧滑如何影响盘旋性能？
9. 与盘旋相关的机动飞行包括哪些？
10. 简述与盘旋无关的其他机动飞行。
11. 飞机的失速是如何产生的？根本原因是什么？
12. 飞机失速后有哪些表现？
13. 飞机进入失速后如何改出？
14. 飞机螺旋是如何产生的？如何改出螺旋？

第 6 章　飞机高速空气动力

随着喷气发动机的投入使用，飞机的飞行速度越来越高。随着飞行速度的提高，特别是当飞行速度可与声速相比拟的高速飞行时，不仅空气流动规律发生了变化，而且飞机的空气动力特性也发生了变化。因此，出现了空气动力研究的另一个分支——高速空气动力学。本章将阐述飞机的高速空气动力特性，着重讨论高速气流特性、激波的产生、飞机高速空气动力特性和高速飞机的气动外形特性。

第一节　高速气流特性

研究高速气流特性是为了研究飞机的高速空气动力特性。高速气流与低速气流相比较，气流流动规律有相似之处，也有很大的差异。这种差异，在飞机亚声速飞行阶段就表现出来了，到跨声速和超声速阶段，随着激波的出现，飞机升力系数(C_L)随飞行速度的增加出现起伏变化，阻力系数(C_D)急剧增加，表现尤为明显。

一、空气压缩性

导致高速与低速空气动力特性出现明显不同的原因是空气的压缩性。所谓空气压缩性是指空气的压力、温度等条件改变而引起空气密度发生变化的属性。

不论是低速飞行还是高速飞行，空气流过机翼和尾翼等部件时，翼面上各处的速度和压力均发生变化，从而引起空气密度发生变化。飞行速度越大，空气流过机翼各处的速度和压力变化越大，密度变化越大。例如，在 ISA 条件下，空气流过机翼上表面，流速增加量都为 10%，当飞行速度为 150kn 时，局部流速增加 15kn，空气密度减小 0.5%；而当飞行速度为 300kn 时，局部流速增加 30kn，空气密度减小 2%。实验表明，空气密度的变化程度(压缩性)，取决于气流速度相对声速的大小。

因此，研究飞行过程中空气的压缩性，首先要研究声音在空气中的传播规律。

1. 声音在空气中的传播规律

我们人类的耳朵之所以能听到声音，是因为从声源发出的声波以一定的速度向周围传播，声波传到耳膜，刺激听觉神经，从而使人能听到声音，如图6-1所示。声音传播是一种弱扰动在弹性介质中的传播，其传播速度主要与传播介质的弹性有关，而与扰动源的振幅、频率关系不大，即扰动的传播速度取决于传播介质的状态。

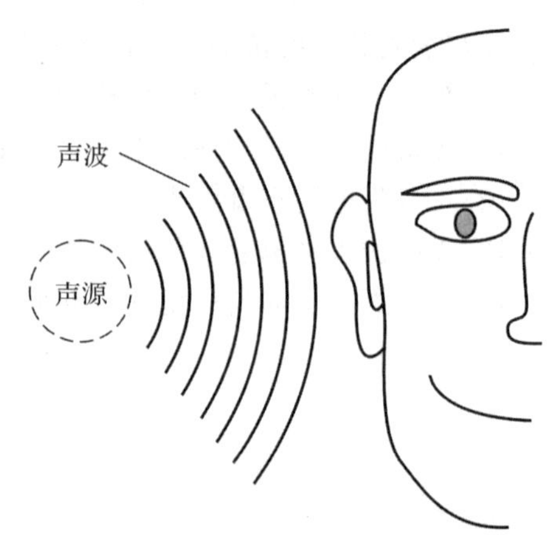

图 6-1　人耳听声过程

声音在不同弹性介质中的传播速度是不一样的，

声音在空气中的传播速度约为 340m/s，在水中的传播速度约为 1 500m/s，在铁棒中的传播速度可达 5 000m/s。声波在同一种介质中的传播速度也不完全相同，还与介质的状态有关，会随介质的温度、压强等状态参量改变。下面我们主要研究声音在空气中的传播规律。

声速一般是指声音在空气中的传播速度，用 a 表示。声速的大小与空气的受压缩程度有关，空气容易压缩，声速小；反之，空气不容易压缩，声速大。用公式可表示为

$$a=\sqrt{\frac{\mathrm{d}p}{\mathrm{d}\rho}} \tag{6-1}$$

式(6-1) 反映空气是否容易压缩的程度，在压力变化量(Δp) 的作用下，密度变化量($\Delta\rho$) 的大小。空气容易压缩，即相同的压力变化量(Δp)，密度变化量($\Delta\rho$) 大，即 $\Delta p/\Delta\rho$ 小，则声速(a) 小；反之，则声速(a) 大。

空气的易压缩程度取决于空气温度，气温越高，空气越不容易被压缩，声速越大；气温越低，空气越容易被压缩，声速越小。因此，声速又可以描述为气温(T) 的表达式，即

$$a=\sqrt{\gamma RT}\ (\mathrm{m/s}) \tag{6-2}$$

式中，γ 为绝热指数，空气的绝热指数取值为 1.4；R 为气体常数，取值为 287.053J/(kg·K)；T 为气体热力学温度，单位为开(K)。在 ISA 标准条件下 $a=340.3\mathrm{m/s}$。

声音在空气中的传播规律(速度) 与空气分子的热运动密切相关。如图 6-2 所示，气温越高，空气分子运动越剧烈、运动空间越大，分子间的间距小，在外界压力改变量相同的条件下，体积变化小，密度变化较小、空气不容易压缩，容易挤压周围相邻的空气分子，扰动传播快，声速高。气温低时，空气分子间的间距大，空气容易压缩，被扰动的空气分子不能快速挤压周围空气分子，扰动传播慢，声速低。由此可见，声波的传播与空气的压缩性密切相关，空气不容易压缩，声速高，空气容易压缩，声速低。

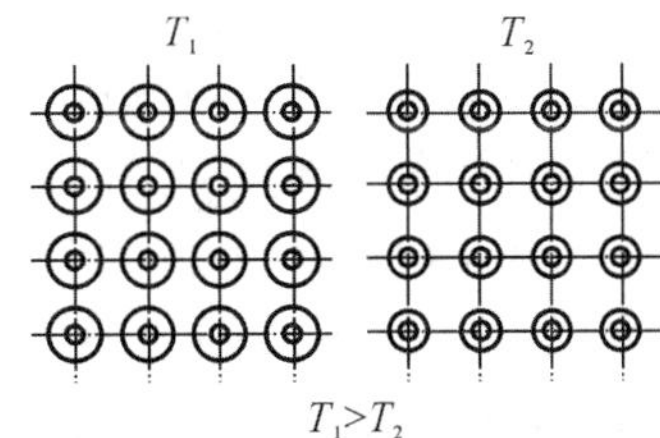

图 6-2　空气分子热运动

在对流层内，随着高度升高，气温降低，因此，随着高度升高，声速下降。

2. 飞行马赫数

飞机在飞行过程中会产生各种扰动，此时飞机相当于扰动源，其产生的扰动波与声波一样会在空气中传播，都属于弱扰动，其传播基本规律与声波相同。但飞机在飞行过程中，扰动源本身是运动的，扰动波的传播也随之发生变化，其扰动波的传播规律按飞机(扰动源) 运动速度可分为 4 类：① 飞机相对静止($v=0$)，扰动波在空间以同心球形式向外传播；② 飞机以比声速小的速度($v<a$) 飞行，飞机所到之处，扰动波已经先经过，后续扰动波不能追上先前扰动波；③ 飞机 以与声速相同的速度($v=a$) 飞行，飞机所到之处，扰动波也刚好到达，先后扰动波会相互叠加，造成共振问题；④ 飞机以比声速大的速度($v>a$) 飞行，飞机所到之处，扰动波尚未到达，后续扰动波能够追上先前扰动波，会给空气造成很大的冲击，产生激波，如图 6-3 所示。

在飞机飞行过程中，还可以通过飞行(气流)速度与声速相比较来衡量飞行的快慢，称为飞行马赫数。所谓马赫数(Mach number)为流场中某点(气体微团)的速度与该点的当地声速之比，即该处声速的倍数，是一个无量纲数，用 Ma 表示，即有

$$Ma = \frac{v}{a} \tag{6-3}$$

式中,v 为流体微团的速度,a 为当地声速。

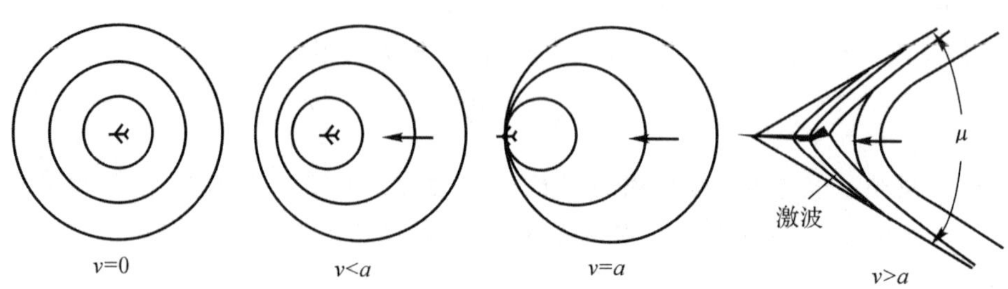

图 6-3 飞行与扰动传播

飞行过程中马赫数还可以进一步细分,如飞行马赫数、局部马赫数、临界马赫数等。飞行马赫数是指飞行真速与飞行高度处声速之比,又称来流马赫数,用 Ma_{∞} 表示;局部马赫数是指局部气流速度与局部声速之比(如翼型上表面某点的局部马赫数)。

3. 空气压缩性与马赫数的关系

根据伯努利定理可知,气流速度发生变化,其动压发生变化,则其静压(空气压力,p) 也发生变化。由克拉贝隆方程(式(1-8)) 可知,p 变化,则 ρ 变化,即空气密度发生变化。气流速度增大,空气压力减小,则密度减小。由此可见,空气压缩性与飞行速度密切相关,而空气压缩性又与声速密切相关。因此,马赫数被认为是衡量空气压缩性的最重要参数。

马赫数大,表明飞机的飞行速度大或声速小。飞行速度大,沿途空气流过飞机的压力变化大,导致密度变化也大,也就是说空气压缩得厉害。声速小,空气容易压缩,在相同的压力变化量的作用下,空气密度变化量较大。由此可知,马赫数越大,空气被压缩得越厉害,空气的压缩性对空气动力特性的影响也就越大。

实践表明:当 $Ma \leqslant 0.3$ 时,速度变化对空气压缩性影响不大,可以不考虑空气压缩性的影响;当 $Ma > 0.3$ 时,速度变化对空气压缩性影响较大,必须考虑空气压缩性的影响,且 Ma 越大,速度变化对空气压缩性影响越大;当 $Ma > 1.0$(超声速)时,速度的变化量将小于密度的变化量。

根据飞行过程中来流马赫数(Ma_{∞}) 的不同,可以将飞机飞行分为以下几类:

当 $Ma_{\infty} \leqslant 0.3$ 时,称为低速飞行,可以不考虑空气的压缩性;

当 $0.3 < Ma_{\infty} \leqslant 0.85$ 时,称为亚声速飞行,必须考虑空气的压缩性,但无激波;

当 $0.85 < Ma_{\infty} < 1.3$ 时,称为跨声速飞行,必须考虑空气的压缩性,且有局部激波;

当 $Ma_{\infty} \geqslant 1.3$ 时,称为超声速飞行,必须考虑空气的压缩性,且有激波;

当 $Ma_{\infty} \geqslant 5.0$ 时,称为高超声速飞行,等等。

二、气流速度与流管截面积的关系

根据一维定常绝热流的基本方程及式(6-1) 可以得出,流体速度变化与密度、流管截面积(A) 变化的关系分别为

$$\frac{d\rho}{\rho}=-Ma^2\frac{dv}{v} \tag{6-4}$$

和

$$\frac{dA}{A}=(Ma^2-1)\frac{dv}{v} \tag{6-5}$$

根据式(6-4)可得:速度增加,则密度减小,对低速或亚声速气流($Ma<1$),密度的减小量要小于速度的增加量;而对超声速气流($Ma>1$),密度的减小量要大于速度的增加量。根据式(6-5)可得:在低速或亚声速气流中,流管截面积随气流速度的增大而减小;而在超声速气流中,流管截面积随气流速度的增大而增大。其原因分析如下。

空气在高速流动时,仍然遵循质量守恒定律。根据空气连续性定理可知,在同一流管,单位时间流过各截面的空气质量保持不变,即

$$\rho vA=\text{const} \tag{6-6}$$

在低速气流中,不考虑空气压缩性的影响,认为空气密度(ρ)为常量,即流速与截面积成反比关系。在亚声速气流($0.3<Ma<1.0$)中,流速改变,空气密度改变,但空气密度的变化量小于流速的变化量,式(6-6)中,速度增大,密度减小,截面积减小;速度减小,密度增大,截面积增大。也就是说,在亚声速气流中,流速增加,流管截面积减小;流速减小,流管截面积增加,如图 6-4(a)所示。而在超声速气流($Ma>1.0$)中,流速改变,空气密度也改变,但空气密度的变化量大于流速的变化量,式(6-6)中,速度增大,密度减小,截面积增大;速度减小,密度增大,截面积减小。也就是说,在超声速气流中,流速增加,流管截面积增加;流速减小,流管截面积减小。究其原因,是在超声速气流中,气流加速,空气密度减小,空气因剧烈膨胀需占据更大的空间(体积增大),所以,流速增加流管截面积反而要扩大,如图 6-4(b)所示。

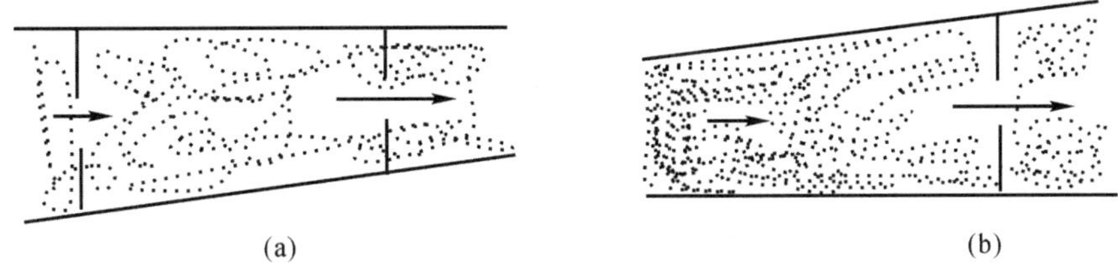

图 6-4　亚声速和超声速中,流管截面积随流速的变化

为什么同样是连续性定理,在上述两种情况下,表现为不同的变化规律。这需要对连续性定理从定量上做进一步分析。

表 6-1 表明在某条件下,保持同一流量,气流速度、空气密度和流管截面积三者在不同 Ma 值下变化的百分比(正值表示增大,负值表示减小)。

表 6-1　流速、空气密度、流管截面积的变化关系

气流 Ma 值	0.2	0.4	0.6	0.8	1.0	1.2	1.4	1.6
流速增加的百分比(dv/v)	都为 1%							
空气密度变化的百分比($d\rho/\rho$)	-0.04%	-0.16%	-0.36%	-0.64%	-1%	-1.44%	-1.96%	-2.56%
流管截面积变化的百分比(dA/A)	-0.96%	-0.84%	-0.64%	-0.36%	0	0.44%	0.96%	1.56%

从表 6-1 中可以得出，在低速或亚音速气流($Ma < 1.0$)中，速度增加 1%，空气密度减小量不到 1%，也就是说速度增加得快，密度减小得慢。在这种情况下，速度变化的影响处于主导地位，保持同一流量，流速增加，流管截面积减小。

但在超声速气流($Ma > 1.0$)中，速度增加 1%，空气密度减小量超过 1%，也就是说速度增加得慢，密度减小得快。在这种情况下，密度变化的影响处于主导地位，保持同一流量，流速增加，流管截面积也增加。

根据流速与流管截面积的关系，若想让气流沿流管连续地从亚声速加速到超声速，则流管的管道应先收缩后扩张，中间为最小截面，即为喉道。这种形状的流管称为拉瓦尔(Laval)管，如图 6-5 所示。应该指出，要想获得超声速气流，除了管道形状应为拉瓦尔管形状外，还需要在流管的上下游配合足够大的压强比。

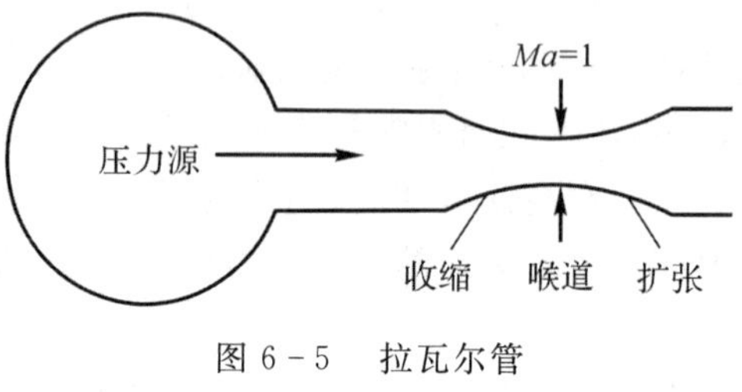

图 6-5　拉瓦尔管

综合前面所述，气流沿密闭流管流动时，其参数流速(v)、压力(p)、密度(ρ)、温度(T)与流管截面(A)之间的变化规律可以用表 6-2 进行描述。

表 6-2　气流速度、压力、密度、温度与流管截面之间的变化规律

流管截面变化	低速气流(不可压缩)	亚声速气流($Ma < 1$)	超声速气流($Ma > 1$)
流管收缩	流速增大：压力减小、密度不变、温度不变	流速增大：压力减小、密度减小、温度降低	流速减小：压力增大、密度增大、温度升高
流管扩张	流速减小：压力增大、密度不变、温度不变	流速减小：压力增大、密度增大、温度升高	流速增大：压力减小、密度减小、温度降低

第二节　激波与膨胀波

声源或飞机扰动空气，使气体参数只发生微小变化，此类扰动称为弱扰动，又称小扰动。弱扰动在空气中的传播速度主要取决于气体的性质及状态参数，而与扰动源及其成因无关。弱扰动在亚声速和超声速运动中的传播规律(范围)是不同的。在亚声速($Ma < 1.0$)情况下，扰动波可以逆气流向前传播，也可向后传播，扰动源所到之处，所遇到的都是被扰动过的空气，因此，扰动源不会与前面空气突然相遇。而在超声速($Ma > 1.0$)情况下，扰动波不能逆气流向前传播，只能传播到扰动源之后的一定范围，扰动源所到之处，扰动波尚未到达，因此，扰动源会与前面空气骤然相遇。在这种情况下，扰动波只能局限在以 O 为顶点由所有扰动球面波包络形成的一圆锥面以内，如图 6-6 所示。这个圆锥称为马赫锥，锥的边线为马赫线，其半顶

角称为马赫角，其大小为

$$\mu_{\infty}=\arcsin\frac{a}{v}=\arcsin\frac{1}{Ma} \tag{6-7}$$

式中，μ_{∞} 称为马赫角，并且 Ma 值越大，μ_{∞} 越小。

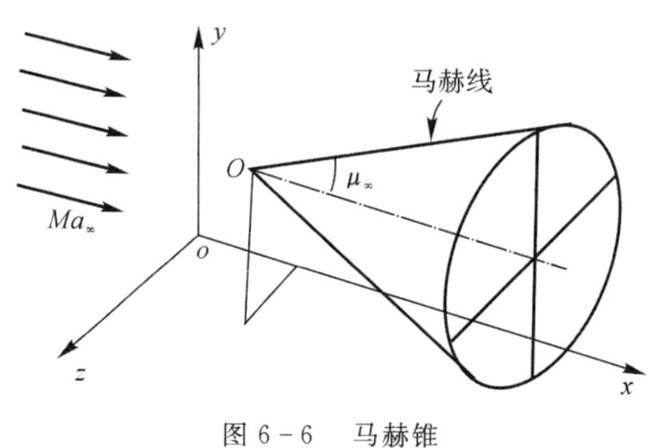

图 6-6　马赫锥

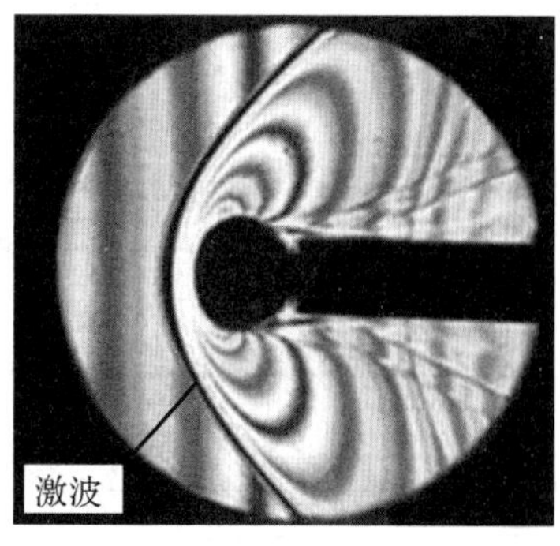

图 6-7　激波

一、激波的形成

弱扰动在空气中以当地声速向四周传播，当扰动源以亚声速运动（$v<a$）时，扰动传播速度比扰动源运动速度大，所以扰动集中不起来，这时整个流场中的流动参数（包括流速、压强等）的分布是连续的，不会有突跃式的变化。而当扰动源以超声速运动（$v>a$）时，扰动源运动速度比扰动传播速度大，后续扰动波向前的速度比前面扰动波向前的速度要快，故后续扰动波最终将追赶上前面扰动波而形成一道强的压缩波，即激波。或者可以这样理解，当扰动源以超声速运动时，扰动来不及传到物体的前面去，扰动源（物体）与其运动前方的气体骤然相遇，结果是前方的气体受到运动物体（如飞机）突跃式的压缩，形成集中的强扰动，便形成激波。由此可见，激波是气体运动中的强压缩波。

激波是已受扰动空气与尚未受到扰动空气之间的一个压力、密度、温度等参数都相差很大的分界面，如图 6-7 所示。激波是受到强烈压缩的一层薄薄的空气，理想气体的激波没有厚度，只是数学意义上的不连续面。实际激波是有厚度的，但数值十分微小，一般情况下，激波的厚度是 2.5×10^{-5} cm 左右，可以忽略不计。

激波前后，气流参数有非常明显的差别。在激波一侧的超声速区域内，气体的压强、密度、温度都较低；经过激波后（另一侧），气体的压强、密度、温度都会突然升高，流速则突然下降，如图 6-8 所示，v_1，p_1，T_1，ρ_1 分别代表激波前的气流速度、压力、温度和密度；v_2，p_2，T_2，ρ_2 分别代表激波后的气流速度、压力、温度和密度，有明显突跃式变化。

飞机从亚声速向超声速过渡，存在一个突破声障的过程，伴随着激波的产生。在比较潮湿的空气中，超声速区域陡降的压力所造成的瞬间低温可能会让气温低于它的露点，使水汽凝结变成微小的水珠，整体看来形状像是一个以物体为中心轴、向四周均匀扩散的圆锥状云团，如图 6-9 所示，这个低压带会随着空气离机身的距离增加而恢复到常压。激波后，压强的跃升可产生可闻的爆响，飞机在较低的空域中作超声速飞行时，地面上的人可以听见这种响声，即所谓的声爆。

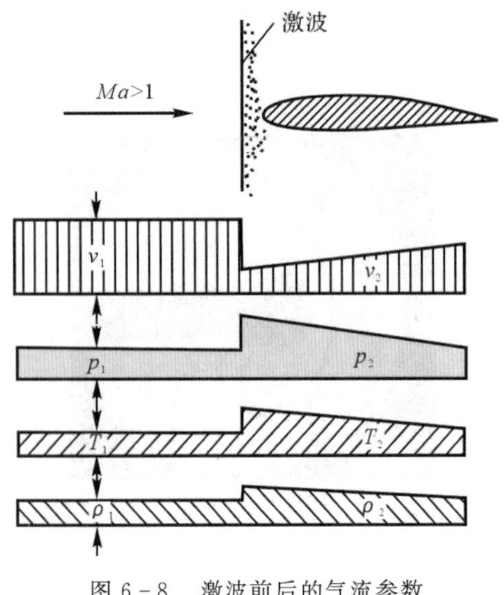

图 6-8　激波前后的气流参数

图 6-9　飞机突破声障现象

二、激波的分类

激波就其形状来分有正激波、斜激波；超声速来流在钝头物体前部常形成脱体激波，在尖头物体前部通常形成附体激波，如图 6-10 所示。

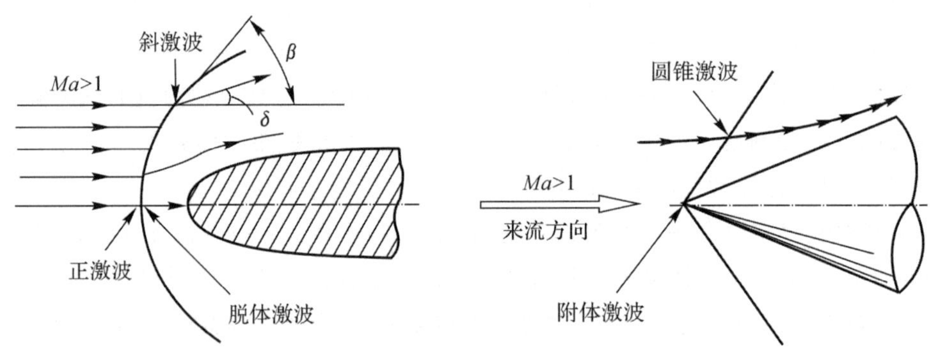

图 6-10　激波的种类

波面与气流方向垂直的激波，称为正激波。气流流过正激波，压力、温度和密度都突然升高，流速由超声速降为亚声速，但气流方向保持不变。在同一 *Ma* 下，正激波是最强的激波。

波面与气流方向不垂直的激波，称为斜激波。气流流过斜激波，压力、温度和密度也要突然升高，但不像通过正激波那样强烈，流速降低，可能为亚声速，也可能仍为超声速，通过斜激波后，气流要向外折。在同一 *Ma* 下，斜激波较正激波弱。描述斜激波时，有两个重要的角度参数，一个是波面与来流方向之间的夹角，称为激波斜角，用 β 表示；另一个是经过激波后气流折离原来流方向的偏折角，用 δ 表示。显然，物体表面偏折越大(越圆钝)，对气流的阻滞作用越强，δ 的值越大、β 的值越大，激波越强，气流通过激波后的压力、温度、密度变化也就越大。当 β 的值小到等于马赫角时，激波就减弱为微弱扰动波或马赫波。

激波不依附于物体表面的称脱体激波，或称离体激波。物体头部方楞或圆钝，对气流的阻滞作用很强，在物体前端通常产生脱体激波。脱体激波能产生较大范围的正激波。

激波依附于物体表面的称附体激波。头部尖锐的物体，对气流的阻滞作用小，在物体前端通常产生附体激波。圆锥形物体在超声速运动中产生的附体激波又称圆锥激波。

气流流过飞机时，是产生脱体激波还是附体激波，与翼型前缘的半顶角(曲率半径)及飞行马赫数都有关。翼型前缘的半顶角大，飞行马赫数小，则产生脱体激波；半顶角小，飞行马赫数大，则产生附体激波。翼型前缘的半顶角一定时，飞行马赫数要达到一定的值之后才会产生附体激波；飞行马赫数未达此值以前只存在脱体激波。

三、膨胀波*

前面讨论的激波是超声速气流的一种流动形式，激波的产生往往是超声速气流在流动过程中受到阻滞，由弱扰动叠加而成。与此相反，超声速气流在流动过程中还可能出现加速的情况，如沿外凸物面流动时，流管截面积增大，流速增加，同时压力、密度、温度等参数相应降低，气体膨胀，将产生膨胀马赫波，简称为膨胀波。膨胀波是超声速气流受到扰动的基本变化之一。

在图 6－11(a) 中，设有 $Ma_1 > 1$ 的超声速气流沿连续物面流动，在物面 O 处有微小的外折角 $d\delta$，超声速气流受到微小扰动，由于外折角使流管截面积增大，伴随着流速增大，压力、密度和温度减小，气流发生膨胀，产生马赫波 OL，它与来流的夹角为 $\mu = \arcsin(1/Ma_1)$。此时的马赫波称为膨胀马赫波。气流经过膨胀波后，流速增加为 Ma_2，即有 $Ma_2 > Ma_1$。

图 6－11(b) 中，若由多个微小外折角(A，B，C，…)组成外凸物面，则经过每一个微小外折角都会产生一道膨胀马赫波，经过每道膨胀马赫波，气流都会加速，且这些膨胀波与波前气流的夹角越向后越小。因此，在图 6－11(b) 中有 $Ma_1 < Ma_2 < Ma_3 < Ma_4$ 和 $\mu_1 > \mu_2 > \mu_3$。

如果这些外折点无限接近点 O，就形成了一个有限大的转折角 δ，则这些膨胀马赫波就集中起来将形成一个扇形膨胀区域，称为膨胀波束，如图 6－11(c) 所示。超声速气流经过发自点 O 无数道马赫波的连续膨胀，角度不断地转折，从 Ma_1 加速到 Ma_2，且气流方向与转折点后的物面平行。

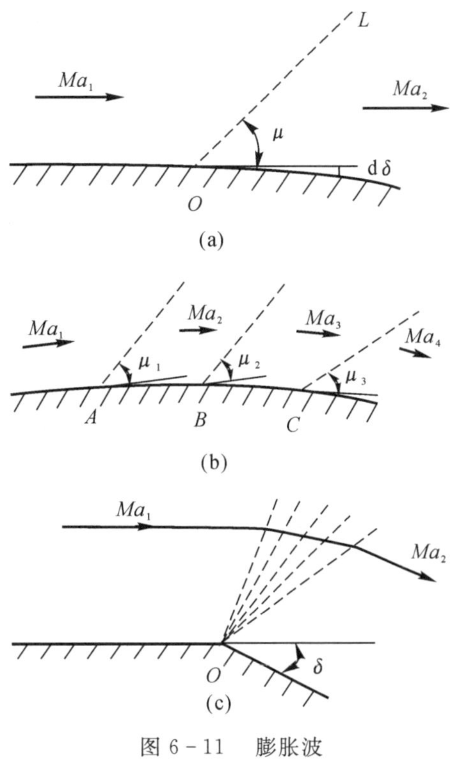

图 6－11　膨胀波

由此可见，膨胀波既不相互平行，也不会相交，经过膨胀波后，气流参数会发生有限值的变化。经过膨胀波束的每一道马赫波，气流参数只发生无限小的变化，因此，气流穿过整个膨胀波束时气流参数的变化是连续的。

综上所述，由于空气的可压缩性，气流以超声速流动时，因阻滞而产生激波，因膨胀而产生膨胀波。或者说,激波是超声速气流减速时产生的现象;膨胀波是超声速气流加速时所产生的现象。激波前后的气流参数会发生突跃式变化,气流穿过激波后,受到突然的压缩,压强、密度和温度升高,而速度和马赫数下降;而膨胀波前后的气流参数变化是连续的。此外,气流经过激波时,在激波内部由于气体黏性引起强烈的内摩擦,气流的部分机械能会因摩擦而变成热能而使自身温度急剧升高,而膨胀波没有上述损失。

第三节　飞机的高速空气动力特性

前面讨论飞机低速空气动力特性时,忽略了速度变化对空气密度的影响,并没有考虑空气的压缩性。随着飞行速度的增加,研究飞机空气动力特性时,就必须考虑空气的压缩性。本节将讨论考虑空气压缩性情况下的飞机空气动力特性,主要是指翼型的高速空气动力特性,包括翼型的亚声速空气动力特性、翼型的跨声速空气动力特性和翼型的超声速空气动力特性。

一、翼型的亚声速空气动力特性

亚声速是指飞行马赫数大于 0.3($Ma > 0.3$),流场各处气流的马赫数都小于 1,机翼上各处都没有出现激波的情况,但空气的压缩性影响已不容忽视,例如,当 $Ma = 0.5$ 时,根据式(6-4),气流速度的变化为 $\mathrm{d}v/v = 1\%$,气体密度的变化为 $\mathrm{d}\rho/\rho = -0.25\%$。

空气密度的显著变化,使得翼型的压力分布呈现“吸处更吸,压处更压,零处为零”的特点,结果使翼型升力系数曲线的斜率(C_L^α)、临界迎角、阻力系数、压力中心位置较低速空气动力特性有所不同。

1.翼型的亚声速升力特性

对于不可压缩流体,上、下翼面压力差($\bar{p}_{不可压}$)的变化取决于速度的变化;而对于可压缩流体,上下翼面压力差($\bar{p}_{可压}$)的变化除了与速度变化有关,还与密度变化有关。随飞行马赫数(Ma_∞)增大,上下翼面的压力可表示为

$$\bar{p}_{上可压} = \frac{\bar{p}_{上不可压}}{\sqrt{1 - Ma_\infty^2}} \quad 和 \quad \bar{p}_{下可压} = \frac{\bar{p}_{下不可压}}{\sqrt{1 - Ma_\infty^2}} \Rightarrow \bar{p}_{可压} = \frac{\bar{p}_{不可压}}{\sqrt{1 - Ma_\infty^2}} \tag{6-8}$$

式(6-8)为翼型压力的可压缩性修正公式,可以得出,在亚声速情况下,对于平凸翼型,考虑到空气的压缩性,产生吸力的上表面将产生更大的吸力;产生压力的下表面将产生更大的压力,机翼将产生更大的升力。

(1)Ma_∞ 增大,C_L 和 C_L^α 增大。根据压缩性修正公式,在可压缩气流中,机翼上、下表面的压力系数可表示为

$$C_{p上可压} = \frac{C_{p上不可压}}{\sqrt{1 - Ma_\infty^2}} \quad 和 \quad C_{p下可压} = \frac{C_{p下不可压}}{\sqrt{1 - Ma_\infty^2}}$$

将它们代入升力系数公式,得

$$(C_L)_{可压} = \int_0^1 \frac{1}{\sqrt{1 - Ma^2}} (C_{p下不可压} - C_{p上不可压})\,\mathrm{d}\bar{x} = \frac{(C_L)_{不可压}}{\sqrt{1 - Ma_\infty^2}} \tag{6-9}$$

将式(6-9)对 α(迎角)求导,得

$$(C_L^\alpha)_{可压} = \frac{\mathrm{d}\,(C_L)_{不可压}}{\mathrm{d}\alpha} \frac{1}{\sqrt{1 - Ma^2}} = \frac{(C_L^\alpha)_{不可压}}{\sqrt{1 - Ma_\infty^2}} \tag{6-10}$$

式(6－9)和式(6－10)表明，在亚声速阶段，机翼的升力系数和升力系数的斜率都随 Ma_∞ 的增大而增大。

(2)Ma_∞ 增大，$C_{L\max}$ 和 α_{cr} 减小。Ma_∞ 增大，翼型表面压力系数虽都按 $1/\sqrt{1-Ma_\infty^2}$ 成比例增长，但各点增长的绝对值是不同的。在最低压力点附近，因流速增加较快，吸力增加较多，而在机翼上表面后缘部，流速变慢，吸力增加较少。因此，随着 Ma_∞ 增大，机翼上表面后缘处的压强比最低压力点处的压强要大得更多，逆压梯度增大，导致附面层的气流更容易倒流。在迎角比较小的情况下，就有可能出现严重气流分离，导致临界迎角和最大升力系数都减小。

如图 6－12 所示是某型飞机在不同 Ma_∞ 下，升力系数(C_L)随迎角(α)的变化规律。可以看出随 Ma_∞ 增大，升力系数的斜率增大，但最大升力系数和临界迎角减小。

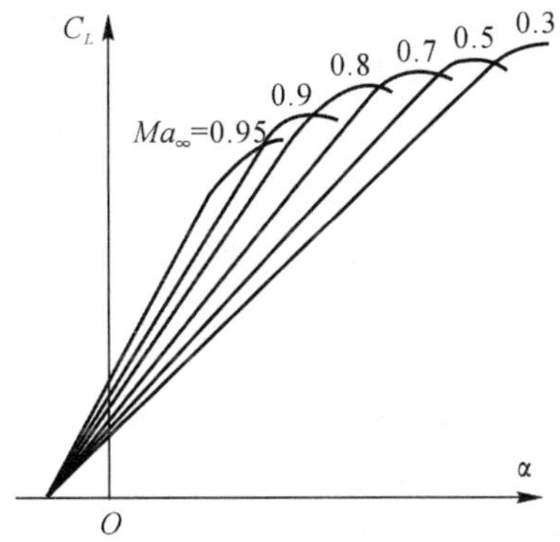

图 6－12　某飞机不同 Ma_∞ 的升力系数曲线

(3) 翼型压力中心位置的变化。按压缩性修正公式，亚声速飞行受空气压缩性影响，整个翼型表面的压力系数都放大 $1/\sqrt{1-Ma_\infty^2}$ 倍，可以认为翼型的压力中心位置基本保持不变。

压缩性修正公式只是一项近似计算公式，在低亚声速情况下还比较准确，到高亚声速时，误差就较大了。更精确的压缩性修正公式为

$$C_{p可压}=\frac{C_{p不可压}}{\sqrt{1-Ma_\infty^2}+\dfrac{Ma_\infty^2}{1+\sqrt{1-Ma_\infty^2}}\dfrac{C_{p不可压}}{2}} \tag{6-11}$$

式(6－11)称为卡门-钱学森公式。对于展弦比较小的平直型机翼，由式(6－11)可知，在上翼面前段，$|C_{p不可压}|$较大，且压力系数放大倍数较大，在翼面后段，$|C_{p不可压}|$较小，且压力系数放大倍数较小，这样，随 Ma_∞ 增大，压力中心位置就逐渐向前移动。

2. 翼型的亚声速阻力特性

与低速情况一样，机翼在亚声速情况下的阻力，仍由废阻力和诱导阻力组成。飞机以亚声速飞行时，空气压缩性对阻力特性的影响，一方面使摩擦阻力系数减小；另一方面，由于$|C_P|$增加，压差阻力系数增加；另外，Ma_∞ 对诱导阻力系数影响不大，仍可按低速不可压流来确定。综合考虑，在亚声速飞行时，翼型的阻力系数基本不随 Ma_∞ 变化，认为其与低速、不可压气流的阻力特性相同。

二、翼型的跨声速空气动力特性

随着飞行速度的提高，飞行速度还没有达到声速，但在机翼表面的局部凸起区域就有可能

出现超声速气流并产生激波，把这种飞行状态称为跨声速飞行。

飞机在跨声速飞行时，超声速气流和激波是在机翼表面的局部区域出现，称为局部超声速气流和局部激波。翼型表面出现局部超声速气流和局部激波，会显著改变翼型的压力分布，使翼型的空气动力特性发生明显变化。下面将在分析翼型局部超声速气流和局部激波形成和发展的基础上，讨论翼型的跨声速空气动力特性。

1.临界马赫数

飞机以一定速度飞行时，气流流经机翼表面凸起的地方，流管收缩，局部流速加快，局部压力降低，局部温度降低，局部声速也随之降低。随着飞行速度不断增大，在机翼表面凸起的区域，一方面是局部气流流速增加，另一方面是局部声速不断降低，局部流速会逐渐接近局部声速。

当飞行速度增大到某一速度时，翼型表面最低压力点的局部气流速度等于该点的局部声速，该点称为等声速点，这时的飞行速度称为临界速度，用 v_{cr} 表示。此时的飞行马赫数称为临界马赫数，用 Ma_{cr} 表示。临界马赫数是临界速度与飞机所在高度声速（非局部声速）的比值，即

$$Ma_{cr}=\frac{v_{cr}}{a_H} \tag{6-12}$$

式中，a_H 为飞行高度上的声速。

【例 6-1】 在 2 000m 高度上，声速 $a_H=1\ 200$km/h，当某飞机飞行速度（v）增大到 900km/h 时，机翼表面的最大气流速度为 1 150km/h，而该点的局部声速也降低到 1 150km/h，这时的飞行速度（900km/h）就是该飞机在此高度上的临界速度，这时的飞行马赫数就是该飞机在该高度上的临界马赫数，即

$$Ma_{cr}=v_{cr}/a_H=900(\text{km/h})/1\ 200(\text{km/h})=0.75$$

当 $Ma_{\infty}<Ma_{cr}$ 时，翼面上各点的气流速度都低于声速；$Ma_{\infty}>Ma_{cr}$ 时，翼面即出现超声速区域，并产生局部激波。临界马赫数（Ma_{cr}）的高低，可以说明翼面上出现局部超声速时机的早晚，可作为翼型空气动力特性发生显著变化的标志。因此，临界马赫数（Ma_{cr}）是一个非常重要的飞行参数。

从临界马赫数的定义可以得出，临界马赫数只能小于 1，不能等于或大于 1。

2.局部激波的形成和发展

(1) 局部激波的形成。当 Ma_{∞} 增加到 Ma_{cr} 时，机翼上表面首先出现等声速点。如果继续增大 Ma_{∞}，等声速点后面的流管扩张，空气加速膨胀，形成膨胀波，出现局部超声速区域。在局部超声速区域内，压力下降，比大气压力小得多，但机翼后缘处的压力却接近大气压力，于是这种前后压力差必然从机翼上表面的后部以较强压缩波的形式逆气流向前传播。由于是强压缩波，传播速度大于当地局部声速。随着压缩波向前传播，压强增量和传播速度逐渐降低，当其传播速度等于迎面的局部超声速气流速度时，就稳定在该位置上，形成一道压力有明显差异的分界面，这便就是局部激波，如图 6-13 所示。气流通过局部激波后，压力、密度、温度突然升高，速度减小为亚声速气流向后流去。局部激波前，等声速线（所有等声速点组成的线）后是超声速区域，其他区域则是亚声速区域。

(2) 局部激波的发展。随着 Ma_{∞} 的变化，翼面上局部激波位置和超声速的区域也会发生变化。为了便于分析机翼局部激波变化的一般规律，下面以某高速翼型在小迎角下的实验结果来举例说明，已知该翼型的临界马赫数 $Ma_{cr}=0.72$。

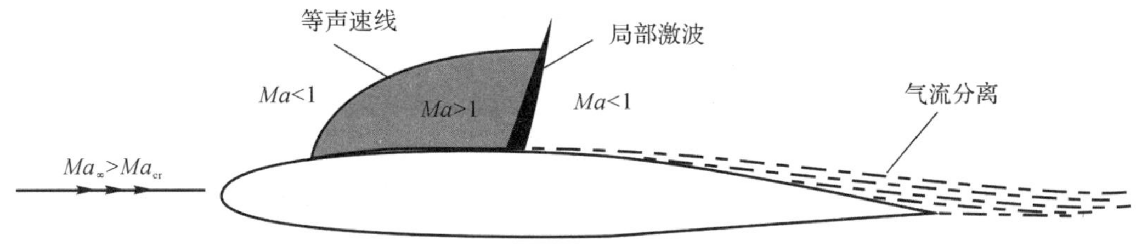

图 6-13　局部激波的形成

当 $Ma_{\infty}=0.7$，即 $Ma_{\infty}<Ma_{cr}$ 时，此时飞行马赫数小于临界马赫数，机翼上下表面没有超声速区域，尚未形成局部激波，如图 6-14(a) 所示。

当 $Ma_{\infty}=0.73$，即 $Ma_{\infty}>Ma_{cr}$ 时，此时飞行马赫数大于临界马赫数不多，只在机翼上表面较小的区域出现超声速，并出现了局部激波，如图 6-14(b) 所示。

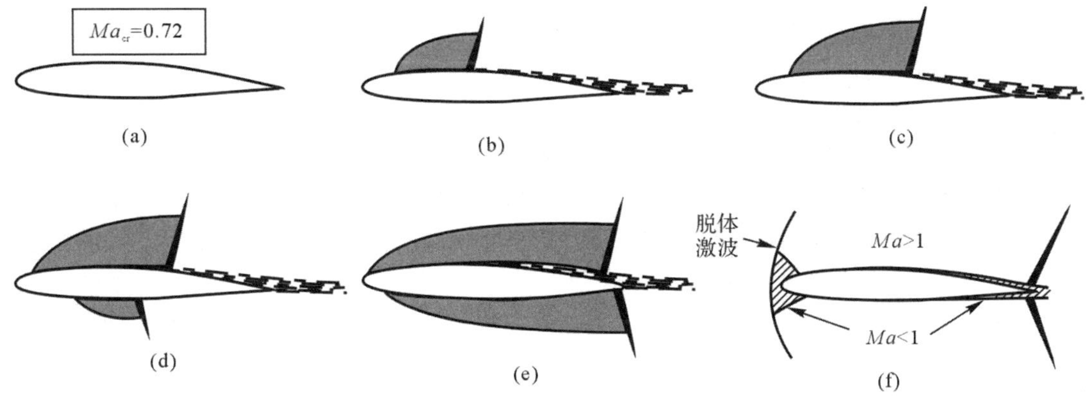

图 6-14　局部激波的形成与发展

(a)$Ma_{\infty}=0.70$；(b)$Ma_{\infty}=0.73$；(c)$Ma_{\infty}=0.78$；

(d)$Ma_{\infty}=0.82$；(e)$Ma_{\infty}=0.95$；(f)$Ma_{\infty}=1.05$

当 $Ma_{\infty}=0.78$ 时，机翼上表面局部超声速区域扩大，等声速点略向前移，局部激波略向后移，如图 6-14(c) 所示。

当 $Ma_{\infty}=0.82$ 时，机翼上表面局部超声速区域进一步扩大，等声速点略向前移，局部激波慢慢向后移，同时机翼下表面也形成超声速区域，并产生局部激波，如图 6-14(d) 所示。

当 $Ma_{\infty}=0.95$ 时，机翼上下表面局部超声速区域进一步扩大，机翼下表面的激波迅速移到后缘，上表面的激波也仍在向后移动（尚未到达后缘），上表面的等声速点基本移至前缘，下表面的等声速点向前移（尚未到达前缘），如图 6-14(e) 所示。

当 $Ma_{\infty}=1.05$ 时，机翼上下表面局部超声速区域进一步扩大，前缘出现脱体激波，后缘激波向后倾斜，除前缘附近和机翼附面层处 $Ma<1$ 外，为亚声速区域，机翼上下表面绝大部分区域 $Ma>1$，为超声速区域，如图 6-14(f) 所示。这时虽然 $Ma_{\infty}>1$，但仍处于跨声速流态。

上述关于局部激波在机翼上、下表面的形成和发展过程，只是某一翼型在某迎角下的实验结果。对于其他翼型、（中小）迎角下，尽管在数值上有差别，但其局部激波形成和发展的基本规律大体上是一致的。因此，研究翼型的跨声速空气动力特性时，我们可以根据上述局部激波的形成发展过程为依据，归纳出以下几个特点：

1）机翼上表面先产生局部激波。当飞机以正迎角飞行时，等声速点先出现在机翼上表面，所以上表面先形成局部超声速区域和局部激波。

2）随着来流马赫数增大，超声速区域扩大，等声速点前移，局部激波后移。这是因为：随着 Ma_{∞} 增加，机翼上表面各处的速度随之增大，超声速区域面积增大，故等声速点前移；局部激波之所以后移，是因为随 Ma_{∞} 增大后，激波前的局部流速增大，机翼后部产生的强压缩波的强度和传播速度增大，当强压缩波传播的速度等于局部气流流速时，激波位置就会稳定下来，等速点后移，致使局部激波后移。

3）机翼下表面后产生局部激波，但后移速度较快。机翼下表面的凸起程度要小于机翼上表面，对气流的加速作用弱，更难达到局部超声速，故后产生局部激波。飞机处于正迎角时，机翼下表面的最低压力点靠后，产生的激波位置就靠后，又因为下翼面后段的流管扩散较小，压力变化比机翼上表面小，机翼后部下表面产生的强压缩波比较弱，强压缩波的逆向传播速度小，所以在机翼下表面的局部激波比上表面先移到后缘。

前面分析了跨声速时翼面上局部激波的形成和发展规律，即翼型的压力分布规律，接下来就可以分析跨声速的空气动力特性。

3.翼型的跨声速升力特性

(1) 升力系数随 Ma_{∞} 的变化。图 6－15 为某翼型在某迎角下升力系数随 Ma_{∞} 变化的曲线。从曲线可看出，在跨声速阶段，随着 Ma_{∞} 的增大，升力系数先增大，后减小，接着又增大，而后又减小。升力系数随 Ma_{∞} 呈现“两起两落”的特点，是机翼上下表面局部超声速区域和局部激波形成和发展作用的结果。

当 $Ma_{\infty} < Ma_{cr}$ 时，机翼上下表面全是亚声速气流，升力系数按亚声速规律变化，如图中 A 点前的一段曲线。

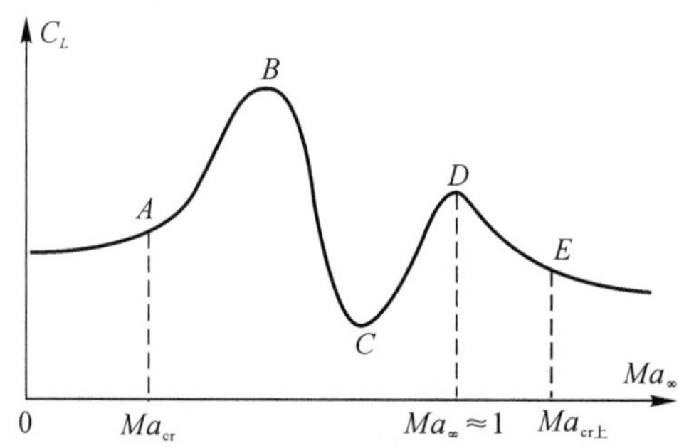

图 6－15　翼型升力系数随 Ma_{∞} 变化的曲线

图中 A 点对应的 Ma_{∞} 为 Ma_{cr}。超过 Ma_{cr} 后，机翼上表面出现局部超声速区域和局部激波，超声速区域随着 Ma_{∞} 的增大而不断扩大。在超声速区域里，压力降低，机翼上表面的负压效果增强、吸力增加，导致升力系数随 Ma_{∞} 增大而迅速上升，如图中 AB 段曲线所示。

图中 B 点对应的 Ma_{∞} 是机翼下表面开始出现等声速点的 Ma_{∞}。随着 Ma_{∞} 的进一步增大，机翼下表面也出现了局部超声速区域和局部激波，压力降低，机翼下表面产生向下的附加吸力，使得升力系数转为下降。随着 Ma_{∞} 的进一步增大，一方面，机翼上表面局部激波后移，导致上表面边界层气流分离，使上表面的吸力效果变差；另一方面，机翼下表面的局部激波迅速向后扩展，局部超声速区域随之扩大，产生更大的向下附加吸力，使机翼上下表面的压力差急剧减小，因此，升力系数迅速下降，如图中 BC 段曲线所示。

图中 C 点对应的 Ma_∞ 为机翼下表面局部激波移至后缘时的 Ma_∞。Ma_∞ 再继续增大，升力系数又重新上升。这是因为机翼下表面的局部激波已经移至后缘，不会再继续后移；而上表面的局部激波仍随 Ma_∞ 的增大继续后移，超声速区域进一步扩大，机翼上表面产生更多向上的附加吸力，使机翼上下表面的压力差增大，因此，升力系数又重新上升，如图中 CD 段曲线所示。

图中 D 点对应的 Ma_∞ 为机翼上表面局部激波移至后缘时的 Ma_∞，其数值约为 1。Ma_∞ 再继续增大，升力系数又转为下降。因为机翼上表面局部激波移至后缘时，等声速点也接近前缘；而机翼下表面局部激波迅速移至后缘，当它移到后缘时，等声速点仍未移到前缘。随着 Ma_∞ 增大，机翼上表面的超声速区域不再扩展，而下表面的超声速区域仍随等声速点前移而不断扩展，致使机翼上下表面压力差减小，升力系数又下降，如图中 DE 段曲线所示。

Ma_∞ 大于图上 E 点所对应的马赫数，机翼上各处的局部马赫数都大于 1，翼型处于整体超声速状态，标志着跨声速阶段的结束，此后的升力系数将按超声速规律变化。E 点所对应的 Ma_∞ 称为上临界马赫数，用 $Ma_{\text{cr上}}$ 表示；而临界马赫数则可相应称为下临界马赫数。从下临界马赫数到上临界马赫数为跨声速流态范围。上下临界马赫数的概念最初由我国科学家钱学森和郭永怀提出。上临界马赫数对超声速飞行具有更重要的意义。

综上所述，升力系数随 Ma_∞ 的变化规律，与机翼上下表面局部超声速区域的形成与发展有很大的关系，超声速区域的压力降低，机翼上下表面将产生附加吸力，从而使机翼上下表面的压力差发生变化，引起升力系数随 Ma_∞ 变化。

(2) 最大升力系数和临界迎角随 Ma_∞ 的变化。在 $Ma_\infty < Ma_{cr}$ 范围内，飞机处于亚声速飞行状态，最大升力系数和临界迎角随 Ma_∞ 按亚声速变化。当 $Ma_\infty > Ma_{cr}$ 时，机翼表面出现了局部超声速区域和局部激波。在局部激波前的超声速区域，压力降低；激波后，压力突然升高，使得机翼后部的逆压梯度增大，导致附面层更容易发生气流分离。当激波增强到一定程度，发生严重气流分离时，导致阻力系数急剧增大，升力系数迅速下降，飞机的操纵稳定性变差，这种现象称为激波失速。

随着 Ma_∞ 的增大，飞机将在更小的迎角下开始出现激波失速，导致临界迎角(α_s)和最大升力系数($C_{L\max}$)均降低。图 6-16 所示为某翼型的最大升力系数和临界迎角随 Ma_∞ 的变化情况，当 $Ma_\infty > 0.6$ 时，最大升力系数随 Ma_∞ 的增大迅速下降。

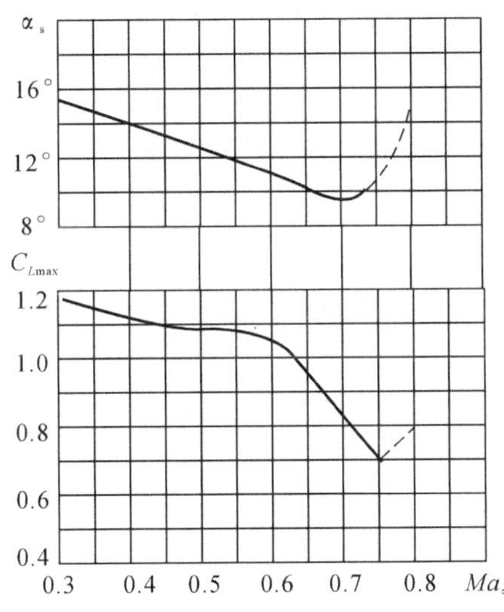

图 6-16　临界迎角和最大升力系数随 Ma_∞ 的变化

4. 翼型的跨声速阻力特性

当 $Ma_{\infty} < Ma_{cr}$ 时，翼型阻力主要是由气流黏性引起的，所以阻力系数随 Ma_{∞} 的变化不大。当 $Ma_{\infty} > Ma_{cr}$ 时，翼型表面产生了局部激波，会使阻力系数迅速增大，由于出现了激波而额外产生的阻力称为激波阻力，简称为波阻。

(1) 激波阻力的产生。当 $Ma_{\infty} > Ma_{cr}$ 时，翼型表面出现了局部超声速区域和局部激波。局部超声速区域的压力下降，要比来流压力小得多，这样使得主来流与超声速区产生了附加的压差阻力，这是激波阻力的一部分。这部分激波阻力会随超声速区域的扩大而逐步增加。

在激波越过翼型顶点后，强度迅速加大的激波导致波阻系数急剧增加出现阻力发散现象，这是因为出现了局部激波与附面层之间的相互干扰。出现局部激波后，机翼后部强烈的逆压差，逆压在（亚声速）附面层的逆流前传引起附面层气流的分离，使激波与附面层相互干扰并诱导边界层分离，边界层增厚，涡流区扩大，称为激波分离。激波分离会使翼型前后压力差增大，形成附加的压差阻力，这是激波阻力的另一部分。

由此可见，激波阻力是指激波本身和由激波分离而引起的附加压差阻力之和，激波阻力的实质是压差阻力。

激波阻力的产生还可通过分析翼型的压力分布来解析。图 6－17 所示是同一翼型处于超声速与亚声速两种不同情况下的压力分布。从图中可以看出，当翼型处于超声速流态时，最大吸力点处于机翼的后缘部分；而亚声速流态时，最大吸力点处于机翼的前半部分。翼型超声速的整体压力分布较亚声速更加靠后，导致超声速的总空气动力(R_A) 比亚声速的总空气动力(R_B) 更加向后倾斜，使得总空气动力在飞机前进反方向的分力更加大($D_A > D_B$)，即超声速气动阻力大于亚声速气动阻力。这些附加气动阻力大部分是由激波阻力构成的。

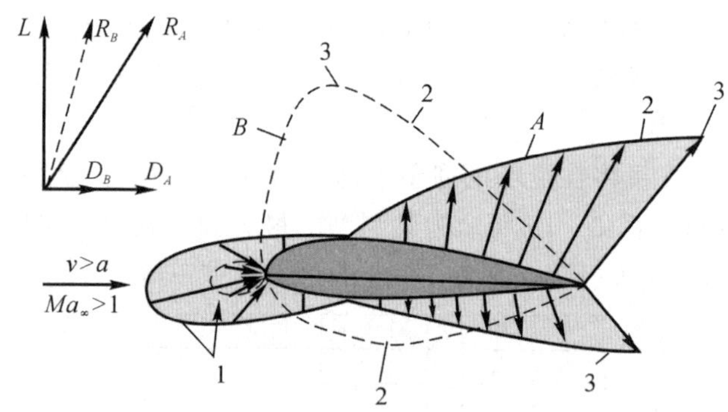

图 6－17　超声速与亚声速的翼型压力分布

1－压力；　2－吸力；　3－最低压力点

A－超声速(实线)；　B－亚声速(虚线)

(2) 翼型阻力随 Ma_{∞} 的变化。翼型在一定条件下，阻力系数和阻力随 Ma_{∞} 的变化如图 6－18 所示。

当 $Ma_{\infty} < Ma_{cr}$ 时，翼型阻力主要是由气流黏性引起，所以阻力系数随 Ma_{∞} 的变化不大，如图 6－18(a) 中的 A 点之前。

当 $Ma_{\infty} > Ma_{cr}$ 时，翼型表面出现了局部超声速区域和局部激波，出现了激波阻力，阻力系数增加。最初激波并是很强，而且激波分离还没有开始，阻力系数增加很少，如图 6－18(a) 中的 AB 段。当 Ma_{∞} 增加到一定程度，即激波越过翼型顶点时，激波强度增强，并且出现了激波分离，波阻系数便急剧增加，出现阻力发散现象，把此时对应的 Ma_∞ 称为阻力发散马赫数，用 Ma_d 表示。在 $Ma_d < Ma_\infty < 1$ 范围内，翼型的波阻系数大致随 $(Ma_\infty - Ma_d)^3$ 成正比变化，如图中的 BC 段。Ma_∞ 增大至 1 附近，阻力系数达到最大，如图中的 C 点。Ma_∞ 继续增大，由于翼型压力分布基本不变，而来流动压增大，静压(P_∞)减小，激波阻力的作用效果变弱，因而阻力系数逐渐下降。

阻力(D)随 Ma_∞ 的变化趋势，与阻力系数的变化趋势并不完全一致。阻力随 Ma_∞ 一直在增大，只是在跨声速范围内，增加的趋势更急剧，当 $Ma_\infty > 1$ 时，阻力随 Ma_∞ 的增加趋势趋于缓和，如图 6-18(b) 所示。

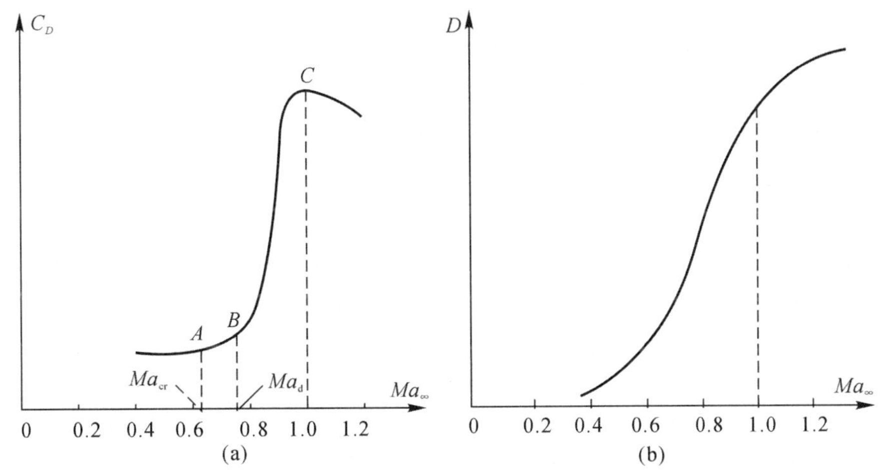

图 6-18　翼型阻力系数和阻力随 Ma_∞ 的变化

三、翼型的超声速空气动力特性

当 $Ma_\infty > Ma_{cr上}$ 时，机翼上各点的局部马赫数都大于 1，翼型处于整体超声速状态，此后翼型的空气动力特性将按超声速规律变化。翼型的超声速空气动力特性随 Ma_∞ 的变化规律要比跨声速空气动力特性的简单。

翼型的超声速升力系数随 Ma_∞ 的变化规律，如图 6-15 中 E 点之后的曲线，升力系数随 Ma_∞ 增大而减小。这主要是因为，当 $Ma_\infty > Ma_{cr上}$ 时，翼型进入整体超声速后，翼型上下表面的压力分布基本不随 Ma_∞ 变化；而随着 Ma_∞ 的增大，主来流静压(P_∞)减小，使得翼型表面，尤其是上表面的吸力效果变差，致使机翼上下表面的压力差减小，从而使升力系数(C_L)下降。

升力(L)随 Ma_∞ 的变化趋势，与升力系数的变化趋势并不完全一致。在超声速范围内，尽管升力系数不断降低，但升力却仍然不断增大，因为根据升力公式，升力的大小不仅与升力系数成正比，还与飞行速度平方成正比。

翼型的超声速阻力系数随 Ma_∞ 的变化规律，如图 6-18(a) 中 C 点之后的曲线，阻力系数随 Ma_∞ 增大而减小。这主要是因为，当 $Ma_\infty > Ma_{cr上}$ 时，翼型进入整体超声速后，翼型上下表面的压力分布基本不随 Ma_∞ 变化；而随着 Ma_∞ 的增大，主来流静压(P_∞)减小，使翼型的压差阻力效果变弱，从而使阻力系数(C_D)下降。

虽然阻力系数变小，但阻力(D)随 Ma_{∞} 一直在增大，只是增速趋于缓和。

综上所述，在低速飞行中，机翼的空气动力特性，只取决于迎角和形状；但在高速飞行中，则不仅取决于迎角和形状，还取决于飞行马赫数。这就是翼型高速空气动力的特殊性，与超声速及激波有密切的关系。

第四节　高速机翼

所谓高速飞机，通常是指高亚声速飞机和超声速飞机。在高亚声速飞机上，由于飞行速度可能超过 Ma_{cr}，可能产生局部激波；在超声速飞机上，则肯定要产生激波。这两类飞机，要解决由于飞行速度提高带来激波，以及由激波导致阻力增大的问题。解决的办法，除了要有大推力的喷气发动机外，同时还要求飞机的外形能适应高速飞行的要求。高速飞机通过采用高速机翼和加大机身的长细比来改善飞机的高速气动特性。

一、高速机翼概述

飞机的高速机翼有两方面的要求：一方面，要求有较高的临界马赫数(Ma_{cr})，以推迟飞机上局部激波的出现，从而达到提高飞行速度和飞行效率的目的，也就是说使飞机的飞行速度更接近声速，而又不至于在机翼上过早出现局部激波和产生波阻；另一方面，出现激波后，能有效减小激波的影响和克服激波阻力。常用措施主要有两条：一是改善机翼的剖面形状，减小机翼剖面的厚度，采用前缘削尖、相对厚度更小更薄的翼型；另一是改善机翼的平面形状，采用适度后掠角的机翼和小展弦比机翼。现代先进的高速飞机设计，还使用了边条翼和鸭翼布局等。

在机翼前方来流速度 v_{∞} 不变的情况下，相对厚度小的薄翼型上的最大速度比相对厚度大的厚翼型上的要小，这也就是说来流速度 v_{∞}(即飞机的飞行速度)可以提得更高，才在薄翼型上出现局部超声速区域和产生局部激波。因此，减小机翼的相对厚度可以提高临界马赫数。现代高速飞机都采用相对厚度比较小、最大厚度靠近中部、比较扁平的翼型，这种翼型的 Ma_{cr} 比较高。此外，空气动力学家还研制出了一种进一步减小激波阻力的超临界翼型。这是一种上表面比较平坦，局部速度变化小，下表面后缘处有反凹的双凸翼型(参考图 1-11)，在相对厚度相同的情况下，比常规翼型的阻力发散马赫数(Ma_{d})要高，有较好的跨声速空气动力性能。图 6-19 所示是几种常见的高速翼型。

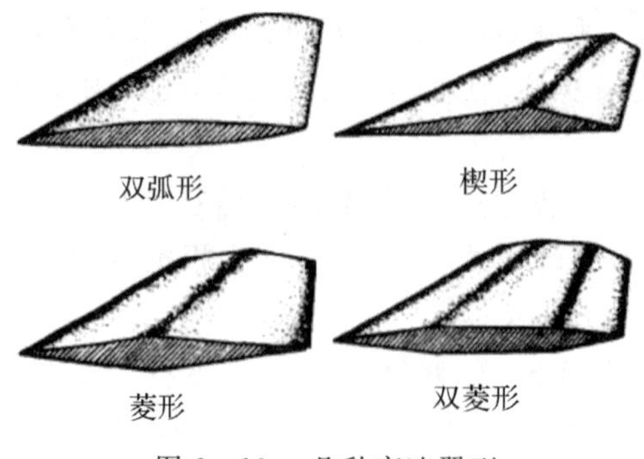

图 6-19　几种高速翼型

在机翼平面形状方面，高速飞机常用大后掠角梯形翼、三角翼、小展弦比机翼等，如图 6-20 所示是几种常用高速机翼的平面形状。采用后掠翼或三角翼，飞机的飞行速度比平直机翼的更高才会在机翼上出现局部超声波区域和局部激波，也就是提高了飞机的 Ma_{cr}。对于高速飞机来说，为了减小波阻，要求机翼具有比较小的展弦比。因为激波是沿翼展在机翼前后缘产生的，翼展缩短之后，激波阻力自然也随之减小。

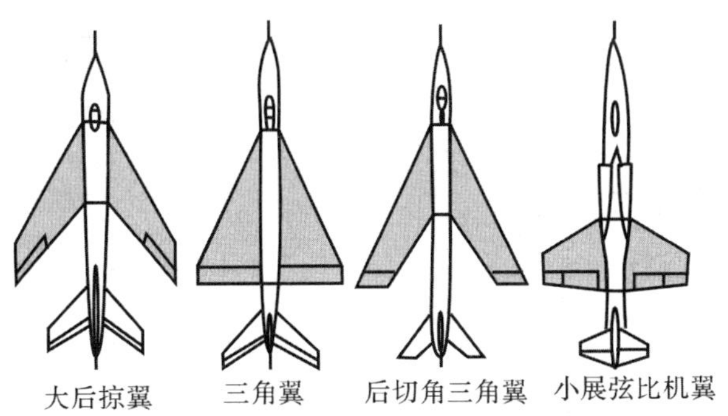

图 6-20　几种高速机翼的平面形状

二、高速翼型的高速气动特性

为了提高临界马赫数(Ma_{cr})，延缓局部激波的产生，在高速飞机上通常采用相对厚度小，相对弯度小，对称或接近对称，最大厚度位置靠近翼弦中间，前缘曲率半径小等特点的翼型，即所谓的高速翼型。

1. 相对厚度($\bar{c}$) 对高速气动特性的影响

相对厚度反映翼型的厚薄程度，相对厚度小，机翼上、下表面的弯曲程度减小，可起到两个方面的作用：① 使机翼上、下表面的气流速度增加比较缓和，在同样的飞行速度下，最低压力点的局部流速较小，可以提高临界马赫数，延缓机翼局部激波的产生。② 机翼表面弯度小，则在超过临界马赫数后，超声速区域的吸力小，且吸力向后倾斜的角度也小，因而使沿翼弦方向的压力分布变化比较缓和，阻力系数明显降低。

图 6-21 反映了翼型相对厚度($\bar{c}$) 与临界马赫数(Ma_{cr}) 之间的关系。从图中可以看出，相对厚度越大，临界马赫数越小；对于同一翼型，临界马赫数还与升力系数(C_L)、迎角(α) 大小有关，迎角、升力系数增加会使临界马赫数减小。

2. 相对弯度($\bar{f}$) 对高速气动特性的影响

相对弯度反映翼型的弯曲程度，相对厚度小或对称翼型上下表面弯曲程度小，这与相对厚度小的翼型作用相同，可以提高临界马赫数。

图 6-22 反映了翼型相对弯度($\bar{f}$) 与临界马赫数(Ma_{cr}) 之间的关系。从图中可以看出，在中小迎角范围内，即升力系数为正时，相对弯度越大，临界马赫数越小；而当飞机处于零升迎角，即升力系数为零时，相对弯度增大，临界马赫数减小比较明显。对于同一翼型，临界马赫数还与升力系数(C_L)、迎角(α) 有关，当翼型的相对弯度较小时，迎角、升力系数减小会使临界马赫数增加；翼型的相对弯度较大时，升力系数减小(零升力系数) 还会使临界马赫数减小，图中虚线的上半部分。因此，要求高速翼型的相对弯度一般不超过 2%。

3. 最大厚度位置($\overline{X}_C$)对高速气动特性的影响

最大厚度位置后移,一方面可以使机翼上、下表面前段的弯曲程度减小,最低压力点的流速减小,临界马赫数得以提高;另一方面可以减小紊流附面层的长度,降低激波分离的影响,波阻得以减小。

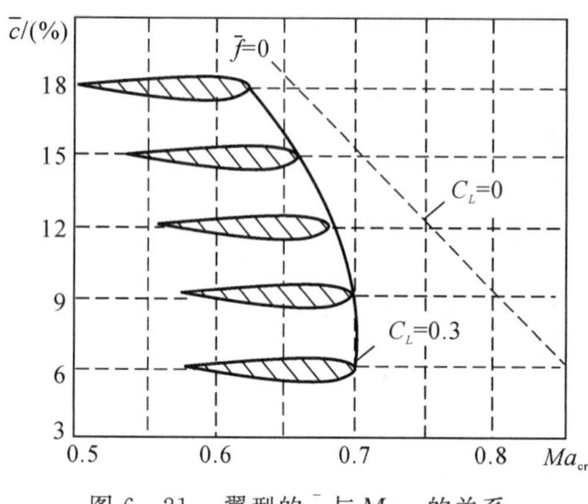

图 6-21 翼型的 $\bar{c}$ 与 Ma_{cr} 的关系

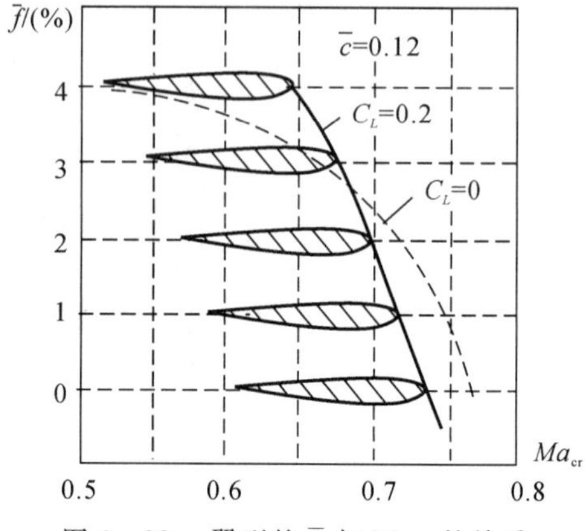

图 6-22 翼型的 $\bar{f}$ 与 Ma_{cr} 的关系

4. 前缘半径(r_0)对高速气动特性的影响

前缘曲率半径(r_0)反映翼型的尖锐、圆钝程度。根据激波的分类可知,前缘曲率半径越大,翼型越圆钝,对气流的阻滞作用越强,越容易产生脱体激波和正激波,波阻越大。因此,高速翼型要求前缘曲率半径相对较小,但前缘曲率半径小的翼型的低速性能比较差(大迎角时气流分离严重)。为了兼顾飞机的低速特性,翼型的前缘曲率半径不能太小。

三、后掠翼的高速气动特性

现代高速飞机很多都采用了后掠翼或三角翼,其目的是为了提高飞机的临界马赫数,延缓局部超声速和局部激波的产生,下面将分析后掠翼的气动特性。

1. 后掠翼的气流特性

对称气流流向后掠机翼,流速方向与机翼前缘不垂直,可以分解为两个分速度:一个是与前缘垂直的分速度 v_n,称为垂直分速度;另一个是与前缘平行的分速度 v_t,称为平行分速度,如图 6-23 所示。两分速度与气流速度之间的关系为

$$\left.\begin{aligned} v_n &= v_\infty \cos\chi \\ v_t &= v_\infty \sin\chi \end{aligned}\right\} \tag{6-13}$$

式中,v_∞ 为气流速度;χ 为后掠角。

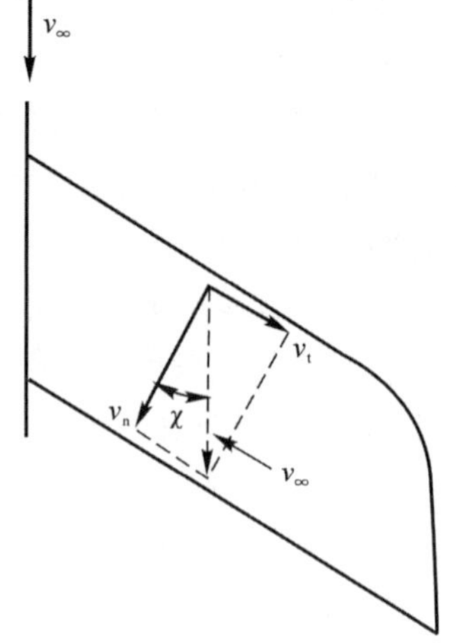

图 6-23 后掠翼的气流分解

机翼表面沿着与前缘平行的方向是平直、无凸起的,气流沿着该方向流动,速度不会发生变化,即平行分速度(v_t)不会发生变化,对机翼的压力分布不产生影响。而垂直分速度(v_n),如同气流沿翼弦方向流过平直机翼一样,会不断发生变化,从而引起机翼沿翼弦方向的压力分布发生变化。也就是说,只有垂直分速度才对后掠翼的压力分布起决定性作用,所以,垂直分速度(v_n)又称为有效分速度。当来

流(v_∞) 一定时,后掠角(χ) 越大,有效分速度越小。只有 v_∞ 更大时,才会出现超声速和激波,从而提高飞机的临界速度(临界马赫数)。

气流流过后掠翼,由于 v_t 不发生变化,而 v_n 不断变化,所以与气流流过平直机翼的情况不全相同,气流会沿着翼展方向发生偏斜。

如图 6-24(a) 所示,对称气流从前方流向左侧后掠翼前缘,其垂直分速度受到前缘阻滞,速度变慢(如图中 $v_{nA} < v_n$);平行分速度则不受影响,保持不变。这样一来,越接近前缘,气流速度不仅越来越小,而且方向越来越向外(翼尖) 偏斜。气流流过前缘后,沿上表面流向最低压力点(图中 C 点) 过程中,垂直分速度又逐渐加快($v_{nB} < v_{nC}$);平行分速度仍保持不变($v_{tB} = v_{tC}$),所以流速又逐渐增大,且其方向越来越向里(翼根) 偏斜。随后,又因垂直分速度逐渐减慢,气流速度越来越小,且气流方向又再转向翼尖。对右侧机翼的分析过程相同。因此,气流流过后掠翼流线呈"S" 形,导致左右两侧机翼的流线向左或向右偏斜,如图 6-24(b) 所示。

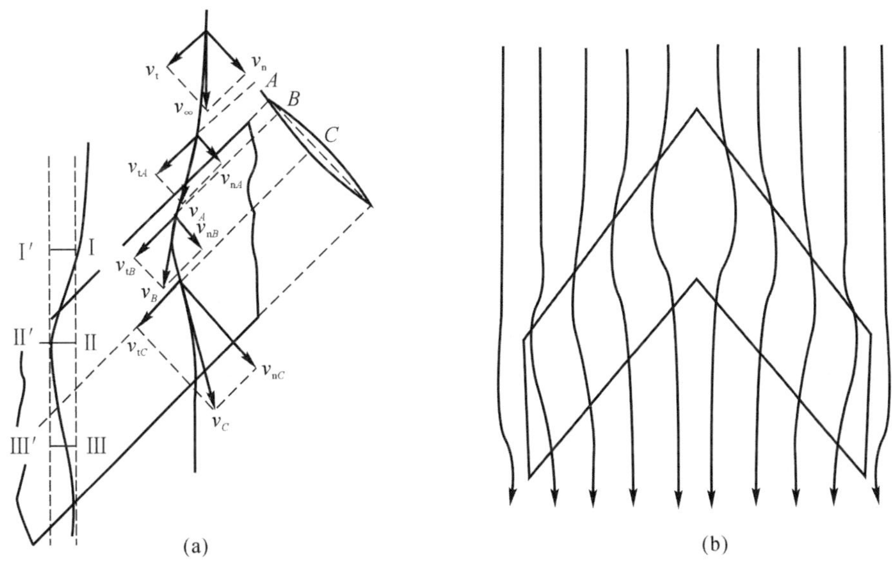

图 6-24　气流流过后掠翼的流线分布情况

(1) 后掠翼的亚声速气流特性。由于气流流过后掠翼产生左右偏斜会形成"翼根效应" 和"翼尖效应"。在翼根部分上表面的前段,流线偏离飞机对称面,流管扩张变粗;而在后段,流线向对称面偏折,流管收缩变细。在亚声速条件下,翼根前段流速减慢,压力升高,吸力峰降低;翼根后段流速加快,压力降低,压力分布较正常平缓。与此同时,流管最细的位置后移,最低压力点向后挪动,这种现象称为翼根效应或中间效应。在翼尖部分,情况则相反,由于翼尖外侧的气流仍按原来规律流动,而翼尖部分表面前段流线向外偏斜,导致翼尖处流管收缩变细,流速加快,压力降低,吸力峰变陡;而在翼尖的后段,因流线向里偏折,流管扩张变粗,流速减慢,压力升高,吸力峰减小。与此同时,流管最细位置前移,最低压力点向前挪动,这种现象称为翼尖效应,如图 6-25(a) 所示。

翼根效应使翼根剖面上表面的平均吸力峰降低,吸力效果变差;翼尖效应则使翼尖剖面上表面的平均吸力峰升高,吸力效果变好。因此,后掠翼的吸力峰沿翼展方向的分布与平直机翼不同,呈现出"中间低,两边高" 的特点,如图 6-25(b) 所示。这种压力分布会给机翼的整体受力和俯仰平衡带来不利的影响。

通过以上分析可知，后掠翼在亚声速下的气流特性不同于一般平直机翼。主要原因有两方面：一方面是后掠翼的压力分布取决于有效分速度（垂直分速度，v_n）；另一方面是气流流过后掠翼时，会发生左右偏斜，形成翼根和翼尖效应，影响后掠翼的压力分布。

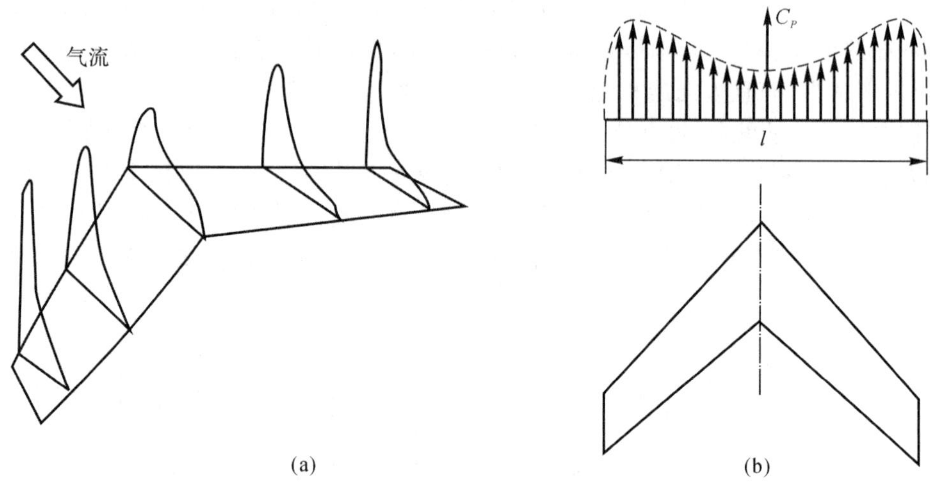

图 6－25　后掠翼沿翼展方向的压力分布

(2) 后掠翼的跨声速气流特性。虽然后掠翼可以提高飞机的临界马赫数，但随着飞行速度的提高，后掠翼飞机也不可避免地要进入跨声速阶段。

后掠翼翼根部和翼尖部的临界马赫数（Ma_{cr}）并不是完全一致的。气流流过后掠翼翼根部时，由于翼根效应的影响，流速增加不多，只有在更大的飞行马赫数下才会达到局部声速，所以临界马赫数较高；而气流流过翼尖部时，由于翼尖效应的影响，流速迅速加快，有可能在较小的飞行马赫数下就达到局部声速，所以临界马赫数较低。

受翼根效应和翼尖效应的影响，后掠翼的临界马赫数可用下面的经验公式计算：

$$Ma_{cr} = Ma_{cr(\chi=0)} \times \frac{2}{1+\cos\chi_0} \tag{6-14}$$

式中，$Ma_{cr(\chi=0)}$ 为平直机翼的临界马赫数；χ_0 为后掠翼的前缘后掠角。

当 $Ma_\infty > Ma_{cr}$ 时，由于翼尖效应的影响，翼尖附近首先出现局部超声速区域，在翼尖处出现所谓的“翼尖激波”。图 6－26 所示是前缘后掠角 $\chi_0=50°$ 的后掠翼，在 $\alpha=4°$，$Ma_\infty=0.95$ 时，在翼尖形成的翼尖激波。其方向几乎与来流方向垂直，但激波强度还比较弱，并随 Ma_∞ 增大而向后移动。

随着 Ma_∞ 继续增大，在机翼上表面还会形成所谓的“后激波”，它的产生与后掠翼的流线呈“S”形有关。局部超声速气流流过翼身结合处附近时，可将这个结合处看成一个固定的壁面，上翼面气流从前缘到后缘的流动过程中是逐渐向里偏折，偏向壁面的，所以超声速气流受到壁面的阻滞影响，就会出现一系列弱压缩波，形成了一定强度的后激波，如图 6－27 所示。

开始形成的后激波，一般处于翼尖激波之前。实验表明，随着 Ma_∞ 增大，后激波向后缘移动的速度比翼尖激波来得快，会赶上翼尖激波并与其合并。为此同时，后激波还向翼根发展，并不断增强其强度。

随着 Ma_{∞} 进一步增大，在机翼上表面，从翼尖到翼根相继出现局部超声速区域，产生局部激波，称为“前激波”。图 6-28 所示为 $\alpha=4^{\circ}$ 时，在不同 Ma_{∞} 下形成的前激波位置。

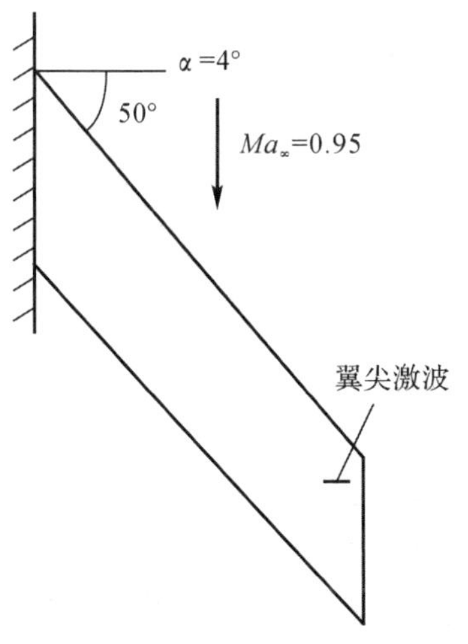

图 6-26　后掠翼的翼尖激波

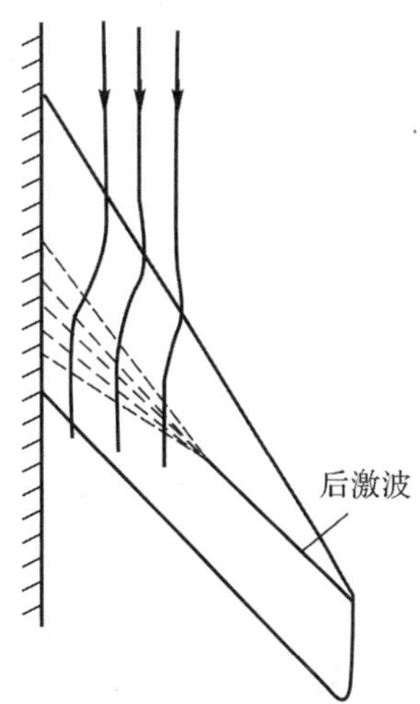

图 6-27　后掠翼的后激波

实验表明，随着 Ma_{∞} 增大，局部超声速区域扩大，前激波逐渐向机翼内侧和后缘移动，并与后激波相交后，在交点外侧形成一道强度较强的激波，称为“外激波”，如图 6-29 所示。外激波在外翼上将发生严重的激波气流分离。

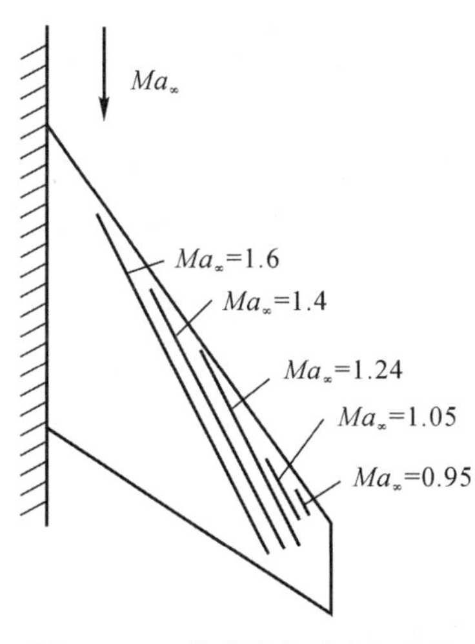

图 6-28　前激波的形成与发展

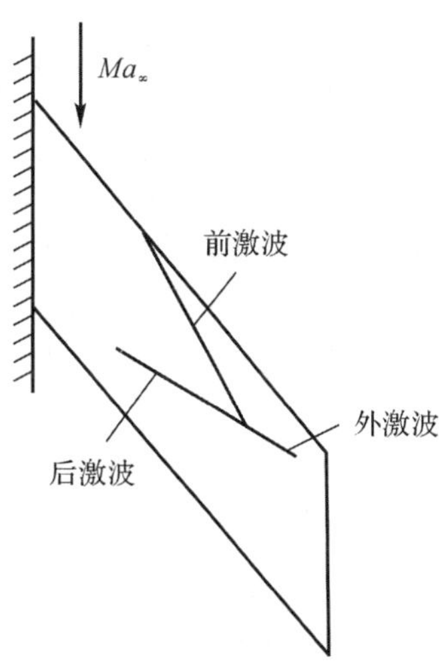

图 6-29　外激波的形成

2. 后掠翼的升阻特性

由于流过后掠翼的气流只有垂直分速度（v_n）才对后掠翼的压力分布起决定性作用。按理论计算，若将无限翼展的平直机翼置换为无限翼展的后掠翼，后掠翼在中小迎角情况下的升力系数和阻力系数分别为平直机翼的 $\cos^2\chi$ 和 $\cos^3\chi$ 倍，后掠翼的升力系数曲线的斜率是平直机翼的 $\cos\chi$ 倍，都变小。

但在有限翼展的后掠翼上，由于翼根效应和翼尖效应的影响，升力系数的减小要少些，阻力系数(主要是压差阻力系数)的减小也比理论值小。

(1) 后掠翼的亚声速升阻特性。图 6-30 所示是在相同迎角情况下,后掠角 $\chi=35°$ 的后掠翼与相同翼型、相同展弦比的平直机翼($\chi=0°$)升力系数曲线的比较。从图中可看出,在同一迎角下,后掠翼的升力系数比平直机翼的小,后掠翼的升力系数曲线斜率也比较平直机翼的小。

对于后掠翼的阻力系数,在亚声速条件下,后掠角的大小对阻力系数基本无影响,此时机翼阻力起决定性作用的是黏性阻力。气流流过机翼表面时,无论沿哪个方向流动都会产生黏性阻力,即黏性阻力与 v_n 有关,也受 v_t 影响。

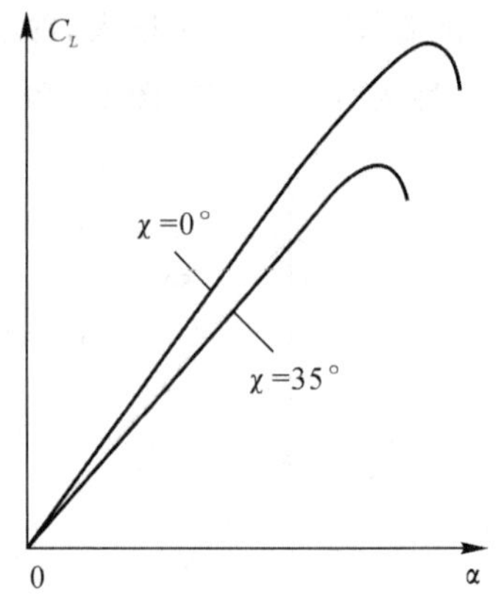

图 6-30　后掠角对 C_L,C_L^α 的影响

(2) 后掠翼的跨声速升阻特性。随着 Ma_∞ 增大,当 $Ma_\infty > Ma_{cr}$ 时,后掠翼飞机也将进入跨声速飞行状态。由于只有垂直分速度(v_n)才对后掠翼的压力分布起决定性作用;以及翼根效应和翼尖效应的影响,后掠翼沿翼展各处的局部超声速和局部激波的形成与发展过程更加复杂,翼尖激波、后激波、前激波的形成和发展也有先后快慢不同,致使后掠翼的升阻特性随 Ma_∞ 的增减时机有差异。比如说,随着 Ma_∞ 增大,翼根部分的升力系数正处于上升过程中,但翼尖部分的升力系数却开始下降;随后,在翼根部分的升力系数处于下降过程中,翼尖部分的升力系数却开始上升。因此,局部超声速区域的形成和发展对升力系数的影响作用较小。

如图 6-31 所示是不同后掠翼在迎角($\alpha=2°$)一定情况下,升力系数(C_L)随 Ma_∞ 的变化情况。从图中可以看出:

1) 后掠翼的临界马赫数较相同条件下平直机翼的大,升力系数(C_L)在较大的 Ma_∞ 下才开始起伏变化。

2) 升力系数(C_L)在跨声速阶段内的增减幅度比较小,随 Ma_∞ 的变化比较平缓。这是因为,后掠翼的升力特性主要取决于有效分速度对应 Ma(Ma_n)的大小;而且后掠翼的局部超声速和局部激波的产生和发展变化也比较缓慢。

3) 后掠翼的后掠角越大,上述特点越突出。

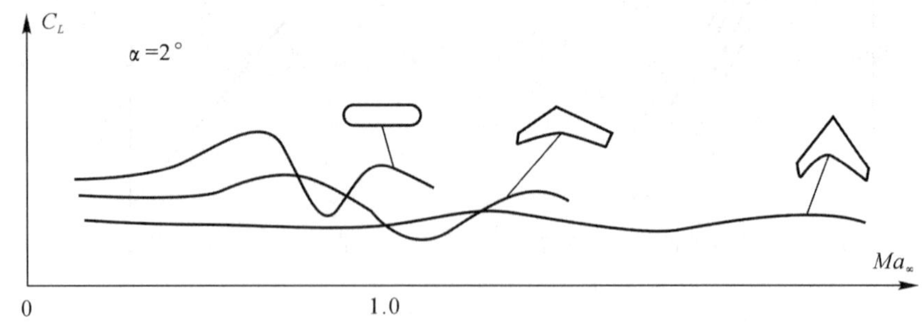

图 6-31　不同后掠角的 C_L 随 Ma_∞ 的变化

如图 6-32 所示是不同后掠角的后掠翼在迎角一定情况下,阻力力系数随 Ma_∞ 的变化情况。从图中可以看出:

1) 后掠翼的阻力系数在比较大的 Ma_∞ 下才急剧增加,这是因为后掠翼的临界马赫数和阻力发散马赫都比平直机翼大的缘故。

2）后掠翼的最大阻力系数，只有在更大飞行速度下才会出现，而且数值也比较小。对平直机翼而言，当 Ma_∞ 为 1 左右时，其阻力系数达到最大。但对后掠翼而言，在来流速度超过声速不多时，有效分速度（v_n）仍然小于声速，阻力系数尚未达到最大，只有来流速度超过声速比较多，v_n 到达声速左右，阻力系数才到达最大。

3）后掠翼的阻力系数随 Ma_∞ 的变化比较平缓。其理由与升力系数相同。

4）后掠角越大，上述特点越明显。

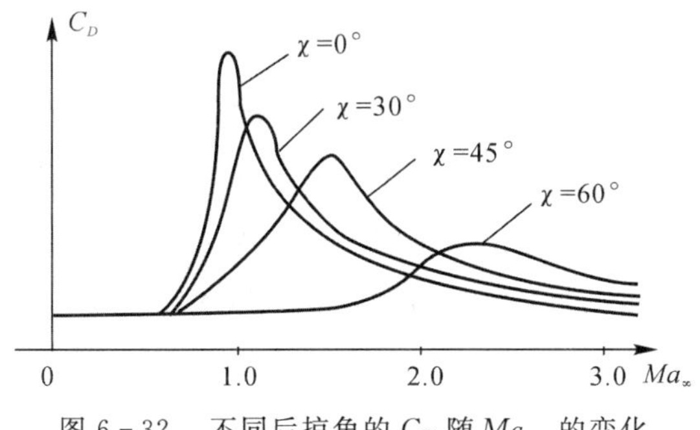

图 6－32　不同后掠角的 C_D 随 Ma_∞ 的变化

3. 后掠翼的失速特性

后掠翼虽然能提高飞机的临界马赫数，降低机翼的阻力系数，但其临界迎角比较小，容易出现失速，而且后掠翼失速首先是从翼尖部分开始的。

（1）翼尖先失速。后掠翼翼尖先失速与后掠翼的翼根效应和翼尖效应有很大的关系，如图 6－33 所示。原因主要有两方面：一方面，在翼根上表面，由于翼根效应，流线偏离飞机对称面，流管扩张变粗，流速变慢，局部气流的静压升高；而在翼尖上表面，流管收缩变细，流速加快，局部气流的静压降低。因此，沿着翼展从翼根到翼尖存在压力差，它促使附面层空气向翼尖方向流动，致使翼尖部分的附面层增厚，容易产生气流分离。另一方面，由于翼尖效应，翼尖部分上表面前段的流管变得更细，压力变得更低；而在翼尖部分上表面后段（最低压力点之后），流管扩张变粗，压力变得更高，于是在翼尖上表面的后缘部分与最低压力点之间的逆压梯度增大，增强了附面层内空气的倒流趋势，容易形成气流分离。因此，当迎角增大到一定程度时，后掠翼上表面的翼尖部分首先产生严重的气流分离，造成翼尖先失速。

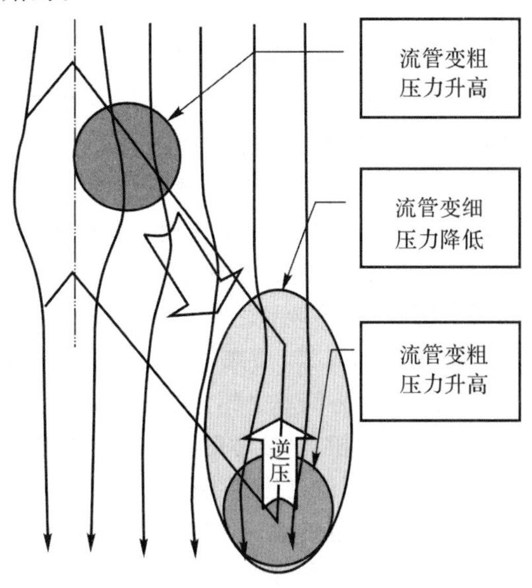

图 6－33　翼尖先失速的简单原因

后掠翼失速的气流分离先从翼尖开始，然后逐渐蔓延至整个机翼，如图 6－34 所示。因此，后掠翼飞机在还没有达到临界迎角以前，会较早地出现抖动。此外，由于翼尖气流分离的不对称性及其发展的不稳定性，可能导致机翼横向阻尼特性的降低，甚至完全丧失进而引起机翼自转。

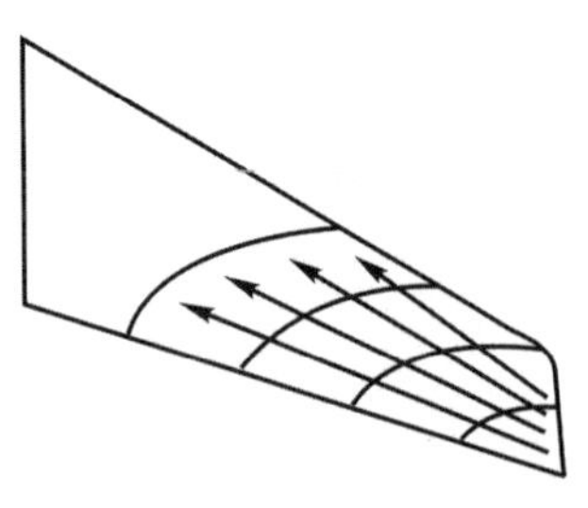

图 6－34　后掠翼失速的发展

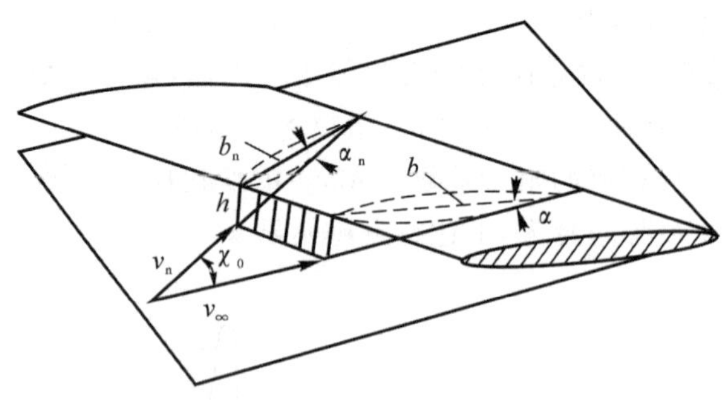

图 6－35　后掠翼迎角

(2) 后掠翼的临界迎角和最大升力系数。后掠翼的有效分速度与垂直于前缘的翼型所构成的迎角 α_n，总是大于来流速度与顺气流方向翼弦所构成的迎角 α，如图 6－35 所示。根据图中的几何关系可得

$$\sin\alpha_n=\frac{h}{b_n}=\frac{h}{b\cos\chi_0}\geqslant\sin\alpha=\frac{h}{b} \tag{6-15}$$

根据式(6－15)，当 $\chi_0>0$ 时，容易推出 $\alpha_n>\alpha$。即使不考虑翼尖先失速，当 α_n 增大到与平直机翼的临界迎角相等时，后掠翼将开始出现严重的气流分离，而实际按 α 来计算后掠翼的临界迎角，会导致其比平直机翼的临界迎角小。若考虑翼尖先失速的影响，临界迎角将更小。因此，后掠翼的临界迎角要比平直机翼的小。

由于后掠翼的临界迎角要比平直机翼的小，且翼尖先失速，导致后掠翼的最大升力系数变小。需要指出的是：后掠翼的失速是从翼尖逐渐向全翼扩展的，所以在临界迎角附近升力系数变化比较缓和，即 C_L^α 比较小。

(3)改善后掠翼翼尖先失速的措施。后掠翼翼尖先失速对飞机的气动性能影响很大，需要采取措施来减小或控制翼尖失速。后掠翼的翼尖先失速，与气流沿展向流动有很大关系。因此，在改善后掠翼失速的措施中，除了可以采用一些与平直机翼相同的措施，如几何负扭转、气动扭转、前缘缝翼等装置之外，还可以采取一些专门针对后掠翼的改善失速措施。这些措施中包括机翼上表面翼刀、前缘翼刀、前缘翼下翼刀、发动机挂架、前缘锯齿、涡流发生器等，如图 6－36所示，下面将简单介绍它们的作用。

采用几何负扭转(参考图 1－13)的机翼，可以使翼尖处的局部迎角小于翼根处的；采用气动扭转的机翼，可以延缓翼尖处的气流分离和减小分离区；在靠近翼尖处的前缘缝翼可以在大迎角情况下有效地延缓翼尖后部的气流分离。它们都可以提高翼尖处的局部临界迎角，都为控制翼尖先失速的有效措施。

机翼上表面翼刀，平行于对称面，如图 6－36(a)所示。它可以阻止后掠翼附面层气流的展向流动。实验研究表面，在中小迎角情况下，翼刀基本不影响升力沿展向的分布，当接近气流分离的较大迎角时，翼刀的作用将比较明显。

前缘翼刀，通常安装在 $Z=0.35$ 处的前缘，如图 6－36(b)所示。它不仅能阻挡附面层气流的展向流动，而且能在上表面形成一束尾涡流，起到类似涡流发生器的作用。

前缘翼下翼刀，如图 6－36(c)所示。这种翼刀在接近失速的大迎角下，有着与前缘翼刀同样的作用，不过它装在前缘驻点的后下方，在中小迎角下巡航和爬升，不至于干扰气流的正

常流动。

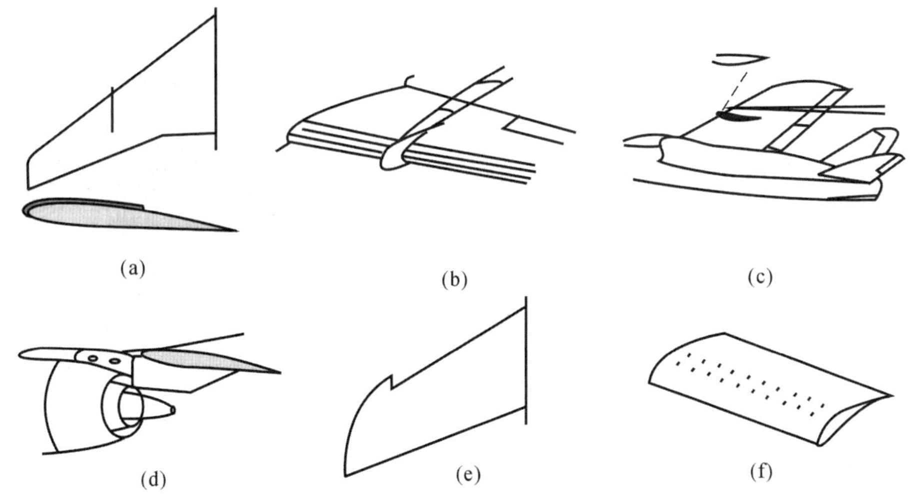

图 6－36　改善后掠翼翼尖失速的措施

(a)上表面翼刀；(b)前缘翼刀；(c)前缘翼下翼刀；(d)发动机挂架；(e)前缘锯齿；(f)涡流发生器

发动机挂架，如图 6－36(d)所示。它实际上也是起着前缘翼下翼刀的作用，这些挂架都位于机翼前缘的下后方。机翼下面的武器挂架也能起类似的作用。

前缘锯齿，如图 6－36(e)所示。从锯齿处产生的涡流可以阻挡附面层气流的展向流动，并给附面层气流输入能量，增大气流速度，延缓气流分离。

涡流发生器，如图 6－36(f)所示。它一般安装在机翼外翼段的上表面，能产生旋转速度很大的小漩涡。这些小漩涡紧贴翼面流动，与附面层气流掺混，把外部气流的能量带进附面层，增加附面层承受逆压梯度的能力，延缓气流分离。

第五节　其他高速飞行技术

高速飞机除了采用前面所提及的薄翼型、后掠翼这些技术外，还采用了一些其他技术，下面将对相关技术进行简单介绍。

一、小展弦比机翼的高速特性

采用小展弦比机翼主要用来改善飞机高速飞行的阻力特性。图 6－37 所示是不同展弦比机翼在跨声速飞行过程中，阻力系数随 Ma_{∞} 的变化情况。从图中可以看出：

飞机高速飞行时，展弦比越大，阻力系数越大，这是因为激波是沿翼展在机翼前后缘产生的，翼展缩短之后，激波的范围缩小，激波阻力自然也随之减小。

展弦比越小，临界马赫数、阻力发散马赫数、最大阻力系数对应的飞行马赫数都更大，这是因为翼尖涡对机翼上下表面气流的相互影响，将随展弦比的减小而增大，从而减小了翼面气流的最大速度。

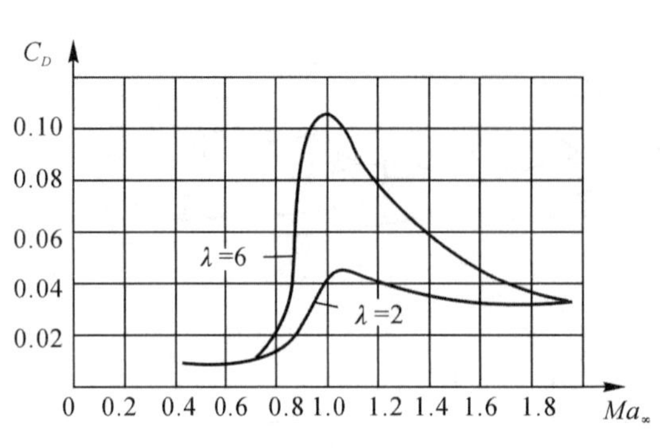

图 6-37 不同展弦机翼的 C_D 随 Ma_∞ 的变化

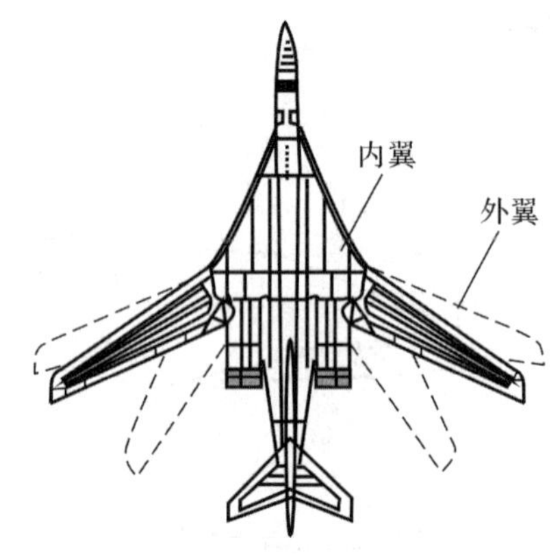

图 6-38 可变后掠翼飞机

二、可变后掠翼*

根据前面分析可知，高速飞机要采用大后掠角、小展弦比的机翼，以提高飞机的临界马赫数和减小激波阻力，但此类机翼在亚声速状态时升力较小，诱导阻力较大，效率不高。要想同时满足飞机对超声速飞行、亚声速巡航和短距起降的要求，最好是让机翼后掠角可变，用不同的后掠角去适应不同的飞行状态。在飞机起飞、着陆和低速飞行时，使用较小的后掠角（大展弦比），使机翼的升力效率提高，使飞机具有更好的低速特性；而在高亚声速和超声速飞行时使用大后掠角，提高飞机的临界马赫数，提高飞机的加速性能和高速飞行能力。

可变后掠翼是指后掠角在飞行中可以改变的机翼，它的内翼是固定的，外翼与内翼通过铰链轴连接，通过液压助力器操纵外翼前后转动，以改变外翼的后掠角和整个机翼的展弦比，如图 6-38 所示。可变后掠角飞机的研究始于 20 世纪 40 年代，60 年代曾经设计出实用的可变后掠角飞机，如米格-23，F-14 等。

可变后掠翼由于结构复杂引申出很多问题。为了支持机翼后掠角的可变，机翼必须由可变动机构组成，增加了飞机重量，机翼悬挂点减少，负载减少，操纵也非常麻烦。还增加了机构复杂度与固件数量，可靠性成几何倍数降低，同时生产复杂度和维护费用成几何倍数增加。后来，随着一些更为简单有效协调飞机高速特性与低速特性之间矛盾技术的出现，在新发展的飞机中已经很少采用这种布局形式。

三、边条翼和鸭翼*

取代可变后掠翼、弥补大后掠翼不足的技术主要包括边条翼和鸭翼。现代飞机通过使用这两种技术，可以获得很好的综合气动性能和操纵性能。

1. 边条翼

为了更好地兼顾飞机高速与低速特性，在 20 世纪 50 年代中期出现的一种新型机翼，称为边条翼，一些第三代高机动战斗机采用了这种机翼。边条翼如图 6-39 所示，它是在中等后掠角（25°～45°）的机翼根部前缘处，加装一后掠角很大（65°～85°）的细长翼所形成的复合机翼。在边条翼中，原来后掠翼称为基本翼，附加的细长前翼部分称为边条。边条主要有两种形式：机身边条和机翼边条。

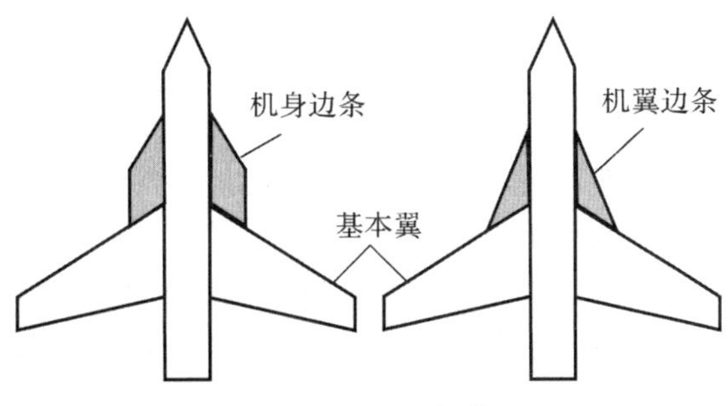

图 6-39　边条翼

边条翼能同时兼顾飞机的亚声速、跨声速和高速气动特性。在亚、跨声速范围内，当迎角较大时，气流从边条前缘就分离，形成一个稳定的前缘脱体涡，这个涡系可以顺着机翼向后流动，将能量带入大迎角状态下已经分离或即将分离的机翼表面附面层内，推迟翼面上的气流分离。在（边条）前缘脱体涡的诱导作用下，不但可使基本翼内翼段的升力有较大幅度的增加，还使外翼段的气流受到控制，在一定的迎角范围内不发生无规则的分离，从而提高机翼的临界迎角和抖振边界，保证飞机具有良好的亚、跨声速气动特性。简单地说，就是边条翼利用边条前缘涡流来改善翼面气流的流动状态，达到增升的目的。在超声速状态下，由于加装了边条，使内翼段部分的相对厚度变小，机翼的等效后掠角增大，可明显降低激波阻力，这种机翼也具有良好的超声速气动特性。另外，边条的存在，还可使飞机在跨声速和超声速飞行时的全机焦点后移量减小，可使飞机的配平阻力降低。

边条翼的缺点是在小迎角范围内，其升阻特性不如无边条的基本翼好；它的力矩特性也不理想，力矩曲线随迎角的变化呈非线性。

2. 鸭翼

当飞机高速飞行时，机翼后部严重的气流分离（如激波分离），将会使可操纵翼面的效能明显降低，严重影响到飞机的操纵性能。为了改善飞机的操纵性能，出现了一种新型的鸭式布局飞机。

所谓鸭式布局是指在机身前段（如靠近座舱两侧）装有两个较小的三角（后掠）翼，称为前翼，后段是一个中大后掠翼的机翼（主翼）布局形式，这种布局飞机的前翼就称为鸭翼，如图 6-40(a)所示。它相当于将水平尾翼移到主翼之前的机身两侧，可以用较小的翼面来达到同样的操纵效能，而且前翼和（主）机翼可以同时产生升力，而不像水平尾翼那样，为平衡俯仰力矩多数情况下会产生负升力。鸭翼有两种形式：一种是不能操纵的鸭翼，其功能是当飞机处于大迎角状态时加强机翼的前缘涡流，如图 6-40(b)所示，改善飞机大迎角状态的性能，有利于飞机的短距起降。另一种是可操纵的鸭翼，这种鸭翼除了能产生涡流、改善飞机的气动与操纵性能外，还能用于改善跨声速过程中安定性骤降的问题，同时也可减少配平阻力、有利于超声速空战。在降落时，鸭翼还可偏转一个很大的负角，起减速板的作用。

鸭式布局飞机的主要优点有：

(1)俯仰操纵性能更好，普通飞机的升降舵在水平尾翼后部，尾翼后部的气流，尤其是在较大迎角情况下，容易出现较严重的气流分离，导致升降舵的效能变差；鸭翼在主机翼之前，受气流分离导致舵面效能变差的影响要小。

(2)配平阻力比较小，通常飞机增大迎角、增大升力时会产生下俯力矩。鸭翼处于飞机重心之前，增大机翼迎角时，鸭翼出现正偏转，产生正升力，其产生的上仰力矩可以有效平衡下俯力矩。

(3)鸭式布局飞机可以用较小的机翼获得较大的全机升力，有利于减轻飞机的结构重量。

(4)大迎角飞行时，鸭翼的迎角一般大于机翼的迎角，鸭翼首先出现气流分离，导致飞机低头，使鸭式布局飞机不易失速，有利于飞行安全。

鸭式布局飞机的主要缺点是飞机主升力面机翼承载能力得不到充分利用，使飞机的最大升力不及正常布局飞机的大。由于机翼后缘离飞机重心较远，当后缘襟翼放下较大角度产生较大下俯力矩时会使鸭翼负担过重。鸭式飞机的起飞、着陆性能较差。

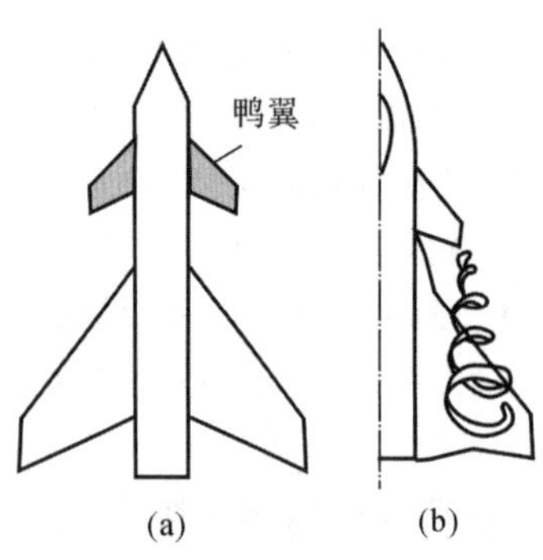

图 6-40　鸭翼及其气流特性
(a)鸭翼；(b)鸭翼涡流

图 6-41　J20 歼击机

现代一些先进的高速飞机同时融入了边条翼、鸭翼等元素，可使飞机具有很好的高速气动性能和操纵性能，并兼顾低速性能，如图 6-41 所示的 J20 歼击机。

四、前掠翼*

前掠翼是相对后掠翼而言的一种翼型，其翼梢弦在翼根弦的前面，左右机翼的俯视投影形成一个“V”形，如图 6-42 所示。前掠翼和后掠翼是同时提出的，两者在提高飞机临界马赫数、延缓激波产生的原理完全相同，由于前掠翼上气流的展向流动指向翼根，如图 6-43 所示，大迎角飞行时气流首先从机翼根部分离，从根本上克服了翼尖失速问题，因而低速性能好，可用升力大，机翼的气动效率高。

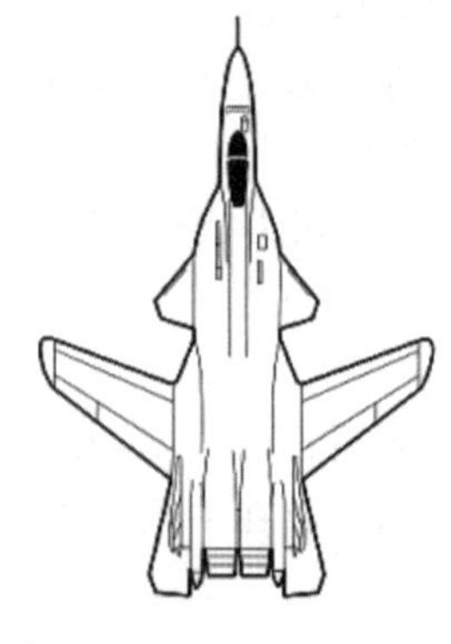

图 6-42　前掠翼

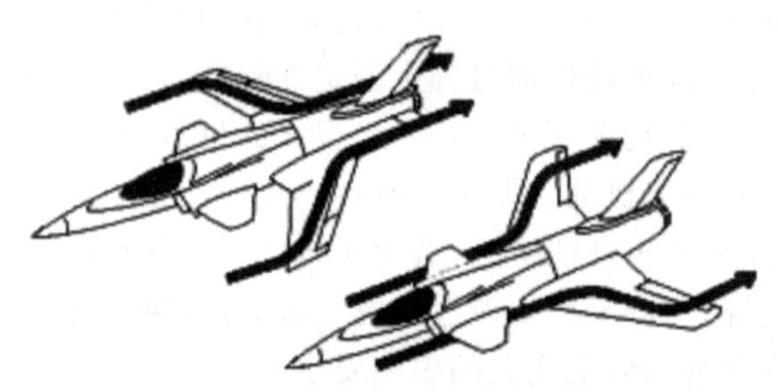

图 6-43　前掠翼与后掠翼的气流比较

前掠翼较后掠翼有以下几个方面的优势。

(1)结构优势：前掠翼结构可以保证机翼与机身之间更好地连接，并且合理地分配翼根和前掠翼所承受的载荷。它大大提高飞机在机动时，尤其是在低速机动时的气动性能。此外，前掠翼的结构设计，还可使飞机的内部容积增大，为设置内部武器舱创造了条件，同时也大大提高飞机的隐身性能。

(2)机动优势：前掠翼在气动性能方面有着独特的优势，它的升阻比高，能保证机翼与机身之间更好的连接，有利于起降。前掠翼技术可使飞机在亚声速飞行时具有非常好的气动性能，从而大大提高其在大迎角状态下的机动性。

(3)起降优势：与相同机翼面积的后掠翼飞机相比，前掠翼飞机的升力更大，因而可缩小机翼，降低飞机的迎风阻力和飞机结构重量，可增加载重量；减少飞机配平阻力，加大飞机的亚声速航程；改善飞机低速操纵性能，缩短起飞着陆滑跑距离。

(4)可控优势：前掠翼结构可以提高飞机低速飞行时的可控性，并能在所有飞行状态下提高空气动力效能，降低失速速度，保证飞机不易进入螺旋，从而使飞机的安全性、可靠性大大提高。

前掠翼的缺点主要为：

(1)前掠翼产生弯曲变形时会使外翼迎角增大，从而使外翼升力增大，造成机翼弯曲变形加剧，在一定(临界)迎角情况下，这种现象会形成恶性循环，直到使机翼折断。

(2)前掠翼技术复杂，对与之配套的相关技术要求比较高，气动部件强度要求大，而且翼尖颤振的问题至今无法彻底解决。

不论怎样，前掠翼作为一项可使飞机机动性能得到极大提高的技术，已受到了各国越来越多的重视。随着一些相关技术的突破，它将是今后飞机的发展方向之一。

五、高速尾翼

尾翼包括水平尾翼和垂直尾翼两部分，它们实际上就是两种小机翼，飞机的机动性能和灵活性在一定程度上取决于尾翼的操纵效能。为了保证可操纵翼面具有良好的操纵性能，尾翼一般要求采用后掠角更大、更薄、临界马赫数更高的机翼，这样当机翼产生局部激波时，尾翼仍未出现激波，从而保证尾翼的操纵效能，如图 6－44 所示。

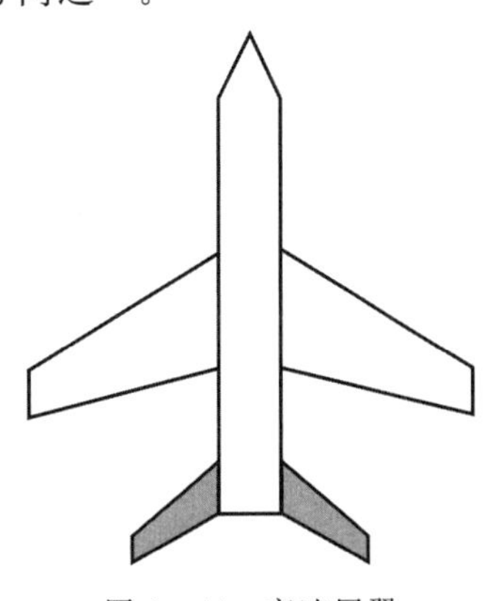

图 6－44　高速尾翼

六、高速机身*

机身是产生阻力的主要部件，为了减少高速飞行阻力，必须对机身采取措施。现代高速飞机根据跨声速飞行的阻力特点，首先采用跨声速面积律，即安装机翼部位的机身截面适当缩小，形成蜂腰形机身；其次它的机头往往做得很尖，或者在头部用空速管作为激波杆，远远地伸出在迎面气流之中，防止产生脱体激波，有助于削弱激波的强度，减小波阻；第三是随着速度的不断增长，飞机机身的“长细比”不断增大，即用细而长的旋转体作机身，使机身表面的弯曲度相对变小，气流增速或减速变得缓和。现代超声速飞机机身的长细比已超过 10。所谓长细比是指机身长度与机身剖面最大直径的比值，这一比值越大，则机身越细越长。而且随着飞行速度的提高，飞机机身相对于机翼尺寸也越来越大。

复习思考题

1.声音在空气中传播有何规律?

2.马赫数如何定义?马赫数与空气压缩性有何关系?

3.高速流体,流速与流管截面积之间的变化有何规律?

4.激波是如何产生的?激波前后气流参数如何变化?激波如何分类?

5.翼型的亚声速升力特性是怎么样的?

6.临界马赫数如何定义?

7.局部激波的形成和发展有何规律?

8.翼型在跨声速时,升力系数随飞行马赫数如何变化?为什么?

9.激波阻力是如何产生的?翼型的跨声速阻力特性如何?

10.高速机翼有何特点?为什么?

11.翼型参数对机翼的高速气动特性有何影响?

12.后掠翼的气流特性是怎么样的?

13.简述后掠翼跨声速的升阻特性。

14.后掠翼为什么会翼尖先失速?

15.改善后掠翼翼尖先失速的措施有哪些?

16.高速飞机为什么采用小展弦比机翼?

17.边条翼和鸭翼有何优缺点?

18.前掠翼有何优缺点?

第7章　螺旋桨飞机空气动力

螺旋桨飞机是以活塞式或涡轮式螺旋桨发动机产生前进驱动力的飞机。螺旋桨飞机的基本空气动力性能与飞机低速空气动力性能一致，但螺旋桨飞机有其特殊性，比如螺旋桨拉力与飞行速度有很大关系，会随飞行速度的增加而减小；螺旋桨在产生拉力的同时又会给飞机的稳定和操纵带来副作用等。

本章将介绍螺旋桨飞机的基本知识，着重分析螺旋桨空气动力及其变化规律，并研究螺旋桨的效率及副作用问题。

第一节　螺旋桨飞机概述

螺旋桨飞机(propeller airplane)是使用空气螺旋桨产生主要前进驱动力的飞机。从第一架飞机诞生直到第二次世界大战开始，几乎所有的飞机都是螺旋桨飞机。喷气式飞机是在第二次世界大战期间出现，战后才取得较好的应用。现代飞机除超声速飞机和高亚声速飞机外，螺旋桨飞机在大型运输机、支线客机和通用航空飞机中仍占有重要地位。螺旋桨飞机按发动机类型不同可分为活塞式螺旋桨飞机和涡轮螺旋桨飞机。

螺旋桨飞机与喷气式飞机相比较，飞行速度比较慢，飞行高度比较低，但螺旋桨飞机也有自身的优势，主要体现在：

(1)更为经济：主要体现在制造成本、使用成本和运营维护成本三方面。螺旋桨发动机通常比喷气发动机构造简单，易于制造与维护；使用方面，在500～600km航线上，螺旋桨飞机每座运营成本较喷气飞机低35%；而在500km以内的航线上，螺旋桨飞机每座运营成本较喷气飞机低40%以上。

(2)更强的适应性：螺旋桨飞机是按低速飞机标准设计，机翼面积较大，起降性能好。螺旋桨飞机除可以在标准的水泥跑道起降外，还能在土跑道、砂石跑道、草地机场及有雪覆盖的跑道上起降，对机场要求低，场地适应性更好。

(3)更环保：螺旋桨飞机耗油率低，在起飞、着陆及巡航飞行中所产生的二氧化碳、一氧化碳及二氧化硫等排放物比同样座级的喷气式飞机少，更为环保。

第二节　螺旋桨运动规律

研究螺旋桨飞机空气动力的核心是研究螺旋桨空气动力。研究螺旋桨空气动力，首先要研究螺旋桨的运动规律，主要是螺旋桨运动与桨叶迎角的变化规律。

一、螺旋桨的构造及参数

螺旋桨(propeller)主要由桨叶、桨毂和变距机构等组成，如图7-1所示。

1. 桨叶

螺旋桨由两片以上的桨叶组成，通过桨毂与发动机转轴相连。桨叶的作用是产生拉力。

桨叶的平面形状有很多种，常用的有椭圆形、矩形和马刀形等。

桨叶的剖面形状由前桨面和后桨面构成，前桨面弯曲度较大，后桨面弯曲度较小，与平凸型机翼的翼型相似，前、后桨面分别相当于机翼的上、下表面，如图 7-2 所示。

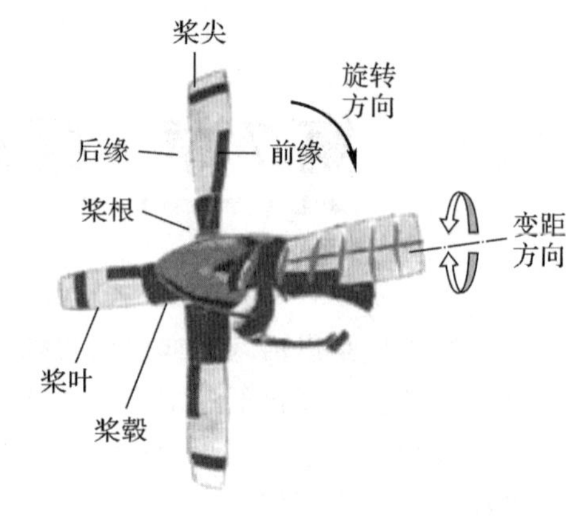

图 7-1 螺旋桨的基本组成

螺旋桨旋转时所经过的平面叫作旋转面，它与桨轴垂直。螺旋桨旋转时，桨尖所画圆的直径，称为螺旋桨直径(D)；该圆的半径，称为螺旋桨半径(R)。螺旋桨某剖面到桨轴间的距离，称为该剖面的半径(r)，两半径的比值称为相对半径($\bar{r}=r/R$)。

桨叶剖面前缘与后缘的连线，称为桨弦或桨叶宽度，用 b 表示。桨弦与旋转平面之间的夹角称为桨叶角，用 φ 表示。

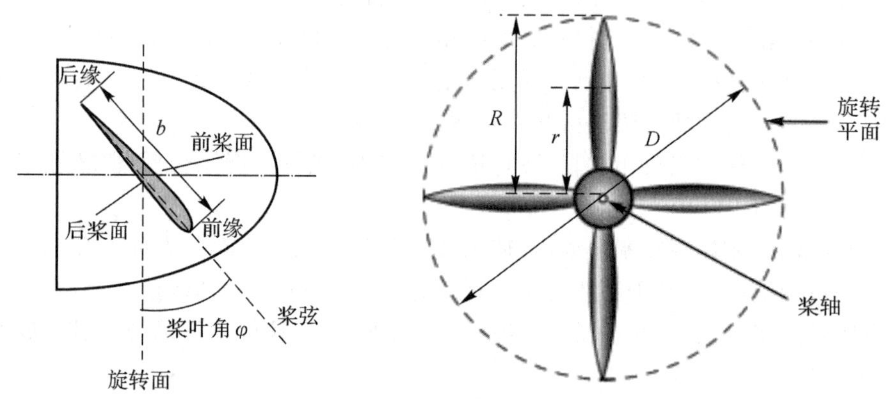

图 7-2 螺旋桨参数

2. 变距机构

桨叶角不能改变的螺旋桨称为定距螺旋桨；桨叶角能改变的螺旋桨称为变距螺旋桨。桨叶角增大，称为变大距或变高距；桨叶角减小称为变小距或变低距。现代飞机大多都使用变距螺旋桨，变距方式可以是人工变距，也可以是自动变距。

功率小的活塞式螺旋桨轻型飞机，一般没有专门的变距机构，主要靠桨叶的空气动力和配重的惯性离心力来改变桨叶角，达到变距的目的，如图 7-3(a)所示。空气动力力矩($M_{气动}$)使桨叶变低距，配重的惯性离心力矩($M_{惯性}$)使桨叶变高距。若前者大于后者，则桨叶角减小；若前者小于后者，则桨叶角增大，这种变距方式称为气动变距。当油门(转速)不变，而飞行速度增大时，桨叶迎角变小，使桨叶空气动力减小，于是 $M_{惯性}>M_{气动}$，桨叶逐渐变大距，增大桨叶角；反之，随飞行速度减小，螺旋桨会自动变小距，桨叶角减小。这样在转速基本保持不变的情况下，就能较好地满足发动机的要求和取得较高的螺旋桨效率。

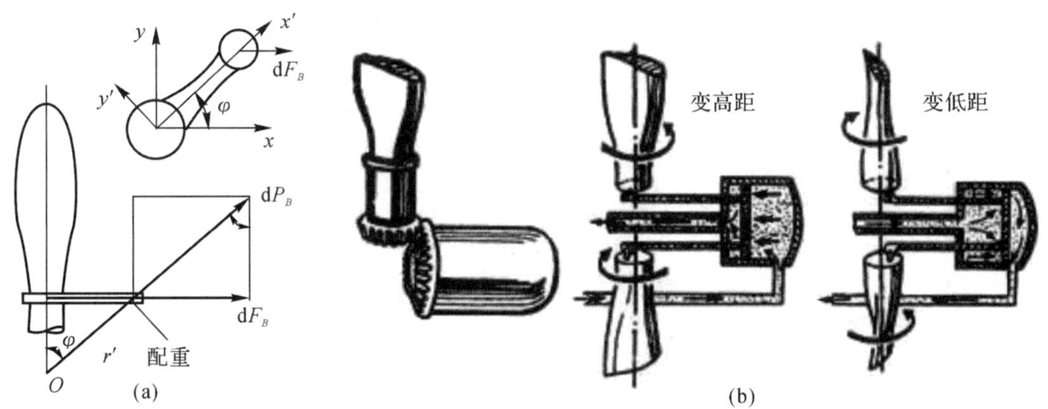

图 7－3　螺旋桨变距机构

(a)气动配重变距；(b)调速器变距

功率较大的活塞式螺旋桨飞机，设有专门的调速器变距机构，如图 7－3(b)所示。它靠液压或电动方式来改变桨叶角。这种飞机在驾驶室中除了驾驶杆、油门杆外，还设有变距杆，既可人工变距，又可自动变距，以保持或改变螺旋桨的转速。例如，前推变距杆，桨叶角、桨叶迎角及旋转阻力减小，转速增加；反之，后拉变距杆，桨叶角、桨叶迎角及旋转阻力增大，转速降低。如果不动变距杆，在油门不变、飞行速度或飞行高度改变时，调速器能自动调整桨叶角的大小，保持设定的工作转速。

涡轮螺旋桨发动机通常以恒定转速运转，没有人工变距，而采用自动变距。

二、螺旋桨运动

飞行中，螺旋桨的运动是一边绕转轴旋转，一边随飞机前进。桨叶上每一点的运动轨迹，都是一条螺旋线，如图 7－4 所示。因此，桨叶各剖面都具有两种速度：一种是前进速度(v)，即飞机的飞行速度；另一种是旋转产生的圆周速度，或叫切向速度(u)，其大小取决于螺旋桨转速和各剖面半径的大小，即

$$u = 2\pi rn \tag{7-1}$$

式中，n 为螺旋桨的转速，单位为 r/s 或 r/min。

前进速度与切向速度的合速度，称为桨叶剖面的合速度(w)。桨叶剖面合速度的方向，与 v 和 u 的大小相关，决定着螺旋桨相对气流的来流方向，可用合速度与旋转面之间的夹角来描述，又称为来流角或入流角，用 γ 表示，如图 7－5 所示，满足

$$\tan\gamma = \frac{v}{u} \tag{7-2}$$

桨叶剖面相对气流方向与桨弦之间的夹角称为桨叶迎角，用 α 表示，如图 7－5 所示。桨叶迎角的大小为

$$\alpha = \varphi - \gamma \tag{7-3}$$

由式(7－3)和式(7－2)可得出：桨叶迎角大小与桨叶角、飞行速度和螺旋桨的旋转速度相关。

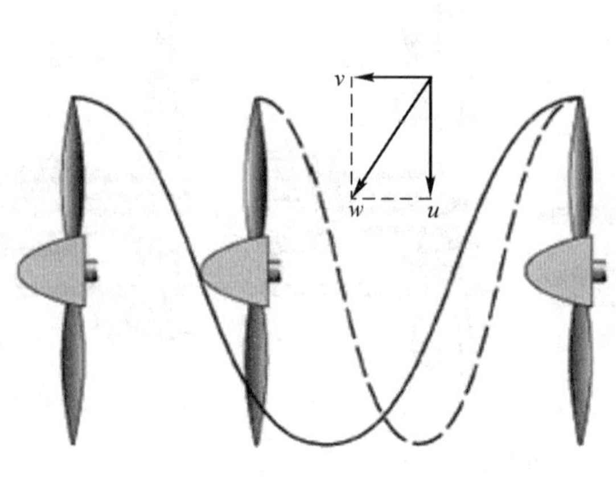

图 7-4 螺旋桨某点的运动轨迹与速度

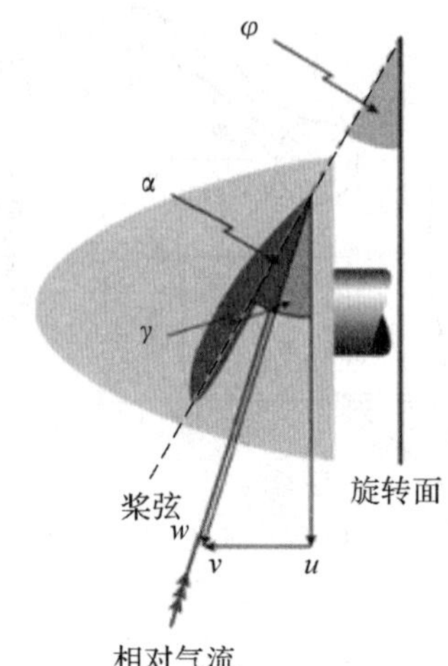

图 7-5 桨叶剖面的速度与气流

当飞行速度(v)和切向速(u)一定,即 γ 一定,来流方向不变时,桨叶迎角随桨叶角的增大而增大,随桨叶角的减小而减小。

如图 7-6 所示,在桨叶角(φ)和螺旋桨的转速,即切向速(u)一定情况下,当飞机相对静止,$v=0$ 时,$\gamma=0$,桨叶迎角等于桨叶角,即有 $\alpha=\varphi$;随着飞行速度增大,γ 增大,桨叶迎角小于桨叶角,即有 $\alpha<\varphi$;当飞行速度增大到一定值时,$\gamma=\varphi$,桨叶迎角变为零,即有 $\alpha=0$;飞行速度继续增大,$\gamma>\varphi$,桨叶迎角将变为负值,即有 $\alpha<0$。由此可得,在桨叶角和螺旋桨的转速(切向速度)不变情况下,桨叶迎角随飞行速度增大而减小。

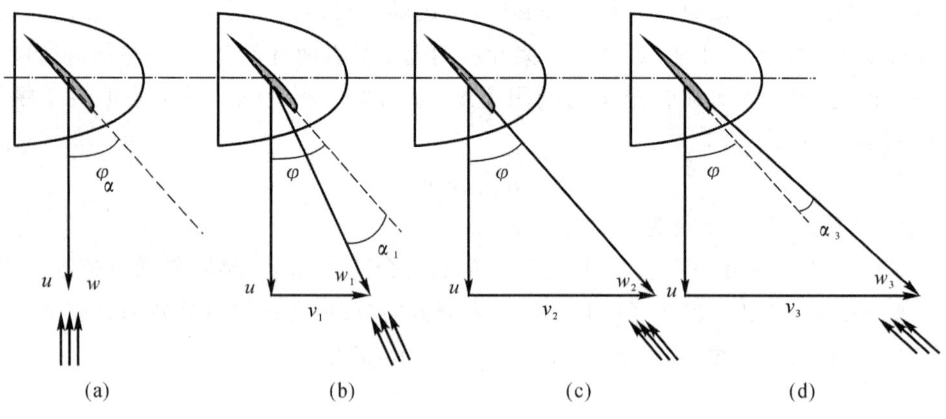

图 7-6 桨叶迎角随飞行速度的变化

(a)$v=0,\alpha=\varphi$; (b)$v_1>0,0<\alpha_1<\varphi$; (c)$v_2>v_1,\alpha_2=0$; (d)$v_3>v_2,\alpha_3<0$

如图 7-7 所示,在桨叶角(φ)和飞行速度(v)一定情况下,螺旋桨转速(n)增加,或桨叶剖面半径(r)增大,则切向速度(u)增加,合速度的方向更靠近旋转面,即 γ 减小,桨叶迎角将增大。反之,转速减小或剖面半径减小,则桨叶迎角将减小。

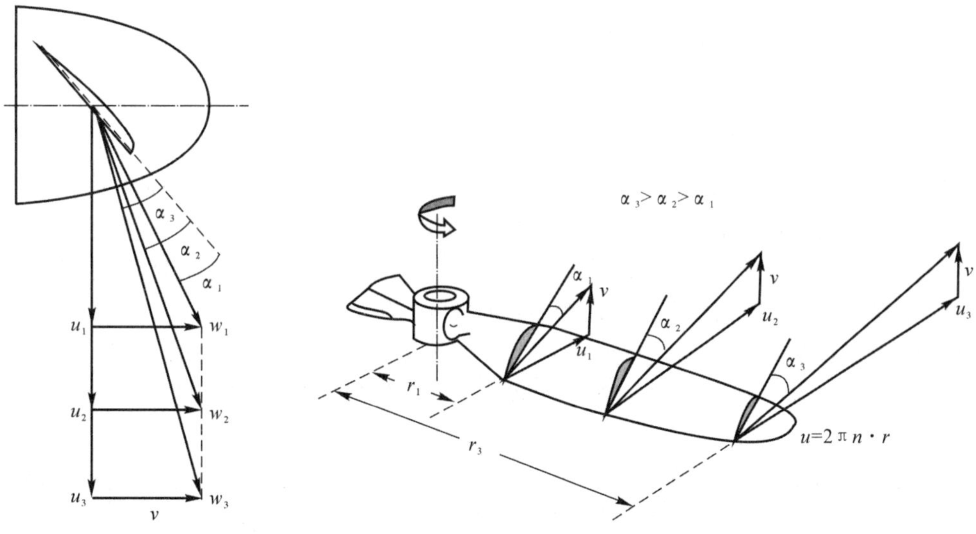

图 7-7　桨叶迎角随切向速度变化　　　　图 7-8　桨叶各剖面的迎角

三、桨叶几何扭转

螺旋桨以某一转速旋转时，由于同一桨叶不同剖面到桨轴的距离(r)不同，其切向速度不等，合速度的方向（来流方向）也就会不同，所以桨叶迎角也不同。靠近桨尖处剖面的切向速度大，来流角小，桨叶迎角大；靠近桨根处剖面的切向速度小，来流角较大，桨叶迎角较小，如图 7-8 所示。这既不利于螺旋桨产生拉力和结构受力，又不方便分析计算。为了使桨叶各剖面的迎角沿着旋转半径分布大致相等，使桨叶各剖面都能在有利状态下工作，通常需要把桨叶作几何扭转，使桨叶角(φ)从桨根到桨尖逐渐减小，如图 7-9 所示。

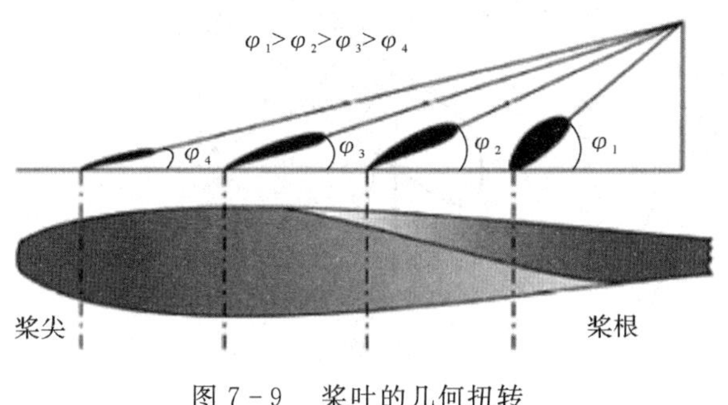

图 7-9　桨叶的几何扭转

对于几何扭转的桨叶，通常以某一剖面的桨叶角代表整片桨叶的桨叶角。选择此剖面一般以它的气动特性基本能反映整片桨叶的气动特性为出发点，这一桨叶剖面距桨轴的距离一般为螺旋桨半径的 75% 左右，可在该处做一标记。

第三节　螺旋桨拉力和旋转阻力

螺旋桨拉力和旋转阻力都是由螺旋桨空气动力产生的，由于桨叶的剖面形状与翼型相似，所以螺旋桨拉力和旋转阻力的产生和变化，与机翼升力和阻力的产生与变化的机理相同。

一、螺旋桨拉力和旋转阻力的产生

虽然螺旋桨上相对气流的产生与机翼上的不同，但螺旋桨桨叶上空气动力的产生原理与机翼上产生空气动力的原理是一致的。运行时，螺旋桨旋转所产生的相对气流在桨叶前缘分为两股，分别沿前桨面和后桨面流动，在桨叶后缘汇合。由于前桨面的弯曲度大，流管变细，流速增加，压力降低；后桨面弯曲程度小，再加上桨叶迎角的作用，流管变粗，流速减小，压力升高。在桨叶前缘处，气流受阻，流速减小，压力升高；在桨叶后缘处，气流分离，形成涡流区，压力降低。这样，前、后桨面间及前缘、后缘间均产生压力差，再加上气流作用于桨叶上的摩擦阻力，就构成了螺旋桨桨叶的总空气动力(R)。可将 R 分解为两个方向的分力，一是与桨轴平行、驱使飞机前进的拉力(P)，另一是与桨轴垂直，与螺旋桨旋转方向相反，阻碍螺旋桨旋转的旋转阻力(Q)。

可以采用叶素法来计算螺旋桨空气动力。沿桨叶半径处取一宽度为 $\mathrm{d}r$ 的积分微元，则在该积分微元上产生的空气动力微元为 $\mathrm{d}R$，如图 7-10 所示，其大小为

$$\mathrm{d}R = C_R \times \frac{1}{2}\rho w^2 \mathrm{d}s = C_R \times \frac{1}{2}\rho w^2 b\mathrm{d}r \tag{7-4}$$

式中，C_R 为空气动力系数，$\mathrm{d}s = b \cdot \mathrm{d}r$ 为积分微元的面积。

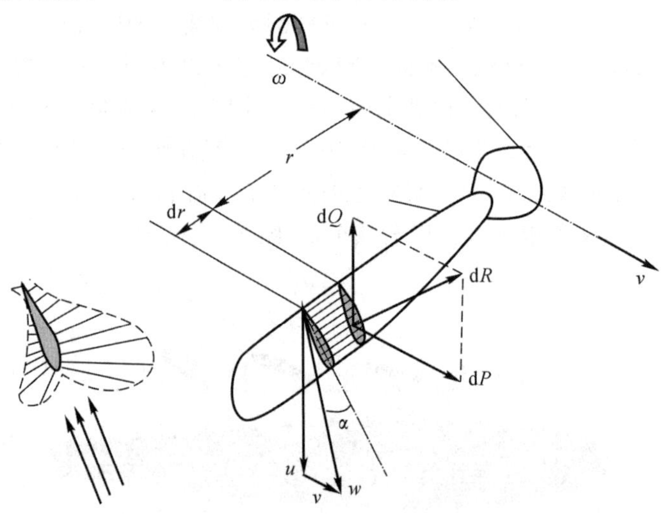

图 7-10　螺旋桨桨叶的空气动力

$\mathrm{d}R$ 的方向与相对气流方向并不垂直。根据 $\mathrm{d}R$ 对桨叶运动所起的作用，可把积分微元产生的空气动力分解为两个分力微元：一个是与桨轴平行，驱动飞机前进的拉力微元($\mathrm{d}P$)；另一个是与桨轴垂直，阻碍螺旋桨旋转的旋转阻力微元($\mathrm{d}Q$)。

螺旋桨上所有积分微元所产生的总拉力可以表示为

$$P = k\int_{r_0}^{D/2} \mathrm{d}P \tag{7-5}$$

式中，k 为桨叶数目；r_0 为桨毂的半径；D 为螺旋桨尖直径。

桨叶剖面的合速度可表示为

$$w = \sqrt{u^2 + v^2} = u/\cos\gamma = 2\pi rn/\cos\gamma \tag{7-6}$$

将式(7－6)代入式(7－4)，整理简化后代入式(7－5)，可得整个螺旋桨拉力为

$$P = C_P \times \frac{1}{2}\rho n^2 D^4 \tag{7-7}$$

参照式(7－7)的推导过程，可得整个螺旋桨的阻力为

$$Q = C_Q \times \frac{1}{2}\rho n^2 D^4 \tag{7-8}$$

式中，C_P，C_Q 分别为螺旋桨的拉力系数和阻力系数，取决于桨叶形状、桨叶迎角、桨叶数目等因素，通常由实验测定。以上两式分别为计算螺旋桨拉力和阻力的最终计算公式，但其推导过程复杂，不对其推导过程进行详细阐述。

各桨叶的旋转阻力离桨轴都有一定距离，方向与旋转方向相反，故要形成阻碍螺旋桨旋转的力矩。各桨叶产生阻力矩的总和称为螺旋桨的旋转阻力矩($M_{阻}$)，可用下式进行计算：

$$M_{阻} = k\int_{r_0}^{D/2} r\mathrm{d}Q \tag{7-9}$$

参照式(7－7)的推导过程，可得整个螺旋桨的旋转阻力矩($M_{阻}$)为

$$M_{阻} = C_M \times \frac{1}{2}\rho n^2 D^5 \tag{7-10}$$

式中，C_M 为阻力矩系数，与阻力系数(C_Q)相关。

螺旋桨旋转阻力矩($M_{阻}$)通常由发动机转轴输出的旋转扭矩($M_{扭}$)来平衡。当 $M_{扭} < M_{阻}$ 时，螺旋桨旋转速度降低；当 $M_{扭} > M_{阻}$ 时，螺旋旋转速度增加；当 $M_{扭} = M_{阻}$ 时，螺旋桨旋转速度保持不变。

二、影响螺旋桨拉力和旋转阻力(矩)的因素

影响螺旋桨拉力和旋转阻力(矩)的因素与影响机翼升力和阻力的因素相似，主要有桨叶剖面气流合速度、桨叶迎角、空气密度、桨叶剖面形状、螺旋桨直径、桨叶数目等。

1. 桨叶剖面气流合速度的影响

桨叶剖面气流合速度增加，螺旋桨拉力和旋转阻力(矩)都会增加；反之，则减小。

在飞行中，驾驶员通常是通过改变发动机的功率来改变螺旋桨的转速，从而改变气流合速度的大小，在一定的转速范围内，随转速增大，拉力增大、阻力(矩)增大；超过一定转速后，由于空气压缩性的影响，会在桨叶上产生激波和气流分离，使旋转阻力急剧增大。

2. 桨叶迎角的影响

桨叶迎角增大，桨叶所产生的空气动力也随之增大，即螺旋桨拉力和旋转阻力(矩)都会增加；反之，则减小。桨叶迎角也存在临界值，当桨叶迎角超过某一数值，前桨面将会产生严重的气流分离现象，这将引起前、后桨面的压力差(拉力)降低；而前、后缘的压力差(旋转阻力)升高。导致桨叶总空气动力的方向更靠近旋转面，使螺旋桨的拉力减小，旋转阻力增加。

3. 空气密度和桨叶剖面形状的影响

空气密度和桨叶剖面形状对螺旋桨拉力和旋转阻力(矩)的影响，与空气密度、翼型对机翼升力和阻力的影响相同，可以参照相关内容。

4. 螺旋桨直径的影响

螺旋桨直径增大，一方面相当于桨叶面积增大，另一方面还会使切向速度增大，气流合速度随之增大，所以螺旋桨拉力和旋转阻力(矩)都会增大。

螺旋桨直径不能过大，直径太大，导致桨尖速度过快而接近声速，由于空气压缩性的影响，会出现局部激波，使旋转阻力(矩)急剧增大。

5. 桨叶数目的影响

桨叶数目增加，桨叶的总面积就会增加，所以螺旋桨拉力和旋转阻力(矩)都会增加。但桨叶数目不能过多，否则，由于相邻桨叶间的干扰，使后桨叶受前桨叶气流(湍流)的影响，会使后桨叶的气动效能降低和引起振动，这对螺旋桨很不利。

三、螺旋桨拉力随飞行条件的变化

螺旋桨拉力(P)是总空气动力(R)的一个分力。拉力的大小不仅取决于总空气动力的大小，而且还取决于总空气动力的方向。飞行中，发动机油门，飞行速度、高度和外界大气温度的变化，都会引起桨叶迎角、气流合速度的大小和方向发生变化，从而使拉力发生变化。下面将分析螺旋桨拉力随上述因素的变化规律。

1. 螺旋桨拉力随飞行速度的变化

在油门、飞行高度和气温不变的情况下，随飞行速度的增大，螺旋桨拉力要逐渐减小。这是因为飞行速度与螺旋桨拉力之间有着既相互关联又相互制约的关系。这种关系表现在两个方面：一方面是飞行速度直接由拉力大小决定，例如飞行速度增大，阻力增大，通常拉力都需要增大；另一方面是飞行速度改变以后，会引起拉力大小发生变化。下面主要分析拉力随飞行速度变化的原因和规律。

对于恒速螺旋桨飞机，发动机有效功率随飞行速度变化不大。在油门和飞行高度不变的情况下，如果飞行速度增大、桨叶角不变，则气流合速度的方向将更加偏离旋转面，桨叶迎角势必减小，旋转阻力也随之减小，导致转速增大。为了保持转速不变，调速器的自动变距机构驱使桨叶角(φ)增大；当桨叶迎角(α)增大到旋转阻力恢复到原来大小时，螺旋桨旋转便稳定在原来转速上，桨叶角也停止增大。在此条件下，由于旋转阻力不变，Q_2 仍等于 Q_1，但由于气流合速度随飞行速度增大而更加偏离旋转面，桨叶迎角减小，使桨叶总空气动力变小且更加偏离桨轴，如图 7-11 所示。从图中可以看出，$w_2 > w_1$，$\alpha_2 < \alpha_1$，总空气动力 R_2 比原来的总空气动力 R_1 小，且更偏离桨轴，拉力明显减小，即 $P_2 < P_1$。图 7-12 所示为某型螺旋桨飞机拉力随飞行速度的变化曲线，从图中可看出，随速度增加，拉力减小。

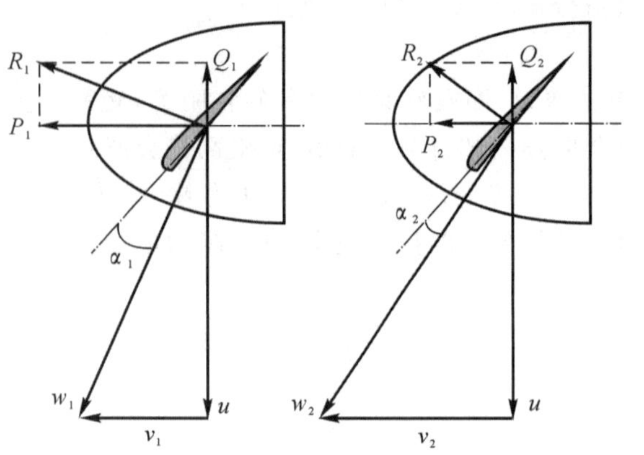

图 7-11　螺旋桨拉力随飞行速度的变化

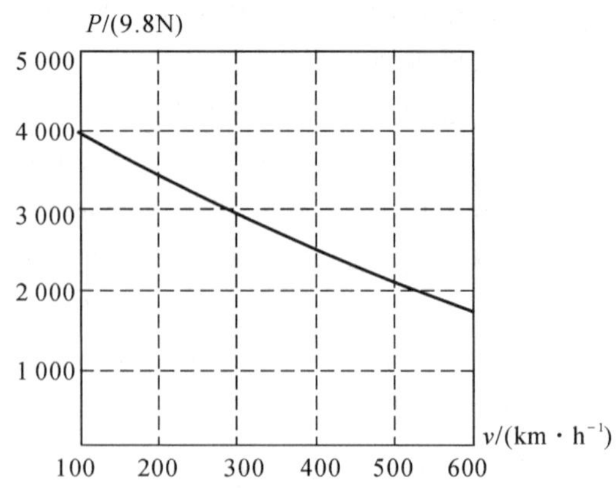

图 7-12　某飞机拉力随速度的变化曲线

2. 螺旋桨拉力随发动机油门的变化

在飞行速度和高度不变的情况下，无论哪种发动机，加大油门，螺旋桨拉力都将增大。这是因为，加大油门，发动机的有效功率提高，扭矩增大，使螺旋桨转速增大，为了保持转速不变，调速器变距机构使桨叶变高距，这样来流方向(γ) 不发生变化，但桨叶角(φ) 增大，桨叶迎角(α) 增大，螺旋桨的总空气动力和拉力都增大；反之，收小油门，则拉力减小，如图 7－13 所示。

图 7－14 所示是不同油门下拉力的变化情况，从图中可看出随油门增加，拉力增大。

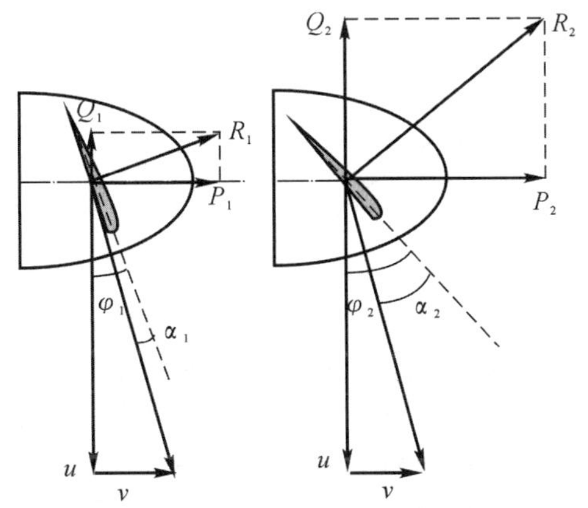

图 7－13　螺旋桨拉力随油门的变化

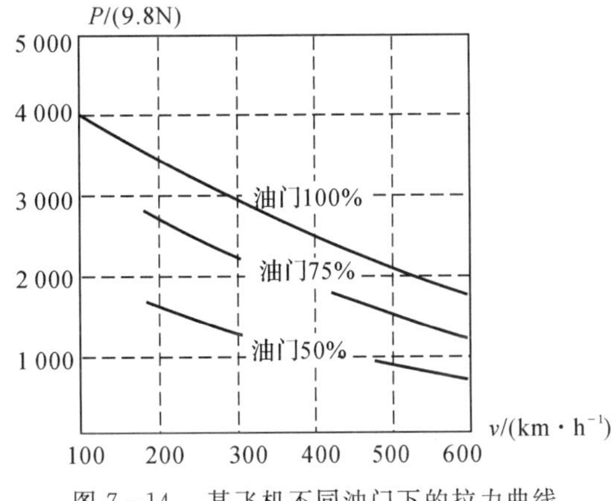

图 7－14　某飞机不同油门下的拉力曲线

3. 螺旋桨拉力随飞行高度、气温的变化

飞行速度和油门不变情况下，飞行高度、气温发生变化，则空气密度将发生变化，从而使发动机的有效功率发生变化，拉力也发生变化。

无论是自然吸气式还是增压式螺旋桨发动机，气温升高，空气密度将减小，发动机有效功率减小，拉力也随之减小；反之，气温降低，空气密度将增大，发动机有功率增大，拉力也随之增大。

不同类型螺旋桨发动机的拉力随飞行高度的变化规律不同。对自然吸气(无增压) 式螺旋桨发动机，其功率随飞行高度升高而降低，所以螺旋桨拉力减小。而对增压式螺旋桨发动机，在额定高度之下，其有效功率随飞行高度增加而增加(可参考图 7－19，螺旋桨有效功率随高度变化曲线)，(恒速) 螺旋桨拉力增大；超过额定高度，其有效功率随飞行高度增加而减小，螺旋桨拉力将减小。

4. 螺旋桨的负拉力

一般情况下，螺旋桨是在正拉力情况下工作，即产生驱使飞机向前运动的拉力。但在某些特殊情况下，螺旋桨会产生与运动方向相反的负拉力，阻碍飞机前进。特别是涡轮螺旋桨发动机，可以产生比较大的负拉力，给飞机操纵带来很大困难，甚至危及飞行安全。因此，一般情况下应避免产生负拉力，但并不是所有负拉力都是有害的，如涡轮螺旋桨飞机，在下降和着陆过程中，可以通过反桨使螺旋桨产生负拉力来使飞机减速(相当于喷气发动机的反推作用)，以便缩短着陆滑跑距离。下面将介绍产生负拉力的几种情况。

(1) 当飞行速度过大而油门比较小时，会产生负拉力。从前面分析可知，在油门、转速和飞行高度不变的情况下，飞行速度增大，螺旋桨虽然能自动变距调整桨叶角，以保持旋转阻力和旋转速度不变，但速度增大导致 γ 增大，使桨叶迎角减小，总空气动力减小，且更偏向旋转面，故拉力减小，如图 7-11 所示。

若飞行速度继续增大，总空气动力就要继续减小，且更靠近旋转面，当速度增大到某一数值，如图 7-15 中的 v_3 时，就可能出现桨叶总空气动力与旋转面重合的情况，此时，$Q=R$，$P=0$，这种工作状态为螺旋桨的零拉力工作状态。

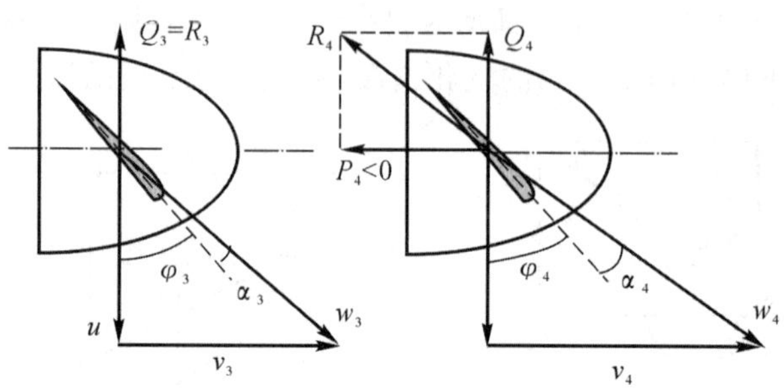

图 7-15　飞行速度增大时产生负拉力

若再继续增大飞行速度，如图 7-15 中的 v_4，相对气流就会指向桨叶的前桨面，形成较大的负桨叶迎角，这样，前桨面的空气压力就会大于后桨面的空气压力，总空气动力指向后上方，如图7-15中的 R_4，其中一个分力 Q_4，仍是阻碍螺旋桨旋转的旋转阻力，另一个分力 P_4 与飞机运动方向相反，是阻碍飞机前进的负拉力。这种工作状态为螺旋桨的制动工作状态。

(2) 当飞行速度不太大而油门过小时，会产生负拉力。从前面分析可知，收小油门，发动机的有效功率减小，所能提供的扭矩减小，出现 $M_{扭}<M_{阻}$ 的情况，螺旋桨的旋转速度减小，为了保持转速不变，需要减小旋转阻力，这时螺旋桨会自动变低距来减小桨叶迎角，因而总空气动力减小，故阻力减小，拉力也减小。

若再继续收小油门，螺旋桨继续变低距来减小桨叶迎角，就会使桨叶处于零迎角或负迎角下工作。又会出现，空气总动力与旋转面完全重合，$Q=R$，$P=0$ 的情况。油门收得过小，桨叶就处于负迎角下工作，这时桨叶产生的总空气动力指向后上方，将产生负拉力。

(3) 当发动机空中停车时，会产生负拉力。无论是活塞式还是涡轮式螺旋桨发动机，发动机在空中停车后，螺旋桨会在飞机前进产生相对气流的作用下，像风车一样继续沿原来的方向旋转，这种现象叫作螺旋桨的自转，或螺旋桨的风车效应，这种工作状态为自转工作状态或风车工作状态。

发动机一旦空中停车，功率很快消失，螺旋桨转速就要减小，为了保持转速不变，调速器促使螺旋桨变低距，使桨叶角和桨叶迎角迅速减小，形成较大的负迎角。如图7-16所示，桨叶的总空气动力(R) 指向后下方，其中一个分力(Q) 与螺旋桨的旋转方向相同，不再是阻碍螺旋桨转动的阻力，而是成为推动螺旋桨转动的动力，带动螺旋桨和发动机继续按原方向旋转；另一个分力(P) 与原来拉力方向相反，即为负拉力。由上述可知，发动机停车螺旋桨自转时，螺旋桨不再是由发动机驱动旋转，而是在相对气流作用力的推动下，由螺旋桨带动发动机转动。因此，螺旋桨不仅不能产生拉力，负拉力反而阻碍飞机飞行(或者认为增加了飞行阻力)，同时还会加剧发动机的磨损，产生严重的副作用。

为了减小或避免发动机停车后自转的副作用，现代螺旋桨发动机上一般都装有顺桨机构。所谓顺桨就是把桨叶角变到 90° 左右，此时，桨叶顺着气流方向，几乎与飞行方向平行，如图7-17所示。这样螺旋桨不会再旋转，消除了负拉力，避免发动机的磨损，此时螺旋桨只产生不大的阻力。发动机一旦在空中停车，可自动或人工顺桨。

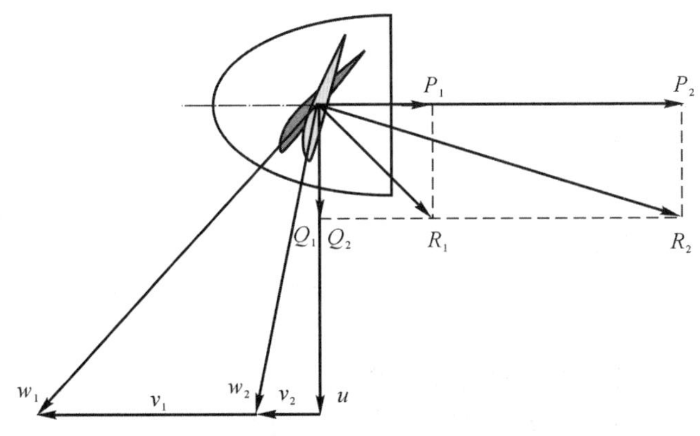

图 7-16　发动机停车时螺旋桨的空气动力

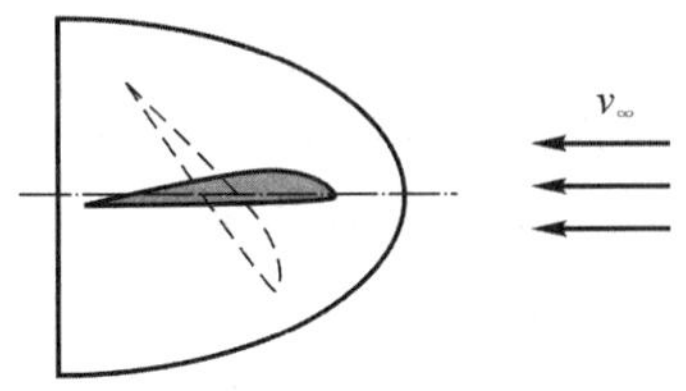

图 7-17　螺旋桨顺桨

对于没有顺桨机构的活塞式螺旋桨发动机，发动机在空中停车后，可把变距杆拉到最后，使桨叶角增加至最大，制止螺旋桨自转，以减小负拉力和减轻发动机的磨损。

螺旋桨飞机在地面停放时，为了减小风引起螺旋桨自转产生的不利影响，也要将螺旋桨进行顺桨或锁桨。与顺桨对应还有一个回桨功能，是指将螺旋桨退出顺桨位置，使螺旋桨回到启动所对应的桨叶角。

此外，有些螺旋桨还具有反桨功能，是指操纵螺旋桨将其桨叶（迎）角变为负值，产生负拉力使飞机减速。反桨通常是在飞机着陆滑跑时使用，可以缩短飞机的着陆滑跑距离。

第四节　螺旋桨的有效功率和效率

螺旋桨飞机的飞行性能与螺旋桨的有效功率有很大关系，因此，我们必须对螺旋桨的有效功率在飞行中的变化规律有所了解。

一、螺旋桨的有效功率

螺旋桨产生的拉力驱使飞机前进对飞机做功。单位时间内螺旋桨对飞机所做功的多少就是螺旋桨的有效功率，又称为螺旋桨的推进功率，用 $N_{桨}$ 表示，其大小可用下式计算：

$$N_{桨} = Pv \tag{7-11}$$

式中，P 为螺旋桨拉力，单位为 N；v 为飞行速度，单位为 m/s。

由式(7-11)可以得出，螺旋桨的有效功率取决于拉力和飞行速度，拉力和飞行速度改变，螺旋桨的有效功率也将改变。

当油门、发动机转速和飞行高度一定时，飞行速度改变，螺旋桨拉力随之改变，螺旋桨的有效功率也随之改变。螺旋桨有效功率随飞行速度的变化规律是：在小于某一飞行速度的范围内，螺旋桨的有效功率随飞行速度的增大而增大；在大于某一飞行速度的范围内，螺旋桨有效功率随飞行速度的增大而减小，如图 7-18 所示。此曲线称为螺旋桨的有效功率曲线。

原点 O 相当于飞机地面试车，速度为零，螺旋桨有效功率为零。虽然随着飞行速度增大，拉力逐渐减小，但当速度不是很大时，速度的增加量大，而拉力的减小量小，故在此范围内，随着速度增大，螺旋桨的有效功率增大，如图中 OA 段；速度增大到某一速度（图中 A 点对应的速度）时，螺旋桨有效功率增至最大；超过这一速度，速度再增大，由于速度的增加量小于拉力的减小量，所以速度增大，螺旋桨有效功率减小，如图中 AB 段。随速度增加，螺旋桨拉力减小为零或变为负拉力，此时，螺旋桨的有效功率为零（图中 C 点）或做负功。

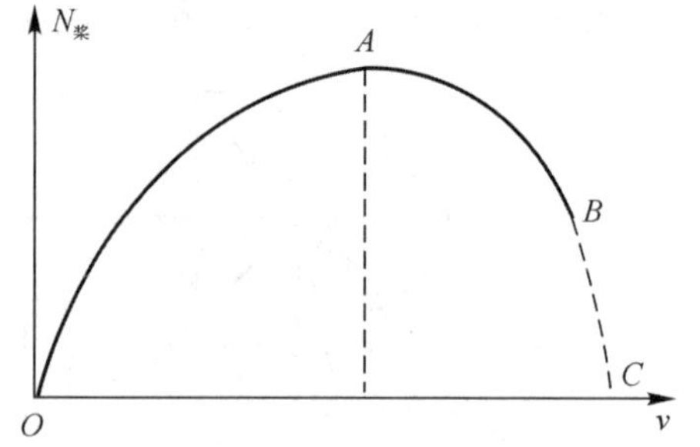

图 7-18　螺旋桨有效功率随飞行速度的变化

在飞行速度不变的情况下，螺旋桨的有效功率仅随拉力变化，而拉力又随油门、转速和飞行高度变化。在飞行高度和转速不变的情况下，油门越大，发动机的有效功率和螺旋桨拉力越大，螺旋桨的有效功率也越大。

螺旋桨的有效功率随飞行高度变化与螺旋桨发动机的类型有关。自然吸气（无增压）式螺旋桨发动机，其有效功率随飞行高度升高而降低，螺旋桨的有效功率一直降低。增压式螺旋桨发动机，其有效功率随飞行高度变化的规律还与额定高度有关。增压式发动机在额定高度以下可保持进气压力恒定，其有效功率基本可保持不变，即发动机的输出扭矩（$M_{扭}$）不变，但随飞行高度升高，空气密度下降导致螺旋桨旋转阻力、飞行阻力降低，可使螺旋桨的拉力增大，同时飞行速度增大，螺旋桨的有效功率将增大。在额定高度以上，发动机的有效功率随高度增加而下降，螺旋桨的有效功率也将下降。图 7-19 所示为某型飞机的螺旋桨功率随飞行高度的变化曲线，从图中可看出，在额定高度（2 000m）以下，随飞行高度升高，螺旋桨有效功率增大；超过额定高度后，随着飞行高度升高，由于发动机有效功率减小，螺旋桨有效功率减小。

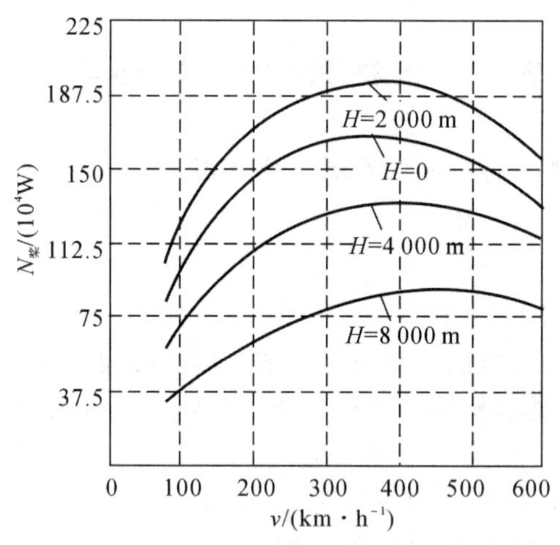

图 7-19　某飞机在不同高度的螺旋桨有效功率

对于活塞式螺旋桨飞机，螺旋桨的有效功率还与其转速有关。在飞行速度、油门和高度一定情况下，在一定转速范围内，增大转速，由于发动机有效功率增大，螺旋桨的有效功率也增大；超过某一转速后，再增大转速，由于发动机有效功率减小，螺旋桨的有效功率也减小。

二、螺旋桨的效率

螺旋桨还可以通过效率来表示其工况，它是螺旋桨飞机的一个重要参数。

1. 螺旋桨效率的定义

螺旋桨是由发动机带动旋转的，螺旋桨的作用是把发动机传给桨轴的功率(称为桨轴功率或发动机有效功率，用 $N_{发}$ 表示)转变为驱动飞机前进的功率，即螺旋桨的有效功率。但是，螺旋桨并不能把发动机传给桨轴的功率全部转变为驱动飞机前进的有效功率，因为螺旋桨工作时，与空气有相对运动，要克服空气与桨叶之间的阻力做功，需要消耗一部分发动机的功率。因此，螺旋桨的有效功率总小于发动机的有效功率。

螺旋桨有效功率与发动机有效功率的比值，称为螺旋桨的效率，用 η 表示，即

$$\eta=\frac{N_{桨}}{N_{发}} \tag{7-12}$$

螺旋桨效率是衡量螺旋桨性能的重要标志，螺旋桨效率高，表明发动机有效功率损失少，螺旋桨的性能好。一切使螺旋桨拉力减小而使旋转阻力增大的因素，都会使螺旋桨的有效功率降低，要提高螺旋桨的效率，应尽量减少螺旋桨的各种阻力，现代螺旋桨，效率最高甚至可达将近 90%。

2. 飞行中螺旋桨效率的变化规律

螺旋桨的效率主要随桨叶迎角发生变化。与机翼的升阻比随迎角变化相似，螺旋桨拉力与旋转阻力间的比例关系也随桨叶迎角发生变化。螺旋桨拉力与旋转阻力的比值最大时所对应的桨叶迎角称为桨叶有利迎角，当螺旋桨处于桨叶有利迎角(一般为 $2^\circ \sim 4^\circ$)状态时，其效率最高。

桨叶迎角大小取决于前进比(λ)和桨叶角(φ)，所以螺旋桨效率主要随前进比和桨叶角变化。所谓前进比，又称为相对进距，用 λ 表示，是飞行速度与螺旋桨的转速和直径乘积之比，即

$$\lambda=\frac{v}{nD}=\frac{\pi r v}{2\pi r n(D/2)}=\frac{\pi r}{R}\frac{v}{u}=\frac{\pi r}{R}\tan\gamma \tag{7-13}$$

由式(7-13)可得出，前进比(λ)越大，入流角(γ)越大；再结合式(7-3)可得出，桨叶迎角与前进比和桨叶角相关。

在桨叶角一定条件下，只有在某个前进比时，螺旋桨效率才最高，这个前进比称为有利前进比，用 $\lambda_{有利}$ 表示，如图 7-20 所示。此时所对应的桨叶迎角，才能使螺旋桨产生较大的拉力，且旋转阻力比较小。前进比过小或过大，都将会使桨叶迎角过小或过大，螺旋桨效率降低。这是因为当转速恒定时，前进比小，也就是前进速度小，例如起飞滑跑阶段，螺旋桨拉力虽然很大，但前进速度很小，螺旋桨有效功率低，所以，螺旋桨效率低，发动机大部分有效功率消耗在推动和克服气动阻力做功；反之，前进比过大，即飞行速度很大时，桨叶空气动力的方向靠近旋转面，螺旋桨的拉力和有效功率都很小，故螺旋桨的效率也低。

在前进比一定情况下，桨叶角(φ)过大或过小，螺旋桨效率都较低，只有在某一桨叶角下，螺旋桨效率才较高，这个桨叶角称为有利桨叶角。因为桨叶角过小，桨叶迎角也过小，螺旋桨的拉力和有效功率小，所以螺旋桨效率低；反之，桨叶角过大，桨叶迎角很大，性质角大，旋转阻力增大，发动机有效功率主要用于克服旋转阻力做功，螺旋桨效率也很低。

从图 7-20 还可以看出，如果桨叶角(φ)固定不变，只有在较小的前进比范围内才能获得较高的螺旋桨效率。若要使螺旋桨在较大的前进比范围(图中花括弧)内都保持较高的效率，则必须根据前进比的增减，相应地改变桨叶角，使其大小恰好等于或接近各个前进比的有利桨叶角。现代飞机之所以采用变距螺旋桨，就是与这个道理相关。

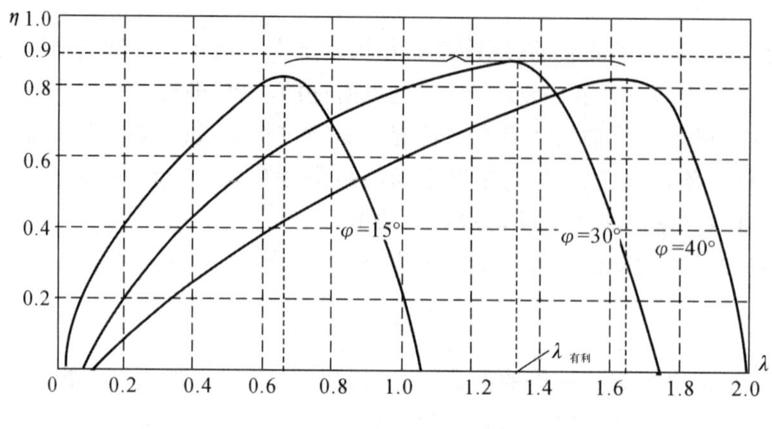

图 7-20　螺旋桨的效率曲线

在飞行中，螺旋桨使用不同的转速，与之对应的前进比和桨叶角也不同，因而螺旋桨效率也不同。一般活塞式变距螺旋桨飞机是在以额定转速和额定油门下大速度平飞时，螺旋桨效率最高。因此，为了保持活塞式螺旋桨飞机的螺旋桨效率，在减小飞行速度时，除了收小油门、减小进气压力外，还应后拉变距杆，相应减小转速，使前进比为有利前进比，使桨叶角仍处于较有利的范围内；反之，在增大飞行速度时，不仅要加油门，增大进气压力，还应前推变距杆，相应地增大转速。

第五节　螺旋桨的副作用

螺旋桨在其工作过程中，一方面产生拉力，驱动飞机前进；另一方面还会产生一些副作用，给正常飞行带来不利影响。这些副作用包括螺旋桨的进动、反扭矩、滑流扭转和螺旋桨振动，下面将分析它们的产生和对飞行的影响。

一、螺旋桨进动

进动是一种物理现象，是指绕某轴自转的物体受外力作用导致其自转同时又绕某一中心旋转的现象，如图 7-21 所示，以角速度 ω 绕 Ox 轴自转的圆盘，不会因重力(G)的倾覆力矩作用而倒下，而是在自转的同时绕 O 点以一定的角速度转动。在陀螺的运动中，经常可见进动现象。

飞行中高速旋转的螺旋桨，当受到改变桨轴方向的操纵力矩作用时，螺旋桨并不完全随操纵力矩转动，而是还绕着另一个轴偏转，这种现象称为螺旋桨的进动。例如，右旋螺旋桨飞机，当飞机受到操纵力矩上仰时，飞机给螺旋桨一个上仰力矩，螺旋桨不仅沿这个外力矩方向与飞机一起向上转动，而且还与飞机一起绕竖轴向右偏转，如图 7-22 所示。这是因为，当螺旋桨受到一个上仰力矩作用时，螺旋桨桨叶转动至垂直位置时，上面的桨叶(Ⅰ)受到一个向后的作用力(F)，产生向后的加速度；而下面的桨叶(Ⅱ)受到一个向前的作用力(F)，产生向前的加速度。因为有了加速度，所以经过一段时间后，原来在上面的桨叶(Ⅰ)转至右边时，就出现了向后的速度(v)；原来在下面的桨叶(Ⅱ)转至左边，也会出现向前的速度(v)。这使螺旋桨存在一个顺时针的角速度，于是螺旋桨向右进动，并带动飞机向右偏转。

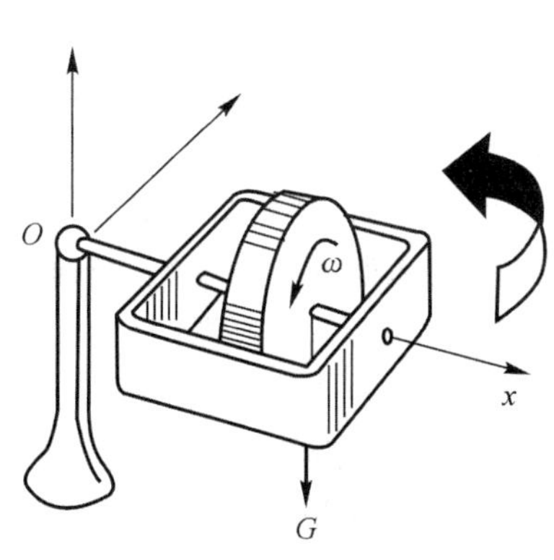

图 7－21　物体的进动

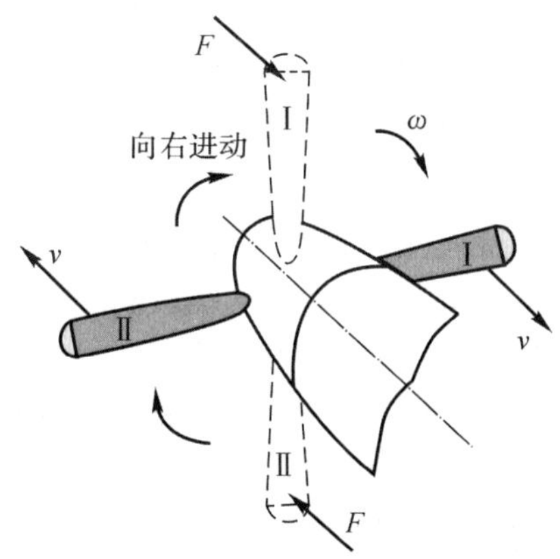

图 7－22　螺旋桨产生进动的原因

由此可见，飞行中螺旋桨的进动作用会改变飞机的姿态，给飞行带来影响。螺旋桨的进动方向可用手势法则进行判断，用右手螺旋法则可以判断右旋螺旋桨的进动方向。判断时，四指代表螺旋桨受到操纵力矩的方向，大拇指的方向就是螺旋桨的进动方向。

在飞行中，螺旋桨的进动会迫使飞机偏转，偏转的快慢取决于进动角速度的大小。进动角速度的大小，可以用下公式计算：

$$\omega_{进} = \frac{M}{I\omega} \tag{7-14}$$

式中，$\omega_{进}$ 为螺旋桨进动角速度，单位为 rad/s；M 为螺旋桨受到的外力矩，单位为 N・m；I 为螺旋桨绕桨轴的转动惯量，单位为 kg・m^2；ω 为螺旋桨旋转角速度，单位为 rad/s。

螺旋桨转速一般是不变的，转动惯量为常量，所以进动角速度主要取决于外力矩的大小。飞行中，驾驶员推、拉杆或蹬舵的动作越猛，改变桨轴方向的外力矩越大，进动角速度就越大。因此，在操纵飞机改变桨轴方向时，必须根据进动的规律，向进动的反方向协调操纵驾驶盘和方向舵，防止飞机偏离预定的飞行方向。

二、螺旋桨反扭矩

螺旋桨在转动中，发动机通过转轴输出扭矩驱动螺旋桨旋转，不断地搅动空气，对空气施加作用力，与此同时，空气也会给螺旋桨一个反作用力(矩)。螺旋桨把这个反作用力矩传给发动机，再通过发动机作用于飞机上，迫使飞机向螺旋桨转动的反方向倾斜，如图 7－23 所示。右旋螺旋桨，反扭矩向左，使飞机左倾；左旋螺旋桨，反扭矩向右，使飞机右倾。

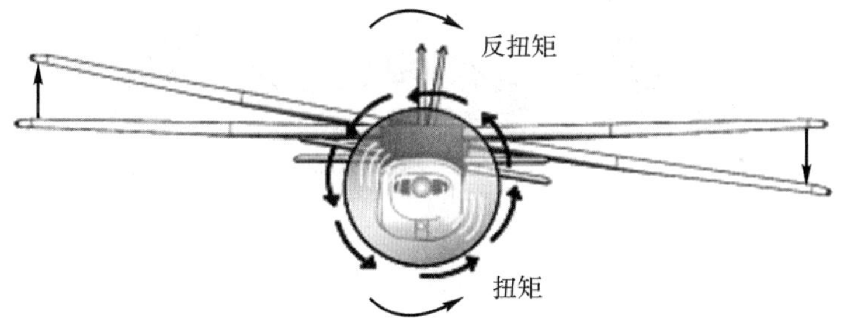

图 7－23　螺旋桨的反扭矩

飞行中螺旋桨反扭矩的大小主要随发动机油门发生变化。加大油门，发动机有效功率增加，桨叶角和桨叶迎角变大，桨叶空气动力增加，反扭矩也随之增加；反之，收小油门，反扭矩将减小。为了防止反扭矩变化对飞行造成的影响，在加大油门的同时，需要向螺旋桨转动方向压盘；而在收小油门的同时应该及时回盘，或向螺旋桨转动的反向压盘。

螺旋桨反扭矩不但在飞行中对飞机有影响，而且在地面滑跑时，螺旋桨反扭矩还会造成机头方向偏转。在地面滑跑时，螺旋桨反扭矩使左右两侧机轮对地面的压力不均，受到的摩擦力也不同，使得机头向摩擦力大的一侧偏转。例如，左旋螺旋桨飞机，在起飞滑跑中，反扭矩迫使飞机向右倾斜，于是右机轮对地面的压力比左机轮的大，如图 7－24(a) 所示，导致右机轮与地面间的摩擦阻力也比左机轮的大，如图 7－24(b) 所示。两主轮摩擦阻力之差对重心形成偏转力矩，使飞机向右偏转。为了克服这一偏转力矩，保持滑跑方向，应适当向螺旋桨旋转方向压盘修正。

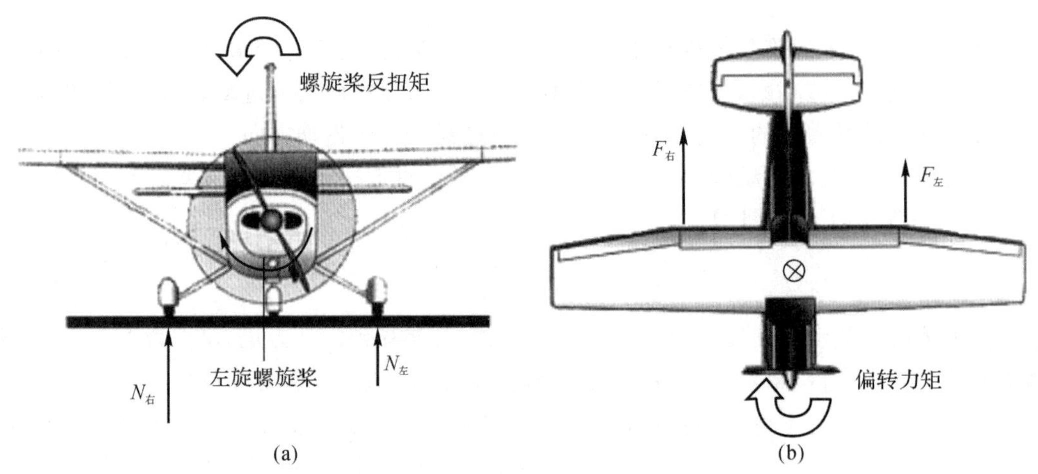

图 7－24　螺旋桨反扭矩对起飞滑跑的影响

三、螺旋桨滑流扭转

飞行中，(单) 螺旋桨转动时，桨叶搅动空气，一方面使之向后加速流动，另一方面又使之顺着螺旋桨的旋转方向扭转流动，如图7－25所示。这种受螺旋桨作用而向后加速和扭转的气流称为螺旋桨滑流。

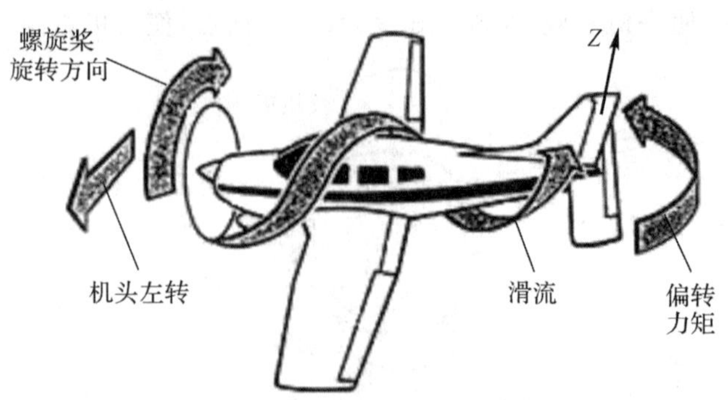

图 7－25　滑流扭转对飞机的影响

螺旋桨滑流以桨轴(面)为界可被分成上、下两层。对右旋螺旋桨,上层滑流自左向右后方扭转,下层滑流则自右向左后方扭转,如图7-25所示。一般情况下,机身尾部和垂直尾翼都受到滑流上层部分的影响,即滑流的上层部分从左侧作用于机身尾部和垂直尾翼,产生向右的侧力(Z),对飞机重心形成偏转力矩,使机头向左偏转。

为了制止螺旋桨滑流对飞行方向的影响,应向螺旋桨旋转方向蹬舵来修正飞行方向。蹬舵量的大小主要与发动机功率和飞行速度有关。如果飞行速度不变,加油门增大发动机功率,则滑流作用增强,侧向力(Z)也相应增大,为了制止飞机偏转,所需蹬舵量增大;油门减小则相反。

如果油门不变,即发动机功率不变,当飞行速度增大时,一方面滑流的动压增大,偏转力矩增大;另一方面滑流扭转角(滑流方向与飞机对称面的夹角)减小,偏转力矩要减小,这两种影响相互抵消,滑流扭转作用可以近似地认为保持不变。但随着飞行速度增大,舵面效能增强,为了制止飞机偏转所需的蹬舵量要相应减小。

在起飞和着陆阶段中,油门变化较大,螺旋桨滑流对飞机方向的保持影响较明显。例如右旋螺旋桨飞机在起飞中,因加大油门时,滑流扭转所形成的左偏力矩很大,应相应蹬右舵,以保持起飞方向;在着陆阶段,随着油门不断收小,滑流产生的左偏力矩也减小,应适当回舵或蹬左舵以保持方向。

从上面分析可得出,螺旋桨转速越大,飞行速度越小,滑流扭转气流对飞机的方向偏转影响越明显。故地面起飞时需要蹬舵修正方向;空中飞行时,由于飞行速度增大,滑流作用减弱,使用方向舵配平即可。

另外,加油门改变发动机功率时,还会因滑流速度变化导致水平尾翼产生附加空气动力($\Delta R_{尾}$),这个附加空气动力对飞机重心形成俯仰力矩,影响飞机的俯仰平衡,应适当前推或后拉驾驶杆,产生相应的俯仰操纵力矩来克服这一影响。例如,当飞机加大油门时,滑流速度增大,平尾产生向下的附加升力,对飞机重心形成上仰力矩,使机头上仰,应稍向前推杆修正;反之,收小油门,机头有下俯趋势,应稍向后拉杆修正。

四、P-factor*

P-factor 翻译为“螺旋桨效应”,是指在大迎角情况下,下行一侧桨叶较上行一侧桨叶产生更大拉力,使飞机偏转的现象。

如图7-26所示,右旋螺旋桨,在大迎角情况下,下行(右侧)桨叶的切向速度向前向下,上行(左侧)桨叶的切向速度向后向上,导致下行一侧桨叶的桨叶迎角比上行一侧的更大,此外,下行一侧桨叶的相对气流速度也较上行一侧的大,产生更大拉力。两侧桨叶的拉力差对桨轴形成左偏力矩,可使机头左偏。

上述螺旋桨的副作用对单发螺旋桨飞机的影响会比较明显,对于双发或四发螺旋桨等多发飞机,可以采用反向旋转螺旋桨,指的是两侧(或相邻)螺旋桨的旋转方向相反,可以在一定程度上减小或消除螺旋桨副作用的影响,如图7-27所示。

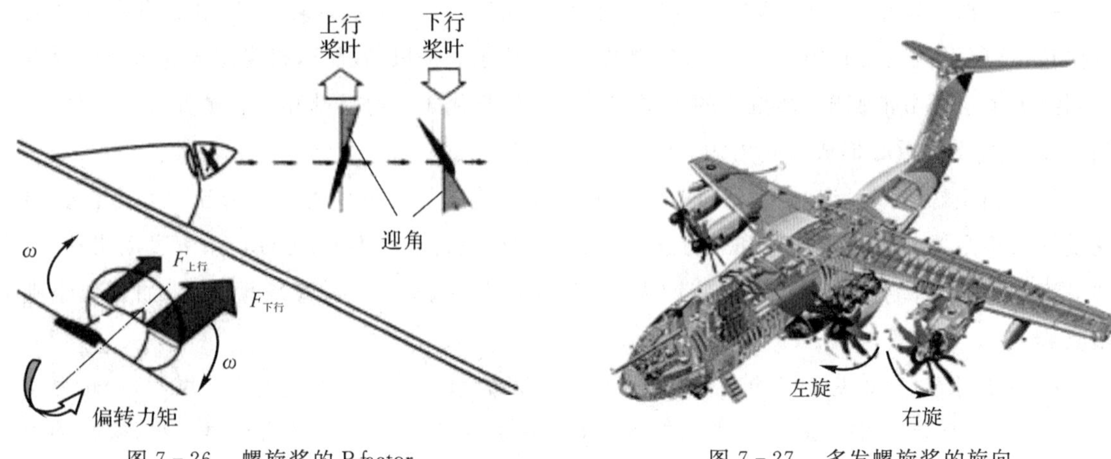

图 7-26　螺旋桨的 P-factor　　图 7-27　多发螺旋桨的旋向

五、螺旋桨振动

螺旋桨在飞行中受力不均会引起振动，会使螺旋桨部件的使用寿命缩短，妨碍飞机设备和仪表的正常工作；还会引起驾驶员疲劳而影响操纵，以及影响乘坐的舒适性。如果振动过大，将会危及飞行安全。下面将对螺旋桨的振动原因及应对措施进行分析。

1. 螺旋桨振动的原因

(1)螺旋桨重量分布不平衡。螺旋桨由于某种原因配重不均，螺旋桨注油不均，或在使用中受到碰伤，使每片桨叶重量分布不平衡，整个螺旋桨的重心有可能不在桨轴上。导致螺旋桨旋转时离心力不平衡，不平衡离心力的方向在螺旋桨转动过程中发生周期性变化，致使发动机上的部件受到交变载荷的作用，引起发动机等构件的振动，进而影响部件的疲劳寿命。

(2)桨叶角不同或形状不一致。如果桨叶安装不当，以致桨叶角不同；若桨叶严重变形，或桨叶积冰，以致其形状不一致，改变了螺旋桨剖面形状。这样，螺旋桨在转动时，各桨叶的空气动力就会不平衡，空气动力合力的作用线也不在桨轴上，从而使发动机构件受到交变载荷的作用而发生振动。

(3)斜吹气流的影响。当螺旋桨受到与桨轴方向不一致斜吹气流的作用时，各桨叶所产生的空气动力大小不等，其大小不断变化而引起螺旋桨振动。

综上所述，引起螺旋桨振动的根本原因是螺旋桨受力不均衡，使桨叶或发动机机架受到周期性交变载荷的作用而引起的。

2. 应对螺旋桨振动的措施

当螺旋桨发生振动时，应具体区分不同的振动情况，采取不同的应对措施。

(1)在各种转速下都存在，且转速越大越厉害的振动。这种类型的振动主要是由于螺旋桨的重量分布不平衡、各桨叶的桨叶角不同或形状不一致、或桨叶积冰等原因所引起。在这些情况下，只要螺旋桨旋转，就会产生离心力或不平衡空气动力而产生振动。转速越大，离心力和各桨叶的空气动力相差越大，振动越强烈。

遇到这种情况，应减小螺旋桨转速，以减弱振动。如果是多发飞机，如果情况需要和条件许可，还可以关闭产生转剧烈振动的那台发动机，并作顺桨处理，以消除振动，而作不对称拉力飞行。

(2)在某一转速范围内,振动强烈;而在此转速范围外,振动不明显。各桨叶或发动机机架受到周期性交变载荷作用引起的振动具有一定的频率,而物体本身也存在自然振动频率。如果在某一转速范围内,交变载荷的频率与构件的自然振动频率相一致(或成整数倍)时,就会出现共振现象,而使飞机呈现明显、剧烈的振动。

遇到这种情况,应调整螺旋桨的转速,使外载荷的周期交变频率与构件的自然振动频率不一致,就可以消除共振,而使振动减弱。一般在调整转速时,都是把转速适当增大,以使发动机能在较为稳定的大转速情况下工作。

(3)振动持续时间短,且只发生在飞行状态改变时出现的振动。这种振动多为螺旋桨进动或斜吹气流所造成的,只要飞行状态稳定下来,或者侧滑角、迎角减小之后,振动就会自然消除,对这类振动不需特别加以处置。

复习思考题

1.螺旋桨飞机较喷气式飞机有何优缺点?

2.螺旋桨主要由哪些部件组成?其主要参数包括哪些?

3.简述螺旋桨的变距机构。

4.螺旋桨的桨叶迎角随转速和飞行速度的变化规律是怎么样的?

5.什么是桨叶几何扭转?其目的是什么?

6.螺旋桨的空气动力是如何产生的?

7.影响螺旋桨拉力和旋转阻力的因素有哪些?

8.螺旋桨拉力随飞行条件有何变化规律?

9.螺旋桨负拉力如何产生?

10.何谓螺旋桨顺桨?为什么需要顺桨?

11.螺旋桨有效功率随飞行速度如何变化?

12.螺旋桨有效功率随飞行高度如何变化?

13.怎样才能使螺旋桨获得较高的效率?

14.螺旋桨的副作用包括哪些?

15.以右旋螺旋桨为例,阐述螺旋桨进动是如何产生的。

16.螺旋桨反扭矩对飞机有何影响?如何克服反扭矩的作用?

17.螺旋桨滑流扭转对飞机有何影响?如何克服滑流扭转的影响作用?

18.螺旋桨的振动是如何产生的?有何应对措施?

第8章　直升机飞行原理

直升机(helicopter)是以动力驱动旋翼产生空气动力作为主要升力来源进行飞行、能垂直起降、重于空气的航空器。它最基本的飞行原理离不开空气动力,与普通固定翼飞机(简称为飞机)相比,基本原理有共同之处,但具体实现方式有较大的不同。本章将介绍直升机的飞行原理,包括直升机的特点、分类、组成、飞行操纵、飞行性能等。

第一节　直升机的特点和分类

一、直升机的特点和用途

直升机与飞机不同,飞机的升力主要由机翼产生,其大小与飞行速度平飞成正比,如果飞机与空气没有相对运动速度(前飞),就无法产生升力,也就无法维持正常飞行;而直升机是依靠旋翼旋转而产生升力,直升机整体与空气没有相对运动速度(前飞),它仍然能升空飞行。因此,直升机与普通飞行相比,具有许多特点:①直升机可以垂直起飞、着陆和垂直飞行;②直升机能在一定高度内悬停,并能定点悬停转弯;③直升机不仅能向前飞行,还能向后、向左、向右、向任意方向飞行。

直升机具有以上特点,其起飞、着陆所需的场地很小,对场地质量要求也不高,因此,它可以在楼顶、山头、峡谷、广场、码头、海上平台等地方进行起飞和着陆。再加上直升机具有定点悬停的特点,它能承担普通飞机和其他交通工具无法完成的许多特殊任务。

直升机不仅广泛应用在交通运输、农业、工业、勘探、抢险救灾、吊装重物、架设电线,还可以用于战场上抢救伤员,运送武器装备、人员、物资,搜索情报,指挥控制,武装直升机还可以担负空袭敌方、布雷等任务。

当前直升机相对普通飞机而言,振动和噪声较大、维护检修工作量较大、使用成本较高,速度较低,航程较短。直升机今后的发展需要克服这些方面的不足。

二、直升机的分类

直升机的类型很多,分类标准也不同,如按用途,可以分成军用直升机和民用直升机;按所使用的发动机,可分为活塞发动机直升机、涡轮轴发动机直升机,单发、双发、多发直升机,等等。本章将主要按重量和构型对直升机进行分类介绍。

1.按重量分类

目前按重量分类,直升机主要有以下四种类型:

(1)轻型直升机:重量在3t以下,如贝尔-206、云雀直升机等。

(2)中型直升机:重量在3~10t,如直-9、直-10、米-8、阿帕奇直升机等。

(3)重型直升机:重量在10~20t,如直-8直升机等。

(4)巨型直升机:重量在 20t 以上,如波音-234、米-26 直升机等。

2.按构型分类

直升机旋翼旋转时,会与周围空气发生相互作用,给周围空气以作用力和力矩,因而空气也以大小相等、方向相反的反作用力矩作用于旋翼上。该力矩会传到机体上,如果不采取措施,直升机会在反作用力矩作用下,产生逆向旋转,这个反作用力矩通常称为直升机旋翼的反扭矩。为了保持直升机正常飞行,需要有一个力矩来平衡旋翼产生的反扭矩,如图 8-1 所示。为了平衡旋翼反扭矩,产生了不同构造形式的直升机,目前主要有以下五种:

(1)单旋翼带尾桨直升机。单旋翼带尾桨直升机具有一副旋翼和一副尾桨,如图 8-2(a)所示,旋翼产生的反扭矩由尾桨产生的推力(侧力)对重心形成的力矩来平衡,如直-9、直-10、米-8、米-26 等非常多直升机都是采用这种构造形式。它的构造简单,其空气动力分析,平衡、稳定和操纵等问题较容易解决,是目前应用最广的直升机构造形式。其缺点是尾桨需要消耗一部分功率。

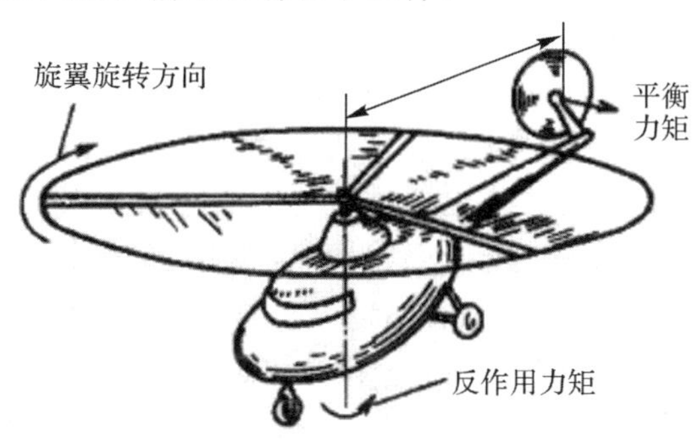

图 8-1　直升机的反扭矩

(2)双旋翼共轴式直升机。双旋翼共轴式直升机具有两副旋翼,分别安装在同心的外套轴和内轴上,分为上、下两副旋翼,两副旋翼的旋转方向相反,因而两副旋翼产生的反扭矩可以相互平衡,如图 8-2(b)所示。卡莫夫设计局研制出庞大的"卡"系列直升机,它们基本上都是双旋翼共轴式构造形式,如卡-26、卡-226 等。这类直升机可通过操纵旋翼的转速变化,使反扭矩不平衡而改变航向。双旋翼共轴式直升机没有尾桨,外形尺寸可以比较小,机体部件可以紧凑地安排在直升机重心处;有两副旋翼产生升力,每副旋翼的直径也可以缩短。其缺点是传动机构和操纵机构较单旋翼直升机复杂。

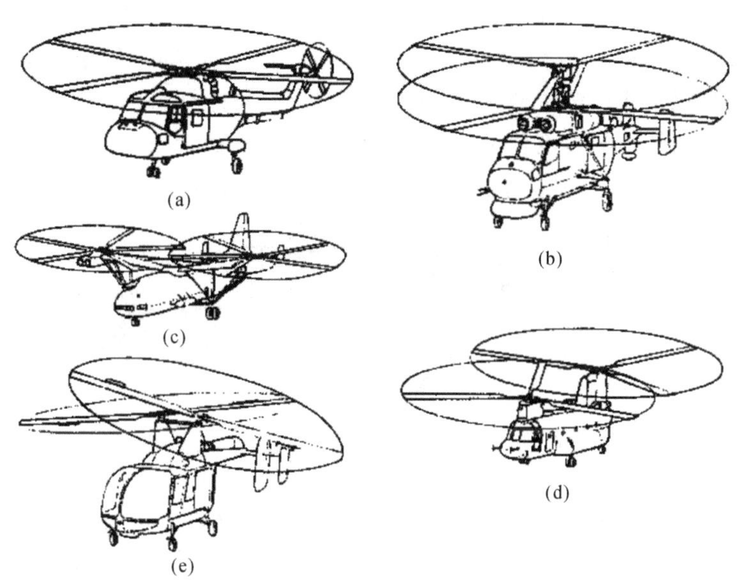

图 8-2　直升机的构造形式

(a)单旋翼带尾桨式；(b)双旋翼共轴式；(c)双旋翼横列式；(d)双旋翼纵列式；(e)双旋翼交叉式

(3)双旋翼横列式直升机。双旋翼横列式直升机具有左右并列的两副旋翼，两副旋翼相同，但旋转方向相反，反扭矩相互平衡，如图 8-2(c)所示。米-12 是典型的双旋翼横列式直升机。这类直升机构造具有对称性，因为具有机翼(旋翼支架)，所以气动性能较好，操纵性和纵向、横向稳定性也好。双旋翼横列式直升机要在机身两侧增装旋翼支架，结构重量较重，传动系统和操纵系统较复杂，迎风面积较大，增加了气动阻力。

(4)双旋翼纵列式直升机。双旋翼纵列式直升机的两副旋翼分别安装在机身的前、后两端，两副旋翼相同，旋转方向相反，反扭矩相互平衡，如图 8-2(d)所示。CH-47“支奴干”、波音-234 是典型的双旋翼纵列式直升机。这种直升机的突出优点是纵向重心范围大，纵向稳定性好，因此可以将机身设计得比较庞大，有效容积大，载重效率高，它比较适合用于中型和大型直升机。这类直升机的明显缺点是结构复杂，传动系统也较复杂；此外，从气动特性上来看，前旋翼尾涡对后旋翼会产生气动干扰，使后旋翼处在非常不利的气动环境中。为降低前旋翼尾涡对后旋翼气动干扰的影响，提高气动效能，通常后旋翼的位置要高于前旋翼。

(5)双旋翼交叉式直升机。双旋翼交叉式直升机除与其他双旋翼直升机一样装有两副完全一样的旋翼，旋向相反，反扭矩相互平衡，其明显特点是两旋翼转轴不平行，分别向外侧倾斜，且横向轴距很小，所以两副旋翼在机体上方呈交叉状，如图 8-2(e)所示。美国卡曼公司研制的 K-600 是典型的双旋翼交叉式直升机。这种直升机的最大优点是稳定性比较好，适合执行起重、吊挂作业。其最大缺点是因双旋翼横向布置，气动阻力较大，但由于它的两旋翼轴间距较小，所以其气动阻力又要比双旋翼横列式直升机的小一些。

3. 其他类型直升机*

(1)倾转旋翼机。倾转旋翼机是一种将固定翼飞机和直升机特点融为一体的新型飞行器，被形象地称为“空中混血儿”。

由美国贝尔公司和波音公司联合研制的 V-22“鱼鹰”直升机是倾转旋翼机的典型代表。它在类似固定翼飞机机翼的两翼尖处，分别安装一套可在水平位置与竖直位置之间转动的旋翼轴倾转系统组件，当飞机垂直起飞和着陆时，旋翼轴处于垂直状态，呈双旋翼横列式直升机构型，并可在空中悬停、前后飞行和侧飞；起飞达到一定飞行速度后，旋翼轴可向前倾转 90°角，呈水平状态，旋翼当作螺旋桨使用，呈螺旋桨飞机构型升力由机翼产生，此时倾转旋翼机能像螺旋桨飞机那样以较高的速度作远程飞行，如图 8-3 所示。

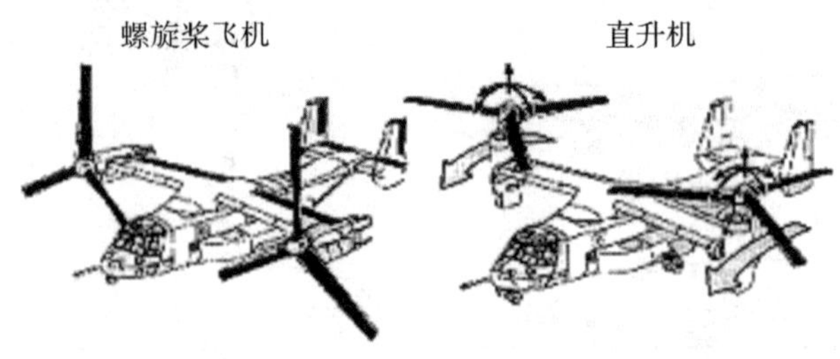

图 8-3　倾转旋翼机

倾转旋翼机是一种性能独特的旋翼飞行器，融合了直升机与固定翼飞机的优点。它既具有普通直升机垂直起降和空中悬停的能力，又具有螺旋桨飞机高速巡航飞行的能力。倾转旋翼机采用新的思维方法来设计直升机的旋翼和总体布局，设计思想已突破了传统直升机的范畴，属于新原理旋翼构型，是直升机技术突破性、跨越性的发展，是直升机行业带有革命性的一项高技术。

倾转旋翼机与常规直升机相比，具有飞行速度快、航程远、振动小、噪声小、载重量大、油耗低等优点。其缺点为气动特性复杂、旋翼效率低、技术难度大、操纵复杂、安全性及可靠性差等。

(2)复合直升机。复合直升机(compound helicopter)是一种除旋翼外还安装有固定机翼及推进装置的直升机，如图 8－4 所示。美国空军的 X－49A、欧洲直升机公司的 X－3 是典型的复合直升机。它在起降、垂直飞行、悬停时由旋翼提供升力；前飞时所需的驱动力由推进装置提供，升力由机翼和旋翼共同提供，旋翼可处于小桨距或自转状态。这类直升机已有一些试验机型，但因构造复杂、成效不明显等原因，至今并没有实际应用；随着技术的发展，今后将会获得实际应用。

图 8－4　复合直升机

第二节　单旋翼带尾桨直升机的组成

由于单旋翼带尾桨直升机使用最广泛，本节主要通过介绍这种类型直升机来阐述直升机的构造与飞行原理。

单旋翼带尾桨直升机主要由旋翼、尾桨、动力装置、传动装置、机身、起落装置和操纵系统组成，如图 8－5 所示。

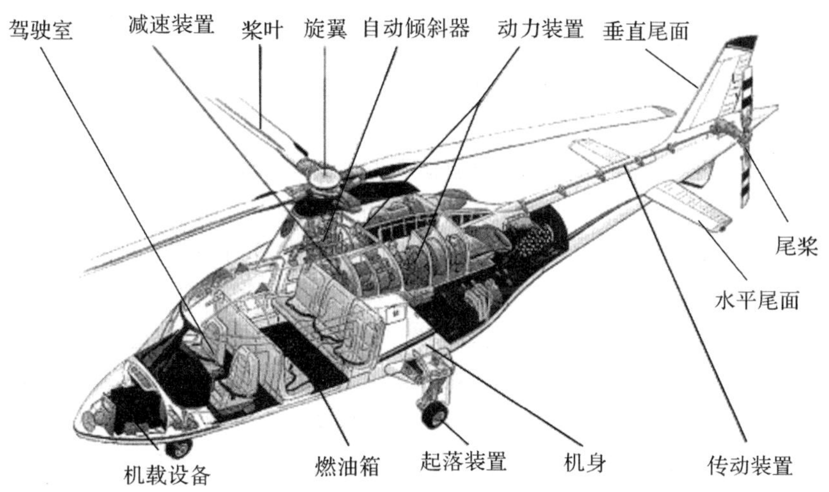

图 8－5　单旋翼带尾桨直升机的各主要组成部分

(1)旋翼:由桨叶和桨毂组成,桨叶的数目一般为2～6片。按桨叶与桨毂连接方式的不同,旋翼主要可分为全铰式、半铰式(跷板式)、万向接头式、无铰式和无轴承式。全铰式旋翼的每一片桨叶通过水平铰链、垂直铰链和轴向(变距)铰链与桨毂相连,如图8-6所示。这种连接方式的旋翼,桨叶除了绕转轴做旋转运动外,还有绕水平铰链的上下挥舞运动、绕垂直铰链的前后摆动(摆振运动)及绕轴向铰链的变距运动。半铰式(跷板式)旋翼取消了垂直铰链,通过水平铰链将两片桨叶连接在一起,桨叶还可以绕着轴向铰链进行变距。在半铰式的基础上又衍生出万向接头式旋翼。无铰式旋翼取消了水平铰链和垂直铰链,只保留了变距铰链。无轴承式旋翼甚至连轴向铰链都取消了,桨叶的挥舞、摆动和变距运动都是通过桨叶根部的柔性单元来实现。全铰式旋翼桨叶根部和桨毂的弯曲载荷较小,但结构复杂,维护不便。后四种旋翼桨叶和桨毂的弯曲载荷较大,但结构简单。目前,全铰式旋翼应用广泛,但随着高疲劳强度复合材料和钛合金的应用,后四种旋翼也得到越来越多的应用。旋翼安装在机身上方的转轴上,由动力装置驱动。旋翼是产生升力的部件,当升力沿铅垂方向向上时,直升机做垂直升降运动(上升、下降或悬停);倾斜器可使旋翼倾斜一定角度,当旋翼倾斜时,升力产生某一方向的水平分量,使直升机前进、后退、左飞或右飞。直升机的旋翼不仅能产生升力,而且还能起到普通飞机升降舵和副翼的作用。

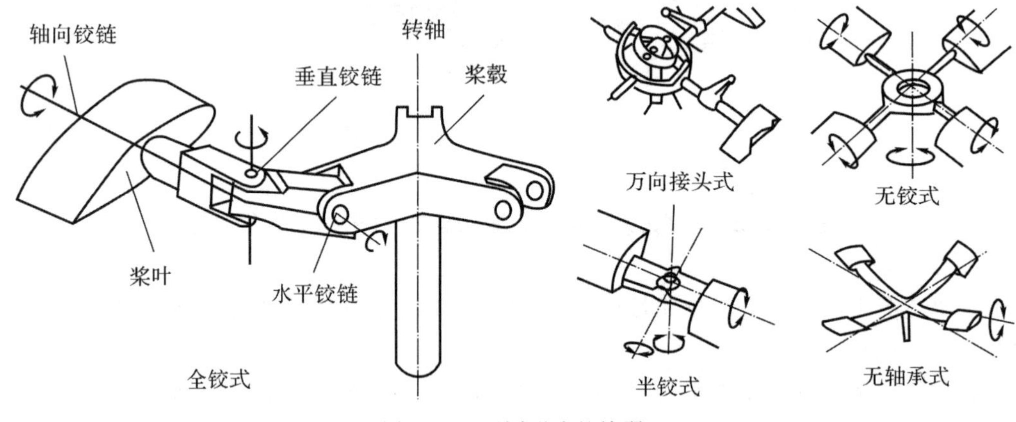

图8-6 不同形式的旋翼

(2)尾桨:产生侧向力对直升机重心形成力矩,用以平衡旋翼旋转时给直升机的反扭矩,保持预定的飞行方向;改变尾桨侧向力的大小,可实现航向操纵;它也起飞机安定面的作用,保证航向稳定性;有些直升机(如黑鹰直升机)的尾桨轴向上斜置一个角度,还可以提供部分升力,也可以调整直升机重心范围。尾桨按不同的构造形式可分为普通尾桨、涵道尾桨和吹气尾桨,如图8-7所示。①普通尾桨是安装在直升机尾端的小旋翼,一般由2～4片桨叶和桨毂组成。②涵道尾桨将桨叶和桨毂安装在一个具有流线型的环形通道内,利用涵道产生附加气动力,对重心形成的力矩来平衡旋翼反扭矩。其特点是直径小、叶片数目多,有害迎风面阻力减小,噪音小,可防止尾桨桨叶碰撞物体和伤害地面工作人员。然而与普通的尾桨相比,这种尾桨的自身重量大、所需的功率大。③吹气尾桨,又称为无尾桨(No Tail Rotor,NOTAR),它用喷气引射和主旋翼下洗气流的交互作用形成侧向力。吹气尾桨的压力风扇产生的压缩空气通过尾梁一侧向下开缝喷出,促使该侧的下洗气流向尾梁表面吸附并加速(即所谓射流效应),形成尾梁两侧气流的速度差和压力差,压力差作用于尾梁上产生向一侧的侧推力,对重心形成力矩,实现无尾桨的旋翼反扭矩平衡。尾梁末端的两侧尾喷口的喷气除了可以提供部分侧向力，还可以实现直升机的航向控制。这种尾桨的效率较低。

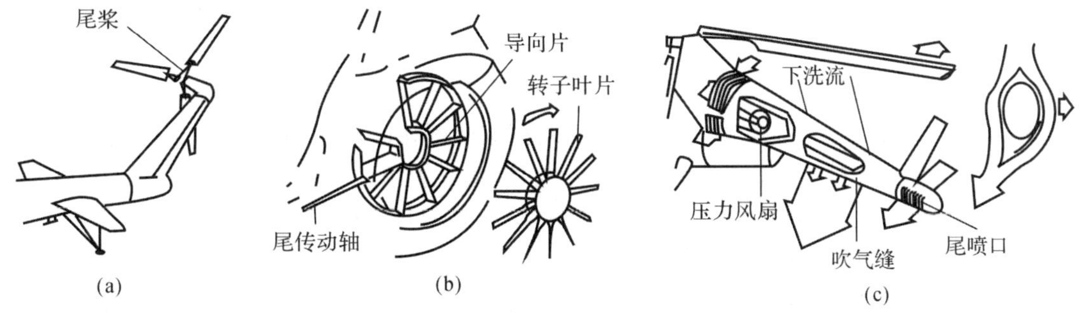

图 8-7　尾桨的构造形式

(a)普通尾桨；(b)涵道尾桨；(c)吹气尾桨

(3)动力装置：包括发动机和相关附件。现代直升机通常采用涡轮轴发动机，中、大型直升机一般装有 2～3 台涡轮轴发动机；而轻型直升机则常用活塞式发动机。动力装置的功用是驱动旋翼并带动尾桨转动等。

(4)传动装置：一般由离合器、减速器和传动轴等组成，它的功用是将发动机产生的动力传给旋翼和尾桨，并且保证它们具有适宜的转速。

(5)机身：一般由前机身(驾驶室)、中机身和尾部组成。前机身、中机身与普通飞机的机身作用相同，用来装载驾驶员和旅客(或货物)。尾部主要用来是安装尾传动轴及尾桨，在尾部通常还装有水平尾面(翼)和垂直尾面(翼)，用来改善直升机的稳定性。

(6)起落装置：一般由主起落架、前起落架组成。起落架主要有轮式和撬式两种，它主要用于地面滑行和停放，同时在着陆时起缓冲作用。此外，有的直升机还有尾撑，以防止尾桨触地。由于直升机飞行速度不高，常用固定式起落架，飞行中不收起；当然，为了减小阻力，提高飞行速度，有的直升机也用可收放式起落架。

(7)操纵系统：直升机操纵系统主要由油门操纵系统、总距操纵系统、手操纵系统和脚操纵系统组成。油门操纵系统通过调整发动机功率来改变旋翼的转速，从而改变旋翼的拉力大小，主要用来操纵直升机升降。总距操纵系统用来操纵桨叶安装角，使各片桨叶的迎角同时增大或减小，从而改变旋翼拉力大小。手操纵系统通过自动倾斜器使旋翼桨叶的桨距发生周期性变化，从而改变旋翼拉力的方向，产生向前(向后、向左、向右)分力，实现对直升机的纵向、横向操纵。脚操纵系统用来操纵尾桨桨距，改变尾桨侧向力大小，实现对直升机的航向操纵。更详细的内容可以参考直升机操纵章节。

第三节　直升机旋翼空气动力

直升机飞行中所需的升力是由旋翼产生，旋翼桨叶的剖面形状与飞机机翼的剖面形状相似，因而它们产生空气动力的原理也相同。由于直升机飞行时，会出现旋翼周向相对气流不对称的现象，形成旋翼运动不同于飞机机翼的空气动力特性。本节将介绍旋翼拉力产生的原理、影响因素和直升机飞行时旋翼的空气动力特性。

一、旋翼的构造及参数

旋翼主要由桨叶、桨毂和铰链组成，形式与螺旋桨相似。旋翼参数主要包括桨叶参数、旋翼半径和桨叶数目。

桨叶及其主要参数如图 8－8 所示。桨叶组成包括上桨(表)面、下桨(表)面、前缘、后缘、桨尖和桨根。垂直桨叶轴线将桨叶剖切开，可得到桨叶剖切面，与翼型相似。桨叶剖切面前缘到后缘的连线称为桨叶弦线，其长度称为桨叶弦长，用 b 表示；弦线与垂直于桨毂旋转轴平面(称为桨毂旋转面)之间的夹角称为桨叶安装角，用 φ 表示，有时简称安装角或桨距，桨叶往往需要做几何扭转，桨叶各剖切面的安装角不尽相同，各片桨叶桨距的平均值称为旋翼的总距；相对气流与桨叶弦线之间的夹角称为桨叶迎角，用 α 表示。

桨尖到旋翼转轴之间的距离称为旋翼半径，用 R 表示，桨叶某剖切面到旋翼转轴之间的距离称为桨叶剖面距离，用 r 表示。

桨叶数目，用 K 表示。旋翼桨叶数目一般为 2～6，桨叶数目不能少于 2，否则，旋翼将无法平衡。

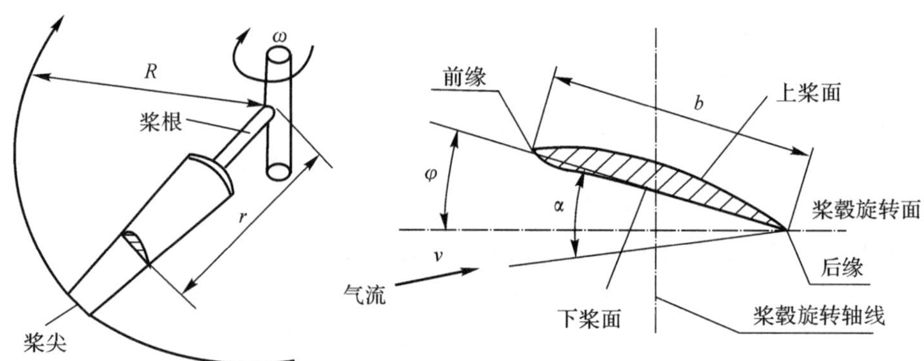

图 8－8 旋翼桨叶及其参数

二、旋翼拉力和旋翼阻力

1. 旋翼拉力和旋翼阻力的产生

直升机旋翼绕转轴旋转时，每一片桨叶相当于(大展弦比) 机翼。旋翼产生拉力和阻力的原理与飞机机翼产生升力和阻力的原理一样，如图 8－9 所示。主来流在桨叶前缘被分成两股，分别沿上桨(表) 面和下桨(表) 面流过，在桨叶后缘汇合，旋翼桨叶上表面的曲率大，气流速度快，压力小；下表面的曲率小，气流速度慢，压力大，这样桨叶的上下表面就形成了压力差，旋翼拉力(用 T 表示) 就是这些压力差的总和。在桨叶前缘处，气流受阻，流速减小，压力升高；在桨叶后缘处，气流分离，形成涡流区，压力降低，前缘、后缘间产生压力差；再加上气流作用于桨叶上的摩擦阻力，这便构成了旋翼阻力(用 D 表

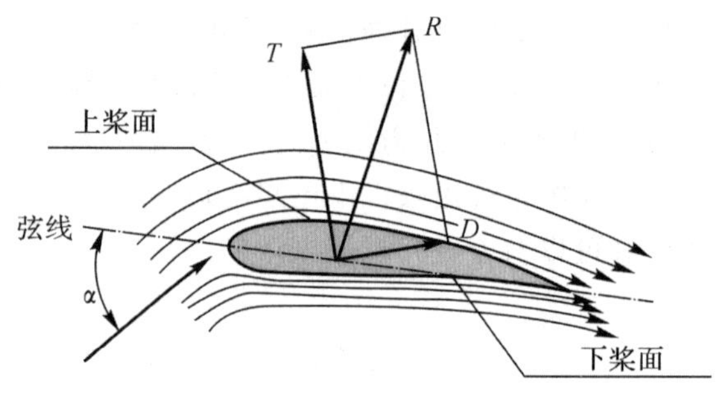

图 8－9 旋翼拉力和阻力产生的原理

示)。

旋翼拉力和旋翼阻力的产生与机翼,尤其是与螺旋桨有很多相似之处,其特性分析可以参考相关章节的内容。下面将对旋翼拉力进行简单分析。

2. 旋翼拉力大小的计算公式

参照螺旋桨拉力计算过程中用到的叶素法来计算直升机旋翼拉力的大小,类似于机翼升力的计算公式,旋翼拉力的公式可以表示为

$$T = C_T \times \frac{1}{2}\rho (R\omega)^2 \pi R^2 \tag{8-1}$$

式中,C_T 为旋翼的拉力系数,与桨叶参数、桨叶迎角和桨叶数目有关;R 为旋翼半径;ω 为旋翼旋转角速度。

3. 旋翼拉力大小的影响因素

旋翼拉力大小,主要受以下因素的影响:

(1) 旋翼转速(ω)。旋翼转速增加,桨叶各剖切面的线速度($r\omega$)增加,旋翼拉力与旋翼转速的二次方成正比。但旋翼转速越大,旋转阻力也越大,且旋翼半径都比较大,在桨尖处的线速度过大,会造成桨尖超声速的问题。

(2) 空气密度(ρ)。空气密度对旋翼拉力的影响与机翼升力的相同,空气密度越大,旋翼拉力越大。

(3) 旋翼半径(R)。旋翼半径增大,一方面是旋翼桨叶的桨尖速度增大,气流动压增大;另一方面旋翼的作用面积也增大。旋翼拉力大小与桨叶半径的四次方成正比。旋翼半径越大,旋转阻力也越大,同样也会造成桨尖超声速的问题。

(4) 桨叶弦长(b)与桨叶数目(K)。桨叶弦长越大,桨叶的作用面积越大;桨叶数目越多,旋翼的总拉力越大。但桨叶数目不能过多,否则,一方面旋翼的旋转阻力增大,另一方面由于相邻桨叶间的干扰,会使桨叶的气动效能降低。

(5) 桨叶迎角(α)。在临界迎角范围内,桨叶迎角越大,桨叶拉力越大,与迎角对机翼升力的影响相似。

三、直升机飞行时旋翼的空气动力特性

直升机在悬停和非悬停时,流过旋翼桨叶的气流特性有所不同,下面将以右旋旋翼在前飞时的空气动力为例,对直升机飞行时旋翼的空气动力特性进行分析。假定桨叶在正后方为 0°方位,顺旋转方向来标识桨叶的方位角度,即桨叶在正左方为 90°方位,在正前方为 180°方位,在正右方为 270°方位。

1. 旋翼横侧不平衡力矩的产生

当直升机在无风悬停或垂直升降情况下,旋翼桨叶在旋转一周的运动周期中,(r 相同)各剖切面的相对气流速度相同,数值上等于该剖切面旋转时的圆周速度,如图 8-10(a)所示。

当直升机前飞时,桨叶剖切面的相对气流除受旋转圆周速度影响外,还受到直升机前飞产生相对气流速度的影响。因此,桨叶旋转到不同方位,其剖切面的相对气流速度有所不同,且具有周期性的特点,如图 8-10(b)所示。

如图 8-10(b)所示,假设直升机以 50m/s 的速度向前飞,旋翼桨尖的旋转线速度为 200m/s。那么,在 90°方位处,桨叶前行(0°~180°方位),处于逆风状态,桨尖的相对气流速度

为旋转线速度与飞行速度之和，即为 250m/s；而在 270°方位，桨叶后行（180°～360°方位），处于顺风状态，桨尖的相对气流速度为旋转线速度与飞行速度之差，即为 150m/s。由此可见，直升机前飞时，左、右两侧桨叶的相对气流速度是不等的，因而产生的升力也就不等。右旋旋翼直升机前飞时，左侧（前行区）相对气流速度大，拉力大；右侧（后行区）相对气流速度小，拉力小。左、右两侧的拉力之差，对重心形成一个不平衡力矩，称为横侧不平衡力矩，此力矩将使直升机向右倾覆。如果不采取措施消除此不平衡力矩，直升机将无法向前正常飞行；且此力矩将会作用于旋翼转轴，使转轴处于一种交变载荷的作用，严重影响到转轴的疲劳寿命。

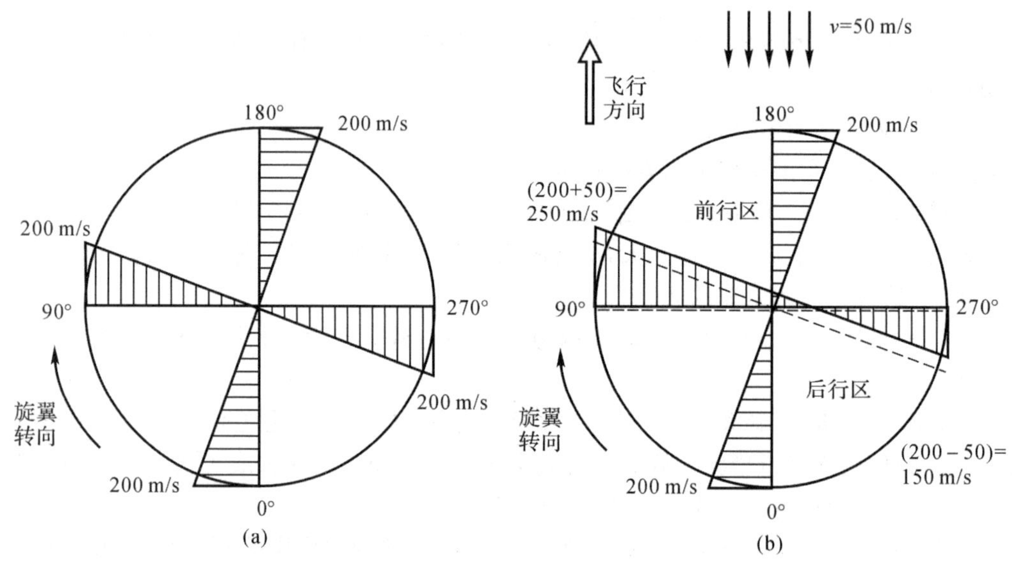

图 8－10　不同状态下桨叶各剖切面的相对气流速度分布情况

(a)悬停状态；　(b)前飞状态

2. 旋翼的水平铰链与桨叶的挥舞运动

为了消除直升机的横侧不平衡力矩，保证直升机的正常飞行，常用的方法是在桨叶和桨毂间安装一个水平方向的铰链，使桨叶能绕着铰链上下转动（挥舞运动），使横侧不平衡力矩不会传到机体上。这个铰链称为水平铰链，又称为挥舞铰链，如图 8－6 所示。

旋翼装上水平铰链后，每片桨叶能绕着水平铰链上下转动，当旋翼不转动时，桨叶在自身重力的作用下，下垂一定角度。当旋翼旋转时，每片桨叶在气动拉力、惯性离心力和自身重力对水平铰链产生力矩的共同作用下保持平衡。由于桨叶产生的气动拉力比桨叶重力大得多，所以这三个力矩共同作用的结果，使旋翼转动时形成一个倒立的锥体，锥体表面与水平面的夹角用 β 表示，一般在 3°～6°之间，如图 8－11 所示。直升机旋翼旋转时的总拉力方向与锥面垂直，当直升机悬停或垂直升降时，旋翼锥体的锥面与旋转轴垂直。

直升机前飞时，由于相对气流不对称，导致旋翼左右两侧的拉力不等。引入水平铰链后，拉力增大一侧的桨叶将会上扬，拉力变小一侧的桨叶将会下沉，桨叶上扬与下沉量（锥角 β）的大小取决于桨叶气动拉力、桨叶重力与惯性离心力三者对水平铰链力矩之间的平衡关系。这样一来，即使旋翼上桨叶产生的拉力不等，也只能使桨叶绕水平铰链形成不同的锥角，而不会把不平衡力矩传到机身上，从而消除因桨叶拉力不等产生不平衡力矩对飞机平衡的影响。

显然，安装了水平铰链的旋翼，直升机在前飞时，使每片桨叶在每旋转一周过程中，随着桨叶拉力的变化，其锥角从小变大再变小。桨叶这种随拉力变化而绕水平铰链做周期性的上下转动，称为周期“挥舞运动”，并把这种由于相对气流不对称而引起的挥舞运动称为“自然挥舞现象”。

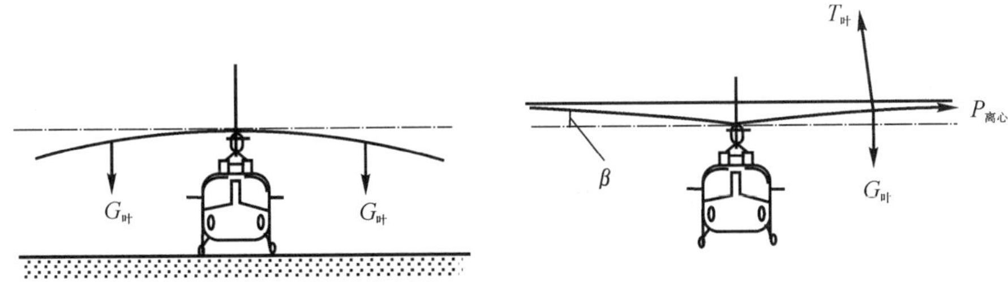

图 8－11　直升机桨叶的均匀挥舞

桨叶的这种挥舞运动，可以消除旋翼产生的横侧不平衡力矩，另外，在桨叶上下挥舞过程中，产生的相对气流会使桨叶迎角产生变化。从图 8－12 可以得出，当桨叶因拉力增大而向上挥舞时，会产生自上而下的相对气流（$\Delta v_{上挥}$），使桨叶迎角减小，如右旋旋翼直升机前飞时 90°方位相对气流的迎角。桨叶迎角减小，桨叶拉力也减小，桨叶向上挥舞的速度越快，$\Delta v_{上挥}$ 越大，桨叶迎角减小得越多，拉力减小量越大。在桨叶向上挥舞的过程中，由于桨叶迎角的变化，可以自动调节本身的拉力，其结果会使桨叶拉力基本保持不变。同理，桨叶因拉力减小而向下挥舞时，会产生自下而上的相对气流（$\Delta v_{下挥}$），使桨叶迎角增大，如右旋旋翼直升机前飞时 270°方位相对气流的迎角，使拉力增大。因此，具有水平铰链的旋翼，由于相对气流不对称的影响，及桨叶挥舞而引起桨叶迎角变化，将使得桨叶在各个位置上的拉力基本保持不变。

综上所述，安装了水平铰链的旋翼，不仅可以消除横侧不平衡力矩，同时也可以消除拉力不对称的现象。

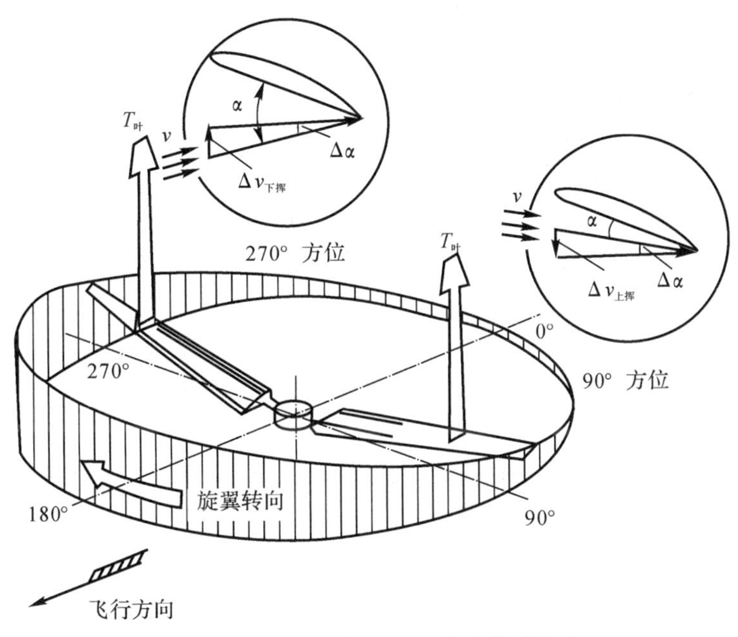

图 8－12　桨叶挥舞时的迎角变化及拉力

3. 旋翼的垂直铰链与桨叶的摆振运动

旋翼引入水平铰链后，解决了直升机由于相对气流不等，拉力不对称产生的横侧不平衡问题，但又出现(带来)了新的问题。

由于桨叶在旋转运动过程中，还要绕水平铰链上下挥舞，桨叶作挥舞运动时，导致桨叶重心距转轴的距离在不断变化，如图 8－13 所示。由理论力学知识可知，质点在作圆周运动时，又作径向或轴向运动，将会产生哥(科)氏惯性力(Coriolis force)。安装了水平铰链的旋翼，桨叶在运动过程中会产生哥氏惯性力。这个惯性力会使桨叶的旋转角速度发生变化，即桨叶向上挥舞时，桨叶旋转半径(重心距转轴的距离)减小，旋转角速度要增加；向下挥舞时，桨叶旋转半径增大，旋转角速度减小。因此在图 8－13 中，假设桨叶悬停时旋转半径为 r_0，旋转角速度为 ω_0；下挥时旋转半径为 r_1，旋转角速度为 ω_1；上挥时旋转半径为 r_2，旋转角速度为 ω_2，则有 $r_1>r_0>r_2$ 和 $\omega_1<\omega_0<\omega_2$。

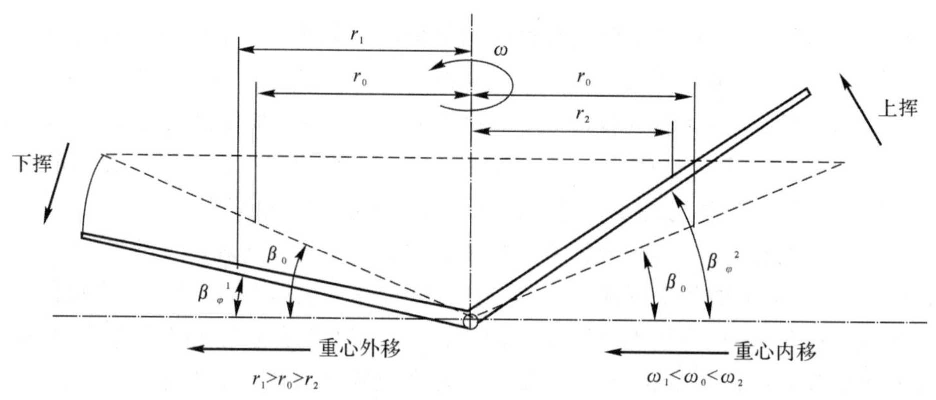

图 8－13　桨叶挥舞与哥氏惯性力的产生

根据以上分析可知，桨叶在旋转一周的挥舞过程中，所产生的哥氏惯性力的大小和方向将会产生周期性变化，是一种交变载荷。有关直升机空气动力的资料给出，一片桨叶的哥氏惯性力的最大幅值可高达桨叶自重的七倍以上。哥氏惯性力将会使桨叶根部承受很大的交变载荷。如果不采取措施，将会严重影响到桨叶的疲劳寿命。

为了解决这个问题，在桨叶和桨毂的连接处安装一个垂直方向的铰链，使桨叶可以绕着铰链前后摆动，这个铰链称为垂直铰链，又称为摆振铰链，如图 8－6 所示。安装了垂直铰链的旋翼，当桨叶受到哥氏惯性力作用时，可以绕垂直铰链前后转动，产生摆振运动。由于桨叶在根部安装了垂直铰链，使作用在桨叶上水平方向的各种作用力对垂直铰链的力矩之和为零，这样就消除了桨叶根部受交变载荷的影响。

为了通过调整桨叶安装角(φ)来改变桨叶迎角，达到改变旋翼拉力的目的，沿着与桨根到桨尖的桨轴平行的方向安装一个铰链，使桨叶可以绕着铰链转动而改变桨叶安装角，这个铰链称为轴向铰链，又称变距铰链，如图 8－6 所示。

总的来说，安装了水平铰链、垂直铰链和轴向铰链的全铰链式旋翼，有利于改善桨叶、桨毂和桨轴的受力情况，延长其使用寿命，因而被广泛采用。但全铰链式旋翼的结构复杂，维护不便。一些中小型直升机采用了无铰式、半铰式或无轴承式旋翼，可以简化旋翼的构造，但使桨叶根部和桨毂承受较强的交变载荷，且直升机的操纵性能会变差。随着新材料的研发，非全铰链式旋翼也在进一步研究应用。

第四节　直升机的操纵

直升机要比飞机实现更复杂的飞行动作，且直升机没有固定翼飞机的副翼、升降舵等可操纵翼面，因此，直升机的操纵较固定翼飞机会有较大差异。直升机飞行时，同样必须产生升力以平衡直升机重力，产生推力以克服飞行阻力。本节将对直升机飞行空气动力、操纵系统和操纵过程进行分析。

一、直升机飞行空气动力

直升机除了有自身的重力，在悬停、垂直起降、前飞、后飞、侧飞时还会产生不同的空气动力，它们的分布情况如图 8－14 所示。直升机飞行过程中，平衡自身重力以及克服各种气动阻力所需的力都是由旋翼产生的气动拉力(T)提供。

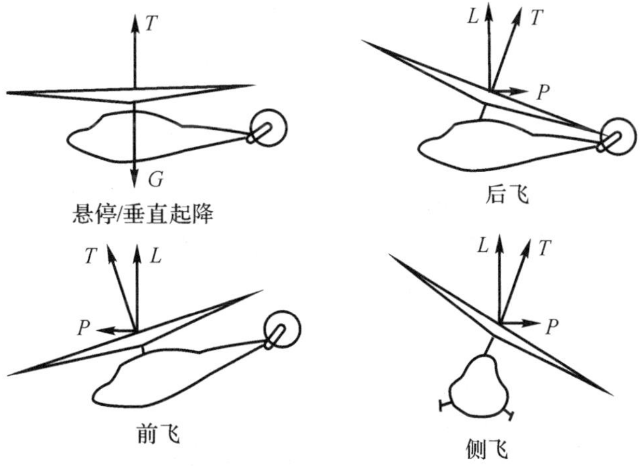

图 8－14　直升机不同飞行状态的拉动力分布

直升机在飞行过程中，可以通过调节发动机的油门，改变发动机功率和旋翼的旋转速度，或者通过调整桨叶的桨距，改变桨叶的迎角，来改变旋翼拉力的大小；可以通过调节自动倾斜器，改变旋翼锥体的倾斜方向，使旋翼拉力倾斜一定角度，产生不同的分力，以克服直升机飞行时的阻力。如自动倾斜器向前倾斜，旋翼拉力向前倾斜，产生向前的分力，使直升机前飞。此外，单旋翼带尾桨的直升机还可以通过调节尾桨桨距的大小来改变尾桨侧向力的大小，从而改变直升机的航向。

总之，直升机在飞行过程中受到许多外力的综合作用，这些力基本上都由旋翼产生的拉力来平衡。因此，直升机的操纵性能主要取决于旋翼的操纵性能。

二、直升机操纵机构与操纵方法

直升机在飞行过程中，能够操纵的主要部分包括发动机油门、桨叶安装角(迎角)、旋翼自动倾斜器和尾桨等。为了阐述直升机的操纵特点，先介绍直升机的操纵机构，再介绍直升机的操纵方法。

1. 直升机操纵机构

直升机的操纵机构主要包括周期变距杆(又称驾驶杆)、脚蹬、油门/总距杆,如图 8-15 所示。此外还有油门调节环、直升机配平调整机构开关及其他手柄。

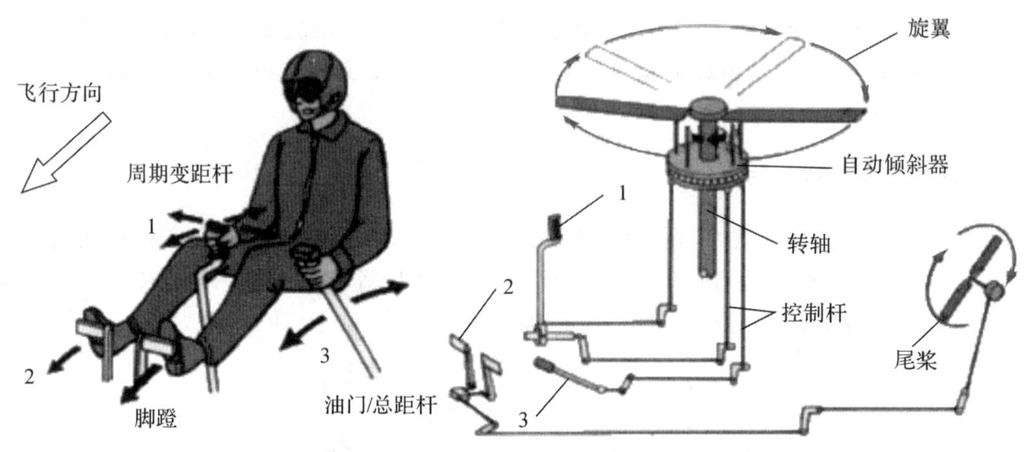

图 8-15 直升机的主操纵机构

(1)周期变距杆位于驾驶员座椅前方,由驾驶员的右手操纵,它通过连杆、钢索与旋翼的自动倾斜器连接。周期变距杆可以向前、向后、向左、向右四个方向摆动,以控制自动倾斜器的倾斜方向,使旋翼拉力产生不同方向的水平分力,驱使直升机运动。

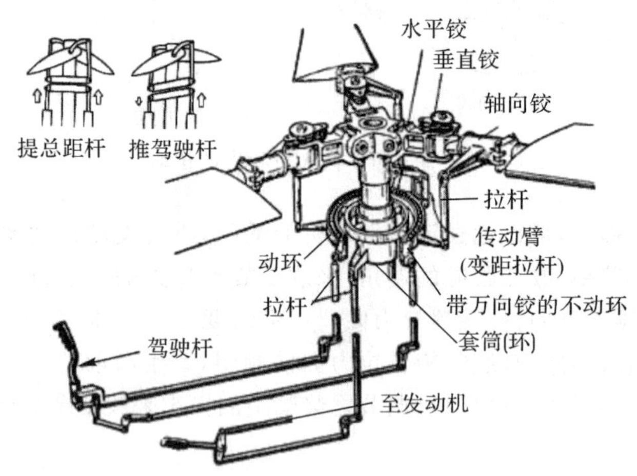

图 8-16 自动倾斜器结构示意图

自动倾斜器是将经直升机飞行操纵系统传递过来或自动驾驶仪发出的指令转换为旋翼桨叶受控运动的一种装置,如图 8-16 所示,它是直升机上一个非常重要的组成部件,结构复杂。自动倾斜器由两个主要组件组成:一个不旋转环(又称不动环)和一个旋转环(又称动环),中间有许多滚子,类似于一个大型的滚动轴承。不旋转环(通常位于内侧)被安装在旋翼转轴轴套上,并通过一系列推拉杆与周期变距和总距操纵装置相连。它能够向任意方向倾斜,也能随套筒(环)垂直移动。旋转环(通常位于外侧)通过轴承被安装在不旋转环上,可以随不旋转环一起运动,也能够同旋翼转轴一起旋转。旋转环通过传动臂(又称变距拉杆)与桨叶根部相连。自动倾斜器无倾斜时,各片桨叶在旋转时桨距保持恒定;当它通过驾驶杆被操纵倾斜时,则每片桨叶在旋转中周期性地改变桨距。传动臂转至倾斜器上位时桨距加大,桨叶向上挥舞;转至下位时桨距减小,桨叶向下挥舞。这样就形成旋翼旋转面的倾斜,使旋翼拉力倾斜,产生一水平分力。套筒(环)的作用是操纵旋翼的总距,它通过总距杆操纵机构,可以带动不旋转环和旋转环沿铅垂方向移动,再通过拉杆使桨距增大或减小。

(2)脚蹬位于座椅前下部,对于单旋翼带尾桨的直升机来说,驾驶员蹬脚蹬操纵尾桨变距从而改变尾桨推(拉)力,对直升机实施航向操纵。

尾桨操纵要比旋翼操纵简单,它没有自动倾斜器,也不存在周期变距问题。通过脚蹬改变尾桨的总距来操纵尾桨。驾驶员蹬脚蹬后产生的操纵信号通过连杆或钢索传至齿轮,再通过传动链条带动蜗杆套件转动,蜗杆套件沿尾桨旋转轴滑动推动变距环,从而改变尾桨的桨距,如图 8 - 17 所示。

(3)油门/总距杆通常位于驾驶员座椅左方,由驾驶员左手操纵,它通过拉杆与自动倾斜器和发动机油门调节器相连,此杆可同时操纵旋翼总距和发动机油门。通过总距杆可以调节旋翼的总距,旋翼总距的改变,不仅改变旋翼拉力的大小,也改变旋翼旋转阻力的大小,同时也要求发动机的功率相应改变。因此,在构造上通常将油门杆与变距杆组合在一起称为油门/变距杆。这样在改变桨距的同时也调节发动机的功率。油门/总距杆的前端有一可旋转手柄,称为油门调节环,通过它也可在桨距不变的情况下单独调节油门来改变发动机功率。

随着直升机技术、控制技术等的发展,直升机操纵系统经历简单机械式、液压助力式、电传操纵式的发展历程,现在还在研究直升机的智能操纵系统。它们的具体实现形式与飞机的相似,可以参考相关章节,不再进行赘述。

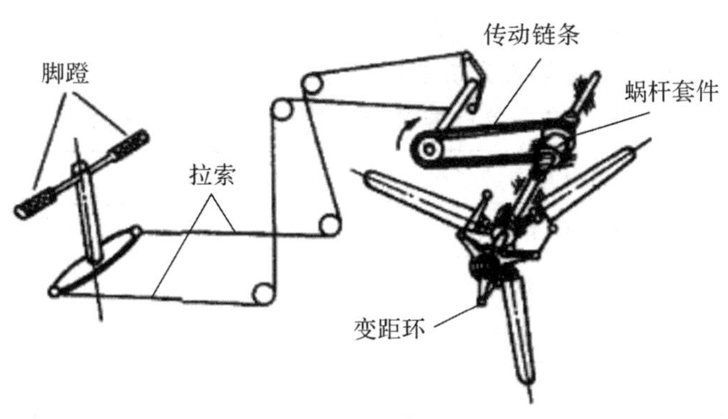

图 8 - 17　尾桨操纵机构组成图

2. 直升机操纵

直升机在空中飞行时具有 6 个自由度,但驾驶员并不能彼此完全独立地对它们进行操纵,但利用周期变距杆、脚蹬和油门/总距杆,驾驶员可以操纵直升机实现所需的任何飞行状态。旋翼是直升机最主要的操纵面,直升机垂直(竖)方向、纵向和横向的操纵都是通过操纵旋翼来实现。下面将以单旋翼带尾桨右旋直升机为例,阐述直升机的操纵过程。

(1)垂直方向操纵。垂直方向操纵是指直升机的垂直起降和悬停,它通过油门/总距杆操纵旋翼实现,一般地,驾驶员上提油门/总距杆可以增大旋翼的总距和发动机油门,增加旋翼拉力的大小,使升力大于重力,直升机垂直上升;下压油门/总距杆可以减小旋翼的总距和发动机油门,减小旋翼拉力的大小,使升力小于重力,直升机垂直下降;当油门/总距杆在某一位置,调节发动机油门至合适大小,且自动倾斜器不发生倾斜,可以使升力等于重力,直升机将悬停在某一高度。

(2)纵向操纵。纵向操纵是指直升机的前飞、后飞及俯仰,它通过前推或后拉周期变距杆操纵自动倾斜器实现。驾驶员向前推周期变距杆,控制自动倾斜器向前倾斜,使旋翼的旋转锥面和拉力方向都向前倾斜,产生向前的推力使直升机前飞,此过程还伴随着机头的下俯;向后拉周期变距杆,控制自动倾斜器向后倾斜,使旋翼的旋转锥面和拉力方向都向后倾斜,产生向后的推力使直升机后飞,此过程还伴随着机头的上仰。

(3)横向操纵。横向操纵是指直升机的左飞、右飞及滚转,它通过左压或右压周期变距杆操纵自动倾斜器实现。驾驶员向左压周期变距杆,控制自动倾斜器向左倾斜,使旋翼的旋转锥面和拉力方向都向左倾斜,产生向左的推力使直升机左飞,此过程还伴随着直升机的左滚;向右压周期变距杆,控制自动倾斜器向右倾斜,使旋翼的旋转锥面和拉力方向都向右倾斜,产生向右的推力使直升机右飞,此过程还伴随着直升机的右滚。

(4)航向操纵。航向操纵是指直升机的水平转向,它通过脚蹬操纵尾桨实现。对于右旋翼直升机,旋翼反扭矩方向向左,为了平衡旋翼的反扭矩,尾桨需要产生向左的侧向力,对重心形成向右的作用力矩,当尾桨力矩与旋翼反扭矩平衡时,直升机不转向。驾驶员蹬左边脚蹬,使尾桨的桨距减小,尾桨侧向力减小,尾桨力矩小于旋翼反扭矩,直升机将在旋翼反扭矩的作用下向左偏航;蹬右边脚蹬,使尾桨的桨距增加,尾桨侧向力增大,尾桨力矩大于旋翼反扭矩,直升机将在尾桨力矩的作用下向右偏航。对左旋直升机,其平衡力矩的方向相反,但还要满足蹬左脚蹬,直升机向左偏航;蹬右脚蹬,直升机向右偏航这一正常的操纵习惯。对双旋翼直升机,可以通过调整两旋翼之间反扭矩的大小关系,来实现航向操纵。

表 8-1 列出了单旋翼带尾桨直升机的操纵方法。

表 8-1 单旋翼带尾桨直升机的操纵方法

操纵方向	直升机运动	操纵机构	被操纵气动面
垂直方向	垂直起降、悬停	油门/总距杆	旋翼
纵向	进退、俯仰	周期变距杆	旋翼
横向	侧飞、滚转	周期变距杆	旋翼
航向	偏航(转向)	脚蹬	尾桨

前面我们从四个不同方向单独分析了直升机的操纵方法,可以得出旋翼是直升机的最主要操纵面,旋翼既产生克服重力所需的升力,又产生飞行过程中所需的各种推力,这表明了旋翼在直升机操纵中的重要性,同时还表明直升机操纵的耦合性。直升机操纵相互关联、相互耦合的程度比较高,比如,在正常操纵直升机中,要实现前飞、后飞、左飞和右飞,驾驶员操纵的不单单是周期变距杆,还要求油门/总距杆与之配合,应适当上提油门/总距杆,才能产生足够大的旋翼拉力,以满足直升机升力和推力的要求。

第五节　直升机所需功率和飞行性能

直升机和飞机一样，在飞行过程中存在各种气动阻力，克服各种阻力需要消耗功率。本节将先分析直升机阻力的产生与所需功率的变化，再在此基础上分析直升机的飞行性能。

一、直升机的阻力与所需功率

直升机的飞行阻力主要分为两大类：旋翼旋转阻力和机体阻力。

1. 旋翼旋转阻力和所需功率

旋翼旋转过程中与空气的相对运动会产生气动阻力阻碍桨叶的运动，根据旋翼气动阻力的成因可分为两种。一种是与空气黏性有关，包括摩擦阻力、压差阻力和干扰阻力；另一种为诱导阻力。

(1)旋翼的黏性阻力和所需功率。旋翼产生黏性阻力的机理与机翼产生黏性阻力的机理相同。由于空气具有黏性，旋翼在旋转时，会在桨叶表面产生阻碍旋翼旋转的摩擦阻力；由于气流流过桨叶翼面时，桨叶前后会出现压力差而产生压差阻力；由于旋翼与机身或旋翼与旋翼之间的相对位置关系，还会产生干扰阻力，特别是双旋翼直升机。

若用 $D_{型}$ 来表示桨叶的黏性阻力，则克服旋翼黏性阻力所需功率($N_{型}$)可表示为

$$N_{型} = KD_{型}L\omega \qquad (8-2)$$

式中，K 为桨叶数目；L 为阻力作用点到旋翼中心的距离(单位为 m)；ω 为旋翼的旋转角速度(单位为 rad/s)。

(2) 旋翼的诱导阻力和所需功率。旋翼在旋转时，翼尖涡的存在会产生下洗诱导速度，使相对气流的合速度偏离桨毂旋转平面，引起桨叶的空气总动力更加向后倾斜，从而在旋转平面上产生一水平分力阻碍桨叶的运动，称为诱导阻力。旋翼产生诱导阻力的机理与机翼产生诱导阻力的机理相同，是由于桨叶上、下表面存在压力差产生升力而诱导出来的，整副旋翼产生诱导阻力的大小与旋翼拉力大小相关。

克服诱导阻力所需功率($N_{诱}$)可表示为

$$N_{诱} = Tv_{下} \qquad (8-3)$$

式中，T 为旋翼拉力(单位为 N)；$v_{下}$ 为旋翼诱导速度(单位为 m/s)。

2. 机体阻力与所需功率

机体阻力是指除旋翼之外，直升机的机身、起落架、桨毂等部件在直升机飞行时所产生的阻力，主要为摩擦阻力和干扰阻力，常被称为直升机的废阻力，用 X 表示。直升机处于不同飞行状态时，机体阻力的大小不一样。直升机悬停时，由于机身与空气没有相对运动，机体阻力为零；直升机前飞、后飞、侧飞时，将会产生机体阻力，随着飞行速度增大，机体阻力将增大。

克服机体阻力所需功率($N_{体}$)可表示为

$$N_{体} = Xv \qquad (8-4)$$

而 X 可用下式进行计算：

$$X = C_X \times \frac{1}{2}\rho v^2 S_{体} \qquad (8-5)$$

将式(8-5)代入式(8-4)，可得

$$N_{体} = C_X \times \frac{1}{2}\rho v^3 S_{体} \quad (8-6)$$

式中，X 为直升机的机体阻力(单位为 N)；C_X 为机体阻力系数；$S_{体}$ 为机体的迎风作用面积(单位为 m^2)；v 为直升机的飞行速度(单位为 m/s)。

3. 直升机飞行所需功率

直升机飞行时，需要克服旋翼旋转阻力和机体阻力做功，其飞行所需功率($N_{飞行}$)为克服旋翼黏性阻力的功率($N_{型}$)、克服诱导阻力的功率($N_{诱}$)和克服机体阻力的功率($N_{体}$)之和，即

$$N_{飞行} = N_{型} + N_{诱} + N_{体} \quad (8-7)$$

直升机悬停时，由于机体阻力为零，则悬停所需功率($N_{悬停}$)为

$$N_{悬停} = N_{型} + N_{诱} \quad (8-8)$$

直升机飞行时，所需功率的大小还与飞行速度有关，其随飞行速度的变化曲线称为直升机飞行所需功率曲线，如图 8-18 所示。随着飞行速度增大，虽然前行桨叶与后行桨叶的相对气流的不对称越来越强烈，但其速度在旋翼上是一边增大，另一边减小，总的平均值基本不变化，所以旋翼旋转时克服黏性阻力的功率($N_{型}$)随飞行速度基本不变，只是随速度增加略有增加，如图 8-18 中的 ① 曲线。

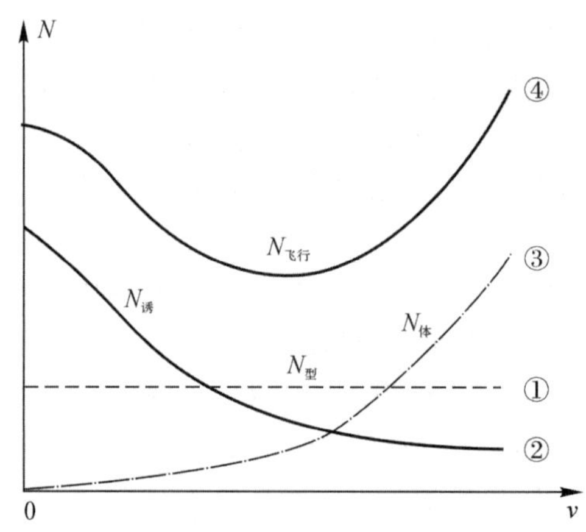

图 8-18 直升机飞行所需功率曲线

直升机悬停时，由于飞行速度为零，桨叶的下洗诱导速度($v_{下}$)影响作用强烈，此时克服旋翼诱导阻力的功率($N_{诱}$)，随着飞行速度增大，下洗诱导速度影响作用减弱，克服旋翼诱导阻力的功率将随飞行速度增大而减小，如图 8-18 中的 ② 曲线。

直升机悬停时，机体与空气没有相对运动速度，机体阻力为零，克服机体阻力的功率($N_{体}$)也为零，随着飞行速度增大，直升机机身、起落架、桨毂等部件产生的阻力将增大，克服机体阻力的功率越来越大，如图 8-18 中的 ③ 曲线。

直升机飞行所需功率($N_{飞行}$)为 $N_{型}$，$N_{诱}$，$N_{体}$ 之和，三条功率曲线的叠加就为直升机飞行所需功率曲线，如图 8-18 中的 ④ 曲线。

从图 8-18 可以看出：直升机飞行所需功率随着飞行速度增大，先减小后增大，直升机悬停和以大速度飞行时所需功率很大。直升机悬停时，所需功率较大，其中克服旋翼诱导阻力的功率为所需功率的主要部分，占所需总功率的 70% ～ 75%，克服旋翼黏性阻力的功率占总功率的 25% ～ 30%；直升机以大速度飞行时，克服机体阻力的功率为所需功率的主要组成部分之

一，占总功率的 40% ～ 45%，克服旋翼黏性阻力的功率占总功率的 35% ～ 40%，克服旋翼诱导阻力的功率占总功率的 15% ～ 20%。

直升机以 v_y 垂直上升时，除了要克服旋翼阻力和机体阻力做功外，还克服重力做功，用 $N_{垂升}$ 表示，其大小为

$$N_{垂升} = Tv_y = Gv_y \tag{8-9}$$

此时，直升机飞行所需功率为

$$N_{飞行} = N_{型} + N_{诱} + N_{体} + N_{垂升} \tag{8-10}$$

通常，直升机垂直上升的速度都不大，$N_{体}$ 的值较小，但垂直上升时所需的拉力增大，需要增大旋翼的旋转速度或总桨距，将会使 $N_{型}$ 增加；另外，垂直上升产生的相对气流会使下洗诱导速度增大，将会使 $N_{诱}$ 增加。因此可以得出，直升机垂直上升所需功率比悬停时的更大，并且会随上升率（v_y）的增加而增大。

4. 直升机可用功率

旋翼和尾桨实际可用的功率称为直升机的可用功率，用 $N_{可用}$ 表示，由于发动机输出功率（$N_{发}$）有部分消耗在克服传动系统的摩擦以及发动机附件上，所以发动机输出的功率，并不是直升机的可用功率，直升机可用功率的大小可用下式进行计算：

$$N_{可用} = \xi N_{发} \tag{8-11}$$

式中，ξ 为直升机的功率传递系数，对单旋翼直升机，其取值一般为 0.8 ～ 0.85。

由于直升机飞行速度不大，发动机的输出功率受气流冲压影响较小，所以直升机可用功率基本不随飞行速度发生变化。但随着高度的增加，空气变稀薄，（无增压）发动机的输出功率减小，直升机的可用功率将随飞行高度的增加而减小。

二、直升机的飞行性能

直升机能完成更复杂的飞行动作，描述直升机飞行性能参数更多，本节主要讨论直升机的前飞（平飞）、上升和续航性能。

1. 直升机的平飞性能

直升机的平飞性能主要包括平飞最大速度、有利速度和经济速度。可用通过直升机的可用功率（$N_{可用}$）和平飞所需功率（$N_{平需}$）的关系来研究直升机的平飞性能。将可用功率曲线和平飞所需功率曲线绘在一张图上，即为直升机的平飞功率曲线图，如图 8－19 所示。

从图中可以确定直升机的平飞性能：

（1）平飞最大速度（v_{max}）。直升机发动机使用额定功率作水平飞行时所能达到的最大平飞速度，就是直升机的平飞最大速度，即在图 8－19 中 $N_{可用}$ 曲线与 $N_{平需}$ 曲线在右边的交点 D 所对应的速度。

（2）有利速度（v_{MD}）。平飞所需功率与平飞速度的比值（$N_{平需}/v_{平飞}$）最小所对应的速度称为有利速度，可以过原点作 $N_{平需}$ 曲线的切线，切点（见图 8－19 中 C 点）所对应的速度就为有利速度。直升机以有利速度飞行时，飞行阻力最小。

（3）经济速度（v_{MP}）。直升机平飞所需功率最小的平飞速度称为经济速度，$N_{平需}$ 曲线的最低点所对应的速度为经济速度，如图 8－19 中 B 点对应的速度。

直升机发动机使用额定功率作水平飞行时还有最小速度，为 $N_{可用}$ 曲线与 $N_{平需}$ 曲线在左边的交点（见图 8－19 中 A 点）所对应的速度。平飞最小速度到平飞最大速度为直升机的平飞

速度范围。

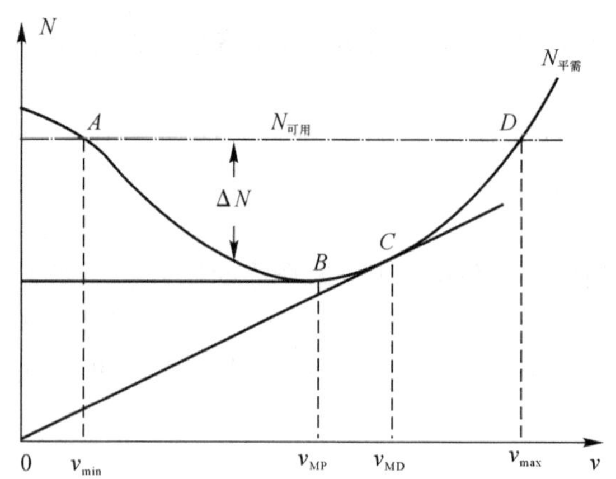

图 8-19　平飞功率曲线和平飞性能

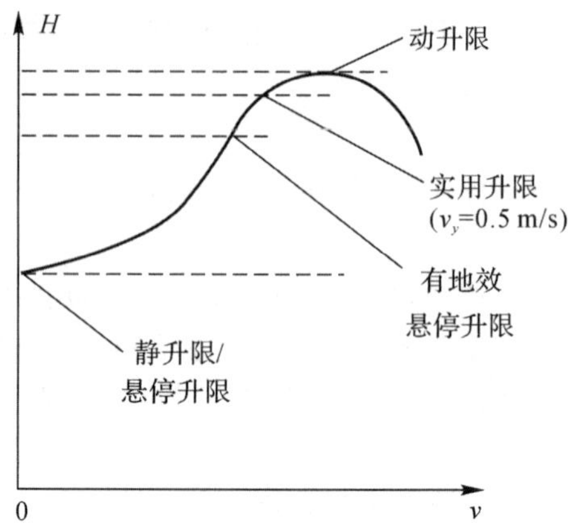

图 8-20　直升机的升限

2. 直升机的上升性能

直升机的上升性能包括垂直上升性能和爬升性能。垂直上升是指直升机不作平飞的上升；爬升是指直升机一边前飞、一边上升，沿着斜线上升。随着飞行高度的增加，发动机输出功率、直升机可用功率减小，直升机的上升性能将下降。

(1)垂直上升性能。直升机的垂直上升性能包括垂直上升率、垂直上升升限即悬停升限、垂直上升时间。垂直上升率就是直升机的垂直上升速度。随着高度的增加，直升机可用功率减小，垂直上升率将减小。垂直上升升限就是垂直上升率减小为零时所对应的高度，这个高度也是直升机能够保持悬停的最大高度，所以也叫静升限或悬停升限(无地效悬停升限)。垂直上升时间是指达到某一高度所需的时间，它与上升高度和上升率有关。

(2)爬升性能。直升机的爬升性能包括最大爬升率、最大爬升速度、爬升最大高度(动升限)和实用升限。最大爬升率指直升机在某一高度在具有前飞速度时所能达到的最大的上升率。最大爬升速度是指在某一高度达到最大上升率所对应的飞行速度。随着高度的增加，直升机可用功率减小，最大爬升率、最大爬升速度都将减小。最大爬升率减小为零所对应的高度称为理论爬升最大高度，又称动升限。在实际飞行过程中，当最大爬升率减小到 0.5m/s，直升机将不再向上爬升，此时所对应的飞行高度称为实用升限。

直升机的几种升限如图 8-20 所示，它们之间动升限值最大，静升限值最小。

3. 直升机的续航性能

直升机的续航性能是指不间断飞行的性能，主要包括航程和航时，是直升机的主要性能指标之一。航程、航时分别指直升机耗尽其可用燃油沿预定方向所飞过的水平距离和持续飞行的时间。续航性能主要取决于两方面的因素，一是直升机可用燃油量，另一是直升机单位距离(每公里)和单位时间(每小时)的燃油消耗量。单位距离和单位时间的燃油消耗量与直升机重量、发动机效率、飞行速度和飞行高度都有关。在其他条件不变的情况下，直升机以有利速度飞行时，航程最长；以经济速度飞行时，航时最长。

第六节　直升机的几个特殊问题

直升机由于其结构特点和特殊功能，在使用时，也存在与普通飞机不同的特殊现象。本节将讨论直升机的几个特殊问题，包括直升机的地面效应、自转下降和地面共振。

一、直升机的地面效应

当直升机接近地面或水面飞行时，流过桨叶向后下方流动的气流，由于受到地面或水面的阻滞作用，会使旋翼桨尖涡流的下洗作用减弱，从而减小旋翼的下洗流。由于下洗流减小，在保持桨叶迎角不变的条件下，可以减小旋翼的总距，其结果是，一方面使旋翼拉力的竖直分量增加；另一方面使旋翼的诱导阻力和总阻力减小，所需功率减小，如图 8－21 所示。这种使直升机在保持拉力相同条件下所需功率减小或在保持功率不变的条件下拉力增大的效应，称为直升机的地面效应。

直升机悬停时，离地面越近，气流受到地面的阻滞作用越强，地面效应越显著。随着旋翼锥面与地面间的距离(h)增大，地面效应的影响作用减弱，当 $h=D/3$(D 为旋翼直径)时，直升机拉力约增加 20%；当 $h=D/2$ 时，直升机拉力约增加 10%；当 $h=D$ 时，地面效应基本消失。

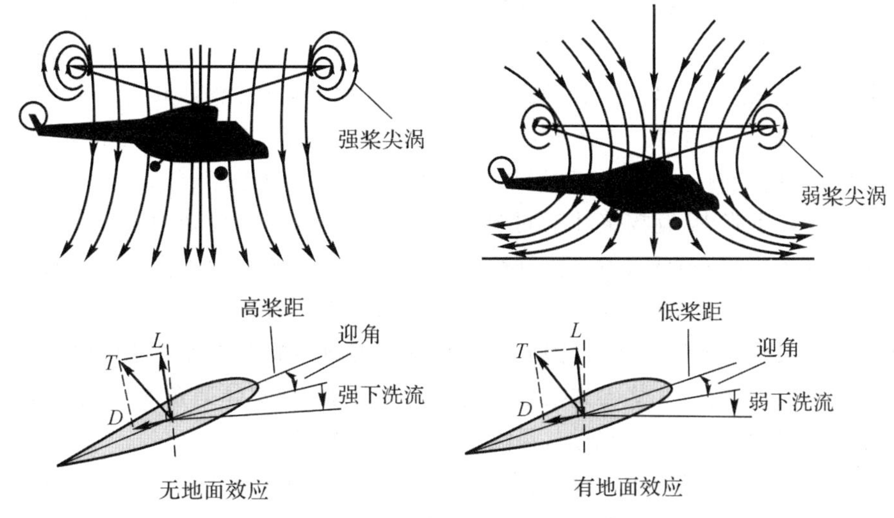

图 8－21　直升机的地面效应

直升机在贴近地面飞行时，由于前飞气流的影响，地面效应会随着飞行速度的增大而减小，如图 8－22 所示。

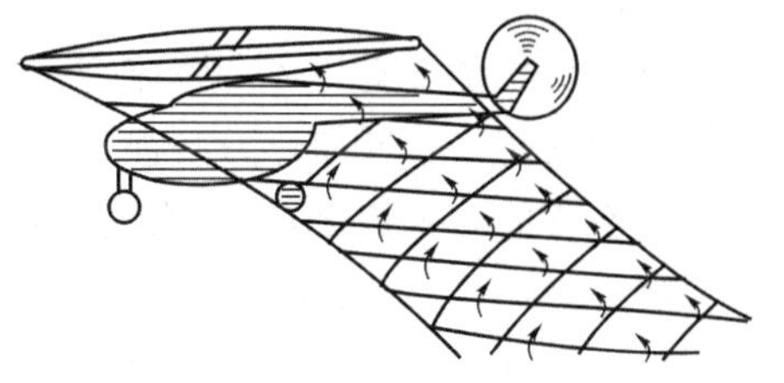

图 8－22　直升机前飞时的地面效应

直升机，特别是军用武装直升机，采用跟随地形的飞行方式，利用地形、地物作掩护，在贴近地面的高度上(一般称为一树之高)隐蔽接近攻击目标，常常能取得最佳的作战效果。这种飞行要求驾驶员必须时刻准确判断直升机与地面之间的距离，并及时调整飞行高度与速度，对直升机的性能和飞行驾驶技术都提出比较高的要求。

对一定重量的直升机，由于地面效应的影响，悬停所需功率要小于无地面效应悬停的所需功率。由于直升机的这种特性，给直升机在高原地区或能利用山坡等悬停带来很有利的条件。直升机在静升限以上的高度，因悬停所需功率比直升机的可用功率大，旋翼产生的拉力不足以平衡重力，所以直升机不能悬停。但在高原地带，海拔高度虽已超过直升机的静升限，借助地面效应的作用，直升机仍有可能在离地 5～10m 范围内悬停，所以在直升机手册中，悬停升限分为无地效悬停升限和有地效悬停升限两种。如米-8 直升机，无地效的悬停升限为 800m，有地效的悬停高度可达 1 900m。

二、直升机旋翼自转下降*

直升机飞行时，由于发动机停车或动力传动中断，直升机在无可用功率的情况下，仍可保持旋翼自转工作状态进入下滑或飘落，然后安全着陆。旋翼不消耗发动机功率而保持旋转，称为旋翼自转。直升机旋翼自转时的下降运动，称为自转下降，若自转下降是沿铅垂方向，称为垂直自转下降；若自转下降是沿斜向下方向，称为自转下滑。

直升机发动机停车后，旋翼在旋转惯性作用下，仍然能沿原来的转向继续旋转，但是受到旋转阻力的影响，其转速和拉力会很快减小，直升机在重力作用下，开始下降高度。直升机在下降时产生的向上相对气流，会使旋翼的相对气流方向发生变化。旋翼在正常旋转时，桨叶的周向速度和诱导速度产生的相对气流使旋翼的总空气动力向后倾斜，其在旋翼旋转面上的分力为旋翼的旋转阻力；当直升机下降时，产生向上的相对气流可以使旋翼的总空气动力相对向前倾斜，其在旋转面上的分力可为零、甚至为旋翼的旋转驱动力。

直升机在自转下降中，旋翼桨叶不同部分(剖切面)产生的空气动力对旋翼运动的影响作用不同。若我们将桨叶分为外、中、内三段，则每段的相对气流方向不同。每一段相对气流的方向由桨叶周向转速和直升机下降率决定，每一段的下降率有一个平均值，且基本相同，但旋转周向速度从桨尖到桨根逐渐减小，因此来流角从桨尖到桨根逐渐增加，如图 8-23 所示。由于几何扭转的原因，安装角从桨尖到桨根也是逐渐增加的，且桨叶迎角等于安装角加来流角，所以桨叶迎角从桨尖到桨根逐渐增加，最大迎角在桨叶根部。

从图 8-23 可看出，在桨叶外段，其受力情况与有动力飞行相同，合力在旋转平面上的分力与旋转方向相反，其作用是减慢旋翼转速；在桨叶中段，合力在旋转平面上的分力为零，只有升力；在桨叶内段，合力在旋转平面上的分力可使桨叶加速旋转，这种情况下，它不再称为旋翼阻力，而被称为自转加速力。

将每片旋翼桨叶看作一个整体，产生自转加速力的部分将加速桨叶旋转，产生阻力的部分要减慢桨叶旋转。自转加速力必须平衡旋翼阻力和其他辅助阻力(传动轴、尾桨等)，为了保持一个恒定不变的旋翼转速，直升机进入自转下降后，首先要降低总距，减小桨距，才能减小旋翼的旋转阻力，从而保持或者增加旋翼自转转速，赢得足够的旋翼转动能量；否则，有可能在很短的时间就导致旋翼停转，使直升机丧失升力而坠落。

直升机前飞时，自转加速力产生的原理与静止空气中垂直自转的相同。前飞时，经过旋翼的来流角改变，由于后行桨叶迎角更大一些，对整个旋翼来说，自转部分将沿桨叶后行方向移动。如果没有前进速度，单靠重力下落，旋翼也能产生自转，但这点自转能量不足以使直升机的下落速度减慢到安全降落的程度，通常需要结合前进速度的动能加上起始高度的势能才能转换为足够的驱动旋翼转动的能量，使下降速度降低到安全的程度。

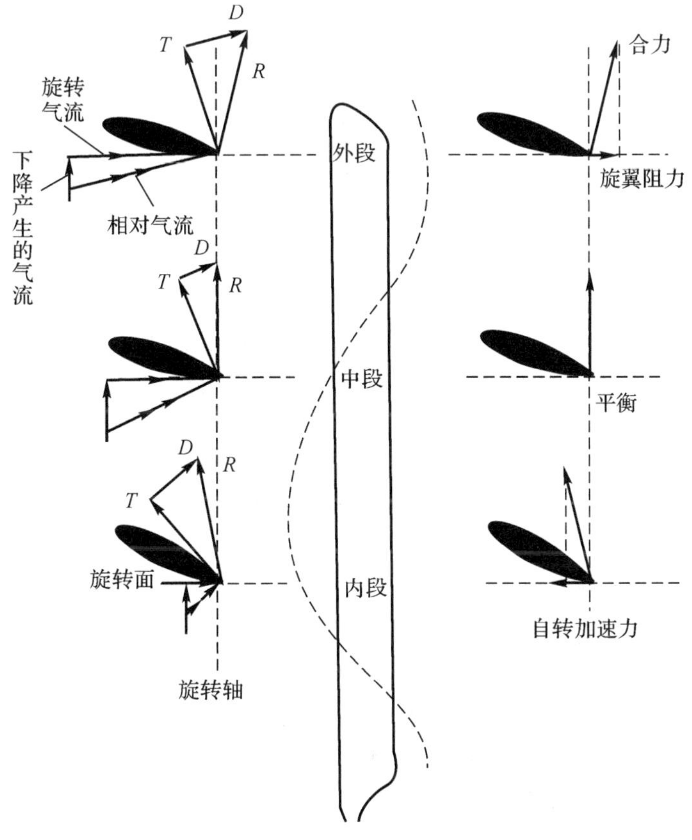

图 8－23　自转下降桨叶的气流和受力情况

三、直升机地面共振*

直升机地面共振是指直升机在地面试车、滑行、垂直起降和滑跑时，受到一定的初始干扰后，发生摇晃，振幅迅速增大的一种强烈振动现象。地面共振出现后，如果不及时处置，在很短的时间内，就会出现剧烈的振动，造成打坏桨叶、折断尾桨、轮胎破裂，甚至使飞机翻倒等严重事故。

直升机出现地面共振的原因是由于旋翼桨叶在外界干扰力作用下(如阵风、着陆接地动作粗猛、受到侧面冲击力等)，使桨叶绕垂直铰链摆动(a，b，c)，当桨叶摆动不均匀(ξ_1，ξ_2，ξ_3 不等)时，则使各桨叶的离心力不能相互平衡，出现了不平衡的离心力，使得旋翼重心 O_1 与旋转中心 O 不重合，如图 8－24 所示。这一不平衡的离心力，会随着旋翼旋转而不断变化，引起直升机发生振动。直升机机体的振动又会反过来影响桨叶的摆动，如果旋翼在某一转速上的激振频率与直升机起落架装置上的某个部件(如轮胎)固有频率相同或相近，而桨叶上的减摆器和起落架的缓冲器的阻尼不足，则旋翼的摆振和机身起落架上的振动就会形成共振。

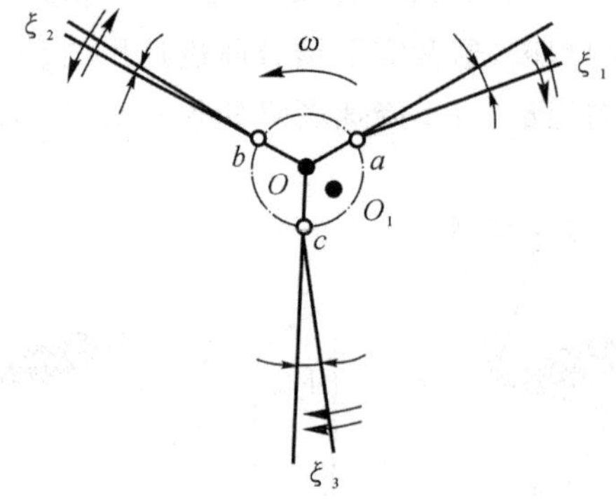

图 8-24　直升机地面共振

直升机地面共振在桨叶一定转速范围内发生，这个范围称为直升机地面共振转速不稳定区。避免地面共振的主要途径是选择适当的起落架刚度、阻尼，并在各桨叶上配置适当的阻尼减摆器。

复习思考题

1. 直升机有何特点和用途？
2. 直升机按构造形式可分为哪些类型？各有何优缺点？
3. 单旋翼带尾桨直升机的组成部分包括哪些？
4. 旋翼拉力如何产生？其大小受哪些因素的影响？
5. 直升机的横侧不平衡力矩是如何产生的？如何消除？
6. 旋翼桨毂上为什么要设垂直铰链？
7. 直升机的操纵机构包括哪些部分？如何操纵直升机？
8. 直升机所需功率由哪几部分组成？随飞行速度如何变化？
9. 直升机平飞性能中，平飞最大速度、经济速度和有利速度如何定义？
10. 直升机的升限包括哪几种？
11. 直升机的地面效应如何形成？
12. 直升机为什么能自转下降？
13. 直升机的地面共振如何形成？

第9章　载重与平衡

飞机、直升机不论是在地面还是在空中都要求所受的力能平衡，否则，将不能保持一种稳定的运动状态，这其中有一种力为重力。为了确保飞机或直升机能安全、有效地飞行，必须对飞机的飞行重量和平衡进行限制。飞行重量与飞机的载重量有非常密切的关系，飞行重量的问题最后多归结为载重的问题。称重可以获得与重量相关的基本信息，包括重量的大小与分布情况；平衡是对飞行重量和重心位置进行限制调整。本章将讨论飞机载重与平衡方面的问题，包括称重与平衡的必要性，称重与平衡的基本术语、理论，称重与平衡的基本方法。

第一节　称重和平衡的必要性

对飞机进行称重与平衡的首要目的是为了飞行安全，其次是为了在飞行中达到更高的效率。飞机不合理的飞行重量和重心位置会降低飞行效率，不能将飞行进行到底，或者飞机根本不能起飞，还可能发生损坏贵重设备，甚至机毁人亡的严重后果。

不合理的飞行重量和平衡可以表现为三种情形：超过规定的最大飞行重量、重心位置太靠前和重心位置太靠后。任何一种情形对飞机的安全、高效飞行都是不利的。

如果飞机的飞行重量超过规定的最大值，将发生下列影响飞行性能的情况：

1)要求较高的起飞离地速度和较长的起飞滑跑距离，存在冲出跑道的风险；

2)减小爬升角和爬升率，存在越障能力不足的风险；

3)降低最大飞行高度和缩短航程，存在不能顺利到达目的地的风险；

4)减小巡航速度和降低飞行机动性能；

5)增加失速速度和着陆接地速度，存在冲出跑道的风险；

6)增大着陆冲击载荷和降低结构安全系数；

7)要求较大的发动机功率，使发动机超负荷工作。

飞机重心位置太靠前，将发生下列影响飞行性能的情况：

1)飞机会有下俯的趋势；

2)飞机的操纵性变差；

3)要求较大的发动机功率。

飞机重心位置太靠后，将发生下列影响飞行性能的情况：

1)飞机会有上仰的趋势；

2)飞机的稳定性变差；

3)飞行速度降低，容易发生失速；

4)飞机操纵过灵敏；

5)要求较大的发动机功率；

6)若重心位置超过全机焦点位置之后，还会使飞机丧失俯仰稳定性。

此外，飞机重心的左右不平衡，还会影响到飞机的横向稳定性。

综上所述，合理的飞机飞行重量和平衡对确保飞行安全，提高飞行效率具有重要的意义。基于这个原因，航空从业人员学习了解飞机飞行重量与平衡方面的知识是非常必要的。

第二节　载重与平衡的基本术语、原理

研究飞机载重与平衡的原理、计算和调整等问题时，需要用到相关术语，下面将对相关术语和原理进行介绍。

一、重量术语

1. 基本空机重量

基本空机重量(Basic Empty Weight，BEW)是指基本飞机、机载设备、必要液油等的重量之和，包括机体、必备的设备、选用或专用设备、固定压舱物、液压油、滑油和剩余燃油的重量，可以保持较长时间不变。

剩余燃油是指在燃油导管和燃油箱内不能排放的液体(包括燃油、水分)。

2. 干使用重量

干使用重量(Dry Operating Weight，DOW)，又称为修正后的使用空重，是指在飞机基本空机重量的基础上加上机组及所携带物品(食品、水、旅行供应品等)的重量；为准备执行飞行任务的飞机重量。

3. 业务载重

业务载重(payload，traffic load)，简称为业载，是指乘客、行李、货物等与运输业务相关的重量总和。它受最大允许业务载重量(maximum payload)的限制，根据飞行安全和飞行性能的要求，飞机的业务载重量不能超过某一规定值。一架飞机的最大允许业务载重量不是固定不变的，可随飞行条件改变。

对于作战飞机，业务载重是指所能携带武器、弹药的重量。

4. 最大无燃油重量

最大无燃油重量(Maximum Zero Fuel Weight，MZFW)是指飞机不带燃油的最大允许重量，它往往由机翼的结构强度决定。无燃油重量等于飞机的干使用重量加上业载，由于飞机的干使用重量基本不变，因此，最大无燃油重量将对业务载重量起到限制作用。

5. 最大停机坪重量

最大停机坪重量(Maximum Ramp Weight，MRW)是指飞机在停机坪停放时所允许的最大重量，为飞机重量中的最大值。

6. 最大滑行重量

最大滑行重量(Maximum Taxi Weight，MTW)是指飞机开始滑行之前允许重量的最大值，它比最大停机坪重量小，因为在飞机滑行前，APU 工作，飞机要进行发动机点火、试车、热机等，需要消耗部分燃油。

7. 最大起飞重量

最大起飞重量(Maximum Take－off Weight，MTOW)是指飞机在起飞滑跑时所允许的最大重量，它要小于最大滑行重量，因为从停机坪到起飞滑跑之前的地面滑行已经消耗了部分

燃油。最大滑行重量与最大起飞重量之差，为滑行用燃油量。

最大起飞重量受到设计因素和飞行环境的限制，包括飞机结构强度的限制，发动机种类和推力的限制，大气参数(压力、密度、温度、风向)的限制，跑道长度与状况的限制，越障能力(上升梯度)的限制，航路的限制，飞机轮胎速度的限制，甚至还受最大着陆重量和(中断起飞)飞机刹车性能的限制。

与之对应的为实际起飞重量(Take - off Weight，TOW)，实际起飞重量不得大于最大起飞重量。

8. 最大着陆重量

最大着陆重量(Maximum Landing Weight，MLDW)是指根据起落设备和机体结构所能承受的冲击载荷而规定飞机着陆时允许的最大重量，它通常比最大起飞重量小，因为着陆过程中起落架承受的载荷要比起飞过程中的大。

最大着陆重量除了受起落设备、机体结构强度的制约，还与机场环境(场温、风向、风速)、(复飞)爬升梯度等因素有关。

与之对应的为实际着陆重量(Landing Weight，LW)，正常情况下，不允许实际着陆重量超过最大着陆重量，但紧急情况下，允许飞机超过最大着陆重量着陆。

9. 燃油装载量

燃油装载量(Fuel Load，FL)是指飞机上所携带的消耗性燃油部分，它只包括可用燃油，即航程燃油和储备燃油，而不包括管路中或油箱沉淀槽里的剩余燃油。

10. 使用载重

使用载重，又称为有用载重(effective load)，是指油料(燃油)重量、业务载荷、机组及携带物品重量的总和。

二、飞机燃油与业载

使用载重对飞机重量变化有着最直接的影响。如果将飞机的载油量和业载量都增到最大，将会使飞机的总重量超过最大起飞重量或最大着陆重量。在这种情况下，迫使飞机的使用者在业载和燃油(航程)二者之间做出选择：即业载增加，那么燃油量只能减少，(航段)飞行距离就会缩短；燃油量增加，飞机可以飞得远，但业载就必须减少。

对于同一架飞机，在执行不同的飞行任务时，它的燃油装载量和业载量都不同，下面将阐述飞机燃油量(即燃油计划)和业载量的基本计算方法。

1. 飞机燃油计划

飞机执行每次飞行任务需要加(装载)多少燃油是在遵循 CCAR 121(CCAR，China Civil Aviation Regulations，中国民航规章)相关规定的基础上，再根据具体的飞行计划来确定的，航空公司甚至航班机长也可根据实际情况做出调整，制订该次飞行任务的飞机燃油计划，即加油量。

CCAR 121.657 规定了执行国内飞行航线燃油量的要求，规定飞机应当装有能够完成下列飞行的足够燃油：

1)航程燃油(Trip Fuel，TF)：飞往被签派目的地机场并着陆的燃油。

2)备降燃油(Alternate Fuel，AF)：此外，按规定需要有备降机场的，飞往最远备降机场并着陆的燃油。

3)等待燃油(Holding Fuel,HF):完成上述飞行后,还能以正常巡航燃油消耗率飞行45min的燃油。

CCAR 121.661规定了执行有备降机场的国际飞行航线燃油量的要求,规定了飞机应当装有能够完成下列飞行的足够燃油:

1)航程燃油(Trip Fuel,TF):飞往目的地机场并在该机场着陆的燃油。

2)应急燃油(Contingency Fuel,CF):从起飞机场到目的地机场并着陆所需总飞行时间10%的飞行燃油。

3)备降燃油(Alternate Fuel,AF):此外按规定需要备降机场的,由目的地机场飞往指定的最远备降机场并着陆的燃油。

4)等待燃油(Holding Fuel,HF):完成上述飞行后还能以等待速度在备降机场,或当不需要备降机场时,在目的地机场上空450m (1 500ft)高度上,在ISA条件下飞行30min的燃油。

CCAR 121.661规定了执行无备降机场的国际飞行航线燃油量的要求,飞往无备降机场的目的地机场时,应当在考虑到预计的风和其他天气条件后有足够的油量,飞到该机场然后以正常巡航燃油消耗率至少飞行2h。

CCAR 121.637,CCAR 121.639,CCAR 121.641对飞机的备降机场作了规定,具体内容请参考相关资料。

CCAR 121.663还规定除满足CCAR 121.657至CCAR 121.661的要求之外,计算所需燃油量时应考虑的其他因素:①风和其他天气条件的预报;②预期的空中交通延误,在目的地机场进行一次仪表进近和可能的复飞;③空中释压和航路上一台发动机失效的情况;④可能延误飞机着陆的任何其他条件。

从上述分析可得出,飞机每次执行飞行任务所加的总燃油量包括两大部分:航程燃油和储备用燃油。航程燃油包括滑出、起飞、加速爬升、爬升、巡航、下降、进近、着陆和滑入阶段的用油。这些阶段用油量的多少,与飞机发动机的耗油量和飞行条件(飞行重量、机场环境、飞行速度、飞行高度、大气环境等等)相关。储备用燃油除了CCAR 121规定的应急燃油、备降燃油、等待燃油外,还包括公司储备油和任务额外燃油。公司储备油是指航空公司根据公司的具体情况规定的燃油要求,如增加滑行、机动飞行及等待时间,额外的进场失误/复飞、较高的应急油量要求等,通常航空公司的所有航班都遵循这些规定。任务额外燃油是指按机长的要求增加的燃油量,机长可根据其飞行经验,对某些航线飞行要求额外的燃油,或对某些被认为耗油较大的飞机要求额外的燃油。飞机执行一次飞行任务所需加的总燃油量如图9-1所示。

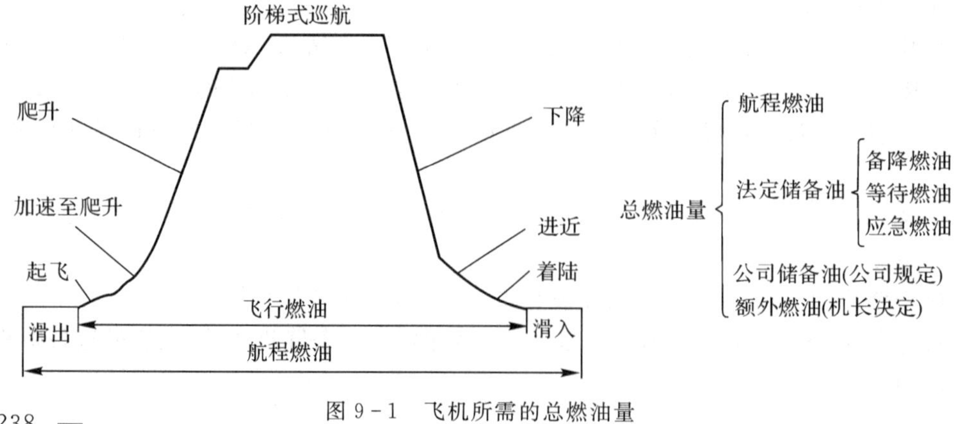

图9-1 飞机所需的总燃油量

对飞机载重进行计算时，往往还需用到以下与燃油量相关的术语：

1）起飞燃油重量（Take - off Fuel Weight，TOFW）是指飞机松刹车开始起飞滑跑时，飞机上可使用的全部燃油重量。它为飞机总载油量减去测试、滑出段所消耗的油量，包含飞行油量和储备油量，或可近似认为等于所需的总燃油量。

2）飞行燃油重量（Flight Fuel Weight，FFW）是指飞机从出发地到目的地在空中飞行所消耗的燃油重量，或可近似认为等于航程油量（Trip Fuel Weight，TFW）。

3）储备燃油重量（Reserve Fuel Weight，RFW）是指飞机上储备燃油的重量，它等于起飞燃油量减去飞行燃油量。

在实际计算飞机所需的燃油量时，往往根据飞机的平均小时油耗量和所需的飞行时间来确定飞机所需的燃油量。

【例 9 - 1】 如某飞机执行厦门至北京的航班，飞行时间为 2h40min；最远备降机场选在天津，北京至天津的飞行时间为 30min；该飞机的平均小时油耗为 4 300kg。试计算执行该航班所需装载的燃油量。

解　飞行燃油量＝(2＋40/60)×4 300＝11 467kg

储备燃油量＝(30/60＋45/60)×4 300＝5 375kg

所需燃油量＝11 467＋5 375＝16 842kg

因此，可以计算出执行此航班所需装载的燃油量为 16 842kg。

2. 飞机最大业载

飞机的最大业务载重量（maximum payload）是指执行飞行任务的飞机装载旅客、行李、邮件和货物等重量的最大允许值，简称为最大业载，它不是一个固定的值。飞机的最大业载受飞机的最大起飞重量、最大着陆重量、最大无燃油重量、干使用重量、燃油装载量的限制，可用以下 3 个等式进行计算：

$最大业载_1$＝最大起飞重量（MTOW）－干使用重量（DOW）－起飞油量（TOFW）；

$最大业载_2$＝最大着陆重量（MLDW）－干使用重量（DOW）－储备油量（RFW）；

$最大业载_3$＝最大无燃油重量（MZFW）－干使用重量（DOW）。

飞机的三个关键重量从三个不同方面对最大业载进行限制，在这三个计算结果中取最小值作为本次飞行的最大业务载重量。只有这样才能保证飞机在起飞、着陆和无油三种状态下都不超过飞机的限制重量。

【例 9 - 2】 B－2138 飞机执行 CZ6518 航班任务，航班自福州飞往青岛，该机干使用重量（DOW）为 37 800kg，起飞油量（TOFW）为 11 600kg，航程燃油量（TFW）为 8 600kg，最大起飞重量（MTOW）为 62 230kg，最大着陆重量（MLDW）为 58 960kg，最大无燃油重量（MZFW）为 55 330kg，试求飞机的最大业载。

解　$最大业载_1$＝62 230－37 800－11 600＝12 830kg

$最大业载_2$＝58 960－37 800－(11 600－8 600)＝18 160kg

$最大业载_3$＝55 330－37 800＝17 530kg

最大业载＝min(12 830，18 160，17 530)＝12 830kg

因此，飞机在福州机场起飞的最大业载为 12 830kg。

对飞机进行装载时，实际装载量不应超过飞机的最大业载。飞机的实际装载量等于最大业载，称为满载；飞机的实际装载量载大于最大业载，称为超载；飞机的实际装载量小于最大业载，称为空载或次载。计算飞机最大业载的目的在于：确保飞行安全，杜绝超载，充分利用飞机的装载能力，减少空载。

3. 航线业载

对于直达航班来说，飞机可以利用所有业载，即飞机在始发站起飞时的最大业载；对于多段（中间经停）航班来说，由于各经停站飞行的距离不同，燃油计划改变，同一架飞机在各站起飞时的最大业载完全可能不同，而且中间经停站也有自身业载的需求。因此，在计算多段航班（线）时，又涉及一些新的术语。

（1）通程业载。通程业载是指从航班始发站一直利用到航班终点站的最大业务载重量。通程业载直接关系到航班始发站的全程运输，意义重大。

求算通程业载可以采用取各站可用最大业载最小值的方法，但这样往往会导致中间经停站的可用业载量太少，造成业载分配不合理，此方法简称为最小值法。因此，一般对多段的航班，各相关航站、航空公司可以根据事先达成的航线运输协议，合理分配至各站可用的业载量，此方法称为固定配额法。求算通程业载常常采用画线法。

【例 9-3】 某航班，由上海经停深圳至三亚，飞机在上海机场的最大业载为 18 160kg；在深圳机场的最大业载为 16 290kg。从上海至三亚的业载为通程业载。试用最小值法求该航班的通程业载，以及相邻站之间的业载。

解 用画线法表示：

	上海——→深圳	——→三亚
各站最大业载：	18 160	16 290
通程业载：	16 290	16 290
剩余业载：	1 870	0

分配结果：上海→ 三亚 16 290kg；上海 → 深圳 1 870kg；深圳 → 三亚 0kg。

如果按上面分配结果分配业载，上海至深圳则没有多少可用的业载，才 1 870kg，深圳至三亚则没有可用业载，这是不合理的业载分配情况。因此，需要采用固定配额的方法重新分配业载。

【例 9-4】 对上例采用固定配额法重新分配业载，假设分配给深圳机场 4 000kg 的固定配额业载。再试求该航班的通程业载，以及相邻站之间的业载。

解 用画线法表示：

	上海——→深圳	——→三亚
各站最大业载：	18 160	16 290
让出固定配额：		4 000
通程业载：	12 290	12 290
剩余业载：	5 870	4 000

分配结果：上海→ 三亚 12 290kg；上海 → 深圳 5 870kg；深圳 → 三亚 4 000kg。

（2）过境业载。过境业载，又称为过站业载，是相对经停站而言，所有通过本站至前方站的业载。经停站可以通过载重电报知道过境业载。

【例 9-5】 某航班，由广州经珠海、再经厦门至上海，飞机在广州、珠海和厦门机场的最大业载分别为 14 700kg，15 000kg 和 14 900kg，且已知广州至珠海的业载为 3 200kg，广州至厦门的业载为 5 000kg，广州至上海的业载为 6 500kg。试求两经停站的过境业载和本站可用业载。

解　用画线法表示:广州——→珠海——→厦门——→上海

各站最大业载:　　　　14 700　　15 000　　14 900

对珠海机场而言,过境业载:广州→厦门 5 000kg;广州→上海 6 500kg;共 11 500kg。

则珠海机场的可用业载:15 000－11 500＝3 500kg。

在航班从珠海机场继续起飞后,厦门得知其业载:珠海→厦门 1 000kg;珠海→上海 2 500kg。

对厦门机场而言,过境业载:广州→上海 6 500kg;珠海→上海 2 500kg;共 9 000kg。

则厦门机场可用的业载:14 900－9 000＝5 900kg。

通程业载:广州→上海 6 500kg。

三、平衡术语

1. 基准面

物体进行测量定位时,往往需要选择某个基准作为参照,飞机进行水平(纵向)位置测量时,往往会采用某个基准面作为参照。基准面(datum)是飞机处于水平状态时,为测量方便所选取的假想平面,它垂直于飞机纵轴,飞机上水平(纵向)距离的测量都是相对该基准面进行(如站位法)。基准面位置的规定,没有统一的标准,如图 9－2 所示是不同飞机的基准面。在多数情况下,是把基准面置于机头或飞机机体中的某点上。现代飞机的基准面通常位于飞机机头之前一定距离的地方。为了测量和设备定位,以及计算重量与平衡的方便,制造商有权选择基准面的位置。

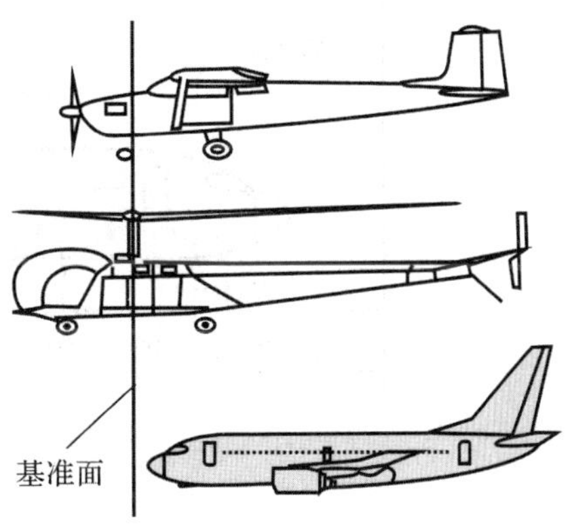

图 9－2　飞机基准面的位置

大多数飞机的技术规范上都会给出基准面位置,某些老式飞机上,若基准面位置没有明确给出,则可以选择某一适当的平面作为基准面,一旦选定了基准面,就必须把它规范地标明。

2. 重心

飞机的重心(Center of Gravity,CG)是指飞机的各部件(机身、机翼、尾翼、发动机等)、燃料、乘员、货物等重量合力的着力点。重心的位置是从基准面处开始计算,其值常用飞机重心在平均空气动力弦(Mean Aerodynamic Chord,MAC)的投影到该翼弦前缘的距离,占该翼弦的百分比来表示,可以参考第 3 章第一节相关内容。

空重重心(EWCG)是一架飞机在空重条件下的重心。它是飞机载重与平衡的必备数据,可以作为其他计算的基础。

3. 重心范围

重心范围(CG limit)是指按有关技术规范规定飞机重心前极限位置和重心后极限位置,如图 9－3 所示,也用在平均空气动力弦上百分数的形式进行表示。

为了保证飞机飞行的安全性,确保飞机有足够的稳定性和良好的操纵性,飞机重心位置不应该超过前后极限位置,而应在前后限的规定范围内。为了提高飞行性能和飞行经济性,飞机除了规定重心的前后极限位置,还规定了飞机的有利重心范围。为了使飞机重心位置能在规定范围内,飞机装载、燃油消耗顺序、空投次序等均应严格按规定执行。

飞机重心的左右移动，对飞机的横侧稳定性、操纵性有影响，因此，飞机重心位置的左右移动，同样也有严格的限制。

飞机制造商遵循各项技术规范规定了飞机的重心范围，可以通过飞机技术手册查找出飞机的各种重心范围。

4. 平衡力臂

平衡力臂(Balance Arm，BA)是指从基准面到某力作用线的水平距离。可以在力臂前面加上符号(＋、－)表明与基准面的前后位置关系，“＋”表示正力臂，是在基准面后面位置的距离；而“－”表示负力臂，是在基准面前面位置的距离。如果制造商选择的基准面是在飞机机头前面的某一位置，则所有平衡力臂都将是正力臂，如图 9－3 所示。

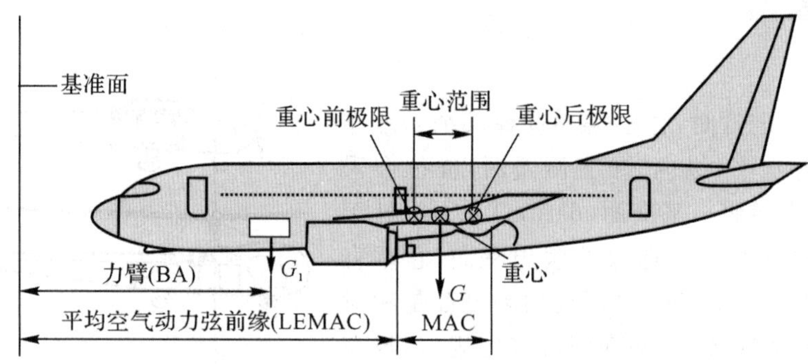

图 9－3　飞机的重心、重心范围和力臂

四、载重与平衡的基本原理

飞机载重与平衡的基本原理是杠杆原理。它就像有一个支点支撑的杠杆处于水平状态时表现出来的力和力矩的平衡，物体重量和力臂的大小都对杠杆平衡有影响。物体重量与力臂的乘积称为力矩，力矩是杠杆绕支点转动的效能。如图 9－4 所示，当杠杆平衡时，支点的合力矩为零，即支点两边的力矩相等，即有

$$\Sigma M=0 \quad 或 \quad G_1 l_1 = G_2 l_2 \tag{9-1}$$

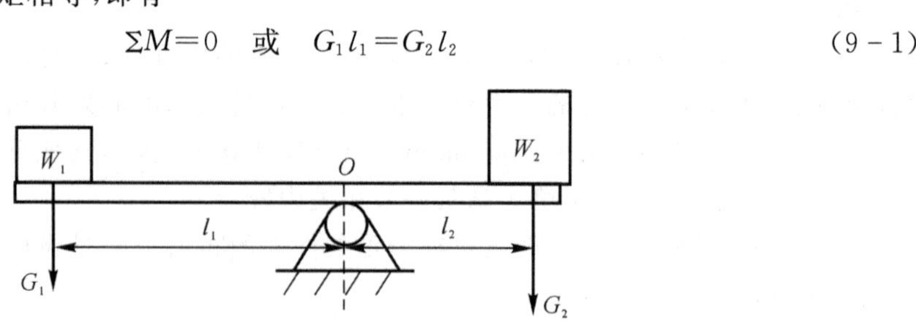

图 9－4　杠杆的平衡

当杠杆平衡时，支点对杠杆的作用力大小就为所有物体的重力之和(忽略杠杆本身的重量)，支点所在的位置就为所有物体重力的着力点。

当飞机平衡时，飞机上肯定存在着一个点，飞机上所有作用力对该点的上仰力矩和下俯力矩相互平衡，这个点就为飞机的理论重心。飞机的重心并不是固定不变的，它会随着飞机的载重、重物的位置、空气动力而发生改变。飞机处于平衡状态时并不需要完全水平，但它必须相

当接近这种状态，飞机的重心必须落在重心范围内。要获得这样的平衡并不难，只要适当地安置装载物，就可以达到这种平衡状态。

第三节　飞机称重

对飞机空机进行称重，测量飞机的基本空重(BEW)是最常见的称重工作；若有必要，也可以对飞机其他重量进行称重。对飞机进行称重，首先必须熟悉相应飞机技术规范或机型合格证数据表中有关载重与平衡的资料，做好称重前的准备，严格按称重程序对飞机进行称重，按标准规范对称重结果进行核算处理。

在飞机技术规范或机型合格证数据表中能找到以下与飞机称重、平衡相关的资料：①基准面位置；②重心范围；③空重重心范围；④置水平方法；⑤最大重量；⑥座椅容量；⑦行李容量；⑧燃油容量等。

一、称重前的准备

下面将以测量飞机的基本空重为例，阐述飞机称重前的准备工作。

(1)检查飞机设备(物料)清单以确保所有需要的设备安装好，拆卸不包括在飞机设备清单内的所有项目。

(2)按规定给飞机充放油料，包括充满液压油和润滑油，把燃油排放到指定量，残存的燃油属于飞机基本空重的一部分。

(3)清洁飞机，包括对飞机水箱、厕所集便器的排空，清除飞机表面和内部的灰尘、杂质等，称重时还要保持飞机干燥。

(4)将可操纵舵(翼)面恢复到规定位置，一般情况下，按技术规范，要求扰流板处于放下位置；前缘装置、后缘装置处于收进位置；副翼、升降舵、方向舵以及水平安定面处于中立位置。

(5)所有盖板、口盖要安装好；所有门窗、滑动座舱都应该在正常飞行位置。

(6)使飞机处于水平姿态。

(7)准备好称重所需要的设备和器材，并将设备调试好。

二、称重设备与器材

飞机称重方法主要有两种：顶升称重法和平台称重法。顶升称重法用千斤顶将飞机顶起离地，在千斤顶与飞机顶升点之间安装重力感应传感器，重力感应传感器会随着施加于其上作用力的大小而改变其电阻值，可以将电阻值的变量转换为重力的大小数值。平台称重法是将飞机牵引至称重平台上，从而读出每一个称重点的测量值。现代飞机通常采用磅秤(平台称重法)进行称重，如图 9-5 所示。使用磅秤进行称重，方便快捷，还可以将磅秤与计算机连接组成一个称重系统，可以很快得到飞机重量与平衡的数据信息。

如果条件允许，飞机应该在一个密闭的空间内称重，这样可以减小因为空气流动而引起的磅秤读数误差；如果风小且大气的湿度小，也可在室外进行称重。

在飞机称重之前还要做一项非常重要的工作，就是将飞机放置水平，包括纵向水平和横向水平，其中纵向水平是最重要的状态。飞机的水平测量设备主要包括铅锤和气泡水准仪。在飞机的技术规范中会给出飞机调节水平的参考点和水平测量设备的使用方法。

如果飞机是在千斤顶上称重，则可以通过调节千斤顶来使飞机水平；但如果是在磅秤上称重，较好的水平调节方法是对起落架的缓冲支柱进行充、放气。

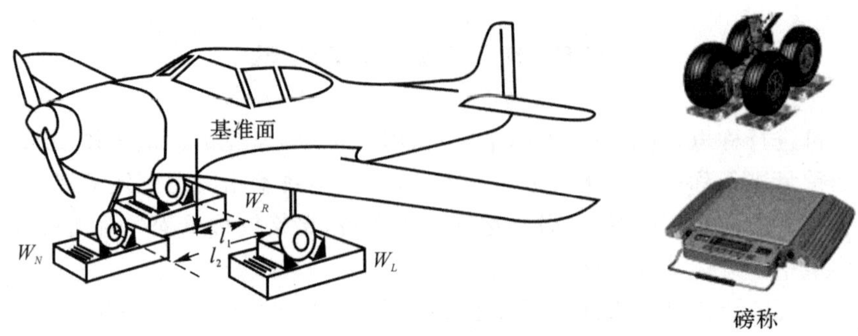

图 9-5　飞机平台称重法与设备

因此，飞机称重前要准备好下列设备与器材：

(1)称重平台或磅秤、吊挂设备、千斤顶和水平顶置设备。磅秤用于测量重量读数，吊挂及千斤顶用于吊起或顶起(支撑)飞机，水平顶置设备用于使飞机处于水平状态。

(2)使飞机在称重平台或磅秤上保持稳定停放的轮档或砂袋。

(3)标尺、气泡水准仪、铅锤、白粉线和测量卷尺，用于检测飞机是否水平以及测量称重点到基准面的距离。

(4)适用的飞机技术规范和重量与平衡计算表格。

三、飞机的称重程序

飞机称重常用的方法是磅秤称重法，采用杆式牵引车移动飞机到磅秤上。不同机型的技术手册规定的称重程序会略有差异，但基本操作程序相同。

步骤 1：安装好磅秤、滑行导引板和挡块。

步骤 2：用牵引车将飞机移动到磅秤上，检查磅秤工作是否正常。

步骤 3：如果磅秤工作正常，将飞机牵引至垫板(导引板)上。

步骤 4：将磅秤调零。

步骤 5：再次将飞机牵引至磅秤上。

步骤 6：飞机停稳后，设置停留刹车。注意：飞机在磅秤上运动时，不能使用刹车，否则会导致磅秤损坏，产生侧向载荷，导致读数异常。

步骤 7：脱开牵引车连接。

步骤 8：检查飞机水平状态。如果飞机没有处于水平状态，可通过对起落架缓冲支柱充气或放气来调节飞机水平。

步骤 9：记录每一个磅秤的读数和平衡力臂的值，或在计算机上保存相关数据。

步骤 10：根据记录数值，工程师将对称重的数据进行计算，或由计算机进行处理。

步骤 11：牵引飞机到垫板上，按照上述步骤进行第二次称重。比较两次称重结果的偏差，如果在允许范围内，则采用第一次的称重结果为最终称重结果。

步骤 12：如果出现超差，则进行第三次称重。

步骤 13：如果第二次与第三次称重结果的误差仍然不在允许的偏差范围内，则必须检查导致偏差的原因，采取正确的措施，然后再次进行称重。直到连续两次的称重结果在允许的偏差范围内，并采用前一次称重结果。

步骤 1～步骤 4 是为了检测和调整磅秤，如果可以确保磅秤工作正常，则不用每次都重复这些步骤。

四、称重计算

称重结果是否合理，还需要按标准规范对称重数据进行计算处理，以确定飞机是否超重，重心是否在规定的范围内。飞机称重结果的计算方法有①代数计算法、②站位法、③指数法、④图表法、⑤计算辅助配载平衡法等。其中代数计算法是其他各种计算方法的基础。

1. 代数计算法

严重按照飞机的称重步骤，测量并记录好左、右主起落架和前起落架对应称重点上磅秤的读数(W_i)，测量并记录好每个称重点到基准面的水平距离，即平衡力臂(BA_i)，如图 9－6 所示。如果起落架上的机轮不止一个，则要设定多个称重测量点，分别记录每个称重点的测量结果。如果称重点在基准面之前，则平衡力臂为负(－)，在基准面之后，则平衡力臂为正(＋)。

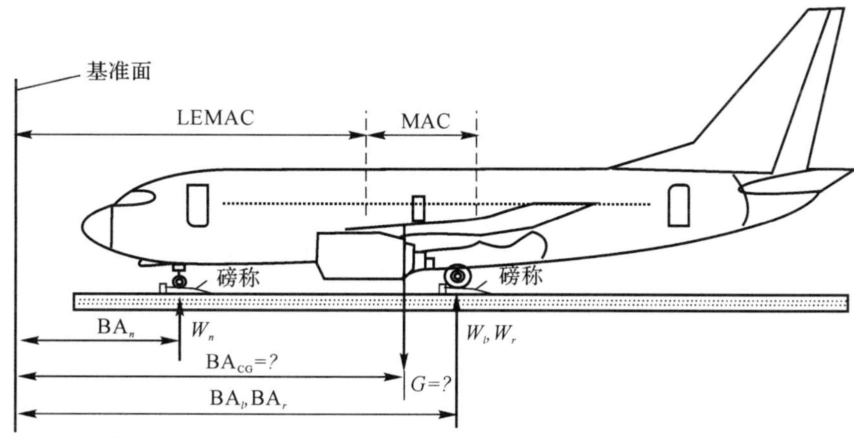

图 9－6　飞机称重与平衡的计算

在获得各称重测量点的相关数据后，可用下式来计算飞机的总重量(W)或重力(G)：

$$W=\sum_{i=1}^{n}W_i \quad \text{或} \quad G=\sum_{i=1}^{n}W_i g \tag{9-2}$$

可用下式来计算飞机各称重测量点的力矩(M_i)和总力矩(M)：

$$M_i=W_i g\,BA_i \tag{9-3a}$$

$$M=\sum_{i=1}^{n}M_i \tag{9-3b}$$

可用下式来计算飞机总重力的作用力臂(BA_{CG})：

$$BA_{CG}=\frac{M}{G} \tag{9-4}$$

可用下式来计算飞机的重心位置：

$$\overline{C}_G=\frac{BA_{CG}-LEMAC}{MAC}\times 100\% \tag{9-5}$$

式中，MAC 为平均空气动力弦长；LEMAC 为平均空气动力前缘距基准面的水平距离。

表 9－1 所列为飞机称重与平衡的计算过程。

表 9－1　飞机称重与平衡的计算

参数 / 飞机部件	重力	力臂	力矩
前起落架	$W_n g$	BA_n	$M_n = W_n g \times BA_n$
左主起落架	$W_l g$	BA_l	$M_l = W_l g \times BA_l$
右主起落架	$W_r g$	BA_r	$M_r = W_r g \times BA_r$
称重计算结果	$G = (W_n + W_l + W_r)g$	$BA_{CG} = M/G$	$M = M_n + M_l + M_r$
重心位置	$\bar{C}_G = \dfrac{BA_{CG} - LEMAC}{MAC} \times 100\%$		

代数计算法是计算飞机称重结果的基本方法，但它要基于严格、准确的称重测量结果上，在实际操作中非常不方便。在实际操作中，更多的是采用以下几种方法。

2. 站位法

站位法是基于飞机设计、制造时所规定的站位来计算称重结果。站位（Station，STA）是一种沿着飞机纵轴标注水平尺寸的方法，规定基准平面为 0 站位，根据飞机上某一位置相对基准平面的水平距离，就可以确定该位置的站位值，又称为站位线。如 B737 飞机选择距离机头最前端 3.3m（130in）处为基准平面，因此，机头最前端的站位线为 STA130，如图 9－7 所示。通过飞机上装载项目所在的站位线就可以确定该项目的力臂值，乘以装载项目的重量就可以得到其力矩值，最后，通过总重量与总力矩的关系就可以计算出重心的站位，从而确定称重结果的合理性。

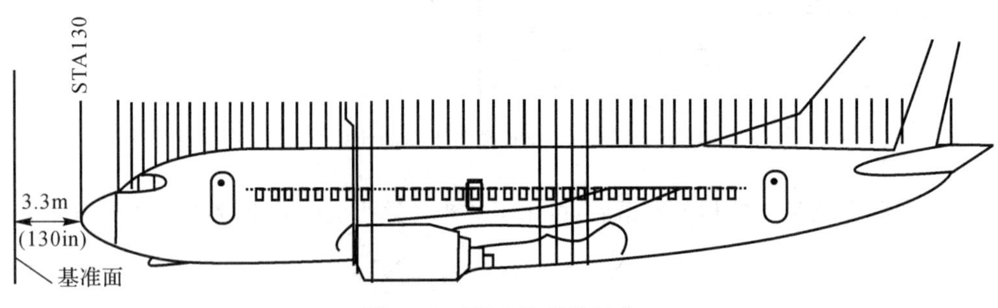

图 9－7　B737 飞机的站位

3. 指数法

指数法是为了便于计算飞机重心位置而采用的一种与力矩有一定关系的数值，这种数值是人为制定的，不同飞机的指数值不同。目前，很多种机型在载重平衡的计算中采用指数法，所用指数大体可以分为两类，一类是以力矩作为基数按照一定的规则换算得出的指数；另一类是以平均空气动力弦百分比作为基数，按照一定的规则换算得出的指数。

（1）以力矩数为基数的指数。飞机上的力矩可以分为两大类：基本不变力矩和可变力矩。基本不变力矩，如空机力矩、修正之后的干使用力矩是基本保持不变的；可变力矩，如燃油、旅客、货物等的重量是变动的，但油箱位置、客座位置和货舱位置是固定的，如图 9－8 所示。因此，可以预先计算出每个固定位置单位载重量(如 1 个人或 100kg 重物)的力矩数。例如，第一排安排 1 名旅客构成的力矩数、第二排安排 1 名旅客构成的力矩数、……；1 号货舱装载100kg 货物所构成的力矩数、2 号货舱装载 100kg 货物所构成的力矩数、……；1 号油箱装载1 000kg 燃油构成的力矩数。在实际装载需要计算飞机各装载项的力矩时，只需要把各排座位、各个货舱、各个油箱的实际载重量与其单位装载量的力矩相乘，便可以计算出各装载项所构成的力矩。在计算中，重量一般以公斤为单位，力臂一般以米为单位，因而计算出的力矩数值很大。为了计算方法方便，通常把单位装载量构成的力矩数值再乘以一个适当的缩小系数(如1/100，1/1 000，1/2 000，1/3 000 等，因机型而不同)作为实际使用的基数，这个基数就称为单位装载量指数；然后，再按照某种规则，就可以得到基本重量指数、燃油指数和业载指数。例如，对 A310 - 200，B737 - 300 型飞机的基本重量指数，可通过以下两式计算：

A310－200：BOI＝(HARM－26.67)×DOW/2 000＋40；

B737－300：BOI＝(HARM－648.5)×DOW/29 843＋40。

目前，多数飞机都是采用这种方法求算重心位置。

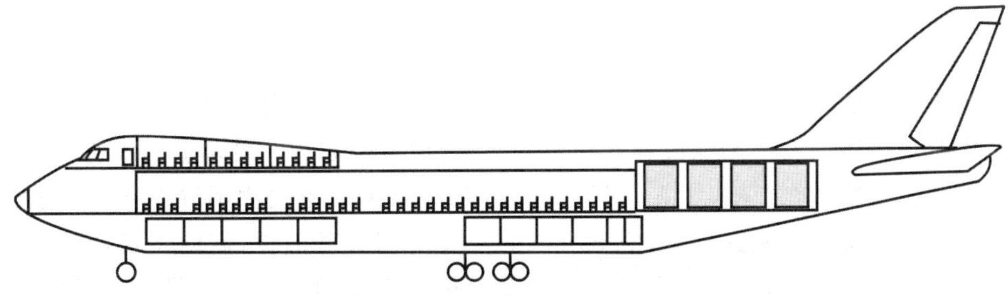

图 9 - 8　飞机上的座位和货舱位置

(2)以平均空气动力弦百分比(%MAC)为基数的指数。从计算重心位置的公式和计算以%MAC 表示的飞机重心位置公式中可以得出，在总重量不变的条件下，总力矩和%MAC 之间有一定的关系，力矩数越大，%MAC 也越大，因而也可以用%MAC 作为计算指数。把空机重心的%MAC 作为空机指数，在计算出各装载位置的单位装载量对飞机重心%MAC 的影响值，即在空机上装载了这个单位装载量后，使空机重心的%MAC 移动了多少，通常用Δx%MAC表示，称为单位装载量指数。

实际装载时，根据实际装载量乘以装载指数，就可以得到装载后的总重量和总指数，然后将结果与飞机技术手册中给出的表格、重心包线曲线图相比较，从而确定载重结果的合理性。

4. 平衡图表法

平衡图表法是指数法的图表化。它保留指数法中的重心位置计算表，以基本重量的指数为基准。平衡图表又可分为折线型和指数型。折线型的平衡图表利用每格指数的左右移动来求算总指数；指数型的平衡图表更准确地列出个固定装载量的不同装载位置。平衡图表法的原理与指数法的基本原理相同，但平衡图表法比指数法更简洁、直观明了。

5. 计算机辅助配载平衡

计算机辅助配载平衡仍是根据代数计算法的原理，或综合利用上述的方法。它通过设计计算机程序来代替人工计算，在输入载重参数(飞机空重、基重指数、油量、业载等)后，自动计算总重量和重心位置。它可以更加快捷、更加准确计算飞机的配载平衡。

第四节　载重与平衡调整

将飞机的称重结果与飞机机型合格证或技术规范中的数据进行比较就可以确定重量、重心位置是否合乎规定。若称重结果不合乎规定，超重或者飞机重心落在允许的范围之外，则需要对飞机的载重和重物放置的位置进行调整。若飞机在有营运载重的情况下，重量超过飞机的三大重量值（最大起飞重量、最大着陆重量、最大无燃油重量）或重心范围超限，可以通过调整飞机的配载或实际业载来修正称重结果；若是经改装飞机的基本空重超过规定值，则主要是通过压舱物进行调整。

一、飞机重心调整

经改装飞机的基本空重可以允许适量的超重，其称重结果不合乎规定的主要表现为飞机重心落在允许的范围之外。经改装的飞机重心落在允许的范围之外，则可以通过增加压舱物使其重心返回到允许的范围内。

1. 压舱物

压舱物用在飞机上，是为了获得所需重心平衡的配重物，可分为永久压舱物和临时压舱物。永久压舱物是用以补偿卸除或添置的设备项目、准备长期留在飞机上的压舱物，它一般是铅棒或铅块，用螺钉固定在飞机上，一般涂成红色并标明永久压舱物不许拆除。一般情况下，设置永久压舱物要增加飞机的空重，应该尽可能使其平衡力臂最长，而使飞机增重最小，而且在各种飞行条件下，飞机结构必须有足够的强度来承受附加的压舱物重量。临时压舱物是可拆除的压舱物，是为了满足某些需要经常改变装载用的物体，它一般采用铅粒袋、沙袋或其他非永久设置的形式。临时压舱物需要经过重量与平衡核算后方可拆除，行李舱通常是安置临时压舱物最方便的场所。

2. 用压舱物调整飞机重心

用压舱物调整飞机重心的基本理论还是杠杆平衡的原理。

【例 9-6】　如图 9-9 所示，某飞机经改装后，称重结果为：飞机的空重为 W，飞机空重的重心位置超出重心的前极限位置的距离为 c，此时重心距基准面的距离为 a。若要把重心移回到重心极限范围内，可采用在距离基准面 b 处增加压舱物的方法。试求需要增加配重的重量。

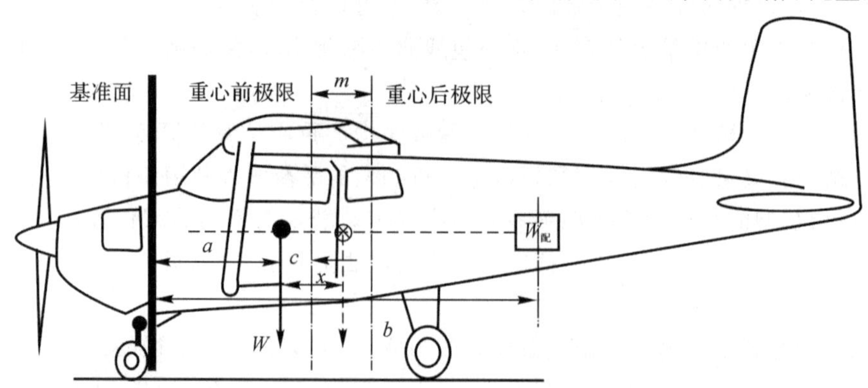

图 9-9　用配重调节飞机重心

解　假设为了使重心移回到重心极限范围内，重心的后移距离为 x，则 $c \leqslant x \leqslant c+m$；配重的重量为 $W_{配}$，可以列出表 9-2。

表 9-2　配置平衡计算表

项　目	重　量	力　臂	力　矩
飞机空重	W	$+a$	$+aWg$
配重(压舱物)	$W_{配}$	$+b$	$+bW_{配}g$
总重	$W+W_{配}$	$+(a+x)$	$+(aW+bW_{配})g$

根据表格列出方程：

$$(W+W_{配})g(a+x)=(aW+bW_{配})g$$

计算可得

$$W_{配}=\frac{Wx}{b-a-x}$$

又因为 $c \leqslant x \leqslant c+m$，可得需要增加配置的重量为

$$\frac{Wc}{b-a-c} \leqslant W_{配} \leqslant \frac{W(c+m)}{b-a-(c+m)}$$

所以，只要在距离基准面 b 处增加满足上式的配重，就可以使飞机重心移回到重心极限范围内。

3. 移动载重调整重心

当飞机在有营运业载情况时，在载重一定情况下，重心位置超限，可以通过移动载重(货邮倒舱)，调整旅客座位等方法，重新配载来调整飞机的重心位置。

可以通过下式来计算重心调整与被移动载重的关系：

$$W \times \Delta \mathrm{CG}=\Delta W \times \Delta \mathrm{BA} \tag{9-6}$$

式中，Δ CG 为重心变化量；ΔW 为移动载重量；Δ BA 为力臂变化量。

【例 9-7】　飞机总重量为 7 800lb(1lb＝0.453 6kg)，重心位置为 81.5in(1in＝2.54cm)，重心后极限为 80.5in。后行李舱力臂为 150in，前行李舱力臂为 30in。为了调节飞机重心至合理位置，最少需要将多少重量从后行李舱移至前行李舱？

解　假设移动载重量为 ΔW，依题可知：重心变化量 $\Delta \mathrm{CG}=80.5-81.5$，力臂改变量 $\Delta \mathrm{BA}=30-150$，根据式(9-6)可以计算出

$$\Delta W=\frac{W \times \Delta \mathrm{CG}}{\Delta \mathrm{BA}}$$

$$\Delta W=\frac{7\,800 \times (80.5-81.5)}{30-150}=65\mathrm{lb}$$

因此，最少需要将 65lb 的重量从后行李舱移至前行李舱。

二、飞机配载平衡

一般情况下，当飞机空机重心处于规定范围内时，只要按照飞机的配载方案进行装载，载重后的飞机是不会超出重心范围。因此，配载对飞机的载重与平衡有直接的影响。所谓配载

是根据飞机(航班)的有关性能数据和燃油重量等计算出飞机的最大可用业载和重心范围,然后根据对待运旅客和行李的估算,来配算出可以装载的邮件、货物重量。同时通过调配旅客座位和合理安排行李、邮件及货物的装载位置,使飞机的重心保持在安全范围以内,以达到保证飞行安全的目的。配载的主要目的是在不超载的情况下,尽量使用飞机的运力,减少空载。

配载是一项重要、复杂的工作,具有安全性强、责任重、时间紧迫、协作面广的特点。飞机的配载要严格遵守配载的基本规则进行,配载可以分为预配和结算两个基本过程。图 9-10 所示为飞机的配载基本流程图。

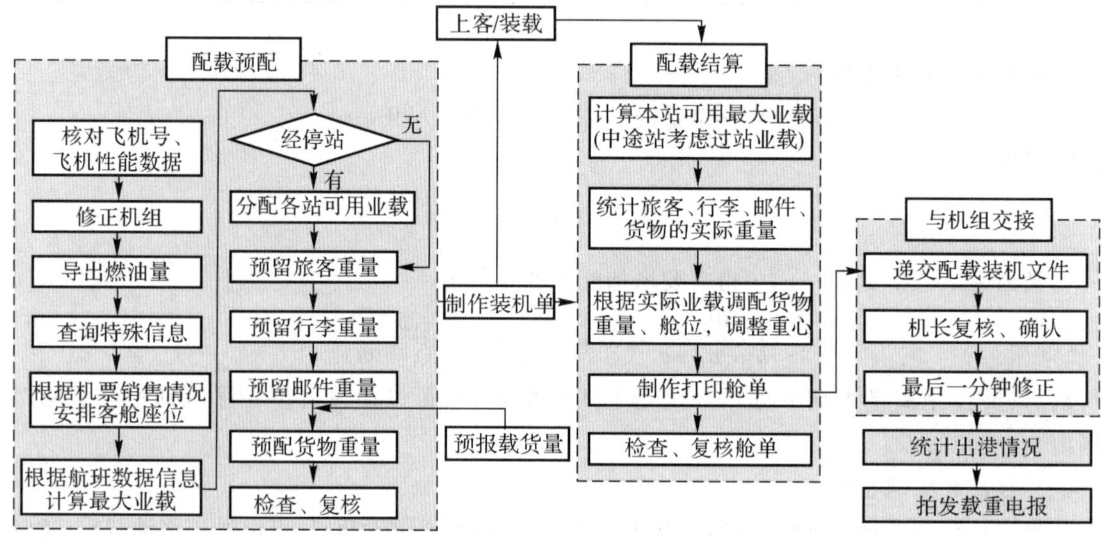

图 9-10　飞机配载流程图

1. 配载平衡相关部门的工作职责

配载平衡部门是民航运输的关键部门,目前不同航空公司或机场为配载平衡设立的部门具体分工虽然有差别,但工作内容基本相同。

(1)配载平衡部门:飞机配载平衡的总负责部门,与相关部门进行协调,做好飞机配载的预配和结算,生成配载平衡方案,制作配载平衡图表,发送配载平衡电报。

(2)机务/航务部门:为配载平衡部门提供飞机的基础数据和静态参数,包括空重指数,客舱布局,起飞、着陆、无油最大允许重量的限制,飞机最大起飞重量的修正,机组的修正,航班油量等。

(3)销售/值机部门:销售部门向配载平衡部门提供数据用于预计旅客人数,估算行李重量,进行配载预配;值机部门在航班起飞前 25~30min,通过电话或离港系统,向配载平衡部门提供实到旅客人数、舱位安排和行李重量数据,进行配载结算。

(4)货运部门:按照配载平衡部门提供的预配货运重量和舱位配置出港货物,并在航班起飞前 90min 将本次航班货运的配置情况通过电话或货运系统通报给配载平衡部门。

(5)装卸部门:严格按照装载通知单规定的舱位和重量标准装载。配载平衡部门在整个过程中派专人负责监控,并签字确认。

(6)飞行机组(机长):负责检查配载平衡部门提交的载重表和平衡图,确认飞机的载重和重心范围均在本次飞行的许可范围内，并签字确认。

2. 飞机配载的基本规则

飞机配载时，应遵循以下几项基本规则。

(1)确保配载飞机不超载，飞机重心符合飞行要求。

(2)遵循业载的分配顺序，即为“先客后货，先急后缓”。具体为先配运旅客、行李，必须当班发运的政府指定货物，紧急货物以及符合优先发运条件(鲜活产品)的货物，协议吨位以内的邮件，然后再配运一般货物、超过协议吨位的邮件。

(3)预配时应留有机动余量(吨位)，宁加勿拉。宁可出现空载后，再增加货物，也要避免预配过量，造成超载而临时卸货，尽可能保证航班正点起飞。

(4)充分利用航班运力(吨位)。尽量利用远程吨位配运远程物货，近程吨位配运近程物货；在必要或没有远程物货时，才能使用远程吨位配运近程物货；避免用近程吨位装运远程物货。

(5)了解旅客、货物、邮件的临时增减情况和装机情况，保证配载工作符合飞机载重平衡要求。

(6)严格核对有关重量，做到“三相符”。

1)重量相符：载重表、载重电报上的飞机基本重量与飞行任务书相符；载重表、载重电报上的各项重量与舱单相符；配载表、装机单、加拉货物单等工作单据上的重量与舱单、载重表相符。

2)单据相符：需要传递或存档的各种运输票据与舱单相符。

3)装载相符：出发、到达、过站的旅客人数与舱单、载重表相符；各种物件的装卸件数、重量与舱单、载重表相符；飞机上各个货舱的实际装载重量与载重表、装机单相符。

3. 配载预配

飞机配载的预配是在飞机起飞前一定时间内根据飞机的可用业务载重量、预计的旅客人数、预计的行李和邮件重量，对飞机所运载货物进行计算分配。预配工作通常要求在飞机起飞前2h完成。民航法规规定，在飞机起飞前 30min 停止办理旅客乘机手续，此时才能获得旅客人数和行李重量等项目的准确情况。由于飞机起飞前需要做很多工作，如果不进行预配而直接在飞机起飞前 30min 才进行旅客座位的安排，行李、邮件、货物等的配运工作，将使配载工作在很匆忙的情况下进行，其导致的结果为：一方面可能不能按时完成所有装载工作，造成航班延误；另一方面，可能造成装载与平衡的错误，影响飞行安全。另外，预配可以预先了解航班剩余业载的大致情况，有助于积极筹集客、货，减少航班空载，提升航班的运力。

在配载预配过程中，预留旅客重量和预留行李重量是按航空公司规定的旅客体重、可携带(托运)行李重量，再结合预计的旅客数量进行估算。旅客体重是指旅客的平均体重和随身携带物品的重量。旅客体重的计算标准因航空公司不同有所差别，表 9-3 是国内某些航空公司规定的旅客体重标准。对于可携带行李重量标准，一般地，长途航线的行李重量可按 20kg/人或以上来估算；短途游览型航线的行李重量可按 10kg/人来估算。

表 9-3 某些航空公司规定的旅客体重标准 单位：kg

航线类型	成人旅客	儿童旅客	婴儿旅客	机组
国际/地区航线	75	40	10	80
国内航线	72	36	8	80

【例 9-8】 以下为某飞机，执行航班 SHA→SZX→SYX 的配载预配例子。

(1)按规定了解飞机相关数据后计算得出 SHA 的最大业载为 18 160kg，SZX 的最大业载为 16 290kg；SHA 的机票预售：SHA→SZX ：65，01，00(成人，儿童，婴儿)，SHA→SYX ：67，02，00，行李按 10kg 预留，邮件按 50kg 预留，SZX 有 70 人(7 000kg)的固定配额。

(2)分配各航段的业载重量：

用画线法表示：	SHA ——→SZX	——→SYX
最大业载量：	18 160	16 290
SZX 固定配额：		7 000
通程业载：	9 290	9 290
剩余业载：	8 870	

可得出可用业载量为：SHA→SYX：9 290kg；SHA→SZX：8 870kg。

(3)SHA→SZX 预配货物重量：

旅客：65×72+1×36+0=4 716kg。

行李：(65+1)×10=660kg。

邮件：50kg。

合计预留：5 426kg。

货物预配：货物预配重量=可用业载一客、行、邮预留量=8 870—5 426=3 444kg。

SHA→SYX 预配货物重量：

旅客：67×72+2×36+0=4 896kg。

行李：(67+2)×10=690kg。

邮件：50kg。

合计预留：5 636kg。

货物预配：货物预配重量=可用业载一客、行、邮预留量=9 290—5 536=3 754kg。

4. 配载结算

因为进行配载预配时，旅客人数、行李和邮件重量都是预估值，只有在飞机起飞前 30min，即值机柜台办理完旅客乘机手续后，才能得知实际准确的业载情况，因此，预配货物的结果不是最终运输的结果。待运货物的数量和种类需要在办理完乘机手续后，根据旅客、行李、邮件的实际运载情况在预配的基础上进行适当调整，从而得出最终的飞机运载货物重量，这个过程称为结算。结算的目的是计算航班出港的总载重量，判断有无空载或超载的状况，重心位置是否在规定的范围内。若出现了空(缺)载，可以根据空缺量增加货物载重；若重心位置超出了规定的范围，则需要进行货物倒舱或旅客座位调整来调整重心位置。

【例 9-9】 承接例 9-8 航班，以下为配载结算例子。

航班 SHA→SZX→SYX，值机柜台关闭后，实收：

SHA→SZX：旅客 68，01，01；行李 501kg；邮件 75kg；货物 3 350kg。

SHA→SYX：旅客 69，02，00；行李 486kg；邮件 62kg；货物 3 450kg。

结算实际业载：

SHA→SZX：4 940＋501＋75＋3 350＝8 866kg。

SHA→SYX：5 040＋486＋62＋3 450＝9 038kg。

载重结果：18 160－8 866－9 038＝256kg。

配载结算结果表明，该航班缺载 256kg。

【例 9－10】 某飞机装载结算后，结果飞机载重量符合要求，重心位置为%18.7MAC，配载人员认为重心位置过于靠前，希望将飞机重心位置调整至%20.2MAC。试根据下表的货物倒舱重心变化情况，制定货物倒舱方案。

每倒 100kg 货物	重心变化
货舱 1→货舱 2	后移%0.1MAC
货舱 2→货舱 3	后移%0.3MAC

解　需要调整的重心变化量为

$$\%20.2\text{MAC}-\%18.7\text{MAC}=\%1.5\text{MAC}$$

方案 1：货舱 1→货舱 2，需要的倒货重量为

$$\frac{\%1.5\text{MAC}}{\%0.1\text{MAC}}\times 100=1\ 500\text{kg}$$

方案 2：货舱 2→货舱 3，需要的倒货重量为

$$\frac{\%1.5\text{MAC}}{\%0.3\text{MAC}}\times 100=500\text{kg}$$

方案 3：货舱 1→货舱 3，需要的倒货重量为

$$\frac{\%1.5\text{MAC}}{\%0.4\text{MAC}}\times 100=375\text{kg}$$

具体采用哪种货物倒舱方案，需要根据各货舱现有的货物量来决定。

航班离港前，还有一个“最后一分钟修正(Last Minute Change，LMC)”的过程。不同机型都有一个最后一分钟修正的允许范围，如 B737 飞机的最后一分钟修正量为：±500kg 或±5 人。经过最后一分钟修正，就为飞机的最终业载量。

5. 配载业务文件

飞机装载完成后，需要制作和提交配载装机业务文件。不同航空公司、不同机型的配载业务文件有所不同，但一般都包含这些文件：①装载通知单(由配载平衡部门负责)、②旅客舱单(由值机部门负责)、③邮货舱单(由货运/装载部门负责)、④载重平衡图表(由配载平衡部门负责)、⑤总申报表(由承运人代表或机长负责)。配载平衡部门下达的装载通知单应能反映飞机货舱的基本布局、舱门尺寸及各舱的装载量；货运/装载部门必须严格安装装载通知单指示进行装卸。

图 9－11 和图 9－12 所示为一些航空公司配载业务文件的示例。

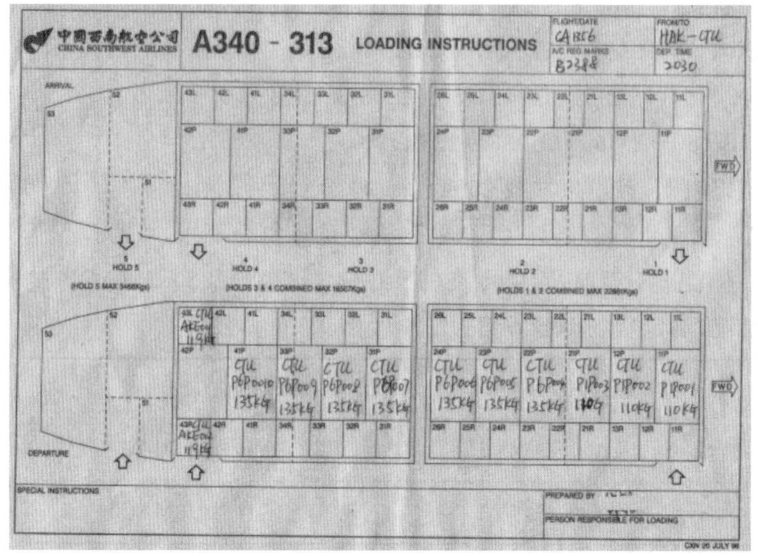

图 9－11　装机通知单样例

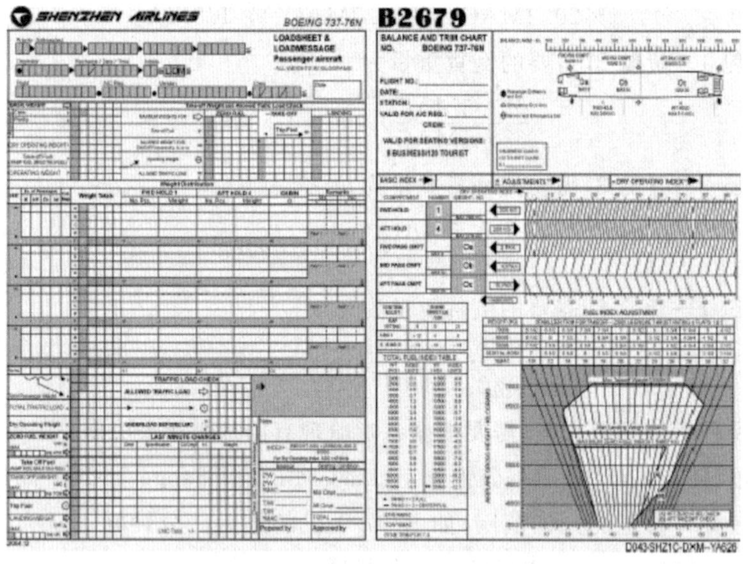

图 9－12　飞机载重平衡图表样例

第五节　飞机配平

按飞机的配载方案进行装载客、货，基本能保证飞机载重与平衡的要求。但配载方案中的数据结果往往是采用估算的方式得出，如对旅客体重的计算是按某一标准进行估算，而个体旅客的实际体重是存在偏差的；除非是对飞机进行现场称重，否则是无法对载重与平衡结果进行精准核算的。因此，飞机的实际载重与平衡对比配载是存在一定误差的。而这些误差是在飞机设计制造或设计配载方案时已经考虑到，并且留有一定的安全裕量，并不会影响到飞机飞行安全。飞机在飞行过程中，飞行条件的改变、燃油的消耗或个别旅客的走动都会影响到飞机的平衡，即飞机重心会随时发生变化。飞机重心或空气动力临时变化产生的不平衡力矩可以通过舵面偏转产生操纵力矩予以平衡。飞机重心或空气动力长期变化产生的不平衡力矩则需要通过配平来减小或消除，从而减小或消除其对飞行安全和飞行性能的影响。下面将阐述飞机配平的基本理论。

飞机配平是对飞机的辅助操纵。飞机配平按其目的可分为两种。一种是起飞、着陆时的配平，其主要目的是要保证飞机的可操纵性；另一种是巡航时的配平，其主要目的是消除驾驶操纵杆力和减小飞行废阻力。飞机配平操纵主要包括对两个方向不平衡力矩的调整。一是对横向不平衡力矩的调整，即由重心位置的左、右偏移或左、右两机翼升力不等造成的，称为飞机的横向配平，飞机横向不平衡力矩变化量比较小，主要是通过操纵副翼或副翼上的调整片实现；另一是对飞机纵向不平衡力矩的调整，即由重心位置的前后移动或升力变化造成的，称为飞机的纵向配平，又称飞机的俯仰配平。飞机重心位置的前后变化量比较大，飞机重心的变化主要是指飞机重心位置的前后移动，因此，飞机配平也主要是指飞机的纵向配平。

现代大中型飞机由于纵向尺寸大，重心纵向位移量大，如果重心位置太靠前或太靠后，会产生较大的纵向不平衡力矩。为了保持飞机纵向平衡，所需的操纵力矩很大，单靠升降舵的偏转不能完全实现纵向操纵。因此，为了提升飞机的纵向操纵性能，大多数飞机的水平安定面是可调节的，其作用机理是通过调节水平安定面的安装角，改变水平尾翼的气流迎角，从而改变水平尾翼气动力的大小，产生相应的操纵力矩来维持飞机的纵向平衡；有的飞机甚至还在飞机的尾翼上配备有配平油箱，其作用机理是通过移动载重来调节飞机的重心位置从而减小纵向不平衡力矩，可以参考第3章的相关内容。

飞机装载完成后，需要将配载平衡结果与机组进行交接，其目的就是要让机组了解飞机的载重与平衡情况，以确定飞机的起飞配平量及起飞参数设定，保证飞机起飞时的可操纵性。现代大中型民航飞机可以通过转动水平安定面配平手轮或选择配平电门来调节飞机水平安定面的安装角，在起飞前根据飞机的载重与平衡情况进行纵向配平。例如，若飞机重心位置太靠前，将会产生较大使机头下俯的不平衡力矩，在配平时就要增大使飞机上仰的操纵力矩，朝着使机头上仰方向配平飞机。飞机的水平安定面在起飞之前必须调节到起飞位置，以保证飞机在起飞过程中的纵向操纵。图9-13所示为B737飞机的纵向配平手轮和指示器。纵向配平指示器用于指示水平安定面的位置。为了保证飞机具有良好的操纵性能，起飞前要将水平安定面调节到“起飞绿区”范围内。水平安定面运动到指定位置后，升降舵随动到中立位置。

水平安定面配平可采用多种方式进行操纵，按照它们之间的优先顺序依次为：①人工操纵——用安定面配平手轮人工操纵水平安定面，人工转动配平手轮并带动安定面指示器指针转动；②电动操纵——用安定面配平电门进行电动操纵，带动人工配平手轮和安定面指示器指针转动；③自动驾驶操纵——自动驾驶仪通过数字式飞行控制系统(Digital Flight Control System，DFCS)自动操纵安定面。不同机型的配平方法会有一定的差别。

对于具有配平油箱的飞机，还可以通过对配平油箱抽、注油的方式来进行飞机纵向配平。例如，当飞机重心位置太靠前时，可以向配平油箱注油，增加配平油箱的油量，将会使飞机重心后移。

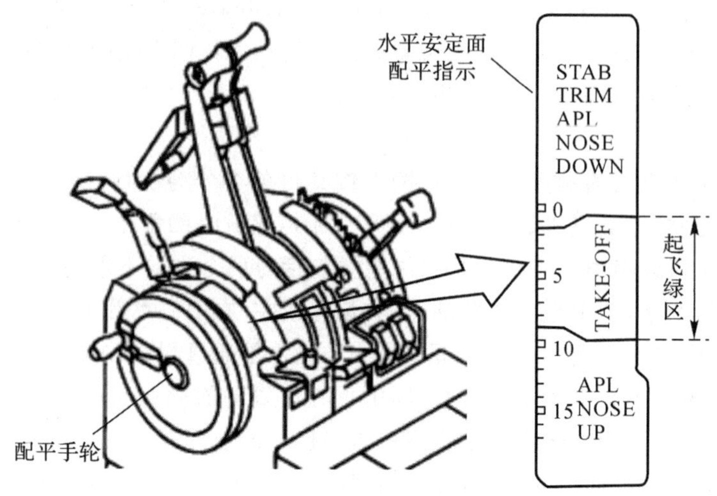

图 9－13　飞机纵向配平手轮和指示器

当飞机重心的横向(左右)移动时,可以通过偏转副翼进行配平。如当飞机重心右移时,产生使飞机向右侧下沉的横向不平衡力矩,可以使右副翼向下偏转一定角度或左副翼向上偏转一定角度产生的横向操纵力矩来平衡。飞机的横向配平,主要是通过操纵横向(副翼)配平电门来实现的。图 9－14 所示为 B737 飞机的横向配平操纵电门和位置指示。

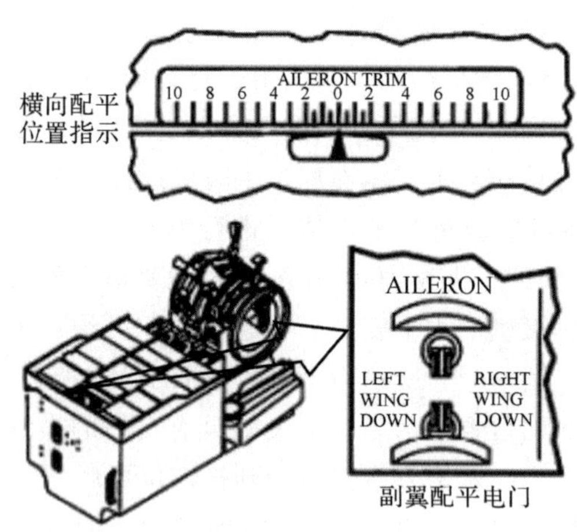

图 9－14　B737 的横向配平

飞机如何进行配平以及配平用量为多少与飞机的装载平衡情况有很大关系。飞机需要根据实际的载重与平衡情况(实际起飞重量和重心位置)确定配平调节值,在确定配平调节值大小时,不仅与载重平衡情况相关,还与飞机起飞设定的襟翼位置有关,有些机型甚至还与发动机推力大小有关。图 9－15 所示为某型飞机采用放下 15～20 个单位襟翼起飞时,飞机载重平衡与水平安定面配平量关系的曲线图。在图 9－15 中,根据飞机的起飞重量和重心位置,就可以确定飞机的配平量。

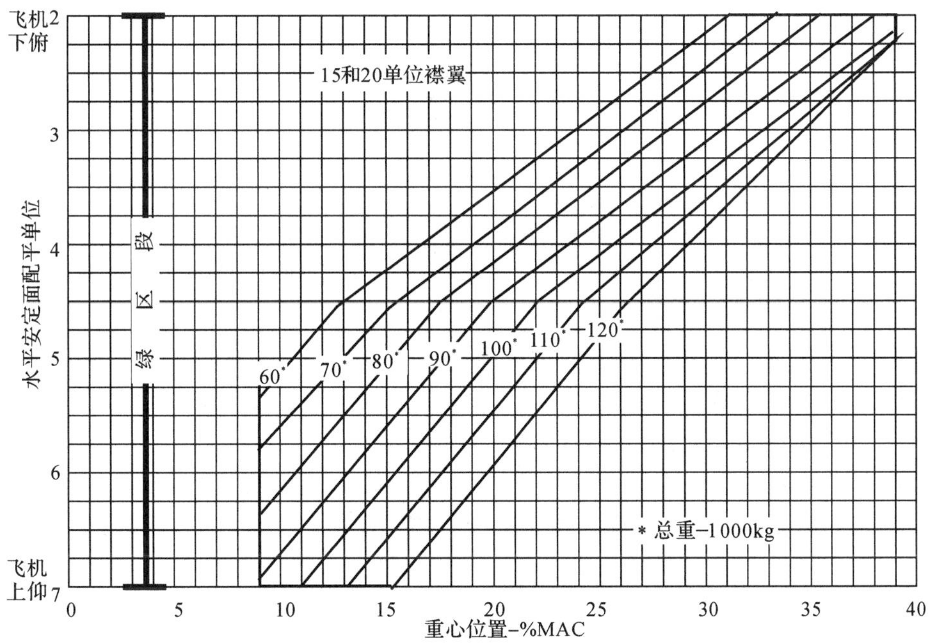

图9-15　某型飞机载重平衡与配平量关系图

复习思考题

1. 简述飞机进行称重与平衡的必要性。

2. 飞机最大无燃油重量、最大起飞重量和最大着陆重量是如何规定的?

3. 飞机执行不同飞行任务,所需装载的燃油量如何计算?

4. 飞机的最大业载如何计算?

5. 飞机的通程业载、过境业载是如何定义的?

6. 飞机载重与平衡的基本原理是什么?

7. 飞机的基本称重程序包括哪些步骤?

8. 对称(载)重结果进行分析处理,可以采用哪些方法?

9. 如何调整飞机的重心位置?

10. 简述飞机配载的基本流程。

11. 配载平衡部门在飞机的配载工作中要担负什么职责?

12. 飞机配载的基本规则是如何规定的?

13. 某飞机(B737-300)执行 A→B→C 的飞行任务,飞机的最大起飞重量为 61 235kg,最大着陆重量为 51 710kg,最大无油重量为 48 310kg,修正后的基本重量为 32 910kg;飞行 A→B 区段,加油 8 000kg,油耗 4 200kg;飞行 B→C 区段,加油 10 000kg,油耗 5 500kg。A→B 预售票:38, 01, 00,A→C 预售票:80, 02, 00,B→C 预留 40 位旅客(4 000kg)的固定配额;全线预留邮件 50kg,行李按每人 10kg 预留。试求各站的货物配载量为多少?

14. 一般配载业务文件包括哪些?

15. 如何对飞机进行配平?

参 考 文 献

[1] 王大海，杨俊，余江. 飞行原理[M]. 成都：西南交通大学出版社，2006.
[2] 陆志良，等. 空气动力学[M]. 北京：北京航空航天大学出版社，2009.
[3] 宋静波. 飞机构造基础[M]. 北京：航空工业出版社，2011.
[4] 王细洋. 航空概论[M]. 北京：航空工业出版社，2010.
[5] WELCH J F, BJORK Lewis, BJORK Linda. 现代飞行技术[M]. 熊峻江，郑力铭，肖应超，等译. 北京：国防工业出版社，2011.
[6] 美国联邦航空局. 飞机飞行手册[M]. 陈新河，译. 上海：上海交通大学出版社，2010.
[7] 程玉庆，焦予秦. 吹气襟翼对翼型气动性能影响研究[J]. 航空技术，2006，36(1)：100－102.
[8] 田学诗，李祥瑞，赵金城. 机翼展向吹气的风洞实验研究[J]. 航空学报，1984，5(4)：357－365.
[9] 董志勇，吕阳泉. 激波与边界层干扰研究综述[J]. 浙江工业大学学报，2001，29(3)：295－300.
[10] 高正，陈仁良. 直升机飞行动力学[M]. 北京：科学出版社，2003.
[11] 万青. 飞机载重平衡[M]. 北京：中国民航出版社，2004.